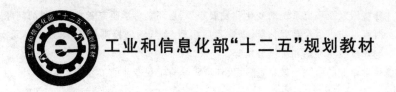

工业和信息化部"十二五"规划教材

环境模拟与评价
（第 2 版）

黄中华　孙秀云　韩卫清　编著

U0245379

北京航空航天大学出版社

内 容 简 介

如何分析、预测和评价各种环境因素及环境系统的变化和发展趋势,是环境科学研究者常常面临的问题。本书主要介绍了环境数学模型、河流水质模型及参数估算、湖库水质模型、大气污染控制模型、水处理单元操作及单元过程数学模型、环境影响评价技术导则和案例分析等。

本书可作为环境工程、环境科学专业的研究生教材,亦可供环境科学与工程专业的工程技术人员参考。

图书在版编目(CIP)数据

环境模拟与评价 / 黄中华,孙秀云,韩卫清编著
. -- 2 版. -- 北京 : 北京航空航天大学出版社,2019.8
ISBN 978 - 7 - 5124 - 3049 - 5

Ⅰ. ①环… Ⅱ. ①黄… ②孙… ③韩… Ⅲ. ①环境模拟②环境质量评价 Ⅳ. ①TB24②X82

中国版本图书馆 CIP 数据核字(2019)第 160085 号

环境模拟与评价(第 2 版)

黄中华 孙秀云 韩卫清 编著

责任编辑 张冀青

*

北京航空航天大学出版社出版发行

北京市海淀区学院路 37 号(邮编 100191) http://www.buaapress.com.cn
发行部电话:(010)82317024 传真:(010)82328026
读者信箱:goodtextbook@126.com 邮购电话:(010)82316936
涿州市新华印刷有限公司印装 各地书店经销

*

开本:787×1 092 1/16 印张:21.5 字数:564 千字
2019 年 9 月第 2 版 2019 年 9 月第 1 次印刷 印数:1 000 册
ISBN 978 - 7 - 5124 - 3049 - 5 定价:65.00 元

前　言

　　针对环境科学与工程专业研究生教学的特点,本书力求贴近工程实践,注重前沿性和互动性,将环境过程数学模型与环境影响评价进行统整,有利于学生全面深入地学习本专业内各分支学科的理论,满足环境科学与工程专业研究生工程素质培养的需要,帮助学生积累工作场所的知识,培养学生的批判性思维。

　　全书分为两篇。第一篇环境系统与模拟,包括 4 章,汇集了环境数学模型、大气污染控制模型、环境水体水质数学模型、水处理单元操作和单元过程数学模型等内容。第二篇环境影响评价,包括 3 章,分别介绍了环境影响评价制度、环境标准及环境影响评价技术导则,提供了不同类别的环境影响评价案例分析。

　　本书由黄中华、孙秀云、韩卫清共同编写,其中黄中华承担了第一篇的编写工作,孙秀云承担了第二篇中的第 5 章、6.1～6.6 节的编写工作,韩卫清承担了第二篇中的 6.7～6.10 节和第 7 章的编写工作。在本书的编写过程中,得到了江苏环保产业技术研究院股份公司田爱军和南京源恒环境研究所有限公司徐林、段传玲、许志良的斧正,研究生张震、林晓璐、唐梦顿、熊彩华、杨文振、祁成思、李桥、邹明璟、李宁宇等帮助查找、整理了大量文献资料,在此表示感谢。

　　如果读者发现本书的不足和失误之处,请不吝指教,可发送邮件至 hzhlqfox@njust.edu.cn 和 sunxyun@njust.edu.cn,我们将不断完善。

编　者

2019 年 5 月于南京

目　　录

第一篇　环境系统与模拟

第1章　绪　论

1.1　环境模拟

环境系统是环境各要素及其相互关系的总和,环境模拟是环境系统过程的再现。环境模拟应用系统分析原理,建立环境系统的理论或实体模型,在人为控制条件下通过改变特定的参数来观察模型的响应,预测实际系统的行为和特点。环境模拟可以指环境系统自身变化的模拟,包括系统各组成部分变化的模拟,也可以指环境介质中污染物质的运移、转化等的模拟,本书注重后者。环境介质和其中的污染物质都始终处于不断的运动、变化过程中,环境介质是污染物质的载体,明确环境介质运动变化情况是环境过程模拟的基础。

对于环境系统而言,模拟占有很重要的地位。就一个环境系统的污染控制和规划管理而言,为了研究污染物在该环境系统中的变化,采用模型模拟的方法获取相关参数,进而研究环境系统的变化规律。环境模拟包括数学模拟、物理模拟、化学模拟、生物模拟及计算机仿真模拟等,是环境预测的重要手段。

1.1.1　环境模拟的对象

环境污染问题中的各种污染物都可以是环境模拟的对象,且环境模拟的对象不仅可以是物质形式的污染物,也可以是其他形式的污染物,如能量形式的余热等。环境模拟的主要对象可以按污染物的载体——环境介质,同时结合污染物的特性分类。

1. 水环境模拟

水环境中污染物包括以下几类:

悬移质及无机盐:颗粒悬浮于水中随水流而搬运,其悬移物被称为悬移质。悬移质及无机盐是无毒性物质,主要影响水的浑浊度和含盐量。

重金属物质:环境中的重金属污染物质主要是指铅、铜、锌、镉、铬、汞等,水体中的重金属主要以溶解态、悬浮态存在。

有机污染物:水体中的有机污染物按降解性可分为可降解有机物和难降解有机物。可降解有机物主要是酚类、溶解性和颗粒性碳水化合物、蛋白质、油脂、氨基酸等;难降解有机物主要是多环芳烃、DDT、氯代化合物等化学性质稳定和难被微生物降解的有机化合物。

富营养化物质:造成水体富营养化的主要因素是氮和磷。水体中氮和磷主要来源于生活污水、工业废水、家畜排泄物和农业径流等。

浮游植物:在水中浮游生活的微小植物,通常指浮游藻类,主要包括蓝藻、硅藻、甲藻等。

放射性物质：分低中水平放射性物质和高水平放射性物质。低中水平放射性物质,如核电站排放的放射性污染物,主要是氚、锶-90、铯-134等。

水温：可产生热污染一种能量。水温是影响水质过程的重要因素,过高的水温或过快的水温变化都会影响水生生物正常生长和水体的功能,形成热污染。

2. 大气环境模拟

大气污染物的种类有很多,根据其存在的状态,可以概括为两大类：气态污染物和气溶胶状态污染物。气态污染物主要有：以二氧化硫为主的含硫化合物,以一氧化氮和二氧化氮为主的含氮化合物,碳的氧化物,碳氢化合物及卤素化合物。气溶胶状态污染物主要有：尘,指能悬浮于大气中的小固体粒子,其直径一般为 $1\sim200\ \mu m$;液滴,指大气中悬浮的液体粒子,一般是由于水汽凝结及随后的碰撞增长而形成的;有机盐和无机盐粒子等化学粒子,指在大气中由化学过程产生的固态或液态粒子。

3. 土壤环境模拟

土壤环境污染物的种类很多,有些与水环境中的污染物是一致的,包括重金属物质、无机盐、有机污染物、放射性物质等。

1.1.2　环境模拟的目的和任务

1. 环境模拟的目的

① 掌握环境内部因子变化规律。无论是开展物理模拟还是数学模拟,都可以通过一定的方法获得环境变化的机理和规律。在实际的环境管理和控制中,可以根据目前的环境状况、污染物的迁移转化规律以及可能的污染物发生情况来预测环境质量的变化情况,以便采取必要的措施。

② 对环境的变化进行定性和定量描述。环境保护工作是建立在规划基础上的,建立合理的模型,运用其对环境中污染物的变化做出定量和定性的分析,并据此衡量污染物浓度等是否达到所要求的标准。

③ 提高规划管理工作的效率。通过环境模拟,可以以较小的代价获得较可靠的结果,为决策者提供相应的依据。

2. 环境模拟的任务

环境模拟研究的核心任务是对污染物在环境中的变化过程及其规律,即污染物在物理、化学、生物和气候等因素的作用下随时间和空间的迁移转化过程及其规律准确地描述。它是开展环境评价、预测和预警,制定环境规划和污染控制方案的主要技术手段。

① 量化。通过对环境的模拟,了解其组成资源的量和质的分布及变化规律,从而为决策提供依据。

② 优化。通过模拟,采用科学的规划手段对水环境进行优化配置、污染控制和分配,使其组成资源的量和质处于最佳状态。

③ 决策。对环境各种资源进行调度、分配,使得其社会效益和环境效益均达到较理想的状态。

④ 控制。使环境的各资源在管理者的监控之下,发挥其最大的社会效益。

1.1.3 环境系统模拟模型的发展趋势

自 20 世纪初 S-P 模型诞生以来,随着人类对环境系统的认识水平不断提高,计算机与软计算技术飞速发展,环境系统模拟模型也发生了突飞猛进的变化。

1. 环境系统模拟模型机理越来越复杂,模拟状态变量越来越多

在水环境模拟方面,从简单的 S-P 模型,发展到氮磷模型、富营养化模型、有毒物质模型和生态系统模型,从点源模型、面源模型到点源与面源耦合的流域综合模拟仿真模型;从环境空气质量模型来看,已从最早的箱式模型与高斯模型,发展到熏烟模型、复杂地形扩散模型及干湿沉积模型,考虑的因素与参数越来越多,模型的机理越来越复杂;其他环境要素的模拟模型也有同样的趋势,特别是考虑不同环境要素(水、气、土壤等)界面间污染物迁移转化机理的跨环境介质环境系统模拟模型已成为研究热点。

2. 环境系统模拟的时空尺度不断增加

① 时间尺度:最早的环境系统模型都是稳态模型,20 世纪 60 年代以后,开始出现动态环境系统模拟模型。动态模型既可以模拟长期过程,也可以模拟瞬时过程。

② 空间尺度:现实世界都是三维的,然而水质模型却经历了从零维、一维、二维到三维逐渐发展的过程。20 世纪 60 年代以前,水环境质量模型以零维和一维为主;60 年代以后,研究逐渐扩展的河口地区,二维模型随之出现;70 年代,由于富营养化研究的需要,三维模型开始出现;到了 90 年代,人类对应用需求更加广泛和深入,三维模型的研究得到了越来越多的重视。近年来,全球气候变化与酸雨等大尺度环境空气问题严重,相关的研究得到不断深入,环境空气质量模型也从区域、城市向国家和全球尺度发展。

3. 环境系统模拟模型的集成化程度不断提高

早期的环境系统模型大多立足于解决单一的环境问题,随着环境科学研究的深入以及环境集成管理的需求,模型的集成化正逐步成为一个新的研究热点。例如,从污水收集、排水管网到城市污水处理厂和受纳水体的城市排水系统集成模拟仿真,点源污染与非点源污染模型的流域水环境系统集成模拟,以及充分综合社会经济模型与环境系统模型的城市环境复杂大系统的集成模拟仿真等。

4. 环境系统模拟软件系统发展迅速

随着环境系统模拟模型的技术手段越来越先进,先进的信息技术,特别是 3S 技术与软计算技术的应用,极大地推动了环境系统模拟模型的发展和完善,涌现出大量的环境模拟软件系统。其中,具有代表性的水环境模型系统包括 WASP、QUAL2E-UNCAS、EFDC 及 MIKE-SWMM 等,可实现河流、湖泊、水库、河口和沿海水域,以及城市排水系统等一系列水环境系统模拟;具有代表性的环境空气模拟系统模型包括 ADMS、AERMOD 及 CALPUFF 等。

5. 环境系统仿真向智能与虚拟发展

随着人工智能技术与三维可视化技术的发展及其在环境科学研究中的广泛应用,环境系统仿真正向智能仿真与虚拟现实方向发展,基于 Agent 的环境系统智能的系统仿真方法以及基于虚拟现实技术的数字城市与数字流域的建立标志着环境系统模拟仿真已进入新的阶段。

1.2　环境数学模型

数学模型是近些年发展起来的新学科,是数学理论与实际问题相结合的一门科学。它将现实问题归结为相应的数学问题,并在此基础上利用数学的概念、方法和理论进行深入的分析和研究,从定性或定量的角度来刻画实际问题,并为解决现实问题提供精确的数据和可靠的指导。

1.2.1　环境数学模型的定义

数学模型,就是针对或参照某种系统的运动规律、特征和数量相依关系,采用形式化的数学语言,对该系统概括或近似地表达出来的一种数学结构,描述系统(或事物)的这种数学语言和结构常常以一套反映数量关系的数学公式和具体算法体现出来。我们常把这套公式和算法称为数学模型;把与环境系统有关的变量之间的关系,归纳为反映环境系统的性能和机理的数学模型称为环境数学模型。

1.2.2　环境数学模型的分类

① 根据对环境系统信息的掌握程度建立的模型称为白箱模型、灰箱模型和黑箱模型。

白箱模型又称机理模型,是根据对系统的结构和性质的了解,以客观事物变化遵循的物理、化学定律为基础,经逻辑演绎而建立起的模型。这种建立模型的方法叫演绎法。机理模型具有唯一性。

灰箱模型介于白箱模型和黑箱模型之间,是一个半经验、半机理模型。在建立环境数学模型的过程中,几乎每个模型都包含一个或多个待定参数,这些待定参数一般无法由过程机理来确定,通常要借助于观测数据或实验结果。

黑箱模型又称输入/输出模型、统计模型或经验模型,指一些其内部规律还很少为人们所知的现象。它们可在日常例行观察中积累,也可由专门实验获得。根据对系统输入/输出数据的观测,在数理统计基础上建立起经验模型的方法又叫归纳法。经验模型不具有唯一性。

② 根据环境要素不同,可分为大气环境数学模型、水环境数学模型及声环境数学模型等;

③ 根据对环境变量的预测情况,可分为连续型环境数学模型和离散型环境数学模型,以及确定型和随机型环境数学模型;

④ 根据时间和空间变量在模型中的划分情况,可分为时间序列模型和空间序列模型;根据变量在空间变化的特性,可分为一维模型、二维模型及空间三维模型等;

⑤ 根据环境变量的变化情况,可分为线性模型和非线性模型等;

⑥ 根据模型建立时使用的推理方法,可分为统计模型、推理模型及半推理模型等;

⑦ 根据环境数学模型的用途,可分为环境容量模型、环境规划模型、环境评价模型、环境预测模型、环境决策模型、环境经济模型及环境生态模型等。

1.2.3　环境数学模型建立的要求与步骤

众所周知,各种数学应用中,成功的范例大多遵循如下过程:提出问题→分析变量→建立模型→解释问题→修正模型→解决问题(应用)。这一过程中,最关键的一步(也是最困难的一步)就是数学模型的建立。

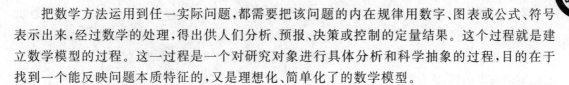

把数学方法运用到任一实际问题,都需要把该问题的内在规律用数字、图表或公式、符号表示出来,经过数学的处理,得出供人们分析、预报、决策或控制的定量结果。这个过程就是建立数学模型的过程。这一过程是一个对研究对象进行具体分析和科学抽象的过程,目的在于找到一个能反映问题本质特征的,又是理想化、简单化了的数学模型。

1. 环境系统数学模型的要求

建立数学模型所需的信息通常来自两个方面:一是对系统的结构和性质的认识和理解;二是系统的输入和输出的观测数据。利用前一类信息建立模型的方法称为演绎法;用后一类信息建立模型的方法称为归纳法。用演绎法建立的模型称为机理模型,这类模型一般只有唯一解;用归纳法建立的模型称为经验模型,经验模型一般有多组解。不论用什么方法,建立什么样的模型,都必须满足下述基本要求。

(1) 模型要有足够的精确度

精确度是指模型的计算结果和实际测量数值的吻合程度,精确度不仅与研究对象有关,而且与它所处的时间、状态及其他条件有关。对于模型精确度的具体规定,要视模型应用的主客观条件而定。通常,在人工控制条件下各种模拟试验及由此建立的模型可以达到较高的精确度;而对于自然系统和复合系统的模拟及由此建立的模型,不能期望具有较高的精确度。精确度通常用误差表示。

(2) 模型的形式要简单实用

一个模型既要具备一定的精确度,又要力求简单实用。精确度和模型的复杂程度往往是成正比的。但随着模型的复杂程度的增高,模型的求解趋于困难,要求的代价亦增大。有时为了简化模型以便于求解,只能降低对模型精确度的要求。

(3) 模型的依据要充分

依据充分是指模型在理论推导上要严谨,并且要由可靠的实测数据来检验。

(4) 模型中应该有可控变量

可控变量又称操纵变量,是指模型中能够控制其大小和变化方向的变量。一个模型中应该有一个或多个可控变量,否则这个模型将不能付诸实用。

2. 环境数学模型建立的步骤

第一步,定义问题(环境系统确立)。包括对所研究的环境系统的边界、主要功能、系统的结构,建立模型的前提假设,所建模型的精度和要达到的目的。

第二步,收集相关资料,并对资料进行初步分析(环境系统辨识)。根据研究问题的需要,要尽可能多地收集有关资料和数据,比如有关的环境监测资料、统计资料、文献研究资料等,并对这些数据进行初步的整理。例如可以按照时间或空间变化绘制相应的时空关系曲线,从中可以观察事物变化的大致规律。

第三步,建立概念模型(确定模型结构)。对环境系统进行观察,想象其运动变化情况,包括明确环境系统的结构、输入/输出关系,用自然语言进行描述,初步选择描述问题的变量,确定变量之间的相互影响和变化规律,写出描述这些关系的数学方程,并在满足问题求解要求的前提下,尽可能采用简单的模型形式。

第四步,确定模型中的参数。模型中一些参数的取值需要用某种方式加以确定,如经验公式、实验室实验或数学方法(最小二乘法、优化方法和蒙特卡罗法等)。

第五步，模型的修正和检验。模型的结构形式和参数确定后，模型已经具备求解和计算机优化的条件。但是模型能否付诸应用，只有经过一定的实际检验或试验验证才可投入使用。在实际验证过程中，可能会根据实践和检验对模型的参数作一定的修改，直到模型模拟结果和实际测定结果相符，这时模型投入使用后的模拟结果才是可靠的。如果修改参数不能达到预期的精度，则要考虑对模型结构进行模拟，将得到的模拟结果和实际测定结果对比，如果二者相差在容许限度内，则模型参数可行，否则需要对其进行修正。

第六步，模型的应用。应用所建立的模型去解决原先提出的问题，如果模型达不到解决问题的精度，则需要重复上述步骤。应用模型时，一定要注意建立和推导模型时所假定的一些前提条件，不要在应用模型时超出其适用范围，否则得出的结论可能是错误的。

如果要估计模型计算结果的偏差，则还需要做灵敏度分析。

环境数学模型建立的一般程序框图如图 1-1 所示。

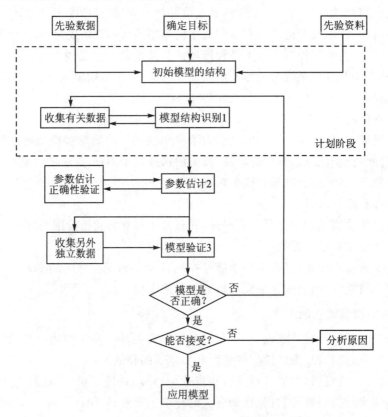

图 1-1　环境数学模型建立的一般程序

1.3　模型参数的估算方法

建立环境数学模型的重要一步是参数估算（parameter estimation）。参数估算是根据从总体中抽取的样本估计总体分布中包含的未知参数的方法，模型的精确性和可靠性直接与参数估算的正确性相关。参数估算法是数理统计中由样本观测值估计总体参数的常用方法，环境数学模型的参数估算法主要有经验公式法、最小二乘法、极大似然法、最优化方法、直接寻优法等，其中最基本的方法是最小二乘法和极大似然法。

1.3.1　回归分析

线性回归分析有两个假定：第一，所有自变量的值均不存在误差，因变量的值则含有测量误差；第二，与各测量值拟合最好的曲线为能使各点到曲线的竖向偏差（因变量偏差）的平方和最小的曲线。

根据上述假定，线性回归参数估计就是在观测值和估计值之差的平方和最小的情况下，来估计线性关系中相应参数的值。当自变量和因变量之间呈线性关系，并且自变量个数为 1 时，是一元线性回归；当自变量个数大于 1 时，就是多元线性回归。

1. 一元线性回归分析

一元线性回归是较简单的模型之一，它仅处理两个变量之间的关系，如：

$$y = a + bx$$

这是一条直线，其中 y 为因变量，x 为自变量，a 和 b 为待估参数。

根据最小二乘法的假定，可得

$$\min Z = \min \sum (y_i - \hat{y}_i)^2 = \min \sum [y_i - (a + bx_i)]^2 \tag{1-1}$$

按照多元函数求极值的方法，令

$$\left. \begin{array}{l} \dfrac{\partial Z}{\partial a} = -2 \sum_{i=1}^{n} [y_i - (a + bx_i)] = 0 \\[3mm] \dfrac{\partial Z}{\partial b} = -2 \sum_{i=1}^{n} [y_i - (a + bx_i)] \cdot x_i = 0 \end{array} \right\} \tag{1-2}$$

整理上述方程组可得

$$\left. \begin{array}{l} \sum_{i=1}^{n} y_i = na + b \sum_{i=1}^{n} x_i \\[3mm] \sum_{i=1}^{n} y_i x_i = a \sum_{i=1}^{n} x_i + b \sum_{i=1}^{n} x_i^2 \end{array} \right\} \tag{1-3}$$

求解上述方程组可得到参数 a 和 b 的估计值：

$$\hat{a} = \frac{\sum_{i=1}^{n} x_i y_i \sum_{i=1}^{n} x_i - \sum_{i=1}^{n} y_i \sum_{i=1}^{n} x_i^2}{\left(\sum_{i=1}^{n} x_i\right)^2 - n \sum_{i=1}^{n} x_i^2}, \quad \hat{b} = \frac{\sum_{i=1}^{n} x_i \sum_{i=1}^{n} y_i - \sum_{i=1}^{n} y_i x_i}{\left(\sum_{i=1}^{n} x_i\right)^2 - n \sum_{i=1}^{n} x_i^2} \tag{1-4}$$

对式（1-4）进一步化简可得到

$$\left. \begin{array}{l} \hat{b} = \dfrac{\sum x_i y_i - (\sum x_i \sum y_i)/n}{\sum x_i^2 - n\left(\frac{1}{n}\sum x_i\right)^2} = \dfrac{\sum x_i y_i - n\bar{x}\bar{y}}{\sum x_i^2 - n\bar{x}^2} = \dfrac{\sum (x_i - \bar{x})(y_i - \bar{y})}{\sum (x_i - \bar{x})^2} \\[5mm] \hat{a} = \bar{y} - \hat{b}\bar{x} \end{array} \right\} \tag{1-5}$$

于是可以得到线性回归方程为

$$\hat{y} = \hat{a} + \hat{b}x \tag{1-6}$$

2. 曲线回归分析

有一些变量之间的关系并不是线性的,但只要通过一定的数学变换就可以变为线性的,从而可以用线性最小二乘的方法估计其参数,如倒数变换、对数变换、混合变换等。

3. 多元线性回归分析

在回归分析中,如果有两个或两个以上的自变量,就称为多元回归。事实上,一种现象常常是与多个因素相联系的,由多个自变量的最优组合共同来预测或估计因变量,比只用一个自变量进行预测或估计更有效,更符合实际。因此多元线性回归比一元线性回归的实用意义更大。

多元线性回归的基本原理和基本计算过程与一元线性回归相同,包括回归系数的估计、回归方程评价、预报区间和置信区间的确定。

1.3.2 非线性模型的参数估计

我们所建立的环境数学模型中,除了线性模型外,还有许多非线性模型。对于非线性模型的参数估计,基本思想仍是通过一系列观测数据,考虑每次观测值和模型输出值之间的差异,尽量使它们之间差的平方和最小,即求式:

$$\min Z = \sum (y_i - \hat{y}_i)^2 = \sum [y_i - f(x_i, \beta)]^2 \quad (i = 1, 2, \cdots, n) \qquad (1-7)$$

非线性模型的参数估计方法有单变量的黄金分割法和梯度最优化方法。前者一般对单变量参数估计是有效的,而后者可以适用于单变量和多变量的参数估计。这里讲述比较通用的梯度最优化方法。

首先,给定一个模型的结构:

$$y = f(\vec{x}, \vec{\beta}) \qquad (1-8)$$

式中:$\vec{x}$ 为自变量,可以是标量也可以是向量;$\vec{\beta}$ 为模型参数变量,可以是标量也可以是向量。

其次,我们有一组自变量的观测值 $x_1, x_2, \cdots, x_n$ 及其相应的函数值 $y_1, y_2, \cdots, y_n$。若给定模型的初始参数值 $\vec{\beta}$,就可以根据式(1-8)计算得到模型的计算值 $f_1(x_1, \vec{\beta}), f_2(x_2, \vec{\beta}), \cdots, f_n(x_n, \vec{\beta})$,根据模型估计基本思想,参数估计过程就是求式(1-7)成立的参数值。

一阶梯度最优化方法的具体计算过程如下:

第一步,给定参变量 $\vec{\beta} = (\beta_1^0, \beta_2^0, \cdots, \beta_m^0)$ 的初始值

$$\vec{\beta} = (\beta_1^0, \beta_2^0, \cdots, \beta_m^0) \qquad (1-9)$$

及允许迭代误差 ε。这里设参变量是有 m 个元素的向量。

第二步,计算目标函数的初始值

$$Z_0 = \sum_{i=1}^{n} [y_i - f_i(x_i, \beta_1^0, \beta_2^0, \cdots, \beta_m^0)]^2 \qquad (1-10)$$

第三步,计算目标函数 Z 对参数的梯度,梯度的计算一般采用如下的数值形式:

$$\frac{\partial Z}{\partial \beta_j} = \frac{Z(x, \beta_j^0 + 0.001\beta_j^0, \beta_k^0) - Z_0}{0.001\beta_j^0} \quad (j = 1, 2, \cdots, m, k \neq j) \qquad (1-11)$$

目标函数对各个参数的梯度形成梯度向量。

第四步，计算参数修正步长 λ。公式如下：

$$\lambda = \frac{\nabla Z(\beta^0)^{\mathrm{T}} \nabla Z(\beta^0)}{\nabla Z(\beta^0)^{\mathrm{T}} H(\beta^0) \nabla Z(\beta^0)} \tag{1-12}$$

式中：$\nabla Z(\beta^0)$ 为目标函数 Z 对参数向量 $\vec{\beta}$ 的梯度向量（m 个元素），可以应用上一步的计算结果；$H(\beta^0)$ 是目标函数 Z 对参数向量 $\vec{\beta}$ 的二阶梯度矩阵（$m \times m$ 阶），即海森（Heiscnberg）矩阵，其计算如下：

$$H(\beta^0) = \begin{bmatrix} \dfrac{\partial^2 Z}{\partial(\beta_1^0)^2} & \dfrac{\partial^2 Z}{\partial(\beta_1^0)\partial(\beta_2^0)} & \cdots & \dfrac{\partial^2 Z}{\partial(\beta_1^0)\partial(\beta_m^0)} \\[2mm] \dfrac{\partial^2 Z}{\partial(\beta_2^0)\partial(\beta_1^0)} & \dfrac{\partial^2 Z}{\partial(\beta_2^0)^2} & \cdots & \dfrac{\partial^2 Z}{\partial(\beta_2^0)\partial(\beta_m^0)} \\[2mm] \vdots & \vdots & & \vdots \\[2mm] \dfrac{\partial^2 Z}{\partial(\beta_m^0)\partial(\beta_1^0)} & \dfrac{\partial^2 Z}{\partial(\beta_m^0)\partial(\beta_2^0)} & \cdots & \dfrac{\partial^2 Z}{\partial(\beta_m^0)^2} \end{bmatrix} \tag{1-13}$$

如果目标函数的形式比较复杂，海森（Heiscnberg）矩阵中的元素的解析解将比较难求，但是按照数值解的方法则可在计算机上方便地实现求解过程。其对角线元素按下式计算：

$$\frac{\partial^2 Z}{\partial \beta_j^2} = \frac{1}{(\Delta \beta_j)^2} \left[Z(x, \beta_j + \Delta \beta_j, \beta_k) - 2Z(x, \beta_j, \beta_k) + Z(x, \beta_j - \Delta \beta_j, \beta_k) \right]$$

$$(j = 1, 2, \cdots, m) \tag{1-14}$$

对于非对角线元素，其计算公式为

$$\frac{\partial^2 Z}{\partial \beta_j \partial \beta_k} = \frac{1}{(\Delta \beta_j)(\Delta \beta_k)} \left[Z(x, \beta_j + \Delta \beta_j, \beta_k + \Delta \beta_k) - Z(x, \beta_j + \Delta \beta_j, \beta_k) - \right.$$

$$\left. Z(x, \beta_j, \beta_k + \Delta \beta_k) + Z(x, \beta_j, \beta_k) \right] \quad (j = 1, 2, \cdots, m; k = 1, 2, \cdots, m)$$

$$\tag{1-15}$$

其中 $\Delta \beta_j = 0.001 \beta_j$，$\Delta \beta_k = 0.001 \beta_k$。

第五步，根据上一步计算出的参数修正步长，计算参数 β_j 的修正步长 β_j^1，即：

$$\beta_j^1 = \beta_j^0 - \lambda \frac{\partial Z}{\partial \beta_j} \quad (j = 1, 2, \cdots, m) \tag{1-16}$$

第六步，计算新的目标函数值 Z^1：

$$Z^1 = \sum_{i=1}^{n} \left[y_i - f_i(x_i, \beta_1^1, \beta_2^1, \cdots, \beta_m^1) \right]^2 \tag{1-17}$$

然后，比较新的目标函数值 Z^1 和原目标函数值 Z^0，如果 $|Z^1 - Z^0| \leqslant \varepsilon$（$\varepsilon$ 为开始指定的允许迭代误差），则可以停止运算，得到参数的估计值 $\vec{\beta} = (\beta_1^1, \beta_2^1, \cdots, \beta_m^1)$。否则，令 $Z^0 = Z^1$，并返回到第三步，继续进行上述迭代过程。

1.3.3　数值微分近似法

数值微分近似法是根据微分定义，将微分方程变为一般的代数方程，从而实现参数估计。

将微分方程变为代数方程的一阶和二阶导数计算公式如表 1-1 所列。

表 1-1 微分方程变为代数方程的计算公式

导数形式	转换公式	误差阶数
一阶导数 $\dfrac{\mathrm{d}x}{\mathrm{d}t}$	$\dfrac{x(k+1)-x(k)}{\Delta t}$	Δt
	$\dfrac{x(k)-x(k-1)}{\Delta t}$	Δt
	$\dfrac{-x(k+2)+4x(k+1)-3x(k)}{2\Delta t}$	Δt^2
	$\dfrac{2x(k+3)-9x(k+2)+18x(k+1)}{6\Delta t}$	Δt^3
二阶导数 $\dfrac{\mathrm{d}^2x}{\mathrm{d}t^2}$	$\dfrac{x(k+1)-2x(k)+x(k-1)}{\Delta t^2}$	Δt^2
	$\dfrac{x(k+3)+4x(k+2)-3x(k+1)+2x(k)}{\Delta t^2}$	Δt^2

1.4　模型的验证与误差分析

在模型投入应用之前,需要对模型和实际情况是否相符进行检验,并根据检验结果,分析误差,对参数或模型结构进行修改。验证所用的数据对于参数估值来说,应该是独立的。模型的检验是判断模拟结果和实际结果吻合程度的过程,也是评价的过程。下面简单介绍数学模型的验证和误差分析的方法。

1.4.1　图形表示法

模型验证的最简单的方法是将观测数据和模型的计算值共同点绘在直角坐标上。根据给定的误差要求,在模型计算值的上下画出一个区域,如果模型计算值和观测值很接近,则所有的观测点都应该落在计算值的误差区域内。用图形表示模型的验证结果非常直观,但由于不能用数值来表示,其结果不便于相互比较。

1.4.2　相关系数及其显著性检验

计算机的发展和普及为数学模型的验证和误差分析提供了有力的工具。Microsoft Excel 提供了一组数据分析工具,称为分析工具库。该工具库包括了一系列统计和误差分析函数,相应的结果将显示在输出表格中,或同时产生图表。要使用分析工具库进行数学模型的验证和误差分析,就必须对所提供的分析函数定义和在统计、误差分析中的作用有相应的了解。一些 Excel 分析工具函数的定义如表 1-2 所列。只要适当地使用这些函数就能够取得误差分析的信息,使模型得以验证。

表 1-2 一些 Excel 统计分析函数的定义

定义式	函 数	说 明
$\dfrac{1}{n}\sum X-\overline{X}$	AVEDEV	一组数据点到其平均值的绝对偏差的平均值
$R_{xy}=\dfrac{\text{cov}(X,Y)}{\sigma_x\sigma_y}$	CORREL	两组数据集合的相关系数
$\text{cov}(X,Y)=\dfrac{1}{n}\sum(X_j-\mu_x)(Y_j-\mu_y)$	COVAR	每对偏差乘积的平均值
$\text{DEVSQ}=\sum(X-\overline{X})^2$	DEVSQ	返回偏差平方和
$\text{STDEV}=\sqrt{\dfrac{n\sum X^2-(\sum X)^2}{n(n-1)}}$	STDEV	估计样本的标准偏差
$\text{VAR}=\dfrac{n\sum X^2-(\sum X)^2}{n(n-1)}$	VAR	估计样本的方差

1. 相关系数

相关系数是反映两变量之间线性相关程度的量,通常用 r 表示。从统计意义上讲,只有当两变量之间的线性相关程度大于某一程度时,才能认为所得到的回归方程在统计上是有意义的,因此,相关系数可以作为一个指标判断回归方程在统计上是否有意义。

记变量 X 和 Y 的 n 对测定值为 X_i 和 $Y_i(i=1,2,\cdots,n)$,其平均值为 $\overline{X}$ 和 $\overline{Y}$,变量 X 和 Y 间相关系数的定义为

$$r=\frac{\sum_{i=1}^{n}(X_i-\overline{X})(Y_i-\overline{Y})}{\sqrt{\sum_{i=1}^{n}(X_i-X)^2\cdot\sum_{i=1}^{n}(Y_i-\overline{Y})^2}} \tag{1-18}$$

为了计算方便,式(1-18)可以表示为

$$r=\frac{l_{xy}}{\sqrt{l_{xx}l_{yy}}} \tag{1-19}$$

相关系数的取值范围是 $0\leqslant|r|\leqslant1$。当 $|r|=1$ 时,所有的测定值全部落在回归直线上,称为完全线性相关;当 $|r|=0$ 时,所有测定值在散点图上毫无规则地分布,称全无线性相关。$|r|$ 值越接近 1,变量 X 和 Y 的线性相关程度越大。

2. 显著性检验

所谓显著性检验,相当于事先规定一个合理的可以满足使用要求的指标界限。

根据相关系数 r 的定义可知,r 取决于 X_i、Y_i 和数据量 n。因此,对任意一个评价模型都规定一个统一的标准值是不合理的。显著性检验就是依据所占有的数据量 n 的多少及分布情况、变量个数等条件,确定一个合理的标准作为评价指标。

常用的显著性检验有三种方法,分别是 F 检验、r 检验和 t 检验。

(1) F 检验

F 检验的意义在于检验回归方程中的参数 b 的估计值,在某一显著水平下(通常选取 0.05

和 0.01)是否为零。该检验方法是在假定 $b=0$ 的基础上进行的。如果 $b=0$,则说明 Y 变化规律与 X 的变化无关。因此,该方法根据占有的数据多少(即样本数 n),查找相应的 $F_{1-\alpha}(1,n-2)$ 分布表,以确定 F 的临界值 F_c。置信概率一般取 0.95 或 0.99,相当于显著水平为 $\alpha=0.05$ 和 $\alpha=0.01$。$F_{1-\alpha}(1,n-2)$ 分布表在任一数学手册上均可查到,在此不再赘述。

F 的计算公式为

$$F=(n-2)\frac{r^2}{1-r^2}$$

当 F 函数的计算值 $F>F_c$ 时,否定原假设,变量间相关性显著。

(2) r 检验

为了使用方便,可以根据 F 检验的判定公式(即 $F>F_c$)来求相关性 r 的值。

因为 $F>F_c$,所以

$$\frac{(n-2)r^2}{1-r^2}>F_c=F_{1-\alpha}(1,n-2)$$

由此可以反求出 r 的临界值 r_c。可根据 r 的大小直接判断所建立回归方程的显著性。

为了保证所建立的回归方程具有最低程度的线性相关关系,要求求出的 r 值要大于 r 的临界值 r_c。当 $|r|\geq r_c$ 时,两变量间相关性显著。对于检验相关系数的临界值 r_c,同样可以直接查找相应的数学手册。

表 1-3 给出了在两种显著性水平 $\alpha=0.05$ 及 $\alpha=0.01$ 下的相关系数的显著性检验表,表中的数值是相关系数的临界值。

表 1-3 相关系数检验表

$n-2$ \ α	0.05	0.01	$n-2$ \ α	0.05	0.01
1	0.997	1.000	21	0.413	0.526
2	0.950	0.990	22	0.404	0.515
3	0.878	0.959	23	0.396	0.505
4	0.811	0.917	24	0.388	0.496
5	0.754	0.874	25	0.381	0.487
6	0.707	0.834	26	0.374	0.478
7	0.666	0.798	27	0.367	0.470
8	0.632	0.765	28	0.361	0.463
9	0.602	0.735	29	0.355	0.456
10	0.576	0.708	30	0.349	0.449
11	0.553	0.684	31	0.325	0.418
12	0.532	0.661	32	0.304	0.393
13	0.514	0.641	33	0.288	0.372
14	0.497	0.623	34	0.273	0.354
15	0.482	0.606	35	0.25	0.325
16	0.468	0.590	36	0.232	0.302
17	0.456	0.575	37	0.217	0.283
18	0.444	0.561	38	0.205	0.267
19	0.433	0.549	39	0.195	0.254
20	0.423	0.537	40	0.138	0.181

如果用来检验的观测数据有 n 个,先由观测值计算出相关系数 r,于是就有如下结论:

① 如果 $|r| \leqslant r_{0.05}(n-2)$,则认为 y 与 x 的相关关系不显著,或者说 y 与 x 之间不存在相关关系。

② 如果 $r_{0.05}(n-2) < |r| \leqslant r_{0.01}(n-2)$,则认为 y 与 x 的相关关系显著;

③ 如果 $|r| > r_{0.01}(n-2)$,则认为 y 与 x 的相关关系高度显著。

(3) t 检验

t 检验的意义与 F 检验相同。通过查找 t 分布表,可以事先确定 t 的临界数值 t_c,将其与根据实际问题计算得到的 t 进行比较。如果 $t > t_c$,则说明原假设不成立,也就是变量间相关性显著,回归方程具有实用价值。

T 分布值的计算公式为

$$t = (B/S)\sqrt{L_{xx}} \tag{1-20}$$

式中:S 为 Y 的均方差,

$$S = \sqrt{\frac{\sum(Y_i - Y)^2}{n-2}} = \sqrt{\frac{L_{xx}L_{yy} - L_{xy}^2}{(n-2)L_{xx}}} \tag{1-21}$$

1.4.3 相对误差法

相对误差法可以表示为

$$e_i = \frac{|X_i - Y_i|}{X_i} \tag{1-22}$$

式中:X_i 为测量值;Y_i 为对应的计算值;e_i 为相应的相对误差。

如果存在 n 个观察值与相应条件下的计算值,可以根据式(1-22)计算得到 n 个相对误差。将 n 个误差从小至大排列,可以求得小于某一误差值的误差的出现频率。根据所有测量点的误差,作出误差-累积频率曲线(见图1-2)。由于在误差-累积频率曲线的两端误差存在很大的不确定性,所以可以选择中值误差(即累计频率为 50% 的误差)作为衡量模型的依据,如中值误差为 10%,则认为模型的精度可以满足需要。

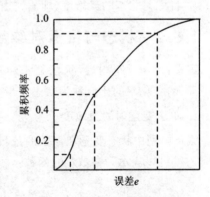

图 1-2 误差-累积频率曲线

在统计学中,中值误差就是概率误差,概率误差可以通过下式计算:

$$e_{0.5} = 0.6745\sqrt{\frac{\sum\left(\frac{X_i - Y_i}{X_i}\right)^2}{n-1}} \tag{1-23}$$

式中:$e_{0.5}$ 为中值误差(概率误差);n 为测量数据的数目。

中值误差也可以用绝对误差表示:

$$e'_{0.5} = 0.6745\sqrt{\frac{\sum(X_i - Y_i)^2}{n-1}} \tag{1-24}$$

1.5　灵敏度分析

1.5.1　灵敏度分析的意义

环境系统是一个开放性系统,受到包括来自自然条件和人为因素的干扰。由于环境系统所受到的干扰非常复杂,难以精确量化,因此在利用数学模型对环境系统进行模拟时,模型结构、模型参数都会存在偏差。

通过对模型灵敏度的分析,可以估算模型计算结果的偏差,同时灵敏度分析还有利于根据需要探讨建立高灵敏度或低灵敏度的模型,以及用于确定合理的设计裕量。

假定研究模型的形式如下:

目标函数为

$$\min Z = f(x,u,\theta)$$

约束条件为

$$G(x,u,\theta)=0$$

式中: x 可以是状态变量组成的向量,如空气中的 SO_2 浓度、水体中的 BOD_5 浓度等; u 可以是决策变量组成的向量,如排放污水中的 SS、BOD_5 等; θ 可以是模型参数组成的向量,如水体的大气复氧速度常数 k,大气湍流扩散系数 D_y、D_z 等。

在环境系统中,主要研究两种灵敏度:

① 状态与目标对参数的灵敏度,即研究参数的变化对状态变量和目标值产生的影响;

② 目标对状态的灵敏度,即研究由于状态变量的变化对目标值的影响。

1.5.2　状态与目标对参数的灵敏度

定义: 在 $\theta=\theta_0$ 附近,状态变量 x(或目标 Z)相对于原值 x^*(或 z^*)的变化率和参数 θ 相对于 θ_0 的变化率的比值称为状态变量(或目标)对参数的灵敏度。

1. 单个变量时的灵敏度

假定模型中状态变量和参数的数目均为 1,同时假定决策变量保持不变,则状态变量 x 和目标 Z 都可以表示为参数 θ 的函数:

$$\left.\begin{array}{l} x^* = f(\theta_0) \\ Z^* = F(\theta_0) \end{array}\right\} \tag{1-25}$$

根据灵敏度的定义,状态对参数的灵敏度可以表示如下:

$$S_\theta^x = \frac{\Delta x}{x^*}\left(\frac{\Delta\theta}{\theta_0}\right)^{-1} = \left(\frac{\Delta x}{\Delta\theta}\right)\frac{\theta_0}{x^*} \tag{1-26}$$

目标对参数的灵敏度可以表示如下:

$$S_\theta^z = \frac{\Delta Z}{Z^*}\left(\frac{\Delta\theta}{\theta_0}\right)^{-1} = \left(\frac{\Delta Z}{\Delta\theta}\right)\frac{\theta_0}{Z^*} \tag{1-27}$$

当 $\Delta\theta \to 0$ 时,可以忽略高阶微分项,得

$$S_\theta^x = \left(\frac{\mathrm{d}x}{\mathrm{d}\theta}\right)_{\theta=\theta_0} \frac{\theta_0}{x^*} \left.\vphantom{\begin{array}{c}1\\1\\1\\1\end{array}}\right\}$$
$$S_\theta^z = \left(\frac{\mathrm{d}Z}{\mathrm{d}\theta}\right)_{\theta=\theta_0} \frac{\theta_0}{Z^*}$$

$$(1-28)$$

式中：$\left(\dfrac{\mathrm{d}x}{\mathrm{d}\theta}\right)_{\theta=\theta_0}$ 和 $\left(\dfrac{\mathrm{d}Z}{\mathrm{d}\theta}\right)_{\theta=\theta_0}$ 分别称为状态变量和目标函数的参数的一阶灵敏度系数。它们反映了系统的灵敏度特征。

2. 多变量时的灵敏度

设最优化模型为

$$\left.\begin{array}{c} \min Z = f(x,u,\theta) \\ G(x,u,\theta) = 0 \end{array}\right\}$$

$$(1-29)$$

如果设定 G 是 n 维向量函数，x 是 n 维状态变量，u 是 m 维决策变量，θ 是 p 维参数向量，则状态变量对参数的一阶灵敏度系数是一个 $n \times p$ 的矩阵：

$$\frac{\partial x}{\partial \theta} = \begin{bmatrix} \dfrac{\partial x_1}{\partial \theta_1} & \cdots & \dfrac{\partial x_1}{\partial \theta_p} \\ \vdots & & \vdots \\ \dfrac{\partial x_n}{\partial \theta_1} & \cdots & \dfrac{\partial x_n}{\partial \theta_p} \end{bmatrix}$$

$$(1-30)$$

而目标对参数的灵敏度系数则是一个 p 维向量：

$$\frac{\partial Z}{\partial \theta} = \left[\frac{\partial Z}{\partial \theta_1}, \cdots, \frac{\partial Z}{\partial \theta_p}\right]^\mathrm{T}$$

$$(1-31)$$

由于参数不仅对目标产生直接影响，还通过对状态的影响对目标产生影响：

$$\frac{\partial Z}{\partial \theta} = \frac{\partial f}{\partial \theta} + \left(\frac{\partial f}{\partial x}\right)\left(\frac{\partial x}{\partial \theta}\right)$$

$$(1-32)$$

参数对状态的影响可以由约束条件推导：

$$\left(\frac{\partial G}{\partial x}\right)\left(\frac{\partial x}{\partial \theta}\right) + \left(\frac{\partial G}{\partial \theta}\right) = 0$$

$$(1-33)$$

如果 $\dfrac{\partial G}{\partial x}$ 的逆存在，则 $\dfrac{\partial x}{\partial \theta} = -\left(\dfrac{\partial G}{\partial x}\right)^{-1}\left(\dfrac{\partial G}{\partial \theta}\right)$，目标对参数的一阶灵敏度可以表达为

$$\frac{\partial Z}{\partial \theta} = \frac{\partial f}{\partial \theta} - \left(\frac{\partial f}{\partial x}\right)\left(\frac{\partial G}{\partial x}\right)^{-1}\left(\frac{\partial G}{\partial \theta}\right)$$

$$(1-34)$$

1.5.3 目标对约束的灵敏度

如果给定下述模型：

目标函数为

$$\min Z = f(v,u,\theta)$$

约束条件为

$$G(v,u,\theta) = 0$$

式中：v 是 m 维决策变量；u 是 n 维状态变量；θ 是参数向量。根据定义，目标对约束的灵敏度可以表达为

$$S_G^f = \left[\frac{\mathrm{d}f(x)}{f^*(x)}\right]\left[\frac{\mathrm{d}G(x)}{g(x)}\right]^{-1}_{x=x^0} = \left[\frac{\mathrm{d}f(x)}{\mathrm{d}G(x)}\right]\left[\frac{g(x)}{f^*(x)}\right] \qquad (1-35)$$

同时,约束条件的变化取决于状态变量和决策变量的变化:

$$\mathrm{d}G(x) = \frac{\partial G(x)}{\partial u}\mathrm{d}u + \frac{\partial G(x)}{\partial v}\mathrm{d}v = \boldsymbol{A}\,\mathrm{d}u + \boldsymbol{B}\,\mathrm{d}v \qquad (1-36)$$

此外,目标函数的变化也取决于状态变量和决策变量的变化:

$$\mathrm{d}f(x) = \frac{\partial f(x)}{\partial u}\mathrm{d}u - \frac{\partial f(x)}{\partial v}\mathrm{d}v = \boldsymbol{C}\,\mathrm{d}u + \boldsymbol{D}\,\mathrm{d}v \qquad (1-37)$$

式中

$$\boldsymbol{A} = \begin{bmatrix} \dfrac{\partial g_1}{\partial u_1} & \cdots & \dfrac{\partial g_1}{\partial u_n} \\ \vdots & & \vdots \\ \dfrac{\partial g_n}{\partial u_1} & \cdots & \dfrac{\partial g_n}{\partial u_n} \end{bmatrix}, \quad \boldsymbol{B} = \begin{bmatrix} \dfrac{\partial g_1}{\partial v_1} & \cdots & \dfrac{\partial g_1}{\partial v_m} \\ \vdots & & \vdots \\ \dfrac{\partial g_n}{\partial v_1} & \cdots & \dfrac{\partial g_n}{\partial v_m} \end{bmatrix}$$

$$\boldsymbol{C} = \begin{bmatrix} \dfrac{\partial f(x)}{\partial u_1} & \cdots & \dfrac{\partial f(x)}{\partial u_n} \end{bmatrix}, \quad \boldsymbol{D} = \begin{bmatrix} \dfrac{\partial f(x)}{\partial v_1} & \cdots & \dfrac{\partial f(x)}{\partial v} \end{bmatrix}$$

如果 $\boldsymbol{A}$ 存在逆矩阵,由约束条件的变换式可以得出:

$$\mathrm{d}u = \boldsymbol{A}^{-1}\mathrm{d}G(x) - \boldsymbol{A}^{-1}\boldsymbol{B}\,\mathrm{d}v \qquad (1-38)$$

将其代入目标函数的变化表达式,得到:

$$\mathrm{d}f(x) = \boldsymbol{C}\left[\boldsymbol{A}^{-1}\mathrm{d}G(x) - \boldsymbol{A}^{-1}\boldsymbol{B}\,\mathrm{d}v\right] + \boldsymbol{D}\,\mathrm{d}v =$$
$$\boldsymbol{C}\boldsymbol{A}^{-1}\mathrm{d}G(x) + (\boldsymbol{D} - \boldsymbol{C}\boldsymbol{A}^{-1}\boldsymbol{B})\,\mathrm{d}v \qquad (1-39)$$

根据库恩-塔克定律,在最优点处:

$$(\boldsymbol{D} - \boldsymbol{C}\boldsymbol{A}^{-1}\boldsymbol{B})\,\mathrm{d}v = 0 \qquad (1-40)$$

所以

$$\mathrm{d}f(x)\,\big|_{x=x^0} = \boldsymbol{C}\boldsymbol{A}^{-1}\mathrm{d}G(x) \qquad (1-41)$$

由此可以得到目标对约束的灵敏度系数:

$$\frac{\mathrm{d}f(x)}{\mathrm{d}G(x)}\bigg|_{x=x^0} = \boldsymbol{C}\boldsymbol{A}^{-1} \qquad (1-42)$$

思 考 题

1. 简述环境模拟对分析环境污染问题的意义。
2. 环境模拟的对象有哪些?
3. 简述建立环境数学模型的要求和步骤。
4. 请说明模型参数估算的方法及各自特点。
5. 已知一组数据,适合线性方程 $Y = b + mX$,试用线性回归估计 b 和 m,同时说明该方程的拟合程度如何。

X	1	2	3	5
Y	2.9	5.0	7.1	11.5

6. 简述应用环境数学模型的优点和局限性。

7. 下表为一有机污染物进入水体后,其浓度的时间数据序列。

时间 t/h	0	1	3	5	7	9	23	27	31
浓度 C/(mg·L^{-1})	2.30	2.22	1.92	1.6	1.52	1.07	0.73	0.50	0.45

其浓度-时间关系可用模型① $C = C_0 \exp(K_d t)$ 或② $C = C_1 + C_0 \exp(K_d t)$ 描述。
试分别讨论两模型中浓度 C 对参数 K_d 的灵敏度,并判断哪一个模型更稳健。

8. 已知一组实验数据,两个模型结构 $y = a e^{bx}$,$y = ax^b$,哪一个更合适?

x	1	2	4	7	10	15	20	25	30	40
y	1.36	3.69	27	5.5e2	1.1e4	1.6e6	2.4e8	3.6e10	5.3e12	1.2e14

9. 已知一组数据适合方程 $y = a + b_1 x_1 + b_2 x_2$,试估计参数 a,b_1,b_2。

x_1	1.0	1.2	1.4	1.6	1.8	2.0	2.2	2.4
x_2	2.5	3.6	1.8	0.9	1.3	3.4	5.2	2.1
y	0.06	−0.34	0.25	0.56	0.48	−0.12	−0.62	0.36

10. 根据对某一种反应的分析,获得灰箱模型为

$$y = c + a\sqrt{x_1} + b\ln x_2$$

随后为了确定其中的模型参数,通过实验测得了一组数据:

x_1	0.2	1	1.4	1.8	2.2	3	3.4	3.8	4.6	5	5.4	5.8	6.6
x_2	1.5	2.5	3.3	3.5	4.57	4.82	5.5	6	7	7.5	8.17	8.5	9.5
y	14.8	16.6	15.6	16.9	17.4	18.4	19.9	18.4	18.4	20.2	20.4	19.7	21.7

根据这些数据,试对模型中的参数进行估值。

11. 已知河流平均流速为 4.2 km/h,饱和溶解氧为 $O_S = 10$ mg/L,河流起始点的生物化学需氧量(BOD)(L_0)浓度为 23 mg/L,沿程几个断面的溶解氧测定数据如下:

X/km	0	9	29	38	55
DO 浓度/(mg·L^{-1})	10	8.2	7.3	6.4	7.1

根据数据及河流溶解氧变化模式:

$$O = O_s - (O_s - O_0)\exp\left(-\frac{K_a X}{u_x}\right) + \frac{K_d L_0}{K_a - K_d}\left[\exp\left(-\frac{K_a X}{u_x}\right) - \exp\left(-\frac{K_d X}{u_x}\right)\right]$$

估算河流好氧速度常数 K_d 和复氧速度常数 K_a。

第2章 大气污染控制模型

大气质量模型利用数学和数量技术模拟污染物影响空气的物理和化学过程。根据输入的气象数据和源信息,如排放率及堆叠高度等数据,这些模型可以描述直接排入大气中的主要污染物,而且在某些情况下,还可描述在大气中由于复杂的化学反应而形成的二次污染物。这些模型对空气质量管理体系非常重要,因此被广泛用于控制空气污染,不仅可查明空气质量问题的贡献源,而且可用于协助制定有关减少空气中有害污染物的有效措施。另外,大气质量模型也可用来预测新的控制计划实施后的污染物浓度,以评估这个计划用于减少有害气体暴露而给人类和环境造成危害的有效性。

2.1 影响大气污染物扩散的因素

大气污染物在大气湍流混合作用(见2.2节)下被扩散稀释。我们通常用一些数学模型来模拟污染物在大气中的扩散。在推算和预测大气污染物浓度时,常用的一些典型扩散模型有:烟流模型、烟团模型和箱式模型。而大气污染扩散主要受到气象条件、地貌状况及污染物的特征的影响。

2.1.1 气象因子的影响

影响污染物扩散的气象因子主要是大气稳定度和风。

1. 大气稳定度

大气稳定度随着气温层结的分布而变化,是直接影响大气污染物扩散的极重要因素。大气越不稳定,污染物的扩散速率就越快;反之,则越慢。当近地面的大气处于不稳定状态时,由于上部气温低而密度大,下部气温高而密度小,两者之间形成的密度差导致空气在竖直方向上产生强烈的对流,使烟流迅速扩散。大气处于逆温层结的稳定状态时,将抑制空气的上下扩散,使排向大气的各种污染物质在局部地区大量聚积。当污染物的浓度增大到一定程度并在局部地区停留足够长的时间时,就可能造成大气污染。

烟流在不同气温层结及稳定度状态的大气中运动,具有不同的扩散形态。图2-1为烟流在五种不同条件下,形成的典型烟云。

① 波浪型。这种烟型发生在不稳定大气中,即 $\gamma > 0$,$\gamma > \gamma_d$。大气湍流强烈,烟流呈上下左右剧烈翻卷的波浪状向下风向输送,多出现在阳光较强的晴朗白天。污染物随着大气运动向各个方向迅速扩散,落地浓度较高,最大浓度点距排放源较近,大气污染物浓度随着远离排放源而迅速降低,对排放源附近的居民有害。

② 锥型。大气处于中性或弱稳定状态,即 $\gamma > 0$,$\gamma < \gamma_d$。烟流扩散能力弱于波浪型,离开排放源一定距离后,烟流沿基本保持水平的轴线呈圆锥形扩散,多出现阴天多云的白天和强风的夜间。大气污染物输送距离较远,落地浓度也比波浪型低。

③ 带型。这种烟型出现在逆温层结的稳定大气中,即 $\gamma < 0$,$\gamma < \gamma_d$。大气几乎无湍流发生,烟流在竖直方向上扩散速度很小,其厚度在漂移方向上基本不变,像一条长直的带子,而呈扇形在水平方向上缓慢扩散,也称为扇型,多出现于弱风晴朗的夜晚和早晨。由于逆温层的存在,污

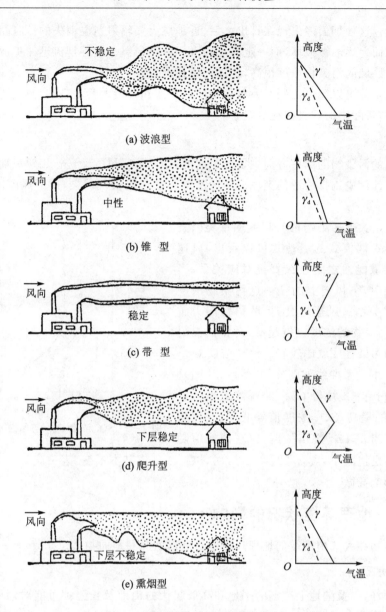

图 2-1　典型烟云与大气稳定度关系

染物不易扩散稀释,但输送较远。若排放源较低,污染物在近地面处的浓度较高,当遇到高大障碍物阻挡时,会在该区域聚积以致造成污染。当排放源很高时,近距离的地面上不易形成污染。

④ 爬升型。爬升型为大气某一高度的上部处于不稳定状态,即当 $\gamma > 0$,$\gamma > \gamma_d$,而下部为稳定状态,即当 $\gamma < 0$,$\gamma < \gamma_d$ 时出现的烟流扩散形态。如果排放源位于这一高度,则烟流呈下侧边界清晰平直,向上方湍流扩散形成一屋脊状,故又称为屋脊型。这种烟云多出现于地面附近有辐射逆温日落前后,而高空受冷空气影响仍保持递减层结。由于污染物只向上方扩散而不向下扩散,因而地面污染物的浓度低。

⑤ 熏烟型。与爬升型相反,熏烟型为大气某一高度的上部处于稳定状态,即当 $\gamma < 0$,$\gamma < \gamma_d$,而下部为稳定状态,即 $\gamma > 0$,$\gamma > \gamma_d$ 时出现的烟流运动型态。若排放源在这一高度附近,上部的逆温层就像一个盖子,使烟流的向上扩散受到抑制,而下部的湍流扩散比较强烈,也称

为漫烟型烟云。这种烟云多出现在日出之后,近地层大气辐射逆温消失的短时间内,此时地面的逆温已自下而上逐渐被破坏,而一定高度之上仍保持逆温。这种烟流迅速扩散到地面,在接近排放源附近区域的污染物浓度很高,地面污染最严重。

上述典型烟云可以简单地判断大气稳定度的状态和分析大气污染的趋势。但影响烟流形成的因素很多,实际中的烟流往往更复杂。

2. 风

进入大气的污染物的漂移方向主要受风向的影响,依靠风的输送作用顺风而下,在下风向地区稀释。因此污染物排放源的上风向地区基本不会形成大气污染,而下风向区域的污染程度就比较严重。

风速是决定大气污染物稀释程度的重要因素之一。由高斯扩散模式的表达式可以看出,风速和大气稀释扩散能力之间存在直接对应关系,当其他条件相同时,下风向上的任一点污染物浓度与风速成反比关系。风速越高,扩散稀释能力越强,则大气中污染物的浓度也就越低,对排放源附近区域造成的污染程度就比较轻。SO_2 浓度 C_{SO_2} 与地面风速 u 的关系曲线如图 2-2 所示,该图是某城市 11 月份和 12 月份 C_{SO_2} 的观测数据。显然,随着风速的提高,SO_2 浓度值降低,但变化趋势有所不同。当 $u>2\sim3$ m/s 时,SO_2 浓度值随着风速的增高迅速减小;当 $u<2\sim3$ m/s 时,SO_2 浓度值基本不变,表明此时的风速对污染物的扩散稀释影响甚微。

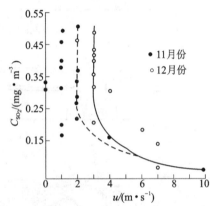

图 2-2　SO_2 浓度 C_{SO_2} 与风速 u 的关系曲线

2.1.2　地理环境状况的影响

影响污染物在大气中扩散的地理环境包括地形状况和地面物体。

1. 地形状况

陆地和海洋,以及陆地上广阔的平地和高低起伏的山地及丘陵都可能对污染物的扩散稀释产生不同的影响。局部地区由于地形的热力作用,会改变近地面气温的分布规律,从而形成前述的地方风,最终影响污染物的输送与扩散。

海陆风会形成局部区域的环流,抑制了大气污染物向远处扩散。例如,白天,海岸附近的污染物从高空向海洋扩散出去,可能会随着海风的环流回到内地,这样去而复返的循环使该地区的污染物迟迟不能扩散,造成空气污染加重。此外,在日出和日落后,当海风与陆风交替时大气处于相对稳定甚至逆温状态,不利于污染物的扩散。还有,大陆盛行的季风与海陆风交汇,两者相遇处的污染物浓度也较高,如我国东南沿海夏季风夜间与陆风相遇。有时,大陆上气温较高的风与气温较低的海风相遇,会形成锋面逆温。

山谷风也会形成局部区域的封闭性环流,不利于大气污染物的扩散。当夜间出现山风时,由于冷空气下沉谷底,而高空容易滞留由山谷中部上升的暖空气,因此时常出现使污染物难以扩散稀释的逆温层。若山谷有大气污染物卷入山谷风形成的环流中,则会长时间滞留在山谷中难以扩散。

如果在山谷内或上风峡谷口建有排放大气污染物的工厂,则峡谷风不利于污染物的扩散,并且污染物随峡谷风流动,从而造成峡谷下游地区的污染。

当烟流越过横挡于烟流途径的山坡时,在其迎风面上会发生下沉现象,使附近区域污染物浓度增高而形成污染,如背靠山地的城市和乡村。烟流越过山坡后,又会在背风面产生旋转涡流,使得高空烟流污染物在漩涡作用下重新回到地面,可能使背风面地区遭到较为严重的污染。

2. 地面物体

由于人类的活动和工业生产中大量消耗燃料,使城市成为一大热源。此外,城市建筑物的材料多为热容量较高的砖石水泥,白天吸收较多的热量,夜间因建筑群体拥挤而不宜冷却,成为一巨大的蓄热体。因此,城市比其周围郊区气温高,年平均气温一般高于乡村 1~1.5 ℃,冬季可高出 6~8 ℃。由于城市气温高,热气流不断上升,乡村低层冷空气向市区侵入,从而形成封闭的城乡环流。这种现象与夏日海洋中的孤岛上空形成海风环流一样,所以称之为城市热岛效应,如图 2-3 所示。

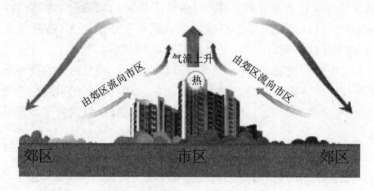

图 2-3　城市热岛效应示意图

城市热岛效应的形成与盛行风和城乡间的温差有关。夜晚,城乡温差比白天大,热岛效应在无风时最为明显,从乡村吹来的风速可达 2 m/s。虽然热岛效应加强了大气的湍流,有助于污染物在排放源附近的扩散。但是这种热力效应构成的局部大气环流,一方面使得城市排放的大气污染物会随着乡村风流返回城市;另一方面,城市周围工业区的大气污染物也会被环流卷吸而涌向市区,这样,市区的污染物浓度反而高于工业区,并久久不易散去。

城市内街道和建筑物的吸热和放热的不均匀性,还会在群体空间形成类似山谷风的小型环流或涡流。这些热力环流使得不同方位街道的扩散能力受到影响,尤其对汽车尾气污染物扩散的影响最为突出。如建筑物与在其之间的东西走向街道,白天屋顶吸热强而街道受热弱,屋顶上方的热空气上升,街道上空的冷空气下降,构成谷风式环流。晚上屋顶冷却速度比街面快,使得街道内的热空气上升而屋顶上空的冷空气下沉,反向形成山风式环流。由于建筑物一般为锐边形状,环流在靠近建筑物处还会生成涡流。当污染物被环流卷吸后就不利于向高空扩散。

排放源附近的高大密集的建筑物对烟流的扩散有明显影响。地面上的建筑物除了阻碍气流运动而使风速减小以外,有时还会引起局部环流,这些都不利于烟流的扩散。例如,当烟流掠过高大建筑物时,建筑物的背面会出现气流下沉现象,并在接近地面处形成返回气流,从而产生涡流。结果,建筑物背风侧的烟流很容易卷入涡流之中,使靠近建筑物背风侧的污染物浓度增高,明显高于迎风侧,如图 2-4 所示。如果建筑物高于排放源,这种情况将更加严重。通常,当排放源的高度超过附近建筑物高度 2.5 倍或 5 倍以上时,建筑物背面的涡流才不会对烟流的扩散产生影响。

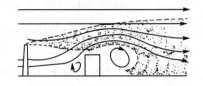

2.1.3 污染物特征的影响

图 2-4　建筑物对烟流扩散的影响

实际上,大气污染物在扩散过程中,除了在湍流及平流输送的主要作用下被稀释外,对于不同性质的污染物,还存在沉降、化合分解、净化等质量转化和转移作用。虽然这些作用对中小尺度的扩散为次要因素,但对较大粒子沉降的影响仍须考虑,对较大区域进行环境评价时净化作用的影响也不能忽略。大气及下垫面的净化作用主要有干沉积、湿沉积和放射性衰变等。

干沉积包括颗粒物的重力沉降与下垫面的清除作用。显然,粒子的直径和密度越大,其沉降速度越快,大气中的颗粒物浓度衰减也越快,但粒子的最大落地浓度靠近排放源。因此,一般在计算颗粒污染物扩散时应考虑直径大于 $10\ \mu m$ 的颗粒物的重力沉降速度。当粒子的直径小于 $10\ \mu m$ 的大气污染物及其尘埃扩散时,碰到下垫面的地面、水面、植物与建筑物等,会因碰撞、吸附、静电吸引或动物呼吸等作用被逐渐从烟流中清除出来,能降低大气中污染物的浓度。但是,这种清除速度很慢,在计算短时扩散时可不考虑。

湿沉积包括大气中的水汽凝结物(云或雾)与降水(雨或雪)对污染物的净化作用。放射性衰变是指大气中含有的放射物质可能产生的衰变现象。这些大气的自净化作用可能减少某种污染物的浓度,但也可能增加新的污染物。由于问题的复杂性,目前尚未掌握它们对污染物浓度变化的规律性。

2.2　大气湍流流动过程基本描述

2.2.1　湍　流

低层大气中的风向不断地变化,上下左右摆动;同时,风速也是时强时弱,形成迅速的阵风起伏。因为风的强度与方向随时间不规则地变化而形成的空气运动称为大气湍流。湍流运动是由无数结构紧密的流体微团——湍涡组成,其特征量的时间与空间分布都具有随机性,但它们的统计平均值仍然遵循一定的规律。大气湍流的流动特征尺度一般取决于离地面的高度,比流体在管道内流动时要大得多,湍涡的大小及其发展基本不受空间的限制,因此在较小的平均风速下就能有很高的雷诺数,从而达到湍流状态。所以近地层的大气始终处于湍流状态,尤其在大气边界层内,气流受下垫面影响,湍流运动更为剧烈。大气湍流造成流场各部分强烈混合,能使局部的污染气体或微粒迅速扩散。烟团在大气的湍流混合作用下,由湍涡不断把烟气推向周围空气中,同时又将周围的空气卷入烟团,从而形成烟气的快速扩散稀释过程。

烟气在大气中的扩散特征取决于是否存在湍流以及湍涡的尺度(直径),如图 2-5 所示。图(a)为无湍流时,烟团仅仅依靠分子扩散使烟团变大,烟团的扩散速率非常缓慢,其扩散速率比湍流扩散小 5~6 个数量级;图(b)为烟团在远小于其尺度的湍涡中扩散,由于烟团边缘受到小湍涡的扰动,逐渐与周边空气混合而缓慢膨胀,浓度逐渐降低,烟流几乎呈直线向下风运动;图(c)为烟团在与其尺度接近的湍涡中扩散,在湍涡的切入卷出作用下烟团被迅速撕裂,大幅度变形,横截面快速膨胀,因而扩散较快,烟流呈小摆幅曲线向下风运动;图(d)为烟团在远大于其尺度的湍涡中扩散,烟团受大湍涡的卷吸扰动影响较弱,其本身膨胀有限,烟团在大湍涡的夹带下作较大摆幅的蛇形曲线运动。实际上,烟云的扩散过程通常不是仅由上述单一情况完成的,因为大气中同时并存的湍涡具有各种不同的尺度。

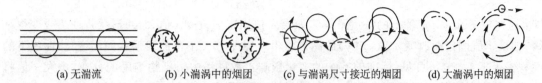

(a) 无湍流　　　　(b) 小湍涡中的烟团　　(c) 与湍涡尺寸接近的烟团　　(d) 大湍涡中的烟团

图 2-5　烟团在大气中的扩散

　　根据湍流的形成与发展趋势,大气湍流可分为机械湍流和热力湍流两种形式。机械湍流是因地面的摩擦力使风在垂直方向产生速度梯度,或者是由于地面障碍物(如山丘、树木与建筑物等)导致风向与风速的突然改变而造成的。热力湍流主要是由于地表受热不均匀,或因大气温度层结不稳定,在垂直方向产生温度梯度而造成的。一般近地面的大气湍流总是机械湍流和热力湍流的共同作用,其发展、结构特征及强弱取决于风速的大小、地面障碍物形成的粗糙度和低层大气的温度层结状况。

2.2.2　湍流扩散与正态分布的基本理论

　　气体污染物进入大气后,一方面随大气整体漂移,另一方面由于湍流混合,使污染物从高浓度区向低浓度区扩散稀释,其扩散程度取决于大气湍流的强度。大气污染的形成及其危害程度取决于有害物质的浓度及其持续时间,大气扩散理论就是用数理方法来模拟各种大气污染源在一定条件下的扩散稀释过程,用数学模型计算和预报大气污染物浓度的时空变化规律。

　　研究物质在大气湍流场中的扩散理论主要有三种:梯度输送理论、相似理论和统计理论。针对不同的原理和研究对象,形成了不同形式的大气扩散数学模型。由于数学模型建立时作了一些假设,以及考虑气象条件和地形地貌对污染物在大气中扩散的影响而引入的经验系数,目前的各种数学模式都有较大的局限性,应用较多的是采用湍流统计理论体系的高斯扩散模式。

　　图 2-6 所示为采用统计学方法研究污染物在湍流大气中的扩散模型。假定从原点释放出一个粒子在稳定均匀的湍流大气中漂移扩散,平均风向与 x 轴同向。湍流统计理论认为,由于存在湍流脉动作用,粒子在各方向(如图中 y 方向)的脉动速度随时间而变化,因而粒子的运动轨迹也随之变化。若平均时间间隔足够长,则速度

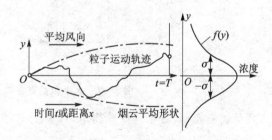

图 2-6　湍流扩散模型

脉动值的代数和为零。如果从原点释放出许多粒子,经过一段时间 T 之后,这些粒子的浓度趋于一个稳定的统计分布。湍流扩散理论(K 理论)和统计理论的分析均表明,粒子浓度沿 y 轴符合正态分布。正态分布的密度函数 $f(y)$ 的一般形式为

$$f(y) = \frac{1}{\sqrt{2\pi}\sigma} \exp\left[\frac{-(x-\mu)^2}{2\sigma^2}\right] \quad (-\infty < x < +\infty, \sigma > 0) \qquad (2-1)$$

式中:σ 为标准偏差,是曲线任一侧拐点位置的尺度;μ 为任意实数。

图 2-6 中的 $f(y)$ 曲线即为 $\mu=0$ 时的高斯分布密度曲线。它有两个性质,一是曲线关于 $y=\mu$ 的轴对称;二是当 $y=\mu$ 时,有最大值

$$f(\mu)=\frac{1}{\sqrt{2\pi}\,\sigma}$$

即:这些粒子在 $y=\mu$ 轴上的浓度最高。如果 μ 值固定而改变 σ 值,曲线形状将变尖或变得平缓;如果 σ 值固定而改变 μ 值,$f(y)$ 的图形将沿 y 轴平移。不论曲线形状如何变化,曲线下的面积恒等于 1。分析可见,标准偏差 σ 的变化影响扩散过程中污染物浓度的分布,增大 σ 值将使浓度分布函数趋于平缓并伸展扩大,这意味着提高了污染物在 y 方向的扩散速度。

高斯在大量的实测资料基础上,应用湍流统计理论得出了污染物在大气中的高斯扩散模式。虽然污染物浓度在实际大气扩散中不能严格符合正态分布的前提条件,但大量小尺度扩散试验证明,正态分布是一种可以接受的近似。

2.3　烟流模型

所谓烟流模型就是认为烟只是由于风使它向下风方向移动,即假设在此方向上没有扩散,而在与烟轴成直角的方向上才有扩散的一类模型。其中有代表性的模型是二维连续烟流扩散模型。这一模型在它的烟流截面上浓度分布为二维高斯分布(正态分布),如图 2-7 所示。

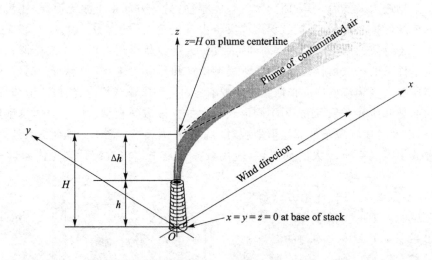

图 2-7　水平和垂直方向上高斯分布的坐标系

高斯烟流模型,由于其计算简单,计算量小,所以是目前广泛使用的扩散模型之一。一般,其适用条件是:

① 地面开阔平坦,性质均匀,下垫面以上大气湍流稳定;

② 扩散处于同一大气温度层结中,扩散范围小于 10 km;

③ 扩散物质随空气一起运动,在扩散输送过程中不产生化学反应,地面也不吸收污染物而全反射;

④ 平均风向和风速平直稳定,且 $u>1\sim2$ m/s。

高架点源模型的基础数学模型推导如下:

污染物在大气中迁移扩散一般呈三维运动。基于湍流扩散梯度理论,基本运动方程是:

$$\frac{\partial C}{\partial t} + u_x \frac{\partial C}{\partial x} + u_y \frac{\partial C}{\partial y} + u_z \frac{\partial C}{\partial z} = \frac{\partial}{\partial x}\left(E_x \frac{\partial C}{\partial x}\right) + \frac{\partial}{\partial y}\left(E_y \frac{\partial C}{\partial y}\right) + \frac{\partial}{\partial z}\left(E_z \frac{\partial C}{\partial z}\right) - kC \quad (2-2)$$

如果忽略污染物扩散过程中自身的衰减，即 $k=0$，同时忽略 y 方向和 z 方向上的流动，即 $u_y = u_z = 0$，则式（2-2）可以简化为

$$\frac{\partial C}{\partial t} + u_x \frac{\partial C}{\partial x} = \frac{\partial}{\partial x}\left(E_x \frac{\partial C}{\partial x}\right) + \frac{\partial}{\partial y}\left(E_y \frac{\partial C}{\partial y}\right) + \frac{\partial}{\partial z}\left(E_z \frac{\partial C}{\partial z}\right) \quad (2-3)$$

式（2-3）中，等号左边第一项为某地的污染物浓度随时间的变化率，第二项为沿 x 轴向（与风向平行）的推流输移项。等号右边是 x、y、z 三个方向上的湍流项。式（2-3）虽已经简化，但仍然很复杂，在不同的初始条件和边界条件下可以得到不同的解。若假定大气流场是均匀的，E_x、E_y、E_z 都是常数，C 为湍流时的平均浓度，则式（2-3）可以写成：

$$\frac{\partial C}{\partial t} + u_x \frac{\partial C}{\partial x} = E_x \frac{\partial^2 C}{\partial x^2} + E_y \frac{\partial^2 C}{\partial y^2} + E_z \frac{\partial^2 C}{\partial z^2} \quad (2-4)$$

式（2-4）是各种高架点源模型的基础。

2.3.1　无边界点源模型

1. 无边界瞬时点源模型

在无边界的大气环境中，一个烟囱瞬间排出的烟气将沿三维方向扩散。假设点源位于坐标原点 $(0,0,0)$，释放时间 $t=0$，根据式（2-4）在空间任一点，任一时刻的污染物浓度可以用下式计算：

$$C(x,y,z,t) = \frac{M}{8(\pi t)^{3/2}\sqrt{E_x E_y E_z}} \exp\left\{-\frac{1}{4t}\left[\frac{(x-u_x t)^2}{E_x} + \frac{y^2}{E_y} + \frac{z^2}{E_z}\right]\right\} \quad (2-5)$$

式中：M 为在 $t=0$ 时刻由原点 $(0,0,0)$ 瞬间排放的污染物量，即源强。

若令三坐标方向上的污染物分布的标准差为

$$\sigma_x^2 = 2E_x t, \quad \sigma_y^2 = 2E_y t, \quad \sigma_z^2 = 2E_z t$$

则式（2-5）可以写作：

$$C(x,y,z,t) = \frac{M}{\sqrt{8\pi^3}\,\sigma_x \sigma_y \sigma_z} \exp\left\{-\left[\frac{(x-u_x t)^2}{2\sigma_x^2} + \frac{y^2}{2\sigma_y^2} + \frac{z^2}{2\sigma_z^2}\right]\right\} \quad (2-6)$$

2. 无边界无风瞬时点源模型

在无风的条件下，$u_x = 0$，由式（2-6）可以求得无边界无风瞬时点源模型：

$$C(x,y,z,t) = \frac{M}{\sqrt{8\pi^3}\,\sigma_x \sigma_y \sigma_z} \exp\left[-\left(\frac{x^2}{2\sigma_x^2} + \frac{y^2}{2\sigma_y^2} + \frac{z^2}{2\sigma_z^2}\right)\right] \quad (2-7)$$

3. 无边界连续稳定源模型

对于一个连续稳定点源 $\partial C/\partial t = 0$，在 $u_x \geqslant 1$ m/s 时可以忽略纵向扩散作用，即 $E_x = 0$，则式（2-7）可以简化为

$$u_x \frac{\partial C}{\partial x} = E_y \frac{\partial^2 C}{\partial y^2} + E_z \frac{\partial^2 C}{\partial z^2} \quad (2-8)$$

式（2-8）的解为

$$C(x,y,z) = \frac{Q}{4\pi x\sqrt{E_x E_y}} \exp\left[-\frac{u_x}{4x}\left(\frac{y^2}{E_y} + \frac{z^2}{E_z}\right)\right] = \frac{Q}{2\pi x\sigma_y \sigma_z} \exp\left[-\frac{1}{2}\left(\frac{y^2}{\sigma_y^2} + \frac{z^2}{\sigma_z^2}\right)\right]$$

$$(2-9)$$

式中：Q 为原点$(0,0,0)$连续排放的污染源源强，即在单位时间排放的污染物量。

2.3.2 高架连续排放点源模型

烟气的有组织排放一般都是通过烟囱进行的，在任何气象条件下，在开阔平坦的地形上，一个高的烟囱产生的地面污染物浓度总比具有相同源强的低烟囱所产生的地面污染物浓度要低，因此，烟囱高度是大气污染控制的主要变量之一。

烟囱的高度包括两部分：物理高度 H_1 和抬升高度 ΔH。物理高度是烟囱的实体的高度；烟气抬升高度是指烟气在排出烟囱口之后在动量和热浮力的作用下能够继续上升的高度，这个高度可达数十米至上百米，对减轻地面的大气污染有很大作用。因此，计算中烟囱的高度指的是烟囱的有效高度，即烟囱物理高度与抬升高度之和，烟囱的有效高度可用下式计算：

$$H = H_1 + \Delta H \tag{2-10}$$

烟气离开排出口之后，向下风方向扩散，作为扩散边界，地面起到反射作用（见图 2-8）。如果假定大气流场均匀稳定，横向、竖向流速和纵向湍流作用可以忽略，即 $u_y = u_z = 0$，$E_x = 0$，对一个排放高度为 H 的连续点源，其下风向的污染物分布可按下式计算：

$$C(x,y,z,H) = \frac{Q}{2\pi u_x \sigma_y \sigma_z} \left\{ \exp\left[-\frac{1}{2}\left(\frac{y^2}{\sigma_y^2} + \frac{(z-H)^2}{\sigma_z^2} \right) \right] + \exp\left[-\frac{1}{2}\left(\frac{y^2}{\sigma_y^2} + \frac{(z+H)^2}{\sigma_z^2} \right) \right] \right\} \tag{2-11}$$

式中：$C(x,y,z,H)$ 为坐标(x,y,z)处的污染物浓度；H 为烟囱的有效高度；Q 为烟囱排放源强，即单位时间排放的污染物量。其余符号意义同前。

式(2-11)是高架连续点源的一般解析式，又称 Gauss 模型。由式(2-11)可以导出各种条件下常用大气扩散模型。

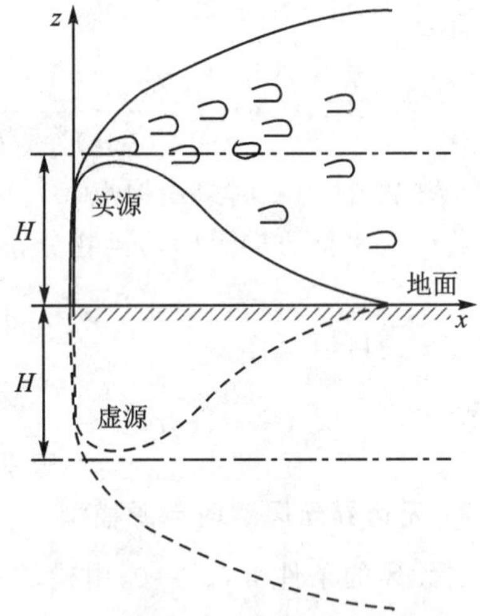

1. 高架连续点源地面浓度模型

令 $z=0$，并代入式(2-11)就可以得到高架连续点源地面浓度模型：

$$C(x,y,0,H) = \frac{Q}{\pi u_x \sigma_y \sigma_z} \exp\left(-\frac{y^2}{2\sigma_y^2} - \frac{H^2}{2\sigma_z^2} \right) \tag{2-12}$$

图 2-8 地面对烟羽的反射

2. 高架连续点源地面轴线浓度模型

地面轴线是烟囱原点向下风向延伸的方向，即 $y=0$ 的坐标线，由式(2-12)可得高架连续点源地面轴线浓度模型：

$$C(x,0,0,H) = \frac{Q}{\pi u_x \sigma_y \sigma_z \sqrt{E_x E_z}} \exp\left(-\frac{H^2}{2\sigma_z^2} \right) \tag{2-13}$$

3. 高架连续点源最大落地浓度模型

最大落地浓度发生在 x 轴线上$(0<x<\infty)$，由 $\sigma_y^2 = 2D_y x/u_x$，$\sigma_z^2 = 2D_z x/u_x$ 和式(2-13)可得

$$C(x,0,0,H) = \frac{Q}{2\pi x \sqrt{E_x E_z}} \exp\left(-\frac{u_x H^2}{4E_z x} \right) \tag{2-14}$$

对式(2-14)中的 x 求导数并令其为零,则有

$$\frac{dC}{dx}=\frac{Q}{2\pi x^2\sqrt{E_yE_z}}\exp\left(-\frac{u_xH^2}{4E_zx}\right)+\frac{Q}{2\pi x\sqrt{E_yE_z}}\exp\left(-\frac{u_xH^2}{4E_zx}\right)\left(\frac{u_xH^2}{4E_zx^2}\right)=0$$

解之得

$$x^*=\frac{u_xH^2}{4E_z} \qquad (2-15)$$

当 $x=x^*$ 时,由式(2-14)可得高架连续点源最大落地浓度模型:

$$C(x,0,0,H)_{max}=C(x^*,0,0,H)=\frac{2Q\sqrt{E_z}}{\pi eu_xH^2\sqrt{E_y}}=\frac{2Q\sigma_z}{\pi eu_xH^2\sigma_y} \qquad (2-16)$$

4. 烟囱有效高度的估算

如果给定地面污染物的最大允许浓度 C_{max},则由式(2-16)可以估算烟囱的有效高度 H^*,公式如下:

$$H^*\geqslant\sqrt{\frac{2Q\sigma_z}{\pi eu_x\sigma_yC(x,0,0)_{max}}} \qquad (2-17)$$

5. 逆温条件下高架连续点源模型

若在烟囱排出口的上空存在逆温层,从地面到逆温层的底部的高度为 h,这时烟囱的排烟不仅要受到地面的反射,还要受到逆温层的反射(见图2-9)。

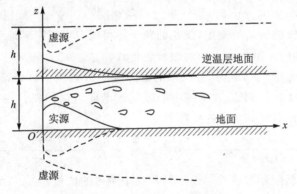

图 2-9 地面和逆温层的反射

在逆温条件下,高架连续点源扩散模型为

$$C(x,y,z,H)=\frac{Q}{2\pi u_x\sigma_y\sigma_z}\left\{\exp\left[-\frac{1}{2}\left(\frac{y^2}{\sigma_y^2}+\frac{(z-H)^2}{\sigma_z^2}\right)\right]+\right.$$

$$\exp\left[-\frac{1}{2}\left(\frac{y^2}{\sigma_y^2}+\frac{(z+H)^2}{\sigma_z^2}\right)\right]+$$

$$\exp\left[-\frac{1}{2}\left(\frac{y^2}{\sigma_y^2}+\frac{(2h-z-H)^2}{\sigma_z^2}\right)\right]+$$

$$\left.\exp\left[-\frac{1}{2}\left(\frac{y^2}{\sigma_y^2}+\frac{(2h+z+H)^2}{\sigma_z^2}\right)+\cdots\right]\right\}=$$

$$\frac{Q}{2\pi u_x \sigma_y \sigma_z}\left\{\exp\left[-\frac{1}{2}\left(\frac{y^2}{\sigma_y^2}+\frac{(z-H)^2}{\sigma_z^2}\right)\right]+\right.$$

$$\exp\left[-\frac{1}{2}\left(\frac{y^2}{\sigma_y^2}+\frac{(z+H)^2}{\sigma_z^2}\right)\right]+$$

$$\sum_{n=2}^{\infty}\exp\left[-\frac{1}{2}\left(\frac{y^2}{\sigma_y^2}+\frac{(nh-z-H)^2}{\sigma_z^2}\right)\right]+$$

$$\left.\sum_{n=2}^{\infty}\exp\left[-\frac{1}{2}\left(\frac{y^2}{\sigma_y^2}+\frac{(nh+z+H)^2}{\sigma_z^2}\right)\right]\right\}\qquad(2-18)$$

式中:h 为由地面到逆温层底部的高度;n 为计算的反射次数,随着 n 的增大,等号右边第三、四项衰减很快,一般经一两次反射后,虚源的影响已经很小了,所以在实际计算中,只需取 $n=1$ 或 2。

将 $y=0$ 和 $z=0$ 代入式(2-18)可以得到逆温条件下高架连续点源地面轴线浓度模型:

$$C(x,0,0,H)=\frac{Q}{\pi u_x \sigma_y \sigma_z}\left\{\exp\left(-\frac{H^2}{2\sigma_z^2}\right)+\sum_{n=2}^{\infty}\exp\left[-\frac{(nh-H)^2}{2\sigma_z^2}\right]\right\}\qquad(2-19)$$

式(2-18)和式(2-19)的应用条件是 $H \leqslant h$,当逆温层的高度小于烟囱的有效高度时,式(2-18)和式(2-19)不能应用。

2.3.3 沉降颗粒的扩散模型

当颗粒物的粒径小于 10 μm 时,空气中的沉降速度小于 1 cm/s,粒子的垂直运动大都由较大的垂直湍流和大气的运动所支配,微小的粒子不可能自由沉降到地面,因而可以忽略其沉降作用。此时,颗粒物的浓度分布可用前面所述各式计算。

当颗粒物的粒径大于 10 μm 时,空气中的沉降速度为 $10^0 \sim 10^2$ cm/s,颗粒物除了随流场运动以外,还受重力的作用,使扩散羽的中心轴线逐渐向地面倾斜。在考虑地面反射的情况下,由式(2-11)可以导出沉降颗粒的扩散模型:

$$C(x,y,z,H)=\frac{\alpha Q}{2\pi x u_x \sigma_y \sigma_z}\exp\left\{-\frac{1}{2}\left(\frac{y}{\sigma_y}\right)^2-\frac{1}{2}\frac{[z-(H-u_s x/u_x)]^2}{\sigma_z^2}\right\}\qquad(2-20)$$

式中:α 为系数,表示沉降颗粒物在总悬浮颗粒物中所占的比重,$0 \leqslant \alpha \leqslant 1$;$u_s$ 为颗粒沉降的速度;u_x 为轴向平均风速。其余符号意义同前。

颗粒物的沉降速度可以由斯托克斯公式计算:

$$u_s=\frac{\rho g d^2}{18\mu}\qquad(2-21)$$

式中:ρ 为颗粒的密度,g/cm³;g 为重力加速度,980 cm/s²;d 为颗粒直径,cm;μ 为空气黏滞系数,可取 1.8×10^{-2} g/(m·s)。

将 $z=0$ 代入式(2-20),可以得到计算地面颗粒物浓度的模型:

$$C(x,y,0,H)=\frac{\alpha Q}{2\pi x u_x \sigma_y \sigma_z}\exp\left\{-\frac{1}{2}\left[\frac{y^2}{\sigma_y^2}+\frac{(H-u_s x/u_x)^2}{\sigma_z^2}\right]\right\}\qquad(2-22)$$

2.3.4 高架多点源连续排放模型

一般来说,地面上任意一点的污染来源于不同的污染源。如果存在 m 个相互独立的污染源,则在任一空间点 (x,y,z) 处的污染物浓度,就是这 m 个污染源对这一空间点的贡献之

和,即

$$C(x,y,z)=\sum_{i=1}^{m}C_i(x,y,z) \tag{2-23}$$

式中:$C_i(x,y,z)$为第i个污染源对点(x,y,z)的贡献。

若以x_i、y_i、H_i表示第i个污染源排出口的位置及排气筒有效高度,那么当$x-x_i>0$时,

$$C_i(x,y,z)=C_i'(x-x_i,y-y_i,z)=\frac{Q_i}{\pi u_x\sigma_y\sigma_{zi}}\exp\left\{-\frac{1}{2}\left[\frac{(y-y_i)^2}{\sigma_{y_i}^2}+\frac{(z-H_i)^2}{\sigma_{z_i}^2}\right]\right\} \tag{2-24}$$

当$x-x_i\leqslant0$时,

$$C_i(x,y,z)=C_i'(x-x_i,y-y_i,z)=0$$

式中:Q_i为第i个污染源的源强;σ_{y_i}、σ_{z_i}为取决于第i个污染源至计算点的纵向距离的横向与竖向的标准差。

令$z=0$,代入式(2-24)中,可以计算多源作用下的地面浓度。对其余条件可以类推。

2.3.5　连续线源扩散模型

当污染物沿一水平方向连续排放时,可将其视为一线源,如汽车行驶在平坦开阔的公路上。若线源在横风向排放的污染物浓度相等,则可将点源扩散的高斯模式对变量y积分,即可获得线源的高斯扩散模式。但由于线源排放路径相对固定,具有方向性,若取平均风向为x轴,则线源与平均风向未必同向。所以线源的情况较复杂,应当考虑线源与风向夹角以及线源的长度等问题。

如果风向和线源的夹角$\beta>45°$,则无限长连续线源下风向地面浓度分布为

$$C(x,0,H)=\frac{\sqrt{2}q}{\sqrt{\pi}u\sigma_z\sin\beta}\exp\left(-\frac{H^2}{2\sigma_z^2}\right) \tag{2-25}$$

如果$\beta<45°$,则以上模式不能应用。如果风向和线源垂直,即$\beta=90°$,则可得

$$C(x,0,H)=\frac{\sqrt{2}q}{\sqrt{\pi}u\sigma_z}\exp\left(-\frac{H^2}{2\sigma_z^2}\right) \tag{2-26}$$

对于有限长的线源,线源末端引起的"边缘效应"将对污染物的浓度分布有很大影响。随着污染物接受点与线源距离的增加,"边缘效应"将在横风向距离的更远处起作用。因此在估算有限长污染源形成的浓度分布时,"边缘效应"不能忽视。对于横风向的有限长线源,应以污染物接受点的平均风向为x轴。若线源的范围是从y_1到y_2,且$y_1<y_2$,则有限长线源地面浓度分布为

$$C(x,0,H)=\frac{\sqrt{2}q}{\sqrt{\pi}u\sigma_z}\exp\left(-\frac{H^2}{2\sigma_z^2}\right)\int_{s_1}^{s_2}\frac{1}{\sqrt{2\pi}}\exp\left(-\frac{s^2}{2}\right)ds \tag{2-27}$$

式中,$s_1=y_1/\sigma_y$,$s_2=y_2/\sigma_y$,积分值可从正态概率表中查出。

2.3.6　连续面源扩散模型

当众多的污染源在一地区内排放时,如城市中家庭炉灶的排放,可将它们作为面源来处理。因为这些污染源排放量很小但数量很大,若依点源来处理,将是非常繁杂的计算工作。

常用的面源扩散模式为虚拟点源法,即将城市按污染源的分布和高低不同划分为若干个

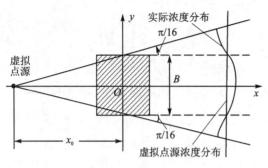

图 2 - 10 虚拟点源模型

正方形,每一正方形视为一个面源单元,边长一般在 $0.5 \sim 10$ km 之间选取。这种方法假设:

① 有一距离为 x_0 的虚拟点源位于面源单元形心的上风处,如图 2 - 10 所示。它在面源单元中心线处产生的烟流宽度为 $2y_0 = 4.3\sigma_{y_0}$,等于面源单元宽度 B。

② 面源单元向下风向扩散的浓度可用虚拟点源在下风向造成的同样的浓度所代替。

根据污染物在面源范围内的分布状况,可分为以下两种虚拟点源扩散模式:

第一种扩散模式,假定污染物排放量集中在各面源单元的形心上。由假设①可得

$$\sigma_{y_0} = B/4.3 \tag{2-28}$$

由确定的大气稳定度级别和式(2-28)求出的 σ_{y_0},应用 P-G 曲线图(见下节)可查取 x_0。再由 $(x_0 + x)$ 分布查出 σ_y 和 σ_z,则面源下风向任一处的地面浓度由下式确定:

$$C = \frac{q}{\pi u \sigma_y \sigma_z} \exp\left(-\frac{H^2}{2\sigma_z^2}\right) \tag{2-29}$$

式(2-29)即为点源扩散的高斯模式,式中 H 取面源的平均高度,m。

如果排放源相对较高,而且高度相差较大,也可假定 z 方向上有一虚拟点源,由源的最初垂直分布的标准差确定 σ_{z_0},再由 σ_{z_0} 求出 x_{z_0};由 $(x_{z_0} + x)$ 求出 σ_z,由 $(x_0 + x)$ 求出 σ_y,最后代入式(2-29)求出地面浓度。

第二种扩散模式,假定污染物浓度均匀分布在面源的 y 方向,且扩散后的污染物全都均匀分布在长为 $\pi(x_0 + x)/8$ 的弧上,如图 2-10 所示。因此,利用式(2-28)求 σ_y 后,由稳定度级别应用 P-G 曲线图查出 x_0,再由 $(x_0 + x)$ 查出 σ_z,则面源下风向任一点的地面浓度由下式确定:

$$C = \sqrt{\frac{2}{\pi}} \frac{q}{u\sigma_z \pi(x_0 + x)/8} \exp\left(-\frac{H^2}{2\sigma_z^2}\right) \tag{2-30}$$

2.4 大气污染扩散模型参数确定

大气污染扩散模型的应用效果依赖于公式中各个参数的准确程度,尤其是扩散参数 σ_y、σ_z 及烟流抬升高度 Δh 的估算。其中,平均风速 u 取多年观测的常规气象数据;源强 Q_i 可以计算或测定,而 σ_y、σ_z、Δh 与气象条件和地面状况密切相关。

2.4.1 扩散参数 σ_y 和 σ_z 的估算

扩散参数 σ_y、σ_z 是表示扩散范围及速率大小的特征量,也是正态分布函数的标准差。为了能较符合实际地确定这些扩散参数,许多研究工作致力于把浓度场和气象条件结合起来,提出了各种符合实验条件的扩散参数估计方法。其中应用较多的是由帕斯奎尔(Pasquill)和吉福特(Gifford)提出的扩散参数估算方法。

1. 帕斯奎尔模型

帕斯奎尔提出一组计算 σ_y 和 σ_z 的式子,它们适用于地面粗糙度很低的情况。公式如下:

$$\sigma_y = (a_1 \ln x + a_2) x \tag{2-31}$$

$$\sigma_z = 0.465 \exp(b_1 + b_2 \ln x + b_3 \ln^2 x) \tag{2-32}$$

式中：a_1、a_2、b_1、b_2 和 b_3 都是大气稳定度的函数，它们的值列于表 2-1。

表 2-1　帕斯奎尔扩散参数

稳定度分级	A	B	C	D	E	F
a_1	-0.023	-0.015	-0.012	-0.006	-0.006	-0.003
a_2	0.350	0.248	0.175	0.108	0.088	0.054
b_1	0.880	-0.985	-1.186	-1.350	-3.880	-3.800
b_2	-0.152	0.820	0.850	0.893	1.255	1.419
b_3	0.147	0.017	0.005	0.002	-0.042	-0.055

2. 雷特尔模型

雷特尔（Reuter）根据气象参数（主要是风速）导出如下表达式：

$$\sigma_y = B t^b \tag{2-33}$$

$$\sigma_z = A t^a \tag{2-34}$$

式中：$t = x / \bar{u}$，$\bar{u}$ 为平均风速；A、B、a、b 为参数，是大气稳定度的函数。表 2-2 给出了 A、B、a、b 的值，表中的大气稳定度按特纳尔方法分类。

表 2-2　雷特尔扩散参数

参　数	稳定度分类					
	A	B	C	D	E	F
B	0.46	0.50	0.94	1.07	1.11	1.27
b	0.73	0.80	0.80	0.84	0.87	0.90
A	0.32	0.74	0.64	0.90	0.83	0.09
a	0.50	0.57	0.70	0.76	0.89	1.46

3. 布里格斯（Briggs）公式

布里格斯根据几种扩散曲线，给出一组适用于高架源的公式，见表 2-3。

表 2-3　σ_y 和 σ_z 的布里格斯近似公式

帕斯奎尔类别	σ_y	σ_z
开阔乡间条件		
A	$0.22x(1+0.0001x)^{-1/2}$	$0.20x$
B	$0.16x(1+0.0001x)^{-1/2}$	$0.12x$
C	$0.11x(1+0.0001x)^{-1/2}$	$0.08x(1+0.0002x)^{-1/2}$
D	$0.08x(1+0.0001x)^{-1/2}$	$0.06x(1+0.0015x)^{-1/2}$
E	$0.06x(1+0.0001x)^{-1/2}$	$0.03x(1+0.0003x)^{-1}$
F	$0.04x(1+0.0001x)^{-1/2}$	$0.016x(1+0.0003x)^{-1}$
城市条件		
A～B	$0.32x(1+0.0004x)^{-1/2}$	$0.14x(1+0.001x)^{-1/2}$
C	$0.22x(1+0.0004x)^{-1/2}$	$0.20x$
D	$0.16x(1+0.0004x)^{-1/2}$	$0.14x(1+0.0003x)^{-1/2}$
E～F	$0.11x(1+0.0004x)^{-1/2}$	$0.08x(1+0.00015x)^{-1/2}$

4. 特纳尔公式

特纳尔提出 $\sigma T = \gamma^{T\alpha}$ 的时间指数形式，γ、α 在不同稳定度下扩散参数可选表 2-4 的值，此表中稳定度采用特纳尔分级法，共分为 7 个等级。

表 2-4　特纳尔扩散参数

参　数	稳定度等级	γ	α	扩散时间 T/s
σ_y	A	1.920 91	0.884 785	>0
	B	1.425 01	0.890 339	>0
	C	1.015 38	0.896 354	>0
	D	0.682 402	0.886 706	>0
	E	0.610 032	0.885 474	>0
σ_z	A	0.228 205	1.165 93	0~500
		0.049 064	1.413 27	500~2 000
		0.017 258	1.550 74	>2 000
	B	0.360 763	1.011 28	0~1 000
		0.192 024	1.110 256	>1 000
	C	0.426 406	0.912 511	>0
	D	0.449 05	0.855 756	0~1 000
		1.300 23	0.701 154	>1 000
	E	0.523 275	0.774 22	0~1 000
		1.408	0.630 929	1 000~3 000
		4.098 32	0.497 485	>3 000
	F	0.64	0.698 97	0~1 000
		1.024	0.630 929	1 000~3 000
		4.650 31	0.441 928	>3 000
	G	0.773 470	0.620 945	0~1 000
		1.748 08	0.502 905	1 000~3 000
		7.283 60	0.324 659	>3 000

5. 我国环评导则推荐的扩散参数 σ_y 和 σ_z 的确定

（1）有风时

有风时扩散参数 σ_y 和 σ_z 的确定（取样时间 0.5 h）：

① 平原地区农村及城市远郊区，其扩散参数选取方法：A、B、C 级稳定度直接由表 2-5 和表 2-6 查算，D、E、F 级稳定度则需向不稳定方向提半级后由表 2-5 和表 2-6 查算。

② 工业区或城区中的点源，其扩散参数选取方法：A、B 级不提级，C 级提到 B 级，D、E、F 级向不稳定方向提一级，再按表 2-5 和表 2-6 查算。

表 2 - 5 横向扩散参数幂函数表达式数据

扩散参数	稳定度等级(P·S)	α_1	γ_1	下风距离/m
$\sigma_y = \gamma_1 X_1^{\alpha}$	A	0.901 074	0.425 809	0~1 000
	B	0.914 370	0.281 846	0~1 000
	B~C	0.919 325	0.229 500	0~1 000
	C	0.924 279	0.177 154	0~1 000
	C~D	0.926 849	0.143 940	0~1 000
	D	0.929 481	0.110 726	0~1 000
	D~E	0.925 118	0.098 563 1	0~1 000
	E	0.920 818	0.086 001	0~1 000
	F	0.929 481	0.055 363 4	0~1 000

表 2 - 6 垂直扩散参数幂函数表达式数据

扩散参数	稳定度等级(P·S)	α_2	γ_2	下风距离/m
$\sigma_y = \gamma_2 X_2^{\alpha}$	A	1.121 54	0.079 990 4	0~300
	B	0.941 015	0.127 190	0~500
	B~C	0.941 015	0.114 682	0~500
	C	0.917 595	0.106 803	0
	C~D	0.838 628	0.126 152	0~2 000
	D	0.826 212	0.104 634	1~1 000
	D~E	0.776 864	0.104 634	0~2 000
	E	0.788 370	0.092 752 9	0~1 000
	F	0.784 40	0.062 076 5	0~1 000

③ 丘陵山区的农村或城市,其扩散参数选取方法同工业区。

(2) 小风和静风($u_{10} < 1.5$ m/s) 时

小风和静风时,取样时间 0.5 h 的扩散参数按表 2-7 选取。

表 2 - 7 小风和静风时扩散参数的系数

$(\sigma_x = \sigma_y = \gamma_{01}, \sigma_z = \gamma_{02} T)$

稳定度 等级(P·S)	γ_{01}		γ_{02}	
	$u_{10} < 0.5$ m/s	0.5 m/s$\leqslant u_{10} < 1.5$ m/s	$u_{10} < 0.5$ m/s	0.5 m/s$\leqslant u_{10} < 1.5$ m/s
A	0.93	0.76	0.15	1.57
B	0.76	0.56	0.47	0.47
C	0.55	0.35	0.21	0.21
D	0.47	0.27	0.12	0.12
E	0.44	0.24	0.07	0.07
F	0.44	0.24	0.05	0.05

2.4.2 烟气抬升公式

烟气抬升高度是确定高架源的位置、准确判断大气污染扩散及估计地面污染浓度的重要参数之一。从烟囱里排出的烟气,通常会继续上升。上升的原因:一是热力抬升,即当烟气温度高于周围空气温度时,密度比较小,浮升力的作用而使其上升;二是动力抬升,即离开烟囱的烟气本身具有的动量,促使烟气继续向上运动,在大气湍流和风的作用下,漂移一段距离后逐渐变为水平运动,因此,烟羽抬升高度 ΔH 与烟囱的物理高度 H_1 之和称为烟羽的有效高度 H_e。

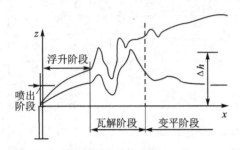

图 2 - 11　烟流抬升过程

热烟流从烟囱中喷出直至变平是一个连续的逐渐缓变过程,一般可分为四个阶段,如图 2 - 11 所示。首先是烟气依靠本身的初始动量垂直向上喷射的喷出阶段。该阶段的距离为几至十几倍烟囱的直径。其次是由于烟气和周围空气之间温差而产生的密度差所形成的浮力而使烟流上升的浮升阶段。上升烟流与水平气流之间的速度差异而产生的小尺度湍涡使得两者混合后的温差不断减小,烟流上升趋势不断减缓,逐渐趋于水平方向。

然后是在烟体不断膨胀过程中使得大气湍流作用明显加强,烟体结构瓦解,逐渐失去抬升作用的瓦解阶段。最后是在环境湍流作用下,烟流继续扩散膨胀并随风漂移的变平阶段。

确定烟羽抬升高度的方法很多,有数值计算、风洞模拟、现场观测等。下面简要介绍由现场观测资料分析归纳出的几种计算公式。

1. 霍兰德(Holland)公式(1953 年)

霍兰德公式在中、小型烟源中应用较多,其计算式为

$$\Delta H = (1.5v_s d + 1.0 \times 10^{-5} Q_H)\sqrt{u_x} = \frac{v_s d}{u_x}\left(1.5 + 2.68 \times 10^{-3} p \frac{T_s - T_a}{T_s} d\right) \approx$$

$$\frac{v_s d}{u_x}\left(1.5 + 2.7 \frac{T_s - T_a}{T_s} d\right) \tag{2-35}$$

式中:ΔH 为烟气抬升高度,m;v_s 为烟囱出口的烟气流速,m/s;d 为烟囱出口的内径,m;u_x 为烟囱出口处的平均风速,m/s;Q_H 为排出的烟气热量,J/s;p 为大气压,取 1 000 mbar (10^5 Pa);T_s 为烟囱出口处的烟气温度,K;T_a 为烟囱出口处环境的大气温度,K。

排出的烟气热量 Q_H 按下式计算:

$$Q_H = 4.18 Q_m c_p \Delta T \tag{2-36}$$

式中:Q_m 为单位时间内排出的烟气质量,g/s;c_p 为比定压热容,取 1.0 J/(g · K);

$$\Delta T = T_s - T_a$$

单位时间内排出的烟气质量又称烟气的质量流量,可按下式计算:

$$Q_m = \left(\frac{\pi d^2}{4} v_s\right)\frac{p}{RT_s} \tag{2-37}$$

式中:R 为气体常数,取 2.87×10^{-3} mbar · m³/(g · K)。

霍兰德公式适用于大气稳定度为中性时的情况。当大气稳定度为不稳定时,应将 ΔH 的计算结果增加 10%～20%,稳定时应减少 10%～20%。

2. 摩西-卡森(Moses - Carson)公式(1968 年)

摩西-卡森公式适用于大型烟源($Q_H \geqslant$ 8.36×10^6 J/s)有风情况下($u_x > 1$ m/s)。其计算式为

$$\Delta H = (C_1 v_s d + C_2 Q_H^{1/2}) \sqrt{u_x}$$

$$(2-38)$$

式中：C_1、C_2 为系数，是大气稳定度的函数，其取值参见表 2-8。

表 2-8　摩西-卡森公式的系数

大气稳定度	C_1	C_2
稳定	-1.04	0.145
中性	0.35	0.171
不稳定	3.47	0.33

3. 康凯维(CONCAWE)公式(1968 年)

CONCAWE 为西欧清洁空气和水保护(Conservation of Clean Air and Water, Western Europe)的缩写。该公式适用于有风情况下($u_x > 1$ m/s)的中、小型烟源(烟气流量为 15～100 m³/s，$Q_H < 8.36 \times 10^6$ J/s)，其计算式为

$$\Delta H = 2.71 Q_H^{1/2} \sqrt{u_x^{3/4}}$$

$$(2-39)$$

4. 布里格斯(Briggs)公式(1969 年)

在静风条件下($u_x < 1$ m/s)，霍兰德公式、摩西-卡森公式和康凯维公式都不适用，一般都采用布里格斯公式。

(1) 静风条件下的布里格斯公式

$$\Delta H = 1.4 Q_H^{1/4} (\Delta \theta / \Delta Z)^{-3/8}$$

$$(2-40)$$

式中：$\Delta \theta / \Delta Z$ 为大气竖向的温度梯度，℃/m，白天取 0.003 ℃/m，夜晚取 0.010 ℃/m。

(2) 有风条件下的布里格斯公式

有风条件下，按不同大气稳定度计算烟羽抬升高度。

① 当大气为稳定时：

$$\Delta H = 1.6 F^{1/3} x^{2/3} \sqrt{u_x} \quad (x < x_F \text{ 时})$$

$$(2-41)$$

$$\Delta H = 2.4 (F \sqrt{u_x} S)^{1/3} \quad (x \geqslant x_F \text{ 时})$$

$$(2-42)$$

② 当大气为中性或不稳定时：

$$\Delta H = 1.6 F^{1/3} x^{2/3} \sqrt{u_x} \quad (x < 3.5 x^* \text{ 时})$$

$$(2-43)$$

$$\Delta H = 1.6 F^{1/3} (3.5 x^*)^{2/3} \sqrt{u_x} \quad (x \geqslant 3.5 x^* \text{ 时})$$

$$(2-44)$$

式中：x 为烟囱下风向的轴线距离，m；x_F 为在大气稳定时，烟气抬升达最高值时所对应的烟囱下风向的轴线距离，m；F 为浮力通量，m^4/s^3；S 为大气稳定度参数；x^* 为大气湍流开始起主导作用的烟囱下风向的轴线距离，m。当 $F < 55$ 时，取 $x^* = 14 F^{5/8}$；当 $F \geqslant 55$ 时，取 $x^* = 34 F^{2/5}$。

上述各式中的 x_F、S 和 F 可以分别表示为

$$x_F = \pi u_x / S^{1/2}$$

$$(2-45)$$

$$S = \frac{g}{T} \left(\frac{\Delta \theta}{\Delta z} \right)$$

$$(2-46)$$

$$F = g v_s \frac{d^2}{4} \left(\frac{T_s - T_a}{T_s} \right)$$

$$(2-47)$$

5. 环评推荐烟气抬升公式

(1) 有风时,中性和不稳定条件下烟气抬升高度 ΔH

① 当烟气热释放率 $Q_h \geqslant 2\ 100$ kJ/s,且烟气温度与环境温度的差值 $\Delta T \geqslant 35$ K 时,ΔH 用下式计算:

$$\Delta H = n_0 Q_h n_1 H n_2 U^{-1} \qquad (2-48)$$

$$Q_h = 0.35\, p Q_v \frac{\Delta T}{T_s} \qquad (2-49)$$

$$\Delta T = T_s - T_a \qquad (2-50)$$

式中:n_0 为烟气热状况及地表系数,见表 2-9;n_1 为烟气热释放率指数,见表 2-9;n_2 为排气筒高度指数,见表 2-9;Q_h 为烟气热释放率,kJ/s;H 为排气筒距地面的几何高度,m,超过 240 m 时取 $H=240$ m;p 为大气压力,kPa;Q_v 为实际排烟率,m^3/s;ΔT 为烟气出口温度与环境温度差,K;T_s 为烟气出口处的温度,K;T_a 为烟气出口环境的大气温度,K;U 为排气筒出口处的平均风速,m/s 。

表 2-9　n_0、n_1、n_2 的选取

$Q_h/(kJ \cdot s^{-1})$	地表状况(平原)	n_0	n_1	n_2
$Q_h \geqslant 21\ 000$	农村或城市远郊区	1.427	1/3	2/3
	城市及近郊区	1.303	1/3	2/3
$2\ 100 \leqslant Q_h < 21\ 000$ 且 $\Delta T \geqslant 35$ K	农村或城市远郊区	0.332	3/5	2/5
	城市及近郊区	0.292	3/5	2/5

② 当 $1\ 700$ kJ/s $< Q_h < 2\ 100$ kJ/s 时,

$$\Delta H = \Delta H_1 + (\Delta H_2 - \Delta H) \frac{Q_h - 1\ 700}{400} \qquad (2-51)$$

$$\Delta H_1 = \frac{2(1.5\, v_s D + 0.01 Q_h)}{U} - \frac{0.048(Q_h - 1\ 700)}{U} \qquad (2-52)$$

式中:v_s 为排气筒出口处烟气排出速度,m/s;D 为排气筒出口直径,m;ΔH_2 按式(2-48)计算,n_0、n_1、n_2 按表 2-9 中 Q_h 值较小的一类选取;Q_h、U 与①中的定义相同。

③ 当 $Q_h \leqslant 1\ 700$ kJ/s 或者 $\Delta T < 35$ K 时,

$$\Delta H = \frac{2(1.5\, v_s D + 0.01 Q_h)}{U} \qquad (2-53)$$

(2) 有风时,稳定条件下烟气抬升高度 ΔH

$$\Delta H = Q_h^{1/3} \left(\frac{\mathrm{d}T_a}{\mathrm{d}Z} + 0.009\ 8 \right)^{1/3} U^{-1/3} \qquad (2-54)$$

(3) 静风和小风时烟气抬升高度 ΔH

$$\Delta H = 5.5 Q_h^{1/4} \left(\frac{\mathrm{d}T_a}{\mathrm{d}Z} + 0.009\ 8 \right)^{-3/8} \qquad (2-55)$$

$\dfrac{\mathrm{d}T_a}{\mathrm{d}Z}$ 取值不宜小于 0.01 K/m。

2.4.3 大气稳定度

大气稳定度是指大气层稳定的程度,如果气团在外力作用下产生了向上或向下的运动,当外力去除后,气团逐渐减速并有返回原来高度的趋势,就称这时的大气是稳定的;当外力去除后,气团继续运动,就称这时的大气是不稳定的;如果气团处于随遇平衡状态,则称大气处于中性稳定度。

大气稳定度是影响污染物在大气中扩散的极重要因素。大气处在不稳定状态时,湍流强烈,烟气迅速扩散;大气处在稳定状态时,出现逆温层,烟气不易扩散,污染物聚集地面,极易形成严重污染。在大气质量模型中,受到大气稳定度直接影响的有标准差 σ_y、σ_z 和混合高度 h。鉴于大气稳定度的确定对于模拟、预测大气环境质量有着极大的影响,近几十年来许多学者对此做了大量的研究。目前用于大气稳定度分类的主要方法是帕斯奎尔(Pasquill)法、特纳尔(Turner)法等。

1. 帕斯奎尔分级法(P.S.)

帕斯奎尔根据地面风速、日照量和云量等气象参数,将大气稳定度分为 A、B、C、D、E、F 六级(见表 2-10)。该方法可以按照一般的气象参数确定大气稳定度等级,应用比较方便。

表 2-10 帕斯奎尔稳定度分级

地面上 10 m 处的 风速/(m·s⁻¹)	白天日照强度			阴云密布的 白天或夜晚	夜晚云量	
	强	中	弱		薄云遮天或低云≥4/8	≤3/8
<2	A	A-B	B	D	—	—
2~3	A-B	B	C	D	E	F
3~5	B	B-C	C	D	D	E
5~6	C	C-D	D	D	D	D
>6	C	D	D	D	D	D

注:(1) A 表示极不稳定,B 表示不稳定,C 表示弱不稳定,D 表示中性,E 表示弱稳定,F 表示稳定。

(2) A-B 级按 A、B 的数据内插。

(3) 日落前 1 h 至次日日出后 1 h 为夜晚。

(4) 无论何种天气状况,夜晚前后各 1 h 为中性。

(5) 仲夏晴天中午为强日照,寒冬晴天中午为弱日照。

2. 特纳尔分级法

特纳尔在帕斯奎尔分级的基础上,根据日照等级(即其他气象条件)将大气稳定度分为七级。其方法步骤如下:

第一步,根据太阳高度角 α 确定日照等级,见表 2-11。

表 2-11 日照等级的确定

太阳高度角/(°)	$\alpha>60$	$35<\alpha\leq60$	$15<\alpha\leq35$	$\alpha\leq15$
日照等级	4	3	2	1

第二步,根据气象条件及日照等级确定净辐射指数 NRI,见表 2-12。

表 2-12　净辐射指数的确定

时　间	云　量	云高/m	净辐射指数 NRI
白昼	≤5/10		等于日照等级
	>5/10	<2 000	日照等级-2
		2 000≤云高<5 000	日照等级-1
	10/10	>2 000	日照等级-1
夜晚	≤4/10	—	-2
	>4/10	—	-1
白昼+夜晚	10/10	≤2 000	0

注：如果白昼的条件与表中所列不符，可以取 NRI=日照等级。

第三步，由风速和 NRI 确定大气稳定度，见表 2-13。

表 2-13　特纳尔大气稳定度分级

$u_x/(\mathrm{m \cdot s^{-1}})$ ＼ NRI	4	3	2	1	0	-1	-2
≤0.5	A	A	B	C	D	F	G
0.5~1.5	A	B	B	C	D	F	G
1.5~2.5	A	B	C	D	D	E	F
2.5~3.0	B	B	C	D	D	E	F
3.0~3.5	B	B	C	D	D	D	E
3.5~4.5	B	C	C	D	D	D	E
4.5~5.0	C	C	D	D	D	D	E
5.0~5.5	C	C	D	D	D	D	D
>6	C	D	D	D	D	D	D

注：A~G 所代表的大气稳定度级别与表 2-10 中的一致。

2.5　箱式大气质量模型

箱式大气质量模型的基本假设：在模拟大气的污染物浓度时，可以把所研究的空间范围看成一个尺寸固定的"箱子"，这个箱子的高度就是从地面计算的混合层高度，而污染物浓度在箱子内处处相等。

箱式大气质量模型可以分为单箱模型和多箱模型。

2.5.1　单箱模型

单箱模型是计算一个区域或城市的大气质量的最简单的模型。此模型假定所研究的区域或城市被一个箱子所笼罩，这个箱子的平面尺寸就是所研究的区域或城市的平面，箱子的高度是由地面计算的混合层的高度（见图 2-12）。根据整个箱子的输入、输出，可以写出质量平衡方程：

$$\frac{dC}{dt} lbh = ubh(C_0 - C) + lbQ - KClbh$$

$$(2-56)$$

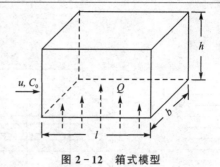

式中：l 为箱子的长度；h 为箱子的高度；b 为箱子的宽度；C_0 为初始条件，污染物的本底浓度；K 为污染物的衰减速度常数；Q 为污染源的源强；u 为平均风速；C 为箱内的污染物浓度；t 为时间坐标。

图 2-12 箱式模型

如果不考虑污染物的衰减，即 $K=0$，当污染源稳定排放时可以得到：

$$C = C_0 + \frac{Ql}{uh}(1 - e^{-\frac{ut}{l}})$$

$$(2-57)$$

当式中 t 很大时，箱内的污染物浓度 C 随时间的变化趋于稳定状态，这时的污染物浓度称为平衡浓度 C_p，公式如下：

$$C_p = C_0 + \frac{Ql}{uh}$$

$$(2-58)$$

如果污染物在箱内的衰减速度常数 $K \neq 0$，则式（2-56）的解为

$$C = C_0 + \frac{Q/h - C_0 K}{u/l + K}\left[1 - \exp\left(-\frac{u}{l} + K\right)t\right]$$

$$(2-59)$$

这时平衡浓度为

$$C_p = C_0 + \frac{Q/h - C_0 K}{u/l + K}$$

$$(2-60)$$

单箱模型把整个箱内的浓度视为均匀分布，不考虑空间位置的影响，也不考虑地面污染源的不均匀性，因而其计算结果是概略的。单箱模型较多应用在高层次的决策分析中。

2.5.2 多箱模型

多箱模型是对单箱模型的改进，它在纵向和高度方向上把单箱分成若干部分，构成一个二维箱式结构模型，如图 2-13 所示。

多箱模型在高度方向上将 h 离散成 m 个相等的子高度 Δh，在长度方向上将 l 离散成 n 个相等的子长度 Δl，共组成 $m \times n$ 个子箱。在高度方向上，风速可以作为高度的函数分段计算，污染源的源强则根据坐标关系输入贴地的相应子箱中。为了计算方便，可以忽略纵向湍流作用和竖向的推流作用。如果把每一个子箱都视为一个混合均匀的体系，就可以对每一个子箱写出质量平衡方程，例如图 2-14 中的每一个子箱，其质量平衡关系为

$$u_1 \Delta h C_{01} - u_1 \Delta h C_1 + Q_1 \Delta l - E_{2,1} \Delta l (C_1 - C_2)/\Delta h = 0 \qquad (2-61)$$

若令 $a_i = u_i \Delta h$，$e_i = E_{i+1,i} \Delta l / \Delta h$，则式（2-61）可写作

$$(a_1 + e_1)C_1 - e_1 C_2 = Q_1 \Delta l + a_1 C_{01} \qquad (2-62)$$

对于子箱 2~4 可以写出类似方程，它们组成一个线性方程组，可以用矩阵写成

$$\begin{bmatrix} a_1 + e_1 & -e_1 & 0 & 0 \\ -e_1 & a_2 + e_1 + e_2 & -e_2 & 0 \\ 0 & -e_2 & a_3 + e_2 + e_3 & -e_3 \\ 0 & 0 & -e_3 & a_4 + e_3 \end{bmatrix} \begin{bmatrix} C_1 \\ C_2 \\ C_3 \\ C_4 \end{bmatrix} = \begin{bmatrix} Q_1 \Delta l + a_1 C_{01} \\ a_2 C_{02} \\ a_3 C_{03} \\ a_4 C_{04} \end{bmatrix} \qquad (2-63)$$

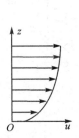

图 2-13　多箱模型

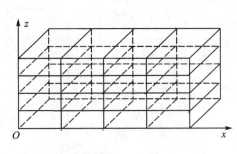

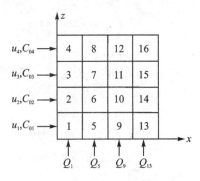

图 2-14　4×4 箱式模型

或
$$A\vec{C}=\vec{D}\tag{2-64}$$

以上式中：A 为 4×4 阶矩阵；$\vec{C}$ 为由子箱 1～4 中的污染物浓度组成的向量；$\vec{D}$ 为由系统外输入组成的向量；u_i 为高度方向上第 i 层的平均风速；$E_{i+1,i}$ 为高度方向上相邻两层的湍流扩散系数；C_{01}～C_{04} 为高度方向上第 1～4 层的污染物本底浓度；Q_1 为输入第 1 个子箱的源强。

对于子箱 1～4，A 和 $\vec{D}$ 均为已知，
$$\vec{C}=A^{-1}\vec{D}\tag{2-65}$$

由于第一列 4 个子箱的输出是第二列 4 个子箱 5～8 的输入，如果 ΔL 和 Δh 是常数，那么对第二列来说，A 的值和式（2-63）相等，只是 $\vec{D}$ 有所变化，这时
$$\vec{D}=\begin{bmatrix}Q_5\Delta l+a_1C_1\\a_2C_2\\a_3C_3\\a_4C_4\end{bmatrix}\tag{2-66}$$

可以写出：
$$\begin{bmatrix}C_5\\C_6\\C_7\\C_8\end{bmatrix}=A^{-1}\begin{bmatrix}Q_5\Delta l+a_1C_1\\a_2C_2\\a_3C_3\\a_4C_4\end{bmatrix}\tag{2-67}$$

由此可以求得第二列子箱 5～8 的浓度 C_5～C_8。以此类推，可以求得 C_9～C_{16}。

如果在宽度方向上也作离散化处理，同理可以构成一个三维的多箱模型。三维多箱模型在计算方法上与二维多箱模型类似，但要复杂得多。

多箱模型可以反映区域或城市大气质量的空间差异，其精度要比单箱模型高，是模拟大气质量的有效工具。

2.6　大气质量模拟模型简介

由于污染物在大气活动中的复杂性，用传统的实验方法对其进行监测不仅耗时且成本较高，所以用模型模拟污染物的活动及变化，成为了大气环境影响评价的重点。比如，20 世纪 90 年代中后期，由美国国家环保局联合美国气象学会组建法规模式改善委员会（AERMIC）开发的稳态大气扩散模式（AERMOD），英国剑桥环境研究中心（CERC）推出的城市大气扩散模型

（ADMS），美国环保总局（EPA）推荐由 Sigma Research Corporation 开发的空气质量扩散模型（CALPUFF），美国 EPA 推出的工业复合源模型（ISC3）等大气环境质量预测模型。

　　按照 HJ 2.2—2008《环境影响评价技术导则大气环境》要求，进行大气扩散模型计算时，目前国内应用较多的大气模型有 ISC3 模型、ADMS 模型、AERMOD 模型、SCREEN3 模型和国家环境保护总局环境规划院开发的大气扩散烟团轨迹模型。其中，ISC3 模型属于第一代向第二代过渡的模型，ADMS 模型和 AERMOD 模型则属于第二代模型。其中 ADMS 是一个三维高斯模型，以高斯分布公式为主，计算污染物浓度，但在非稳定条件下的垂直扩散使用了倾斜式的高斯模型，烟羽扩散的计算使用了当地边界层的参数，化学模块中使用了远距离传输的轨迹模型和箱式模型。

　　下面对常见的几种大气质量预测模型及软件作简要介绍。

2.6.1　AERMOD 模型

　　作为新版大气导则推荐的稳态大气扩散模型，AERMOD 将最新的大气边界层和大气扩散理论应用到空气污染扩散模型中。AERMOD 是稳态烟羽模型，以扩散统计理论为出发点，引入与烟羽有关的地形、表面释放、建筑物下洗和城市扩散等参数。AERMOD 模式假设污染物的浓度分布在一定程度上服从高斯分布，适用于评价范围＜50 km 的一级、二级大气环境影响评价项目。它可以应用于评估许多污染物的扩散，包括 SO_2、PM10、HCN（Hydrogen Cyanide）、SF6（Sulfur Hexafluoride）、VOCs 等。除了这些污染物以外，AERMOD 模型还可用于评估重金属的扩散，如六价铬、总气态汞 TGM（Total Gaseous Mercury）等。

　　AERMOD 模型系统包括 AERMOD 扩散模式、AERMET 气象预处理和 AERMAP 地形预处理三个可独立操作的模块。AERMOD 模型的操作流程如图 2-15 所示。

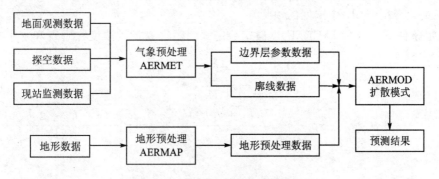

图 2-15　AERMOD 模型的操作流程

　　AERMET 模型主要是对观测到的气象数据进行处理，得到 AERMOD 扩散模型计算所需要的各种气象要素以及相应的数据格式；AERMAP 地形预处理模块对受体的地形数据进行处理，然后将二者得到的数据输入 AERMOD 扩散模型，然后输入污染物及污染源的相关信息即可计算出相应条件下的污染物浓度。

1. AERMOD 模型的模块

（1）AERMET——气象模块

　　该模块重点引用了最新的行星边界层理论，不再采用导则中大气稳定度分类离散性。行星边界层的结构是由热通量和动量通量推动形成的，其高度和污染物在该层的扩散主要受地表粗糙度、反射率和有效水分影响。气象处理器利用原始气象数据计算摩擦速度、莫宁-奥布霍夫（Monin - Obukhov）长度、对流速度尺度、温度尺度、混合层高度和地表热通量，构建风速、水平和垂直湍流、位温梯度等气象参数。

（2）AERMAP——地形模块

AERMAP模块物理基础采用了临界分流概念，将烟羽分为两种极限状态：一种是在非常稳定的条件下被迫绕过山体的水平烟羽，即绕流烟羽；一种是在垂直方向上沿着山体抬升的烟羽，即翻越烟羽。任一网格点的浓度为两种烟羽浓度加权后的总和。为了确定复杂地形高度，AERMAP提出了一个有效高度概念，即在一定的研究区域内，污染源对接受点的影响主要取决于污染源所在地和接受点地形高度差及污染源和接受点之间的距离。AERMAP关于有效高度的提出对污染源所在地和接受点的地形高度差没有限制，不存在一个复杂和简单地形的界限，对不同土地利用类型实现了统一处理。

（3）AERMOD——扩散模块

AERMOD湍流扩散由参数化方程计算，是连续的。水平和垂直浓度扩散参数包括大气湍流扩散参数和烟羽浮力引起的扩散参数。大气湍流扩散参数计算主要有以下特点：

① 在稳定和对流条件下，水平大气湍流扩散参数计算公式相同；

② 在稳定条件下，垂直大气湍流扩散参数由上升和近地面两部分扩散参数组成；

③ 在对流条件下，直接源和间接源的垂直大气湍流扩散参数由上升和近地面两部分的扩散参数组成；穿透源的垂直大气湍流扩散参数只有上升扩散参数。水平和垂直烟羽浮力引起的扩散参数相同。

2. AERMOD 模型浓度的计算公式

（1）对流边界层（CBL）和稳定边界层（SBL）中点源污染物扩散浓度的计算

① 既适用于 CBL 也适用于 SBL 条件的通用浓度扩散公式（考虑地形影响）。

② 稳定边界层（SBL）中浓度的预测。

在稳定条件下（$L>0$），AERMOD 假定稳定源的污染物扩散浓度在垂直和水平方向上都符合正态分布：

$$\rho(x,y,z) = \frac{Q}{U} \cdot F_z \cdot F_y \qquad (2-68)$$

$$F_z = \frac{1}{\sqrt{2\pi}\sigma_z} \cdot \sum_{n=-\infty}^{\infty} \left\{ \exp\left[-\frac{(z-h_p+2nh_z)^2}{2\sigma_z^2}\right] + \exp\left[-\frac{(z+h_p+2nh_z)^2}{2\sigma_z^2}\right] \right\}$$

$$(2-69)$$

$$F_y = \frac{1}{\sqrt{2\pi}\sigma_y} \cdot \exp\left(-\frac{y^2}{2\sigma_y^2}\right) \qquad (2-70)$$

式中：$\rho(x,y,z)$为烟羽的总浓度；F_z为烟羽的稀释，使用边界层有效参数进行计算；F_y为烟羽的散布，使用边界层有效参数进行计算；h_p为烟羽高度；h_z为垂直混合层的极限高度；σ_y、σ_z分别为烟羽在水平方向、垂直方向上的扩散参数。

③ 对流边界层（CBL）中浓度的预测。

在对流边界层中，水平方向的扩散仍假定为正态分布；但在垂直方向的浓度分布，则假定是由间接源、直接源和穿透源三种不同类型的源合并后共同的浓度贡献，用一个双正态概率密度函数（PDF）来描述，即非正态的垂直浓度分布。

AERMOD 将对流边界层中接受点的总浓度视为三类源贡献的总和，总浓度 $\rho(x,y,z)$的计算式为

$$\rho(x, y, z) = \rho_d(x, y, z) + \rho_r(x, y, z) + \rho_p(x, y, z)$$

$$\rho_d(x, y, z) = \frac{Q}{2\pi U \sigma_y} \cdot \exp\left(-\frac{y^2}{2\sigma_y^2}\right) \cdot \sum_{j=1}^{2} \sum_{m=0}^{\infty} \frac{\lambda_j}{2\sigma_j} \cdot$$

$$\left\{ \exp\left[-\frac{(z - h_j - 2mz_j)^2}{2\sigma_j^2}\right] + \exp\left[-\frac{(z + h_j + 2mz_j)^2}{2\sigma_j^2}\right] \right\} \quad (2-71)$$

式中：$\rho(x, y, z)$ 为烟羽的总浓度；$\rho_d(x, y, z)$ 为污染源直接排放的浓度；$\rho_r(x, y, z)$ 为虚拟源排放的浓度，其计算公式与 $\rho_d(x, y, z)$ 相似；$\rho_p(x, y, z)$ 为夹卷源排放的浓度，其计算公式为简单的高斯扩散公式；λ_j 为高斯分布的权系数，λ_1 为上升气流，λ_2 为下降气流；h_j 为有效源高；σ_j 为垂直扩散系数。

（2）面源和体源污染物扩散浓度的计算

对于体源，AERMOD 采用直接修正法确定初始烟羽尺度，即在点源烟羽上附加一个方形烟羽尺度：

$$\sigma_y^2 = \sigma_{y_1}^2 + \sigma_{y_0}^2 \quad (2-72)$$

式中：σ_y 为修正后的烟羽尺度（即扩散参数）；σ_{y_1} 为附加修正烟羽尺度；σ_{y_0} 为修正前的初始烟羽尺度。

对于面源，AERMOD 通过把每个面源单元简化成"等效点源"来计算面源造成的污染浓度，或者通过面源积分的方法得到全部面源造成的浓度分布。面源可包括正方形、矩形、圆形和多边形，多边形可允许多至接近圆的 20 个边。

3. AERMOD 模型所需数据

（1）AERMOD 扩散模块所需数据要求

运行 AERMOD 扩散模块，需要建立一个文本格式的控制流文件（*.INP），还需要引用两个气象数据文件：地面气象数据文件（*.PFL）和探空廓线数据文件（*.SFC）。这两个文件由气象预处理模块 AERMET 生成。

如需考虑地形的影响，还要在控制流文件中加入地形数据文件，地形预处理文件需要由地形预处理模块 AERMAP 生成。若考虑建筑物下洗，控制流文件中还需要建筑物的几何参数数据。如需考虑对污染物的清洗机制（干、湿沉降作用）或化学转化，则需要输入分子阻抗系数、沉降速度、化学转化系数等相关参数。

此外，还需要的场地数据包括源所在地的经纬度、地面湿度、地面粗糙度及反射率。预测点数据包括预测点的地理位置和高程。AERMOD 可以处理网格预测点和任意离散的预测点。

控制流文件 AERMOD.INP 中的参数包括：

① CO（for specifying overall job COntrol options）为模拟工作控制，包括反映大气扩散特征的参数的输入，如下垫面类型、指数衰减、平均时间、大气污染物的类型及地形高度等。

② SO（for specifying SOurce information）为污染源特征参数的输入，包括污染源类型（点源、面源和体源）、污染源的位置坐标及各污染源的排放参数。点源需要污染物排放强度、排气筒高度、烟气出口温度和速度、排气筒内径等参数；面源需要污染源排放强度、排放高度、位置以及面源单元的坐标等排放参数；体源需要污染源排放率、高度、体源初始长度及体源初始宽度。

③ RE（for specifying REceptor information）为受体特征参数的输入，包括描述受体位置

所采用的坐标系等(可以利用 AERMAP 地形预处理模型处理得到)。

④ ME(for specifying MEteorology information)为气象参数的输入,该部分由 AERMET 气象预处理模型计算得到。

⑤ OU(for specifying OUtput options)为对输出文件的控制和选择,包括单个源和一组源排放在各接受点的污染物环境浓度,以及各污染源对受体环境浓度的贡献等。

(2) AERMET 气象预处理所需数据

AERMET 进行气象预处理分两步进行,所以需两个控制流文件(*. INP)。其中一个文件用于合并地面观测资料、5 000 m 以下高空探测资料及补充监测数据,另一个文件根据第一个文件中生成的合并文件计算生成 AERMOD 中所需要的地面及探空数据文件。

(3) AERMAP 地形预处理所需数据

AERMAP 地形预处理模块使用网格化地形数据计算预测点的地形高度尺度。AER-MAP 输入的参数包括评价区域网格点(或任意点)的地理坐标和评价区域地形高程数据文件(*. DEM)。

4. AERMOD 模型的优缺点

AERMOD 是以大气边界层和大气扩散理论为基础的,理论基础是最新的研究成果,比较先进;用于控制 AERMET 和 AERMOD 运行的 INP 参数文件;其语法简洁,相关控制参数简单明了。AERMOD 模式形成的两个理论基础都是最新的研究成果,所以应用方面还不是很成熟;AERMOD 扩散模式只能在地面及上部逆温层对污染物的全反射、污染物性质保守的前提下才能使用,如果是在小风条件下则不适用。目前,在扩散的计算中,AERMOD 模式很难反映出湍流特征的不断变化以及大气边界层深度的连续演变。

2.6.2 ADMS 模型

ADMS 大气扩散模型软件由英国剑桥环境研究公司开发。作为新一代稳态大气扩散模式,ADMS 模型将最新的大气边界层和大气扩散理论应用到空气污染物扩散模式中,应用了现有的基于莫宁-奥布霍夫长度和边界层高度等描述边界层结构的参数的最新大气物理理论。

ADMS 模型分为"ADMS-评价""ADMS-工业""ADMS-城市"等独立系统。

其中,"ADMS-城市"版是大气扩散模型系统(ADMS)系列中最复杂的一个系统。模拟城市区域来自工业、民用和道路交通的污染源产生的污染物在大气中的扩散,ADMS-城市模型用点源、线源、面源、体源和网格源模型来模拟这些污染源。经设计,可以考虑到的扩散问题包括最简单(例如,一个孤立的点源或单个道路源)到最复杂(例如,一个大型城市区域的多个工业污染源,民用和道路交通污染排放)的城市问题。它对研究大气质量管理措施特别有用,例如计算先进技术的引进,低排污区对污染状况的影响,燃料的改变,限制车速的设计对空气质量的影响等。ADMS-城市可以作为一个独立的系统使用,也可以与一个地理信息系统联合使用。它可以与 MapInfo 以及 ESRI 的 ArcView 完全有机地连接。一般推荐将 ADMS-城市与这两个地理信息系统中的其中之一一起使用。因为这样可以使用数字地图数据、CAD 制图和/或航片真实、直观地设置污染问题。在所使用的不同类型的地图数据上,可以生成如等值平面图的输出和作报告用的硬拷贝图形等。ADMS-城市与其他用于城市地区的大气扩散模型的一个显著的区别是,它应用了现有的基于莫宁-奥布霍夫长度和边界层高度描述边界层结构的参数的最新物理知识。其他模型使用 Pasquill 稳定参数的不精确的边界层特征定义。在这个最新的方法中,边界层结构被可直接测量的物理参数确定。这使得随高度的变化而变化的扩散过程可以更真实地表现出来,而所获取的污染物的浓度的预测结果通常也更精确、更可信。

1. ADMS 系统的扩散模型(浓度预测公式)

ADMS 模型是一个三维高斯模型,以高斯分布公式为主计算污染浓度,但在非稳定条件下的垂直扩散使用了倾斜式的高斯模型。烟羽扩散的计算使用了当地边界层的参数,化学模块中使用了远距离传输的轨迹模型和箱式模型,可模拟计算点源、面源、线源和体源,模式考虑了建筑物、复杂地形、湿沉降、重力沉降、干沉降、化学反应、烟气抬升、喷射和定向排放等影响,可计算各取值时段的浓度值,并有气象预处理程序。

理论研究和实验表明,扩散参数自源起始随下风距离变化的关系取决于大气边界层的状态(高度 h)、源的高度(z_s)和烟羽在下风方增长的高度。有关在大气稳定状态下($-1\,000<h/L_{MO}<30$,在从源到下风大致 30 km 的距离范围内,L_{MO} 为莫宁-奥布霍夫长度)各种高度源的扩散,目前没有成熟理论。ADMS 采用的方式是针对参数 z_s/h、h/L_{MO}、x/h 的特定范围,首先利用已有的并被广泛接受的公式,然后建立内插公式,以便覆盖整个范围。现在的模式中包括一个针对对流状况的非高斯型模型。

2. 模式原型

ADMS 模式的一个重要特点是它所预测的地面浓度分布,能估算辐射影响、化学反应影响以及进入凸起地形后的影响。在边界层内,浓度分布属于考虑地表面和逆温层底反射的高斯型烟羽,其一般表达式为

$$\rho(x,y,z,H)=\frac{Q}{2\pi\bar{\mu}\sigma_y\sigma_z}\exp\left(-\frac{y^2}{2\sigma_y^2}\right)$$

$$\left\{\exp\left[-\frac{(z-H)^2}{2\sigma_z^2}\right]+\exp\left[-\frac{(z+H)^2}{2\sigma_z^2}\right]\right\} \tag{2-73}$$

式中:

$$\sigma_y^2=\frac{\displaystyle\int_{-\infty}^{+\infty}\int_0^{+\infty}y^2C\,\mathrm{d}z\,\mathrm{d}y}{\displaystyle\int_{-\infty}^{+\infty}\int_0^{+\infty}C\,\mathrm{d}z\,\mathrm{d}y} \tag{2-74}$$

就浓度分布的其他瞬时或独立得出的量而言,高斯烟羽公式中的垂直分布参数并没有一个精确的定义。然而,在 $\sigma_z<z_s$ 的情况下:

$$\sigma_y^2=\frac{\displaystyle\int_{-\infty}^{+\infty}\int_0^{+\infty}bz-z_sg^2C\,\mathrm{d}z\,\mathrm{d}y}{\displaystyle\int_{-\infty}^{+\infty}\int_0^{+\infty}C\,\mathrm{d}z\,\mathrm{d}y} \tag{2-75}$$

式(2-75)为接近源时的 σ_z 定义。在边界层顶部存在逆温层的情况下,烟羽被有效地封闭在边界层内。然而,由于烟羽抬升,有些烟羽物质会穿透边界层,向上侵入逆温层。在这种情况下,ADMS 把实际排放的烟羽看作两个独立的烟羽,一个存在于烟羽层之中,另一个处于边界层以上的稳定层。两个烟羽的源强分别为 $(1-p)Q_{S0}$ 和 pQ_{S0}。其中:Q_{S0} 是原始排放的源强,p 是侵入逆温层的那部分烟羽。在稳定状态,边界层的顶部可能没有逆温层。在这种情况下,烟羽不产生边界层顶部反射,可以自由地扩散出边界层,并以此推导和引申在稳定、中性和对流边界层的扩散参数(σ_y、σ_z);在缺少烟羽抬升或者重力沉降的情况下计算浓度;烟羽抬升对 σ_y、σ_z 及最大浓度高度的影响,以及因为源的有限直径(非理论上的点)对 σ_y 和 σ_z 的附加值;有限期间的烟羽排放模式。

3. ADMS 的适用条件

① 模拟点源、面源、线源和体源的输送和扩散；

② 地面、近地面和有高度的污染源的排放；

③ 污染物连续排放；

④ 稳态条件下，EIA 版适用于评价范围小于 50 km，其 Urban 版适用于评价范围数百公里以内；

⑤ 模拟 1 小时到年平均时间的浓度；

⑥ 简单和复杂地形；

⑦ 农村或城市地区。

2.6.3　CALPUFF 模型

1. CALPUFF 模型概述

CALPUFF 是美国 EPA 推荐的由 Sigma Research Corporation 开发的空气质量扩散模型，是用于非定常、非稳态的气象条件下模拟污染物扩散、迁移以及转化的多层、多物种的高斯型烟团扩散模型。CALPUFF 为非定常三维拉格朗日烟团输送模式。

CALPUFF 采用烟团函数分割方法，垂直坐标采用地形追随坐标，水平结构为等间距的网格，空间分辨率为一公里至几百公里，垂直不等距分为 30 多层。污染物包括 SO_2、NO_x、C_mH_n、O_3、CO、NH_3、PM10(TSP)、Black Carbon，主要包括污染物之排放、平流输送、扩散、干沉降以及湿沉降等物理与化学过程。CALPUFF 模型系统可以处理连续排放源、间断排放情况，能够追踪质点在空间与时间上随流场的变化规律，考虑了复杂地形动力学影响、斜坡流、FROUND 数影响及发散最小化处理。

CALPUFF 由 CALMET 气象模块、CALPUFF 烟团扩散模块和 CALPOST 后处理模块三部分组成（见图 2-16），其特点如下：

① 可以处理时变的点源、面源污染；

② 可以模拟几十米到几百公里的区域；

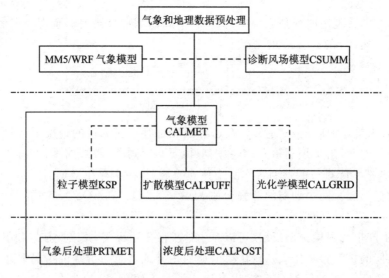

图 2-16　CALPUFF 模块的组成

③ 可以预测一小时到一年的污染物浓度;

④ 考虑了污染物的干湿沉降过程和化学转化机制;

⑤ 适合于粗糙、复杂地形条件下的模拟。

2. CALPUFF 运行流程

应用 CALPUFF 扩散模式对空气质量进行模拟时,主要是通过:

① CALMET 气象模块通过质量守恒连续方程对风场进行诊断,在输入模式所需的常规气象观测资料或大型中尺度气象模式输出场后,自动计算并生成包括逐时的风场、混合层高度、大气稳定度和微气象参数等的三维风场和微气象场资料。

② CALPUFF 烟团扩散模块通过对 CALMET 输出的气象场与相关污染源资料的叠加,在考虑到建筑物下洗、干湿沉降、化学转化、垂直风修剪等污染物清除过程的情况下,模拟污染物的传播及输送。

③ CALPOST 为计算结果后处理软件,对 CALPUFF 计算的浓度进行时间分配处理,并计算出干(湿)沉降通量、能见度等,输出所需结果。

3. CALPUFF 基本原理

CALPUFF 基本原理为高斯烟团模式,利用在取样时间内进行积分的方法来节约计算时间,输出主要包括地面和各指定点的污染浓度,烟团分裂利用采样函数方法对烟团的空间轨迹、浓度分布进行描述;烟云抬升采用 Briggs 抬升公式(浮力和动量抬升),考虑稳定层结中部分烟云穿透、过渡烟云抬升等因素。

CALPUFF 基本方程:

$$C = \frac{Q}{2\pi\sigma_x\sigma_y} g \exp\left(\frac{-d_a^2}{2\sigma_x^2}\right) \exp\left(\frac{-d_c^2}{2\sigma_y^2}\right) \tag{2-76}$$

式中:C 为地面浓度;Q 为源强;σ_x、σ_y、σ_z 为扩散系数;d_a 为顺风距离;d_c 为垂直风向距离。

CALPUFF 面源烟羽抬升方程:

$$\frac{\mathrm{d}}{\mathrm{d}s}(\rho U_{sc} r^2) = 2r\alpha\rho_a |U_{sc} - U_a \cos\phi| + 2r\beta\rho_a |U_a \sin\phi| \tag{2-77}$$

式中:α、β 为夹带参数,通常 $\alpha = 0.11$,$\beta = 0.6$;$U_a(z)$ 为周围环境水平方向上的风速;U_{sc} 为烟羽沿中心轴线的速率,分为水平方向和垂直方向两个分量(v 和 w),$U_{sc} = \sqrt{v^2 + w^2}$;$\rho$、$\rho_a$ 分别为烟羽和空气的密度;s 为源到中心轴线的距离;ϕ 为中心轴线的倾斜角度。

CALPUFF 扩散参数计算公式:

近地层:

$$\sigma_v = u_* [4 + 0.6(-h/L)^{2/3}]^{1/2} \tag{2-78}$$

$$\sigma_w = u_* [1.6 + 2.9(-h/L)^{2/3}]^{1/2} \tag{2-79}$$

混合层:

$$\sigma_v = (3.6u_*^2 + 0.35w_*^2)^{1/2} \tag{2-80}$$

$$\sigma_w = (1.2u_*^2 + 0.35w_*^2)^{1/2} \tag{2-81}$$

式中:u_* 为摩擦率;w_* 为湍流系数;L 为莫宁-奥布霍夫长度;h 为混合层高度。

CALPUFF 干沉降速率计算公式:

沉降速率:

$$v_d = F/\chi_s \tag{2-82}$$

气体沉降速率：

$$v_d = \frac{1}{r_a + r_d + r_c} \qquad (2-83)$$

颗粒物沉降速率：

$$v_d = \frac{1}{r_a + r_d + r_a r_d v_g} + v_g \qquad (2-84)$$

CALPUFF 湿沉降污染物的去除量计算公式：

$$\chi_{t+dt} = \chi_t \exp(-\Lambda \Delta t), \quad \Lambda = \lambda(R/R_t) \qquad (2-85)$$

式中：F 为污染物沉降通量，$g/(m^2 \cdot s)$；χ_s 为污染物的浓度，g/m^3；r_a、r_d、r_c 分别为近地层、沉降层(准层流层)和植被层的阻尼系数；χ_{t+dt} 表示在 t 和 dt 两个时刻污染物的浓度，g/m^3；Λ 为去除率；λ 为去除系数(s^{-1})，取决于污染物的特征和降水情况；R 和 R_t 表示降水率，mm/h；v_g 为重力沉降系数。

4. 二次开发

CALPUFF 对基础数据要求严格，模型参数的合理选择也是很难的过程，个别参数的变化对结果有很大影响，因此有了对 CALPUFF 的二次开发。CALPUFFSYSTEM 是根据新版大气导则推荐的 EPA 的 CALPUFF 程序开发的界面化软件，提供了功能较强的数据分析和图形处理功能，将 CALMET、CALPUFF、CALPOST、数据预处理程序及建筑物下洗模型(BPIPRIME)有机地结合在一起。

2.6.4 大气扩散烟团轨迹模型

该模型由国家环境保护总局环境规划院开发。

烟团扩散模型的特点是能够对污染源排放出的"烟团"在随时间、空间变化的非均匀性流场中的运动进行模拟，同时保持了高斯模型结构简单、易于计算的特点，模型包括以下几个主要部分。

1. 三维风场的计算

首先利用风场调整模型，得到各预测时刻的风场，由于烟团模型中释放烟团的时间步长比观测间隔要小得多，为了给出每个时间步长的三维风场，我们采用线性插值的方法，利用前后两次的观测风场内插出其间隔时间内各时间步长的三维风场，内插公式如下：

$$V_i = V(t_1) + [V(t_2) - V(t_1)] \cdot \frac{i}{n} \qquad (2-86)$$

$$n = (t_2 - t_1)/\Delta t \qquad (2-87)$$

式中：$V(t_1)$、$V(t_2)$ 分别为第 1 和第 2 个观测时刻的风场值；Δt 为烟团释放时间步长；n 为 $t_1 \sim t_2$ 间隔的时间步长数目；V_i 表示 $t_1 \sim t_2$ 间隔第 i 个时间步长上的风场值。

2. 烟团轨迹的计算

位于源点的某污染源，在 t_0 时刻释放出第 1 个烟团，此烟团按 t_0 时刻源点处的风向风速运行，经一个时间步长 Δt 后在 t_1 时刻到达 P_{11}，经过的距离为 D_{11}；从 t_1 开始，第一个烟团按 P_{11} 处 t_1 时刻的风向风速走一个时间步长，在 t_2 时刻到达 P_{12}，其间经过距离 D_{12}；与此同时，在 t_1 时刻从源点释放第 2 个烟团，按源点处 t_1 时刻的风向风速运行，在 t_2 时刻到达 P_{22}，其经过的距离为 D_{22}。以此类推，从 t_0 时刻经过 j 个 Δt，到 t_j 时刻共释放出了 j 个烟团，这时，

这 j 个烟团的中心分别位于 P_{ij}，$i=1,2,\cdots,j$，设源的坐标为 $(X_s,Y_s,Z_s(t))$，$Z_s(t)$ 为 t 时刻烟团的有效抬升高度，P_{ij} 的坐标为 (X_{ij},Y_{ij},Z_{ij})，U、V 分别为风速在 X、Y 方向的分量，则有如下计算公式：

t_1 时刻：

$$X_{11}=X_s+U[t_0,X_s,Y_s,Z_s(t_0)]\cdot\Delta t \tag{2-88}$$

$$Y_{11}=Y_s+V[t_0,X_s,Y_s,Z_s(t_0)]\cdot\Delta t \tag{2-89}$$

$$Z_{11}=Z_s+W[t_0,X_s,Y_s,Z_s(t_0)]\cdot\Delta t \tag{2-90}$$

$$D_1=D_{11}=\sqrt{(X_{11}-X_s)^2+(Y_{11}-Y_s)^2} \tag{2-91}$$

t_2 时刻：

$$X_{12}=X_{11}+U[t_1,X_{11},Y_{11},Z_{11}]\cdot\Delta t \tag{2-92}$$

$$Y_{12}=Y_{11}+V[t_1,X_{11},Y_{11},Z_{11}]\cdot\Delta t \tag{2-93}$$

$$Z_{12}=Z_{11}+W[t_1,X_{11},Y_{11},Z_{11}]\cdot\Delta t \tag{2-94}$$

$$D_1^2=D_{11}+D_{12}=D_1^1+\sqrt{(X_{12}-X_{11})^2+(Y_{12}-Y_{11})^2} \tag{2-95}$$

$$X_{22}=X_s+U[t_1,X_s,Y_s,Z_s(t_1)]\cdot\Delta t \tag{2-96}$$

$$Y_{22}=Y_s+V[t_1,X_s,Y_s,Z_s(t_1)]\cdot\Delta t \tag{2-97}$$

$$Z_{22}=Z_s+W[t_1,X_s,Y_s,Z_s(t_1)]\cdot\Delta t \tag{2-98}$$

$$D_2^2=D_{22}=\sqrt{(X_{22}-X_s)^2+(Y_{22}-Y_s)^2} \tag{2-99}$$

以此类推，到 t_j 时刻，共释放出 j 个烟团。这些烟团最后的中心位置分别为 P_{ij}，X_{ij}，Y_{ij}，Z_{ij}，$i=1,2,\cdots,j$，对于第 i 个烟团，有

$$X_{ij}=X_{i(j-1)}+U[t_{j-1},X_{i(j-1)},Y_{i(j-1)},Z_{i(j-1)}]\cdot\Delta t \tag{2-100}$$

$$Y_{ij}=Y_{i(j-1)}+V[t_{j-1},X_{i(j-1)},Y_{i(j-1)},Z_{i(j-1)}]\cdot\Delta t \tag{2-101}$$

$$Z_{ij}=Z_{i(j-1)}+W[t_{j-1},X_{i(j-1)},Y_{i(j-1)},Z_{i(j-1)}]\cdot\Delta t \tag{2-102}$$

$$D_i^j=\sum_{k=1}^{j}D_{ik}=D_i^{j-1}+\sqrt{(X_{ij}-X_{i(j-1)})^2+(Y_{ij}-Y_{i(j-1)})^2} \tag{2-103}$$

D_i^j 为第 i 个烟团从源点释放后到 t_j 时刻所经过的距离。

3. 浓度公式

由前一小节的计算，已找到由点 (X_s,Y_s) 的污染源释放出来的所有烟团在第 j 个时刻所处的位置，这样 S 处的污染源在第 j 个时刻、在地面某接受点 $R(X,Y,0)$ 造成的浓度就是所有 i 个烟团的浓度贡献之和。考虑中心位于 P_{ij} 的烟团对 R 点的浓度贡献，则有

$$C_i=\frac{Q_s}{(2\pi)^{2/3}\sigma_x\sigma_y\sigma_z}C_x\cdot C_y\cdot C_z\cdot C_b\cdot C_d \tag{2-104}$$

$$C_x=\exp\left[-\frac{(X-X_{ij})^2}{2\sigma_x^2}\right] \tag{2-105}$$

$$C_y=\exp\left[-\frac{(Y-Y_{ij})^2}{2\sigma_y^2}\right] \tag{2-106}$$

$$C_b=\exp(-b\cdot j\Delta t) \tag{2-107}$$

$$C_d=\exp\left[-\frac{(V_d\cdot j\Delta t)^2}{2\sigma_z^2}\right] \tag{2-108}$$

式中：Q_s 为源强，mg/s；σ_x、σ_y、σ_z 分别为 x、y、z 方向的大气扩散参数，m；C_x、C_y、C_z 分别为 x、y、z 方向的扩散项，C_z 在后面给出算式；C_b 为污染物转化项，b 为转化率，1/s；C_d 为污染物沉降项；V_d 为沉降速率，m/s。

由于考虑到烟团对混合层的穿透作用及混合层对烟团的反射作用，垂直扩散项分以下几种情况讨论：

① 当混合层高为零时（即无混合层时），有

$$C_z = \exp\left[-\frac{(Z+Z_{ij})^2}{2\sigma_z{}^2}\right] + \exp\left[-\frac{(Z-Z_{ij})^2}{2\sigma_z{}^2}\right] \qquad (2-109)$$

② 计算地面浓度时，$Z=0$，则有

$$C_z = \exp\left(-\frac{Z_{ij}^2}{2\sigma_z{}^2}\right) \qquad (2-110)$$

③ 当混合层高度 Z_i 不为零时，垂直扩散项按以下几种情况计算。

设排放源几何高度为 h_s，混合层高度为 Z_i，令 $Z_i' = Z_i - h_s$，设烟气抬升高为 Δh（烟气抬升高度用 HJ/T 2.2—93 标准推荐的模式计算），我们可定义烟气穿透率：$P = 1.5 - \dfrac{Z_i'}{\Delta h}$，按不同的 P 值分别计算 C_z。

● 当 $P=0$，即 $\Delta h \leqslant \dfrac{2}{3}Z_i'$ 时，认为污染物全在混合层内，按封闭性扩散式计算，即污染物在混合层与地面间多次反射。

$$C_z = \sum_{n=-N}^{N} \exp\left[\frac{(Z_{ij}-2nZ_i)^2}{2\sigma_z^2}\right] \qquad (2-111)$$

N 为反射次数，一般取 $N=4$ 即可。

● 当 $P>1$，即 $\Delta h > 2Z_i'$ 时，认为污染物完全穿透混合层，并在混合层以上的稳定层中扩散，因混合层的阻挡而不能到达地面，这时令 $C_z=0$。

● 当 $0<P<1$，即 $\dfrac{2}{3}Z_i' < \Delta h < 2Z_i'$ 时，认为是部分穿透情形，这时有部分污染物抬升到混合层以上，而 $(1-P)$ 部分被封闭在混合层以内，C_z 按下式计算：

$$C_z = C_{z1} + C_{z2} \qquad (2-112)$$

许多文献认为穿透到混合层以上的污染物被阻挡后不能向地面扩散，当地区大气层结处于中性偏稳定结构时，混合层对污染物的阻挡作用并不是很强，这时可设计成让这部分烟团在 $Z_{ij}(Z_{ij}=h_s+\Delta h)$ 高度上向下扩散，则有

$$C_{z1} = P \cdot \exp\left(-\frac{Z_{ij}^2}{2\sigma_z^2}\right) \qquad (2-113)$$

而 $(1-P)$ 部分的烟团在 Z_i 处按封闭扩散：

$$C_{z2} = (1-P) \sum_{n=-N}^{N} \exp\left[-\frac{(Z_{ij}-2nZ_i)^2}{2\sigma_z^2}\right] \qquad (2-114)$$

思 考 题

1. 哪些因素将影响大气污染物的扩散？
2. 什么是大气湍流？试描述大气湍流流动的过程。

3. 什么是高斯烟流模型？试分析其使用条件。

4. 计算城市总体大气污染物浓度时，可采用哪些模型进行计算？说明其中的不同，运用其中一个模型，写出解析解。

5. 山谷中，某厂连续排放某气态守恒污染物质，源强为 Q，混合层高度为 h，山谷长为 a，宽为 b，有风以速率 u 吹入山谷，空气中该种污染物的本底浓度为 C_0。试用质量平衡原理建立污染物浓度的控制方程，写出解并画出图像。分析无穷长时段后，浓度的变化规律。

6. 如何确定大气污染扩散模型的扩散参数？请描述我国环评导则推荐的扩散参数确定方法。

7. 如何对大气稳定度进行分类？

8. 已知某工厂排放 NO_x 的速率为 $100\ g/s$，平均风速为 $5\ m/s$，如果控制 NO_x 的地面浓度增量为 $0.15\ mg/m^3$（标态下），试求所必需的烟囱有效高度。（大气处于中性稳定度：$\alpha_1 = 0.691, \gamma_1 = 0.237; \alpha_2 = 0.610, \gamma_2 = 0.217$）

9. 某厂每天（24 h）燃煤 35 t，煤中含尘量为 30%，排放因子为 85%，烟囱有效源高为 25 m，该地稳定度以 D 级为主，其风速廓线幂指数为 $m = 0.28$，$\sigma_y = 0.120\ x^{0.902}$，$\sigma_z = 0.094\ x^{0.876}$，地面多年平均风速为 2.8 m/s。求：

(1) 最大落地浓度点距该厂的距离；

(2) 为保证最大落地浓度不超过二级标准（$1.0\ mg/m^3$），要装多大除尘效率的除尘设备？

10. 郊区某厂，烟囱高度为 30 m，上出口内径为 2 m，出口温度为 100 ℃，排气量为 $30\ m^3/s$，其中 SO_2 浓度为 $3\ g/m^3$，该地年平均气温 10 ℃，平均风速 1 m/s，稳定度为中性，大气压为 1 个标准大气压，SO_2 地面达标浓度为 $0.10\ mg/m^3$，计算或判断：

(1) 烟气抬升高度；

(2) 最大落地浓度点距烟囱的距离；

(3) 下风向地面浓度是否超标。

（$\gamma_1 = 0.146, \alpha_1 = 0.888; \gamma_2 = 0.528, \alpha_2 = 0.572$）

第3章　环境水体水质数学模型

自 Streeter-Phelps 水质模型建立以来,水质模型作为水质规划和环境管理的有效工具,其应用越来越广泛并有了较大的发展。水质数学模型是描述水体中污染物随时间和空间迁移转化规律的数学方程,模型的建立可以为排入河流中污染物的数量与河水水质之间提供定量描述,从而为水质评价、预测及影响分析提供依据。

目前,在水质模型的研究中,比较多地关注河流中的生化需氧量和溶解氧之间关系的模型、碳和氮的形态的模型、热污染模型、细菌自净模型等,因此,这些模型相对比较成熟。而对重金属、复杂的有机毒物的水质模型了解得较少,对营养物的非线性和时变的交互反应了解得更少。

为了便于选择,可以把水质模型按不同的方法进行分类。

① 按时间特性,可分为动态模型和静态模型。描述水体中水质组分的浓度随时间变化的水质模型称为动态模型。描述水体中水质组分的浓度不随时间变化的水质模型称为静态模型。

② 按水质模型的空间维数,可分为零维、一维、二维、三维水质模型。当把所考察的水体看成是一个完全混合反应器时,即水体中水质组分的浓度是均匀分布的,描述这种情况的水质模型称为零维水质模型。描述水质组分的迁移变化在一个方向上是重要的,在另外两个方向上是均匀分布的,这种水质模型称为一维水质模型。描述水质组分的迁移变化在两个方向上是重要的,在另外的一个方向上是均匀分布的,这种水质模型称为二维水质模型。描述水质组分的迁移变化在三个方向进行的水质模型称为三维水质模型。

③ 按描述水质组分的多少,可分为单一组分和多组分的水质模型。水体中某一组分的迁移转化与其他组分没有关系,描述这种组分迁移转化的水质模型称为单一组分的水质模型。水体中一组分的迁移转化与另一组分(或几个组分)的迁移转化是相互联系、相互影响的,描述这种情况的水质模型称为多组分的水质模型。

④ 按水体的类型,可分为河流水质模型、河口水质模型(受潮汐影响)、湖泊水质模型、水库水质模型和海湾水质模型等。河流、河口水质模型比较成熟,湖泊、海湾水质模型比较复杂,可靠性小。

⑤ 按水质组分,可分为耗氧有机物模型(BOD-DO 模型),无机盐、悬浮物、放射性物质等的单一组分的水质模型,难降解有机物水质模型,重金属迁移转化水质模型。

⑥ 按其他方法分类,可把水质模型分为水质-生态模型、确定性模型和随机模型、集中参数模型和分布参数模型、线性模型和非线性模型等。

水质模型如此众多,如何选择、使用水质模型呢?选择水质模型必须对所研究的水质组分的迁移转化规律有相当的了解。因为水质组分的迁移(扩散和平流)取决于水体的水文特性和水动力学特性。在流动的河流中,平流迁移往往占主导地位,对某些组分可以忽略扩散项;在受潮汐影响的河口中,扩散项必须考虑而不能忽略;这两者选择的模型就不应一样。为了降低模型的复杂性和减少所需的资料,对河床规整、断面不变、污染物排入量不变的河流系统,水质模型往往选用静态的;但这种选择不能充分评价时变输入对河流系统的影响。选择的水质模型必须反映所研究的水质组分,而且应用条件必须和现实条件接近。

3.1 水体中物质迁移现象的基本描述

天然水环境的复杂性不仅表现在水环境中化学组分的复杂多样性,还表现在水体自身运动的复杂性。水体的运动形式影响着化学物质在水环境中的迁移和分布。采用水质模型时主要考虑化学物质的物理迁移,应用水力学的原理和方法加以处理。对有关的化学迁移,化学及生物化学转化处理则应用化学反应动力学与化学迁移动力学的原理和方法来处理。本节要介绍的是基于上述思想建立起来的主要反映化学物质在水体中空间分布及迁移过程的水质模型。污染物进入环境以后,做着复杂的运动,主要包括:污染物随着介质流动的推流迁移运动、污染物在环境介质中的分散运动以及污染物的衰减转化运动。

3.1.1 物理迁移过程

污染物在水中的物理迁移过程主要包括污染物在水流作用下产生的转移作用(包括对流、分子扩散、紊动扩散和弥散等作用),受泥沙颗粒和底岸的吸附与解吸、沉淀与再悬浮,底泥中污染物的输送等作用过程。

1. 推流迁移

推流迁移是指污染物在气流或水流作用下产生的转移作用。污染物由于推流作用,在单位时间内通过单位面积的推流迁移通量可以计算如下:

$$f_x = u_x C, \quad f_y = u_y C, \quad f_z = u_z C \tag{3-1}$$

式中:f_x、f_y、f_z 分别表示 x、y、z 三个方向上的污染物推流迁移通量;u_x、u_y、u_z 分别表示环境介质在 x、y、z 方向上的流速分量;C 为污染物在环境介质中的浓度。

推流迁移只能改变污染物的位置,并不能改变污染物的存在形态和浓度。

2. 分散作用

在讨论污染物的分散作用时,假定污染物质点的动力学特性与介质质点完全一致。这一假设对于多数溶解污染物或中性的颗粒物质是可以满足的。污染物在环境介质中的分散作用包括分子扩散、湍流扩散和弥散。

(1) 分子扩散

分子扩散是由分子的随机运动引起的质点分散现象。分子扩散服从 Fick 第一定律,即分子扩散的质量通量与扩散物质的浓度梯度成正比:

$$I_x^1 = -E_m \frac{\partial C}{\partial x}, \quad I_y^1 = -E_m \frac{\partial C}{\partial y}, \quad I_z^1 = -E_m \frac{\partial C}{\partial z} \tag{3-2}$$

式中:I_x^1、I_y^1、I_z^1 分别表示 x、y、z 三个方向上的污染物扩散通量;E_m 为分子扩散系数,分子扩散系数在各方向上相同,表示分子扩散是各向同性的;等式右边的负号表示污染物质点的运动指向浓度梯度的负方向。

(2) 湍流扩散

湍流扩散是湍流流场中质点的各种状态(流速、压力、浓度等)的瞬时值,相对于其时间平均值的随机脉动而导致的分散现象。湍流扩散项可以看成是对取状态的时间平均值后所形成的误差的一种补偿。可以借助分子扩散的形式表达湍流扩散:

$$I_x^2 = -E_x \frac{\partial \bar{C}}{\partial x}, \quad I_y^2 = -E_y \frac{\partial \bar{C}}{\partial y}, \quad I_z^2 = -E_z \frac{\partial \bar{C}}{\partial z} \tag{3-3}$$

式中：I_x^2、I_y^2、I_z^2 分别表示 x、y、z 三个方向上湍流扩散所导致的污染物质量通量；$\bar{C}$ 为环境介质中污染物的时间平均浓度；E_x、E_y、E_z 分别表示 x、y、z 三个方向上的湍流扩散系数；等式右边的负号表示湍流扩散的方向是污染物浓度梯度的负方向。与分子扩散不同，湍流扩散是各向异性的。

（3）弥　散

弥散作用是由于横断面上实际的状态（如流速）分布不均匀与实际计算中采用断面平均状态之间的差别引起的，为了弥补由于采用状态的空间平均值所形成的计算误差，必须考虑一个附加的量——弥散通量。同样借助 Fick 定律来描述弥散作用：

$$I_x^3 = -D_x \frac{\partial \bar{\bar{C}}}{\partial x}, \quad I_y^3 = -D_y \frac{\partial \bar{\bar{C}}}{\partial y}, \quad I_z^3 = -D_z \frac{\partial \bar{\bar{C}}}{\partial z} \tag{3-4}$$

式中：I_x^3、I_y^3、I_z^3 分别表示 x、y、z 三个方向上有弥散所导致的污染物质量通量；$\partial \bar{\bar{C}}$ 为环境介质中污染物的时间平均浓度的空间平均值；D_x、D_y、D_z 分别表示 x、y、z 三个方向上的弥散系数；等式右边的负号表示弥散方向是污染物浓度梯度的负方向。弥散也是各向异性的。

在实际计算中，都采用时间平均值的空间平均值（图3-1）。为了修正这一简化所造成的误差，引进了湍流扩散项和弥散扩散项，而分子扩散项在任何时候都是存在的，但就数量级来说，弥散项的影响最大，而分子扩散则往往可以忽略。分子扩散系数在大气中的量级为 1.6×10^{-5} $\mathrm{m^2/s}$，在河流中为 $10^{-5} \sim 10^{-4}$ $\mathrm{m^2/s}$；而湍流扩散系数的量级要大得多，在大气中为 $2 \times 10^{-1} \sim 10^{-2}$ $\mathrm{m^2/s}$（垂直方向）和 $10 \sim 10^5$ $\mathrm{m^2/s}$（水平方向），河流中的扩散系数量级为 $10^{-2} \sim 10^0$ $\mathrm{m^2/s}$。

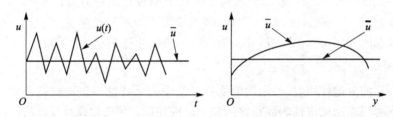

(a) 湍流流速 $u(t)$ 与时间平均流速 $\bar{u}$　　(b) 湍流时间平均流速 $\bar{u}$ 与其空间平均流速 $\bar{\bar{u}}$

图 3-1　流速分布与分散作用

弥散作用只有在取湍流时间平均值的空间平均值时才发生。弥散作用大多发生在河流或地下水的水质计算中。通常所说的弥散作用实际上包含了弥散、湍流扩散和分子扩散三者的共同作用。

3.1.2　污染物的衰减和转化

进入环境中的污染物可以分为守恒物质和非守恒物质两大类。

守恒物质可以长时间在环境中存在，它们随着介质的运动和分散作用而不断改变位置和初始浓度，但是不会减少在环境中的总量，可以在环境中积累。重金属、很多高分子有机化合物都属于守恒物质。对于那些对生态环境有害，或者暂时无害但可以在环境中积累，从长远来看可能有害的守恒物质，要严格控制排放，因为环境系统对它们没有净化能力。

非守恒污染物在环境中能够降解，它们进入环境以后，除了随环境介质的流动不断改变位置、不断分散降解浓度外，还会因为自身的衰减而加速浓度的下降。非守恒污染物的降解有两种方式,一种是由污染物自身的运动规律决定的,例如放射性物质的衰减;另一种是在环境因素的作用下,由于化学或生物反应而不断衰减,例如有机物的生物化学氧化过程。环境中非守恒物质的降解多遵循一级反应动力学规律:

$$\frac{\mathrm{d}C}{\mathrm{d}t} = -kC \tag{3-5}$$

式中:k 为降解速度常数。

污染物在环境中的推流迁移、分散和衰减作用可以用图 3 - 2 说明。

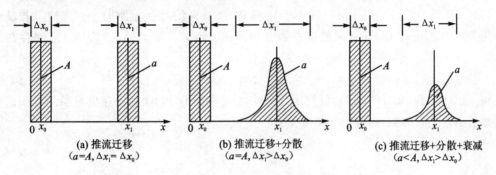

(a) 推流迁移
($a=A, \Delta x_1 = \Delta x_0$)

(b) 推流迁移+分散
($a=A, \Delta x_1 > \Delta x_0$)

(c) 推流迁移+分散+衰减
($a<A, \Delta x_1 > \Delta x_0$)

图 3 - 2　污染物在环境介质中的推流迁移、分散和衰减作用

假定在 $x=x_0$ 处,向环境中排放物质总量为 A,其分布为直方状,全部物质通过 x_0 的时间为 Δt。经过一段时间,该污染物的重心迁移至 x_1,污染物的总量为 a。如果只存在推流迁移[图 3 - 2(a)],则 $a=A$,且污染物在两处的分布形状相同;如果存在推流迁移和分散的双重作用[图 3 - 2(b)],则仍然有 $a=A$,但污染物在 x_1 处的分布形状与初始形状不同,呈钟形曲线分布,延长了污染物的通过时间;如果同时存在推流迁移、分散和衰减的三重作用[图 3 - 2(c)],则不仅污染物的分布形状发生变化,且污染物的总量也发生变化,此时 $a<A$。

推流迁移只改变污染物的位置,而不改变其分布;分散作用不仅改变污染物的位置,还改变其分布,但不改变其总量;衰减作用则能够改变污染物的总量。

污染物进入环境以后,同时发生着上述各种过程,用于描述这些过程的模型是一组复杂的数学模型。

3.1.3　天然水体中影响 BOD - DO 变化的过程

1. 生物化学分解

河流中的有机物由于生物降解所产生的生物化学需氧量(BOD)变化可以用一级反应式表达:

$$L = L_{C_0} \mathrm{e}^{-K_C t} \tag{3-6}$$

式中:L 为 t 时刻含碳有机物剩余的生物化学需氧量;L_{C_0} 为初始时刻含碳有机物的总生物化学需氧量;K_C 为含碳有机物的降解速度常数。

K_C 的数值是温度的函数,它和温度之间的关系可以表示为

$$\frac{K_{C,T}}{K_{C,T_1}} = \theta^{T-T_1} \tag{3-7}$$

若取 $T_1 = 20\ ℃$,以 $K_{C,20}$ 为基准,则任意温度 T 的值为

$$K_{C,T} = K_{C,20} \theta^{T-20} \tag{3-8}$$

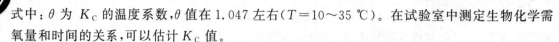

式中:θ 为 K_C 的温度系数,θ 值在 1.047 左右($T=10\sim35\ ℃$)。在试验室中测定生物化学需氧量和时间的关系,可以估计 K_C 值。

河流中的生物化学需氧量(BOD)衰减速度常数 K_r 可以由下式确定:

$$K_r = \frac{1}{t}\ln\frac{L_A}{L_B} \qquad (3-9)$$

式中:L_A、L_B 分别为河流上游断面 A 和下游断面 B 处的 BOD 浓度;t 为两个断面间的流动时间。

1961 年,托马斯(H. Thomas)提出了河流 BOD 衰减的另一个原因——沉淀。若反映生化作用和沉淀作用的 BOD 衰减速度常数分别为 K_d 和 K_s,则 K_d、K_s 和 K_r 之间存在如下关系:

$$K_r = K_d + K_s \qquad (3-10)$$

包士柯(K. Bosko,1966 年)研究了河流中生化作用的 BOD 衰减速度常数 K_d 和试验室中的数值 K_C 之间的关系,提出如下计算式:

$$K_d = K_C + \eta\frac{u_x}{H} \qquad (3-11)$$

式中:u_x 为河流的平均流速,m/s;H 为河流的平均水深,m;η 称为河床的活度系数,综合反映了河流对有机物生化降解作用的影响。K_C 和 K_d 的单位是 d^{-1}。

表 3-1 给出了一般河床坡度下活度系数值。

表 3-1 河床活度系数

河床坡度/‰	活度系数	河床坡度/‰	活度系数
0.47	0.10	4.73	0.40
0.95	0.15	9.47	0.60
1.89	0.25		

如果有机物在河流中的变化符合一级反应规律,那么在河流流态稳定时,河流中 BOD 的变化规律可以表示为

$$L_C = L_{C_0}\exp\left(-K_r\frac{x}{u_x}\right) \qquad (3-12)$$

式中:L_C 为河流任意断面处含碳有机物剩余的生物化学需氧量浓度;L_{C_0} 为起始断面处含碳有机物的生物化学需氧量浓度;x 为距起始断面(排放点)的纵向距离。

含氮有机物排入河流之后,同样发生生物化学氧化过程,可以表示如下:

$$L_N = L_{N_0}\exp\left(-K_N\frac{x}{u_x}\right) \qquad (3-13)$$

式中:L_N 为河流任意断面处含氮有机物剩余的生物化学需氧量浓度;L_{N_0} 为起始断面处含氮有机物的生物化学需氧量浓度;K_N 为含氮有机物生物化学衰减速度常数,亦称为硝化速度常数。K_N 值取决于溶解氧含量、河水的 pH 值、水温等因素。含氮有机物的硝化过程分为两个阶段:亚硝化(将氨氮氧化为亚硝酸盐氮)阶段和硝化(将亚硝酸盐氮进一步氧化成硝酸盐氮)阶段。进入河流的有机氮转化为亚硝酸盐氮的动力学过程可用下述方程表示:

$$\frac{dN_1}{dt} = -K_{11}N_1 \qquad (3-14)$$

$$\frac{\mathrm{d}N_2}{\mathrm{d}t} = -K_{22}N_2 + K_{12}N_1 \qquad\qquad (3-15)$$

$$\frac{\mathrm{d}N_3}{\mathrm{d}t} = -K_{33}N_3 + K_{23}N_2 \qquad\qquad (3-16)$$

$$\frac{\mathrm{d}N_4}{\mathrm{d}t} = -K_{44}N_4 + K_{34}N_3 \qquad\qquad (3-17)$$

式中：N_1、N_2、N_3、N_4 分别为河水中有机氮、氨氮、亚硝酸盐氮和硝酸盐氮的浓度；K_{11}、K_{22}、K_{33}、K_{44} 分别为有机氮、氨氮、亚硝酸盐氮和硝酸盐氮的衰减速度常数；K_{12}、K_{23}、K_{34} 分别为有机氮、氨氮、亚硝酸盐氮向前反应速度常数。

当河流流动均匀稳定，且污染物的排放连续稳定时，式（3-14）～式（3-17）的解为

$$N_1 = N_{10}A_{11} \qquad\qquad (3-18)$$

$$N_2 = N_{20}A_{22} + \frac{K_{12}N_{10}}{K_{22}-K_{11}}(A_{11}-A_{22}) \qquad\qquad (3-19)$$

$$N_3 = N_{30}A_{33} + \frac{K_{23}N_{20}}{K_{33}-K_{22}}(A_{22}-A_{33}) + \frac{K_{12}K_{23}N_{10}}{K_{22}-K_{11}}\left(\frac{A_{11}-A_{33}}{K_{33}-K_{11}} - \frac{A_{22}-A_{33}}{K_{33}-K_{22}}\right)$$

$$(3-20)$$

$$N_4 = N_{40}A_{44} + \frac{K_{12}K_{23}K_{34}N_{10}}{(K_{22}-K_{11})(K_{33}-K_{11})(K_{44}-K_{11})}(A_{11}-A_{44}) +$$

$$\frac{K_{23}K_{34}}{(K_{33}-K_{22})(K_{44}-K_{22})}\left(N_{20} - \frac{K_{12}N_{10}}{K_{22}-K_{11}}\right)(A_{22}-A_{44}) +$$

$$\frac{K_{34}}{K_{44}-K_{33}}\left[N_{30} - \frac{K_{12}K_{23}N_{10}}{(K_{22}-K_{11})(K_{33}-K_{11})} + \right.$$

$$\left. \frac{K_{23}}{K_{33}-K_{22}}\left(N_{20} - \frac{K_{12}N_{10}}{K_{22}-K_{11}}\right)\right](A_{33}-A_{44}) \qquad (3-21)$$

式中：N_{10}、N_{20}、N_{30}、N_{40} 分别为有机氮、氨氮、亚硝酸盐氮和硝酸盐氮的初始浓度，且

$$A_{11} = \mathrm{e}^{-K_{11}x/u_x} \qquad\qquad (3-22)$$

$$A_{22} = \mathrm{e}^{-K_{22}x/u_x} \qquad\qquad (3-23)$$

$$A_{33} = \mathrm{e}^{-K_{33}x/u_x} \qquad\qquad (3-24)$$

$$A_{44} = \mathrm{e}^{-K_{44}x/u_x} \qquad\qquad (3-25)$$

巴维尔（B. Bower）等人在实际河流中测得上述模型中的动力学参数的值，如表 3-2 所列。

表 3-2　含氮有机物反应动力学参数

d^{-1}

K_{11}	K_{22}	K_{33}	K_{44}	K_{12}	K_{23}	K_{34}
0.30	0.65	2.50	0.001	0.30	0.32	2.50

2. 大气复氧过程

水中溶解氧主要来源于大气，氧气由大气进入水中的质量传递速度可以表示为

$$\frac{\mathrm{d}C}{\mathrm{d}t} = \frac{K_L A}{V}(C_s - C) \qquad\qquad (3-26)$$

式中：C 为河流中溶解氧的浓度；C_s 为河流中饱和溶解氧的浓度；K_L 为质量传递系数；A 为

气体扩散的表面积;V 为水的体积。

对于河流,$\dfrac{A}{V}=\dfrac{1}{H}$,$H$ 是平均水深,(C_S-C) 表示河水中的溶解氧不足量,称为氧亏,用 D 表示,则式(3-26)可以写为

$$\frac{\mathrm{d}D}{\mathrm{d}t}=-\frac{K_L}{H}D=-K_a D \qquad (3-27)$$

式中:K_a 为大气复氧速度常数。

K_a 是河流流态及温度等的函数。如果以 20 ℃作为基准,则任意温度时的大气复氧速度常数可以写为

$$K_{a,r}=K_{a,20}\theta_r^{T-20℃} \qquad (3-28)$$

式中:$K_{a,20}$ 为 20 ℃条件下的大气复氧速度常数;θ_r 为大气复氧速度常数的温度系数,通常 $\theta=1.024$。

欧康奈尔(D. O'Conner)和多宾斯(W. Dobbins)在 1958 年提出了根据河流的流速、水深计算大气复氧速度常数的方法,其一般形式为

$$K_a=C\frac{u_x^n}{H^m} \qquad (3-29)$$

式中:u_x 为河流的平均流速,m/s;H 为河流的平均水深,m;K_a 的单位是 d^{-1}(20 ℃);C 为河流溶解氧的浓度。

很多学者对式(3-29)中的参数 C、n、m 进行了研究,表 3-3 列出了部分研究成果。

表 3-3　参数研究结果

数据来源	C	n	m
O'Conner,Dobbins(1958)	3.933	0.50	1.50
Churchill 等(1962)	5.018	0.968	1.673
Owens 等(1964)	5.336	0.67	1.85
Langbein,Durum(1967)	5.138	1.00	1.33
Isaacs,Gaudy(1968)	3.104	1.00	1.50
Isaacs,Maag(1969)	4.740	1.00	1.50
Neglescu,Rojanski(1969)	10.922	0.85	0.85
Padden,Gloyna(1971)	4.523	0.703	1.055
Bennet,Rathbun(1972)	5.369	0.674	1.865

饱和溶解氧浓度是温度、盐度和大气压力的函数,在 760 mmHg 压力下,淡水中的饱和溶解氧浓度可以用下式计算:

$$C_S=\frac{468}{31.6+T} \qquad (3-30)$$

式中:C_S 为饱和溶解氧的浓度,mg/L;T 为温度,℃。

在河口,饱和溶解氧的浓度还会受到水的含盐量的影响,这时可以用海叶儿(Hyer,1971 年)经验公式计算:

$$C_S=14.624\,4+0.367\,134T+0.004\,497\,2T^2-0.096\,6S+0.002\,05ST+0.000\,273\,9S^2$$

$$(3-31)$$

式中：S 为水中含盐量（ppt）。

3. 光合作用

水生植物的光合作用是河流溶解氧的另一个重要来源。欧康奈尔假定光合作用的速度随光照强弱的变化而变化，中午光照最强时，产氧速度最快，夜晚没有光照时，产氧速度为零。欧康奈尔假定光合作用产氧符合下列速度规律：

$$P_t = P_m \sin\left(\frac{t}{T}\pi\right) \tag{3-32}$$

- 对 $0 \leqslant t \leqslant T$，$P_t = 0$；
- 对其余时间，T 为白天发生光合作用的持续时间，例如 12 h；t 为光合作用开始以后的时间；P_m 为一天中最大光合作用的产氧速度。

因河流条件，P_m 值变化很大，其范围为 0～30 mg/(L·d)。

对于一个时间平均模型，可将产氧速度取为一天中的平均值（常数）：

$$\left(\frac{\partial O}{\partial t}\right)_p = P \tag{3-33}$$

式中：P 为一天中产氧速度的平均值。

4. 藻类的呼吸作用

藻类的呼吸作用要消耗河水中的溶解氧。通常把藻类呼吸耗氧速度看作是常数，即：

$$\left(\frac{\partial O}{\partial t}\right)_t = -R \tag{3-34}$$

在一般情况下，R 为 0～5 mg/(L·d)。

光合作用产氧速度与呼吸作用的耗氧速度可以用黑白瓶试验求得。将河水水样分装在两个密封的碘量瓶中，其中一个用黑幕罩住，同时置入河水中。黑瓶模拟黑夜的呼吸作用，白瓶模拟白天的呼吸作用和光合作用，试验在白天进行。根据两个瓶中的溶解氧在试验周期中的变化，可以写出黑瓶和白瓶的氧平衡方程（类似正交法）：

对于白瓶：

$$\frac{24(C_1 - C_0)}{\Delta t} = P - R - K_c L_0 \tag{3-35}$$

对于黑瓶：

$$\frac{24(C_2 - C_0)}{\Delta t} = -R - K_c L_0 \tag{3-36}$$

式中：C_0 为试验开始时水样溶解氧浓度；C_1、C_2 分别为试验结束时白瓶中的水样和黑瓶中的水样溶解氧浓度；K_c 为在试验温度下 BOD 降解速度常数；Δt 为试验延续时间，h；L_0 为试验开始时河水的 BOD 值。

求解式（3-35）、式（3-36），可以得到河流中的光合作用产氧速度 P（单位：mg/(L·d)）和呼吸耗氧速度 R（单位：mg/(L·d)）。

5. 底栖动物和沉淀物的耗氧

底泥耗氧的主要原因是由于底泥中耗氧物质返回到水中与底泥顶层耗氧物质氧化分解。目前，底泥耗氧机理尚未完全阐明，费儿（Fair）用阻尼反应来表达底泥的耗氧速度：

$$\left(\frac{dO}{dt}\right)_d = -\frac{dL_d}{dt} = -(1 + r_c)^{-1} K_b L_d \tag{3-37}$$

式中：L_d 为河床的 BOD 面积负荷；K_b 为河床的 BOD 耗氧速度常数；r_c 为底泥耗氧的阻尼系数。

底泥耗氧速度常数是温度的函数，温度修正系数的常数值为 1.072(5～30 ℃)。

3.2 水质数学模型基础

反映污染物质在环境介质中运动的基本规律的数学模型称为环境质量基本模型。环境质量基本模型反映了污染物在环境介质中运动的基本特征，即污染物的推流迁移、分散和降解。建立基本模型需基于一些基本假定：进入环境的污染物能够与环境介质相互融合，污染物质点与介质质点具有相同的流体力学特征。污染物在进入环境以后能够均匀地分散开，不产生凝聚、沉淀和挥发，可以将污染物质点当作介质质点进行研究。

而实际中的污染物，在进入环境以后，除了迁移、分散和衰减外，还会经过一些其他的物理、化学或生物学过程，这些过程将通过对基本模型的修正予以研究和表达。

3.2.1 零维模型

所谓零维模型，是描述在研究的空间范围内不产生环境质量差异的模型。这个空间范围类似于一个完全混合的反应器。零维模型是最简单的一类模型。图 3-3 所示为一个连续流完全混合反应器，进入反应器的污染物能够在瞬间分布到反应器的各个部位。

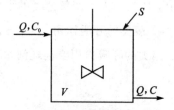

图 3-3 零维模型示意图

根据质量守恒原理，可以写出反应器中的平衡方程：

$$V \frac{\mathrm{d}C}{\mathrm{d}t} = QC_0 - QC + S + rV \qquad (3-38)$$

式中：V 为反应器的容积；Q 为流入与流出反应器的物质流量；C_0 为输入反应器的污染物浓度；C 为输出反应器的污染物浓度，即反应器中的污染物浓度；r 为污染物的反应速度；S 为污染物的源与汇。

若 $S=0$，则

$$V \frac{\mathrm{d}C}{\mathrm{d}t} = Q(C_0 - C) + rV \qquad (3-39)$$

如果污染物在反应器中的反应符合一级反应动力学降解规律，即 $r = -kC$，则式(3-39)可以写作：

$$V \frac{\mathrm{d}C}{\mathrm{d}t} = Q(C_0 - C) - kCV \qquad (3-40)$$

式中：k 为污染物的降解速度常数。

式(3-40)就是零维环境质量模型的基本形式。零维模型广泛应用于箱式空气质量基本模型和湖泊、水库水质模型中。

在稳态条件下，即在 $\frac{\mathrm{d}C}{\mathrm{d}t}=0$ 时，

$$C = \frac{C_0}{(Q + kV)/Q} = \frac{C_0}{1 + k \dfrac{V}{Q}} \qquad (3-41)$$

式中：V/Q 为理论停留时间。

3.2.2　一维模型

通过一个微小体积单元的质量平衡推导一维模型。一维模型是描述在一个空间方向（如 x）上存在的环境质量变化，即存在污染物浓度梯度的模型。通过对一个微小体积单元的质量平衡过程的推导，可以得到一维基本模型，如图 3-4 所示。

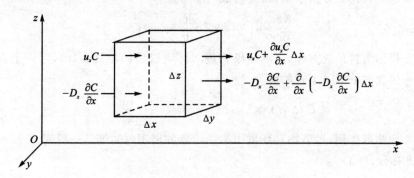

图 3-4　微小体积单元的质量平衡

图 3-4 表示一个微小体积单元在 x 方向污染物的输入、输出关系。Δx、Δy、Δz 分别代表体积元三个方向的长度。由图 3-4 可以写出以下关系。

单位时间内由推流和弥散输入该体积单元的污染物量为 $\left[u_x C + \left(-D_x \dfrac{\partial C}{\partial x}\right)\right]\Delta y \Delta z$。

单位时间内由推流和弥散输出的污染物量为 $\left[u_x C + \dfrac{\partial u_x C}{\partial x}\Delta x + \left(-D_x \dfrac{\partial C}{\partial x}\right) + \dfrac{\partial}{\partial x}\left(-D_x \dfrac{\partial C}{\partial x}\right)\Delta x\right]\Delta y \Delta z$。

单位时间内在微小体积单元中由于衰减输出的污染物量为 $kC\Delta x\Delta y\Delta z$。那么，单位时间内输入/输出该微小体积单元的污染物总量为

$$\frac{\partial C}{\partial t}\Delta x\Delta y\Delta z = \left[u_x C + \left(-D_x \frac{\partial C}{\partial x}\right)\right]\Delta y\Delta z - \left[u_x C + \frac{\partial u_x C}{\partial x}\Delta x + \left(-D_x \frac{\partial C}{\partial x}\right) + \frac{\partial}{\partial x}\left(-D_x \frac{\partial C}{\partial x}\right)\Delta x\right]\Delta y\Delta z - kC\Delta x\Delta y\Delta z \quad (3-42)$$

将式（3-42）简化，并令 $\Delta x \to 0$，得

$$\frac{\partial C}{\partial t} = -\frac{\partial u_x C}{\partial x} - \frac{\partial}{\partial x}\left(-D_x \frac{\partial C}{\partial x}\right) - kC \quad (3-43)$$

在均匀流场中，u_x 和 D_x 都可以作为常数，则式（3-43）可以写为

$$\frac{\partial C}{\partial t} = D_x \frac{\partial^2 C}{\partial x^2} - u_x \frac{\partial C}{\partial x} - kC \quad (3-44)$$

式中：C 为污染物的浓度，是时间 t 和空间位置 x 的函数；D_x 为纵向弥散系数；u_x 为断面平均流速；k 为污染物的衰减速度常数。

式（3-44）就是均匀流场中的一维基本环境质量模型。一维模型较多地应用于比较长而狭窄的河流水质模型。

1. 一维流场中的瞬时点源排放的解析解

（1）忽略弥散，即 $D_x = 0$

由式（3-44）得

$$\frac{\partial C}{\partial t} + u_x \frac{\partial C}{\partial x} + kC = 0 \qquad (3-45)$$

该方程可以用特征线方法求解，将其写成两个方程：

$$\frac{\mathrm{d}x}{\mathrm{d}t} = u_x \quad \text{和} \quad \frac{\mathrm{d}C}{\mathrm{d}t} = -kC$$

前一个方程称为特征线方程，表示污染物进入环境以后的位置 $x(t)$，后一个方程则表示污染物在某一位置的浓度。上式的解为

$$C(x,t) = C_0 \exp(-kt) = C_0 \left(-\frac{kx}{u_x}\right) \qquad (3-46)$$

由于不考虑弥散作用，污染物在环境中某一位置的出现时间都是一瞬间。

（2）考虑弥散，即 $D_x \neq 0$

根据式（3-44）则有

$$\frac{\partial C}{\partial t} - D_x \frac{\partial^2 C}{\partial x^2} + u_x \frac{\partial C}{\partial x} + kC = 0 \qquad (3-47)$$

式（3-47）可以通过拉普拉斯变换及其逆变换求解。首先用拉普拉斯变量 L 取代原变量 C，同时令

$$L = L(s,y) = \mathcal{L}\left[C(x,t)\right] = \int_0^\infty C(x,t)\mathrm{e}^{-st}\,\mathrm{d}t$$

通过拉普拉斯变换，得 $\mathcal{L}\left(\dfrac{\partial C}{\partial t}\right) = sL$，则原式可以写为

$$sL - D_x \frac{\mathrm{d}^2 L}{\mathrm{d}x^2} + u_x \frac{\mathrm{d}L}{\mathrm{d}x} + kL = 0$$

或

$$\frac{\mathrm{d}^2 L}{\mathrm{d}x^2} - \frac{u_x}{D_x} \times \frac{\mathrm{d}L}{\mathrm{d}x} - \frac{1}{D_x}(k+s) = 0$$

其特征多项式为

$$\lambda^2 - \frac{u_x}{D_x}\lambda - \frac{k+s}{D_x} = 0$$

其特征值为

$$\lambda_{1,2} = \frac{u_x}{2D_x}\left(1 \pm \frac{2\sqrt{D_x}}{u_x}\sqrt{\frac{u_x^2}{4D_x} + k + s}\right)$$

则拉普拉斯方程的解为

$$L = A\mathrm{e}^{\lambda_1 x} + B\mathrm{e}^{\lambda_2 x}$$

代入初始条件 $L(0,s) = C_0$ 和 $L(\infty,s) = 0$，得 $A = 0$ 和 $B = C_0$，则

$$L = C_0 \exp\left[\frac{u_x x}{2D_x}\left(1 - \frac{2\sqrt{D_x}}{u_x}\sqrt{\frac{u_x^2}{4D_x} + k + s}\right)\right]$$

根据拉普拉斯逆变换公式：

$$\mathcal{L}^{-1}\left[\exp(-y\sqrt{s+Z})\right]=\frac{y\exp(-Zt)}{2\sqrt{\pi}t^{1.5}}\exp\left(-\frac{y^2}{4t}\right)$$

同时，令 $y=\dfrac{x}{\sqrt{D_x}}$，$Z=\dfrac{u_x^2}{4D_x}+k$，代入上式，得

$$C(x,t)=\frac{u_x C_0}{\sqrt{4\pi D_x t}}\exp\left(-\frac{x-u_x t}{4D_x t}\right)\exp(-kt)\qquad(3-48)$$

式中，C_0 为起点处污染物的浓度，在污染物瞬时投放时，$C_0=\dfrac{M}{Q}$，又 $Q=Au_x$，所以

$$C(x,t)=\frac{M}{A\sqrt{4\pi D_x t}}\exp\left(-\frac{x-u_x t}{4D_x t}\right)\exp(-kt)\qquad(3-49)$$

式中：M 为污染物瞬时投放量；A 为河流断面的面积。

2. 一维模型的稳态解

典型一维模型是一个二阶线性偏微分方程：

$$D_x\frac{\partial^2 C}{\partial x^2}-u_x\frac{\partial C}{\partial x}-kC=0\qquad(3-50)$$

该微分方程的特征方程为

$$D_x\lambda^2-u_x\lambda-k=0$$

特征方程的特征根为

$$\lambda_{1,2}=\frac{u_x}{2D_x}(1\pm m)$$

式中：$m=\sqrt{1+\dfrac{4kD_x}{u_x^2}}$。

一维稳态模型式(3-50)的通解为

$$C=Ae^{\lambda_1 x}+Be^{\lambda_2 x}$$

对于保守或衰减物质，λ 不应该取正值；同时，若给定初始条件为 $x=0$，$C=C_0$，则一维稳态模型式(3-50)的解为

$$C=C_0\exp\left[\frac{u_x t}{2D_x}\left(1-\sqrt{1+\frac{4kD_x}{u_x^2}}\right)\right]\qquad(3-51)$$

在推流存在的情况下，弥散作用在稳态条件下往往可以忽略，此时：

$$C=C_0\exp\left(-\frac{kx}{u_x}\right)\qquad(3-52)$$

式中：C_0 为起点处污染物的浓度。

对于一维模型：

$$C_0=\frac{QC_1+qC_2}{Q+q}\qquad(3-53)$$

式中：Q 为河流的流量；q 为污水流量；C_1 为河流中污染物的本底浓度；C_2 为污水中污染物的浓度。

3. 一维动态水质模型的数值解

（1）显式差分法

一维动态水质模型的基本形式为

$$\frac{\partial C}{\partial t} + u_x \frac{\partial}{\partial x} = D_x \frac{\partial^2 C}{\partial x^2} - kC$$

用向后差分表示,则有

$$\frac{C_i^{j+1} - C_i^j}{\Delta t} + u_x \frac{C_i^j - C_{i-1}^j}{\Delta x} = D_x \frac{C_i^j - 2C_{i-1}^j + C_{i-2}^j}{\Delta x^2} - kC_{i-1}^j \qquad (3-54)$$

由式(3-54)可以得到

$$C_i^{j+1} = C_{i-2}^j \left(\frac{D_x \Delta t}{\Delta x^2}\right) + C_{i-1}^j \left(\frac{u_x \Delta t}{\Delta x} - \frac{2D_x \Delta t}{\Delta x^2} - k\Delta t\right) + C_i^j \left(1 - \frac{u_x \Delta t}{\Delta x} + \frac{D_x \Delta t}{\Delta x^2}\right) \qquad (3-55)$$

式中:i 为空间网格节点的编号;j 为时间网格节点的编号。

该式表明,为了计算第 i 个节点处第 $j+1$ 个时间节点的水质浓度值,必须知道本空间节点(i)和前两个空间节点($i-1$ 和 $i-2$)处的前一个时间节点(j)处的水质浓度值 C_i^j、C_{i-1}^j、C_{i-2}^j。因此,采用向后差分时,根据前两个时间层浓度的空间分布,就可以计算当前时间层的浓度分布。对于第 $j+1$ 个时间层:

当 $i=1$ 时,

$$C_1^{j+1} = C_0^j \beta + C_2^j \gamma$$

当 $i=2$ 时,

$$C_2^{j+1} = C_0^j \alpha + C_1^j \beta + C_2^j \gamma$$

当 $i=i$ 时,

$$C_i^{j+1} = C_{i-2}^j + C_{i-1}^j \beta + C_i^j \gamma \quad (i=1,2,\cdots,n)$$

当 D_x、k、u_x、Δx 和 Δt 均为常数时,α、β、γ 亦为常数,即

$$\alpha = \frac{D_x \Delta t}{\Delta x}, \quad \beta = \frac{u_x \Delta t}{\Delta x} - \frac{2D_x \Delta t}{\Delta x^2} - k\Delta t, \quad \gamma = 1 - \frac{u_x \Delta t}{\Delta x} + \frac{D_x \Delta t}{\Delta x^2}$$

式中:Δx、Δt 分别为空间网格的步长和时间网格的步长。

显式差分是有条件稳定的,Δx、Δt 的选择应该满足下述稳定性条件:

$$\frac{u_x \Delta t}{\Delta x} \leqslant 1, \quad \frac{D_x \Delta t}{\Delta x^2} \leqslant \frac{1}{2}$$

根据差分格式的逐步求解过程,可以写出:

$$\boldsymbol{C}^{j+1} = \boldsymbol{A}\boldsymbol{C}^j \qquad (3-56)$$

式中:

$$\boldsymbol{C}^{j+1} = (C_1^{j+1} \quad C_2^{j+1} \quad \cdots \quad C_n^{j+1})^{\mathrm{T}}, \quad \boldsymbol{C}^j = (C_1^j \quad C_2^j \quad \cdots \quad C_n^j)^{\mathrm{T}}$$

$$\boldsymbol{A} = \begin{bmatrix} \beta & \gamma & & & \\ \alpha & \ddots & \ddots & & \\ & \ddots & \ddots & \ddots & \\ & & \ddots & \ddots & \gamma \\ & & & \alpha & \beta \end{bmatrix}$$

求解式(3-56)的初始条件是 $C(x_i,0)=C_i^0$,边界条件是 $C(0,t_j)=C_0^j$。

(2) 隐式差分法

显式差分是有条件稳定的,在某些情况下,为了保证稳定性,必须取很小的时间步长,从而大大增加了计算时间。

隐式差分是无条件稳定的。隐式差分可以采用向前差分格式。

对于 $i=1$，则有

$$\frac{C_1^{j+1}-C_1^j}{\Delta t}+u_x\frac{C_1^j-C_0^j}{\Delta x}=D_x\frac{C_2^{j+1}-2C_1^{j+1}+C_0^{j+1}}{\Delta x^2}-k\frac{C_1^{j+1}+C_0^j}{2}$$

对于 $i=2$，则有

$$\frac{C_2^{j+1}-C_2^j}{\Delta t}+u_x\frac{C_2^j-C_1^j}{\Delta x}=D_x\frac{C_3^{j+1}-2C_2^{j+1}+C_1^{j+1}}{\Delta x^2}-k\frac{C_2^{j+1}+C_1^j}{2}$$

对于 $i=i$，则有

$$\frac{C_i^{j+1}-C_i^j}{\Delta t}+u_x\frac{C_i^j-C_{i-1}^j}{\Delta x}=D_x\frac{C_{i+1}^{j+1}-2C_i^{j+1}+C_{i-1}^{j+1}}{\Delta x^2}-k\frac{C_i^{j+1}+C_{i-1}^j}{2}$$

$$(i=1,2,\cdots,n)$$

如果令

$$\alpha=-\frac{D_x}{\Delta x^2} \tag{3-57}$$

$$\beta=\frac{1}{\Delta t}+\frac{2D_x}{\Delta x^2}+\frac{k}{2} \tag{3-58}$$

$$\gamma=-\frac{D_x}{\Delta x^2} \tag{3-59}$$

$$\delta_i=\left(\frac{1}{\Delta t}-\frac{u_x}{\Delta x}\right)C_i^j+\left(\frac{u_x}{\Delta x}-\frac{k}{2}\right)C_{i-1}^j \tag{3-60}$$

可以写出隐式差分求解的一般格式：

$$\alpha C_{i-1}^{j+1}+\beta C_i^{j+1}-\gamma C_{i+1}^{j+1}=\delta_i \tag{3-61}$$

对于第一个（$i=1$）和第 n 个（$i=n$）方程，C_0^{j+1} 和 C_{n+1}^{j+1} 是上下边界的值。若令

$$C_{n+1}^{j+1}=C_n^{j-1}+(C_n^{j+1}-C_{n-1}^{j-1})=2C_n^{j+1}-C_{n-1}^{j+1}$$

则有

$$\beta C_1^{j+1}-\gamma C_2^{j+1}=\delta'_1$$
$$\vdots$$
$$\alpha C_{i-1}^{j+1}+\beta C_i^{j+1}-\gamma C_{i+1}^{j+1}=\delta_i$$
$$\vdots$$
$$\alpha'_n C_{n-1}^{j+1}+\beta'_n C_n^{j+1}=\delta_n$$

由此可以写出矩阵方程：

$$\boldsymbol{B}C^{j+1}=\boldsymbol{\delta} \tag{3-62}$$

式中：

$$\boldsymbol{\delta}=(\delta'_1 \quad \delta_2 \quad \cdots \quad \delta_n)^{\mathrm{T}}$$

$$\boldsymbol{B}=\begin{bmatrix} \beta & \gamma & & & \\ \alpha & \ddots & \ddots & & \\ & \ddots & \ddots & \ddots & \\ & & \ddots & \ddots & \gamma \\ & & & \alpha'_n & \beta'_n \end{bmatrix}$$

$$\delta'_1=\delta_1-\alpha C_0^{j+1},\quad \alpha'_n=\alpha-\gamma,\quad \beta'_n=\beta+2\gamma$$

对于第 $j+1$ 个时间层的浓度空间分布，可以由下式解出：

$$\boldsymbol{C}^{j+1} = \boldsymbol{B}^{-1}\boldsymbol{\delta} \tag{3-63}$$

当采用隐式有限差分格式时,在计算 C_1^{j+1} 的表达式中出现了 C_{i+1}^{j+1} 值,因此方程组不可能递推求解,必须联立求解。

隐式差分虽然是无条件稳定的,但为了防止数值弥散,应该满足 $\dfrac{u_x \Delta t}{\Delta x} \leqslant 1$ 的条件。

3.2.3 二维模型

二维模型较多应用于宽的河流、河口,较浅的湖泊、水库,也用于空气线源污染模拟。

与推导一维模型相似,当在 x 方向和 y 方向存在浓度梯度时,可以建立起 x、y 方向的二维环境质量基本模型:

$$\frac{\partial C}{\partial t} = D_x \frac{\partial^2 C}{\partial x^2} + D_y \frac{\partial^2 C}{\partial y^2} - u_x \frac{\partial C}{\partial x} - u_y \frac{\partial C}{\partial y} - kC \tag{3-64}$$

1. 瞬时点源排放的二维模型

假定所研究的二维平面是 x、y 平面,瞬时点源二维模型的解析解为

$$C(x,y,t) = \frac{M}{4\pi ht\sqrt{D_x D_y}} \exp\left[-\frac{(x-u_x t)^2}{4D_x t} - \frac{(y-u_y t)^2}{4D_y t}\right] \exp(-kt) \tag{3-65}$$

式中:u_y 为 y 方向的速度分量;D_y 为 y 方向的弥散系数;h 为平均扩散深度;其余符号意义同前。

式(3-65)是在无边界约束条件下的解。其边界条件是:当 $y \to \infty$ 时,$\dfrac{\partial C}{\partial y} = 0$。

如果污染物的扩散受到边界的影响,则需要考虑边界的反射作用。边界的反射作用可以通过一个假定的虚源实现(图3-5)。把边界作为一个反射镜面,以边界为轴,在实源的对称位置设立一个与实源具有相等源强的虚源。虚源的作用可以代表边界对实源的反射。在有边界的条件下,式(3-65)的解为

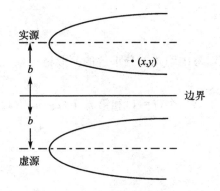

图 3-5 边界的反射

$$C(x,y,t) = \frac{M\exp(-kt)}{4\pi ht\sqrt{D_x D_y}}\left\{\exp\left[-\frac{(x-u_x t)^2}{4D_x t} - \frac{(y-u_y t)^2}{4D_y t}\right] + \left[-\frac{(x-u_x t)^2}{4D_x t} - \frac{(2b+y-u_y t)^2}{4D_y t}\right]\right\} \tag{3-66}$$

式中:b 为实源或虚源到边界的距离。

式(3-66)中大括号里的第一项为模拟实源的排放,第二项则是模拟虚源的排放。若点源的位置逐步向边界移动,至 $b=0$,即污染物在边界上排放时,虚源与实源合二为一,这时的浓度计算如下:

$$C(x,y,t) = \frac{M\exp(-kt)}{2\pi ht\sqrt{D_x D_y}}\left\{\exp\left[-\frac{(x-u_x t)^2}{4D_x t} - \frac{(y-u_y t)^2}{4D_y t}\right]\right\} \tag{3-67}$$

2. 二维模型的稳态解

假定三维空间中,在 z 方向不存在浓度梯度,即 $\dfrac{\partial C}{\partial z} = 0$,就构成了 x、y 平面上的二维问

题。在稳定条件下，二维环境质量基本形式是

$$D_x \frac{\partial^2 C}{\partial x^2} + D_y \frac{\partial^2 C}{\partial y^2} - u_x \frac{\partial C}{\partial x} - u_y \frac{\partial C}{\partial y} - kC = 0 \qquad (3-68)$$

在均匀流场中，式(3-68)的解析解为

$$C(x,y) = \frac{Q}{4\pi h (x/u_x) \sqrt{D_x D_y}} \exp\left[-\frac{(y - u_y x/u_x)^2}{4D_y x/u_x}\right] \exp\left(-\frac{kx}{u_x}\right) \qquad (3-69)$$

式中：Q 为源强，即单位时间内排放的污染物量；其余符号同前。

在均匀、稳定流场中，D_x 和 u_y 往往可以忽略，则式(3-69)的解为

$$C(x,y) = \frac{Q}{u_x h \sqrt{4\pi D_y x/u_x}} \exp\left(-\frac{u_x y^2}{4D_y x}\right) \exp\left(-\frac{kx}{u_x}\right) \qquad (3-70)$$

式(3-69)和式(3-70)适合无边界排放的情况[图3-6(a)]。如果存在边界，则需要考虑边界的反射作用。此时可以通过假设的虚源来模拟边界的反射作用。

如果存在有限边界，即有两个边界，则污染物处在两个边界之间[图3-6(b)]，这时的反射就是连锁式的。这时式(3-68)的解就是

$$C(x,y) = \frac{Q\exp(-kx/u_x)}{u_x h \sqrt{4\pi D_y x/u_x}} \left\{ \exp\left(-\frac{u_x y^2}{4D_y x}\right) + \right.$$

$$\left. \sum_{n=1}^{\infty} \exp\left[-\frac{u_x (nB - y)^2}{4D_y x}\right] + \sum_{n=1}^{\infty} \exp\left[-\frac{u_x (nB + y)^2}{4D_y x}\right] \right\} \qquad (3-71)$$

式中：B 为扩散环境的宽度。

式(3-71)中大括号里的第一项代表实源的贡献，第二项代表虚源1的贡献，第三项代表虚源2的贡献。由于边界的关系，这种贡献将无穷次地进行下去。

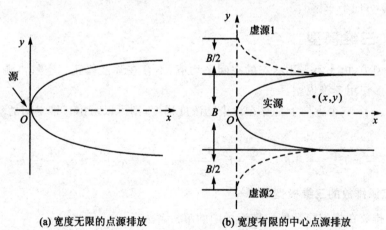

(a) 宽度无限的点源排放　　(b) 宽度有限的中心点源排放

图 3-6　二维稳态点源的中心排放

如果污染源处在环境边界上，对于宽度无限大的环境[图3-6(a)]，则有

$$C(x,y) = \frac{2Q}{u_x h \sqrt{4\pi D_y x/u_x}} \exp\left(-\frac{u_x y^2}{4D_y x}\right) \exp\left(-\frac{kx}{u_x}\right) \qquad (3-72)$$

对于在环境宽度为 B 的边界上排放，同样可以通过假设虚源来模拟边界的反射作用，此时

$$C(x,y) = \frac{2Q\exp(-kx/u_x)}{u_x h \sqrt{4\pi D_y x/u_x}} \left\{ \exp\left(-\frac{u_x y^2}{4D_y x}\right) + \right.$$

$$\left. \sum_{n=1}^{\infty} \exp\left[-\frac{u_x (nB-y)^2}{4D_y x}\right] + \sum_{n=1}^{\infty} \exp\left[-\frac{u_x (nB+y)^2}{4D_y x}\right] \right\} \tag{3-73}$$

虚源的贡献随着反射次数的增加而衰减很快,实际计算中,取 $n=2\sim3$ 已经可以满足精度要求。

3. 二维动态模型的数值解(差分法)

二维动态模型的一般形式为

$$\frac{\partial C}{\partial t} = D_x \frac{\partial^2 C}{\partial x^2} + D_y \frac{\partial^2 C}{\partial y^2} - u_x \frac{\partial C}{\partial x} - u_y \frac{\partial C}{\partial y} = kC$$

该模型求解可借助 P - R(Peaceman-Rachfold)的交替方向法。P - R 方法的差分格式如下:

$$\frac{C_{i,k}^{2j+1} - C_{i,k}^{2j}}{\Delta t} = D_x \frac{C_{i+1,k}^{2j+1} - 2C_{i,k}^{2j+1} + C_{i-1,k}^{2j+1}}{\Delta x^2} + D_y \frac{C_{i,k+1}^{2j} - 2C_{i,k}^{2j} + C_{i,k-1}^{2j}}{\Delta y^2} -$$

$$u_x \frac{C_{i+1,k}^{2j+1} - C_{i,k}^{2j+1}}{\Delta x} - u_y \frac{C_{i,k+1}^{2j} - C_{i,k}^{2j}}{\Delta y} - \frac{k}{4}(C_{i,k}^{2j+1} + C_{i+1,k}^{2j+1}) \tag{3-74}$$

$$\frac{C_{i,k}^{2j+2} - C_{i,k}^{2j+1}}{\Delta t} = D_x \frac{C_{i+1,k}^{2j+1} - 2C_{i,k}^{2j+1} + C_{i-1,k}^{2j+1}}{\Delta x^2} + D_y \frac{C_{i,k+1}^{2j+2} - 2C_{i,k}^{2j+2} + C_{i,k-1}^{2j+2}}{\Delta y^2} -$$

$$u_x \frac{C_{i+1,k}^{2j+1} - C_{i,k}^{2j+1}}{\Delta x} - u_y \frac{C_{i,k+1}^{2j+2} - C_{i,k}^{2j+2}}{\Delta y} - \frac{k}{4}(C_{i,k}^{2j+2} + C_{i,k+1}^{2j+2}) \tag{3-75}$$

在相邻两个时间层$(2j+1)$和$(2j+2)$中交替使用上面两个差分方程,前者是在 x 方向上求解,后者是在 y 方向上求解。

3.2.4 三维模型

在三维模型中,由于不采用状态的空间平均值,不存在弥散修正。空气点源扩散模拟、海洋水质模拟大多使用三维模型。

如果在 x、y、z 三个方向上都存在污染物浓度梯度,则可以写出三维空间的环境质量基本模型:

$$\frac{\partial C}{\partial t} = E_x \frac{\partial^2 C}{\partial x^2} + E_y \frac{\partial^2 C}{\partial y^2} + E_z \frac{\partial^2 C}{\partial z^2} - u_x \frac{\partial C}{\partial x} - u_y \frac{\partial C}{\partial y} - u_z \frac{\partial C}{\partial z} - kC \tag{3-76}$$

1. 瞬时点源排放的三维模型的解

瞬时点源排放在均匀稳定的三维流场中的解析解为

$$C(x,y,z,t) = \frac{M\exp(-kt)}{8\sqrt{(\pi t)^3 E_x E_y E_z}} \exp\left\{\frac{1}{4t}\left[\frac{(x-u_x t)^2}{E_x} + \frac{(y-u_y t)^2}{E_y} + \frac{(z-u_z t)^2}{E_z}\right]\right\} \tag{3-77}$$

式中:E_x、E_y、E_z 分别表示 x、y、z 方向上的湍流扩散系数。

2. 三维模型的稳态解

一个连续稳定排放的点源,在三维均匀、稳定流场中的解析解为

$$C(x,y,z) = \frac{Q}{4\pi x \sqrt{E_y E_z}} \exp\left[-\frac{u_x}{4x}\left(\frac{y^2}{E_y} + \frac{z^2}{E_z}\right)\right] \exp\left(-\frac{kx}{u_x}\right) \tag{3-78}$$

式中：E_y、E_z 分别表示 y、z 方向的湍流扩散系数。

在求解式(3-77)时，忽略了 E_x、u_y 和 u_z。

解析模型的形式比较简单，应用比较方便。一维解析模型被广泛应用于各种中小型河流的水质模型，三维解析模型在空气环境质量预测中被普遍采用。在流场均匀稳定的条件下，二维解析模型也可以用于模拟河流的水质。

在采用解析模型时，一定要注意解析模型的定解条件。

3.3　河流水质模型

水质模拟是预测评价水环境问题的重要手段之一。近几十年来，国内外许多学者针对所研究的问题的不同，提出了不同的水质模型，用于研究污染物在河流中迁移转化的特征、规律及其影响因素并对发展趋势进行预测。水质模型是描述参加水循环的水体中各水质组分所发生的物理、化学、生物和生态学等诸多方面的变化规律和相互影响关系的数学方法，是水环境污染治理规划决策分析中不可缺少的重要工具。

水质数学模型可以有不同的分类。根据研究对象不同，可以分为地表水、地下水水质数学模型。根据所选用的数学工具不同，水质模型可以分为确定性模型(以数学物理方程为主)、随机模型(包括统计模型)、规划模型(以运筹学为主要工具)、灰色模型(以灰色系统理论为主要工具)、模糊模型(以模糊数学为主要工具，较多用于水质质量评价)等不同类型。根据模型表达式对应的空间结构，可以分为零维(不含空间变量)、一维、二维、三维及高维模型。根据模型表达式是否含有时间变量，可以分为稳定模型(不含时间变量)和动态模型(含时间变量，多用于描述水质随时间变化的规律)。按模型所考虑因素的广泛性，可以分为单因素(单变量)模型和多因素(多变量)模型。水质模型一般都是多因素模型，但有时为了进行多因素比较，可以把多因素分割为单因素加以研究。

3.3.1　河流的混合稀释模型

1. 污染物与河水的混合

当废水进入河流后，便不断地与河水发生混合交换作用，使保守污染物浓度沿流程逐渐降低，这一过程称为混合稀释过程。在这个过程中，从污水排放口到污染物在河流横断面上达到均匀分布，通常要经历竖向混合与横向混合两个阶段，然后再纵向继续混合。

由于河流的深度通常要比其宽度小很多，污染物进入河流后，在较短的距离内就达到了竖向的均匀分布，亦即完成竖向混合过程。完成竖向混合所需距离是水深的数倍至数十倍。在竖向混合阶段，河流中发生的物理作用十分复杂，它涉及污水与河水之间的质量交换、热量交换与动量交换等问题。在发生竖向混合的同时也在发生横向的混合作用。

从污染物达到竖向均匀分布到污染物在整个断面达到均匀分布的过程称为横向混合阶段。在直线均匀河道中，横向混合的主要水动力是横向弥散作用；在弯道中，由于水流形成的横向环流，大大加速了横向混合的进程。完成横向混合所需距离要比竖向混合大得多。

在横向混合完成之后，污染物在整个断面上达到均匀分布。如果没有新的污染物输入，守恒污染物质将一直保持恒定的断面浓度；非守恒断面污染物质则由于生物化学等作用产生浓度变化(主要指浓度减小)，但在整个断面上的分布始终(大体上)是均匀的。对大多数守恒污染物，混合稀释是它们迁移的主要方式之一。对非守恒污染物，混合稀释也是它们迁移的重要方式之一。水体的混合稀释、扩散能力,与其水体的水文特征密切相关。

在竖向混合阶段,由于所研究问题涉及空间三个方向,竖向混合问题又称三维混合问题,相应的横向混合问题称为二维混合问题,完成横向混合以后的问题称为一维混合问题。

如果研究的河段很长,而水深、水面宽度都相对很小,一般可以简化为一维混合问题。处理一维混合问题要比二维、三维混合问题简单得多。

2. 河水的基本混合稀释模型

污水排入河流的入河口称为污水注入点,污水注入点以下的河段,污染物在断面上的浓度分布是不均匀的,靠近污水注入点一侧的岸边浓度高,远离排放口对岸的浓度低。随着河水的流动,污染物在整个断面上的分布逐渐均匀。污染物浓度在整个断面上变为均匀一致的断面,称为水质完全混合断面。把最早出现水质完全混合断面的位置称为完全混合点。污水注入点和完全混合点把一条河流分为三部分。污水注入点上游称为初始段或背景河段,污水注入点到完全混合点之间的河段称为非均匀混合河段或混合过程段,完全混合点的下游河段称为均匀混合段。

设河水流量为 $Q(\mathrm{m}^3/\mathrm{s})$,污染物浓度为 $C_1(\mathrm{mg/L})$,废水流量为 $q(\mathrm{m}^3/\mathrm{s})$,废水中污染物浓度为 $C_2(\mathrm{mg/L})$,水质完全混合断面以前,任一非均匀混合断面上参与和废水混合的河水流量为 $Q_i(\mathrm{m}^3/\mathrm{s})$,把参与和废水混合的河水流量 Q_i 与该断面河水流量 Q 的比值定义为混合系数,以 a 表示。把参与和废水混合的河水流量 Q_i 与废水流量 q 的比值定义为稀释比,以 n 表示。数学表达式如下:

$$a = \frac{Q_i}{Q} \tag{3-79}$$

$$n = \frac{Q_i}{q} = \frac{aQ}{q} \tag{3-80}$$

在实际工作中,混合过程段的污染物浓度 C_i 及混合段总长度 L_n 按费洛罗夫公式计算:

$$C_i = \frac{C_1 Q_i + C_2 q}{Q_i + q} = \frac{C_1 aQ + C_2 q}{aQ + q} \tag{3-81}$$

$$L_n = \left[\frac{2.3}{\alpha} \lg \frac{aQ + q}{(1-a)q}\right]^3 \tag{3-82}$$

混合过程段的混合系数 a 是河流沿程距离 x 的函数,公式如下:

$$a(x) = \frac{1 - \exp(-b)}{1 + (Q/q)\exp(-b)} \tag{3-83}$$

$$b = \alpha x^{1/3} \tag{3-84}$$

式中: α 为水力条件对混合过程的影响系数,

$$\alpha = \zeta \phi \left(\frac{E}{q}\right)^{1/3} \tag{3-85}$$

$$E = \frac{Hu}{200} \quad (对于平原河流) \tag{3-86}$$

式中: x 为自排污口到计算断面的距离,m; ϕ 为河道弯曲系数, $\phi = x/x_0$; x_0 为自排污口到计算河段的直线距离,m; ζ 为排放方式系数,岸边排放 $\zeta = 1$,河心排放 $\zeta = 1.5$; H 为河流平均水深,m; u 为河流平均流速,m/s; E 为湍流扩散系数,m²/s。

在水质完全混合断面以下的任何断面,处于均匀混合段,a、n、C 均为常数,有

$$a = 1, \quad n = Q/q$$

$$C = \frac{C_1 Q + C_2 q}{Q + q} \tag{3-87}$$

3.3.2 守恒污染物在均匀流场中的扩散模型

进入环境的污染物可以分为两大类:守恒污染物和非守恒污染物。污染物进入环境以后,随着介质的运动不断地变换所处的空间位置,还由于分散作用不断向周围扩散而降低其初始浓度,但它不会因此而改变总量发生衰减。这种污染物称为守恒污染物。如重金属、很多高分子有机化合物等。

污染物进入环境以后,除了随着环境介质流动而改变位置,并不断扩散而降低浓度外,还因自身的衰减而加速浓度的下降。这种污染物称为非守恒污染物。非守恒物质的衰减有两种方式:一是由其自身运动变化规律决定的,如放射性物质的蜕变;另一种是在环境因素的作用下,由于化学的或生物化学的反应而不断衰减的,如可生化降解的有机物在水体中微生物作用下的氧化-分解过程。

费洛罗夫公式解决的虽然也是守恒污染物在混合过程的污染物浓度及混合段总长度问题,但对于大、中河流一、二级评价,根据工程、环境特点评价工作等级及当地环保要求,有时需要对河宽方向有更细致的认识,而需要采用二维模式。

1. 均匀流场中的扩散方程

考虑到污染物的守恒,在均匀流场中一维扩散方程为

$$\frac{\partial C}{\partial t} = D_x \frac{\partial^2 C}{\partial x^2} - u_x \frac{\partial C}{\partial x} \tag{3-88}$$

假定污染物排入河流后在水深方向(z 方向)上很快均匀混合,当 x 方向和 y 方向存在浓度梯度时,建立起二维扩散方程基本模型:

$$\frac{\partial C}{\partial t} = D_x \frac{\partial^2 C}{\partial x^2} + D_y \frac{\partial^2 C}{\partial y^2} - u_x \frac{\partial C}{\partial x} - u_y \frac{\partial C}{\partial y} \tag{3-89}$$

式中:D_x 为 x 方向的弥散系数;u_x 为 x 方向的流速分量;D_y 为 y 方向的弥散系数;u_y 为 y 方向的流速分量。

(1)无限大均匀流场中移流扩散方程的解

考察式(3-88),对于均匀流场,只考虑 x 方向的流速 $u_x = u$,认为 $u_y = 0$,且整个过程是一个稳态的过程,则有

$$u \frac{\partial C}{\partial x} = D_x \frac{\partial^2 C}{\partial x^2} + D_y \frac{\partial^2 C}{\partial y^2} \tag{3-90}$$

若在无限大均匀流场中,坐标原点设在污染物排放点,污染物浓度的分布呈高斯分布,则方程式的解为

$$C = \frac{Q}{uh \sqrt{4\pi D_y x/u}} \exp\left(-\frac{y^2 u}{4 D_y x}\right) \tag{3-91}$$

式中:Q 是连续点源的源强,g/s;C 的单位为 g/m³,且 g/m³ = mg/L。

(2)河岸反射时移流扩散方程的解

式(3-91)是无限大均匀流场的解。自然界的河流都有河岸,河岸对污染物的扩散起阻挡

及反射作用，增加了河水中的污染。多数排污口位于岸边的一侧，对于半无限均匀流场，仅考虑本河岸反射。如果岸边排放源位于河流纵向坐标 $x=0$ 处，则岸边排放连续点的像源与原点源重合，下游任一点的浓度为

$$C(x,y) = \frac{2Q}{uh\sqrt{4\pi D_y x/u}} \exp\left(-\frac{y^2 u}{4 D_y x}\right) \tag{3-92}$$

对于需要考虑本岸与对岸反射的情况，如果河宽为 B，则只计河岸一次反射的二维静态河流岸边排放连续点源水质模型的解为

$$C(x,y) = \frac{2Q}{uh\sqrt{4\pi D_y x/u}} \left\{ \exp\left(-\frac{y^2 u}{4 D_y x}\right) + \exp\left[-\frac{(2B-y)^2 u}{4 D_y x}\right] \right\} \tag{3-93}$$

均匀流场中连续点源水质模型求解的三类排放情况如图3-7所示。

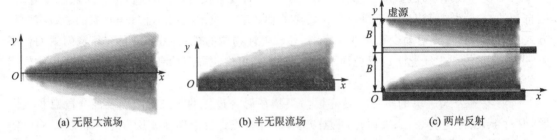

(a) 无限大流场 (b) 半无限流场 (c) 两岸反射

图 3-7　均匀流场连续点源的三类排放情况

2. 完成横向均匀混合的距离

根据横向浓度分布状况，若某断面上河对岸浓度达到同一断面最大浓度的 5%，则定义为污染物到达对岸。这一距离称为污染物到达对岸的纵向距离，用镜像法计算。本岸 $C(L_b,0)$ 计算时不计对岸的反射项。污染物到达对岸 $C(L_b,B)$，只需要考虑一次反射。使用式（3-92）计算浓度，并按定义 $C(L_b,B)/C(L_b,0)=0.05$ 解出的纵向距离 L_b 为

$$L_b = \frac{0.067\,5 u B^2}{D_y} \tag{3-94}$$

虽然理论上讲，用镜像法计算时，如果纵向距离相当大，两岸反射会多次发生。然而，多数情况下，随着纵向距离的增加，虚源的作用衰减得十分迅速。正态分布曲线趋于平坦，横向浓度分布趋于均匀。实际应用中，若断面上最大浓度与最小浓度之差不超过 5%，则可以认为污染物已经达到了均匀混合。由排放点至完成横向均匀混合的断面的距离称为完全混合距离。由理论分析和实验确定的完全混合距离，按污染源在河流中心排放和污染源在河流岸边排放的不同情况，可如下表示完全混合距离。

中心排放情况：

$$L_m = \frac{0.1 u B^2}{D_y} \tag{3-95}$$

岸边排放情况：

$$L_m = \frac{0.4 u B^2}{D_y} \tag{3-96}$$

3.3.3 非守恒污染物在均匀河流中的水质模型

1. 零维水质模型

如果将一顺直河流划分成许多相同的单元河段,每个单元河段看成是完全混合反应器。设流入单元河段的入流量和流出单元河段的出流量均为 Q,入流的污染物浓度为 C_0,流入单元河段的污染物完全均匀分布到整个单元河段,其浓度为 C。当反应器内的源漏项,仅为反应衰减项,并符合一级反应动力学的衰减规律时,为 $-k_1C$,根据质量守恒定律,可以写出完全反应器的平衡方程,即零维水质模型:

$$V\frac{\mathrm{d}C}{\mathrm{d}t}=Q(C_0-C)-k_1CV \tag{3-97}$$

当单元河段中污染物浓度不随时间变化,即 $\mathrm{d}C/\mathrm{d}t=0$,为静态时,零维的静态水质模型为

$$0=Q(C_0-C)-k_1CV$$

经整理可得

$$C=\frac{C_0}{1+\dfrac{k_1V}{Q}}=\frac{C_0}{1+\dfrac{k_1\Delta x}{u}} \tag{3-98}$$

式中:k_1 为污染物衰减系数;Δx 为单元河段长度;u 为平均流速;$\Delta x/u$ 为理论停留时间。对于划分许多零维静态单元河段的顺直河流模型,示意图如图 3-8 所示,其上游单元的出水是下游单元的入水,第 i 个单元河段的水质计算式为

$$C_i=\frac{C_0}{\left(1+\dfrac{k_1V}{Q}\right)^i}=\frac{C_0}{\left(1+\dfrac{k_1\Delta x}{u}\right)^i} \tag{3-99}$$

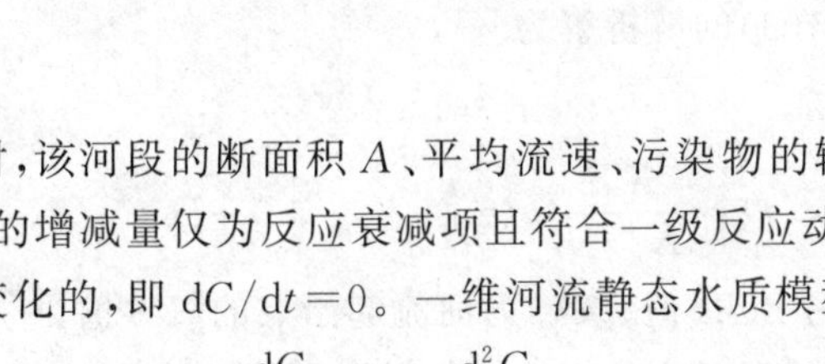

图 3-8 由多个零维静态单元河段组成的顺直河流水质模型

2. 一维水质模型

当河流中河段均匀时,该河段的断面积 A、平均流速、污染物的输入量 Q、扩散系数 D 都不随时间而变化,污染物的增减量仅为反应衰减项且符合一级反应动力学。此时,河流断面中污染物浓度是不随时间变化的,即 $\mathrm{d}C/\mathrm{d}t=0$。一维河流静态水质模型基本方程变化为

$$u_x\frac{\mathrm{d}C}{\mathrm{d}x}=D_x\frac{\mathrm{d}^2C}{\mathrm{d}x^2}-kC$$

这是一个二阶线性常微分方程,可用特征多项式解法求解。若将河流中平均流速 u_x 写作 u,初始条件为:$x=0,C=C_0$,则常微分方程的解为

$$C=C_0\exp\left[\frac{u}{2D_x}\left(1-\sqrt{1+\frac{4k_1D_x}{u^2}}\right)x\right] \tag{3-100}$$

如果忽略扩散项,沿程的坐标 $x=ut$,$\mathrm{d}C/\mathrm{d}t=-k_1C$,代入初始条件 $x=0,C=C_0$,则方

程的解为

$$C(x) = C_0 \exp\left[-(k_1 x / u)\right] \qquad (3-101)$$

3.3.4　单一河段水质模型

当所研究的河段内只有一个排放口时,称该河段为单一河段。在研究单一河段时,一般把排放口置于河段的起点,即定义排放口处的纵向坐标 $x=0$。上游河段的水质视为河流水质的本底值。单一河段的模型一般都比较简单,是研究各种复杂模型的基础。

水质模型结构主要取决于所研究的范围及其水体中污染物的混合情况,如果对一个较长的河段或河流进行水质规划,一维模型已能得出较好的结果。在所有的一维模型中,应用最多的是生化需氧量-溶解氧(BOD-DO)耦合模型,这是因为它既对研究水污染控制具有普遍的重要性,又能较为真实地反映实际情况,因此,几十年来,人们一直对该类模型中最具有代表性的 S-P(Streeter-Phelps)一维水质模型进行研究。

1. BOD-DO 耦合模型(S-P 模型)

描述河流水质的第一个模型是由斯特里特(H. Streeter)和菲尔普斯(E. Phelps)在 1925 年建立的,简称为 S-P 模型。S-P 模型描述一维稳态河流中 BOD-DO 的变化规律。在建立 S-P 模型时,提出如下基本假设:

① 河流中的 BOD 衰减反应和溶解氧 DO 的复氧都是一级反应;

② 反应速度是恒定的;

③ 河流中的耗氧只是 BOD 衰减反应引起的,而河流中溶解氧的来源则是大气复氧。

BOD 的衰减反应速度与河水中 DO 的减少速度相同,复氧速率与河水中的亏氧量 D 成正比。

S-P 模型是关于 BOD 和 DO 的耦合模型,可写为

$$\frac{\mathrm{d}L}{\mathrm{d}t} = -K_\mathrm{d} L \qquad (3-102)$$

$$\frac{\mathrm{d}D}{\mathrm{d}t} = -K_\mathrm{d} L - K_\mathrm{a} D \qquad (3-103)$$

式中:L 为河流中的 BOD 值;D 为河流中的氧亏值;K_d 为河流中 BOD 衰减(耗氧)速度常数;K_a 为河流复氧速度常数;t 为河流的流行时间。

式(3-102)和式(3-103)的解析解为

$$L = L_0 \mathrm{e}^{-K_\mathrm{d} t} \qquad (3-104)$$

$$D = \frac{K_\mathrm{d} L_0}{K_\mathrm{a} - K_\mathrm{d}} (\mathrm{e}^{-K_\mathrm{d} t} - \mathrm{e}^{-K_\mathrm{a} t}) + D_0 \mathrm{e}^{-K_\mathrm{a} t} \qquad (3-105)$$

式中:L_0 为河流起始点的 BOD 值;D_0 为河流起始点的氧亏值。

式(3-105)表示河流的氧亏变化规律。如果以河流的溶解氧来表示,则

$$O = O_\mathrm{s} - D = O_\mathrm{s} - \frac{K_\mathrm{d} L_0}{K_\mathrm{a} - K_\mathrm{d}} (\mathrm{e}^{-K_\mathrm{d} t} - \mathrm{e}^{-K_\mathrm{a} t}) - D_0 \mathrm{e}^{-K_\mathrm{a} t} \qquad (3-106)$$

式中:O 为河流中的溶解氧值;O_s 为饱和溶解氧值。

式(3-106)称为 S-P 氧垂公式,根据式(3-106)绘制的溶解氧沿程变化曲线称为氧垂曲线,参见图 3-9。

在很多情况下,人们希望能找到溶解氧浓度最低的点——临界点。在临界点,河水的氧亏

值最大,且变化速度为零,则

$$\frac{\mathrm{d}D}{\mathrm{d}t} = K_d L - K_a D_c = 0 \qquad (3-107)$$

由此得

$$D_c = \frac{K_d}{K_a} L_0 \mathrm{e}^{-K_d t_c} \qquad (3-108)$$

式中:D_c 为临界点的氧亏值;t_c 为由起始点到达临界点的流行时间。

临界氧亏发生的时间可以由下式计算:

$$t_c = \frac{1}{K_a - K_d} \ln \frac{K_a}{K_d} \left[1 - \frac{D_0 (K_a - K_d)}{L_0 K_d} \right]$$
$$(3-109)$$

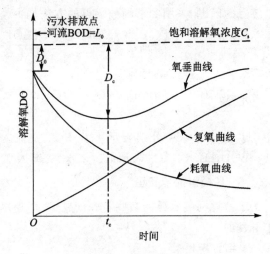

图 3-9　溶解氧氧垂曲线

S-P 模型广泛应用于河流水质的模拟预测中,也用于计算允许最大排污量。

2. S-P 模型的应用

(1) 计算 DO 达到临界点的位置和浓度

按最不利的条件,河流中 DO 的最低值和发生 DO 最低值的位置是规划设计必不可少的依据。对于可以忽略系数的河流,只要按照公式

$$O = O_s - (O_s - O_0) \mathrm{e}^{-k_2 \frac{x}{u}} + \frac{k_1 \mathrm{BOD}}{k_1 - k_2} (\mathrm{e}^{-k_1 \frac{x}{u}} - \mathrm{e}^{-k_2 \frac{x}{u}}) \qquad (3-110)$$

的一阶导数并使其等于 0 即可得临界点的坐标 X_{er}(km):

$$X_{er} = \frac{u}{k_1 - k_2} \ln \left\{ \frac{k_2}{k_1} \left[1 - \left(\frac{k_2}{k_1} - 1 \right) \frac{O_s - O_0}{\mathrm{BOD}_0} \right] \right\}$$

如令 $F = k_2/k_1$,称 F 为自净系数,X_{er} 代入式(3-110),得临界点的 DO 浓度 O_{er}(mg/L) 的计算公式:

$$O_{er} = O_s - \frac{\mathrm{BOD}_0}{F} \left\{ F \left[1 - (F-1) \frac{O_s - O_0}{\mathrm{BOD}_0} \right] \right\}^{\frac{1}{1-F}} \qquad (3-111)$$

对于没有明显的污染带的河流,只要研究的河段相当长,就可以忽略排污口的支流进入后的混合段。这时我们通常把有支流进入、有排污口或有取水口的断面作为一个河段的起始断面,并认为上游来水、支流的入流和排入的废水都在起始断面处立即完全混合。

(2) 计算污染源的允许排放量

对于一个河段,在规定了水质标准之后,利用 O_{er} 计算公式,按规定的溶解氧浓度标准 O_e(mg/L),可以推算起始断面处的最大允许 BOD 浓度 $\mathrm{BOD}_{0,P}$。设只要临界点达到标准值,$O_{er} = O_e$,则可设:

$$O_{er} = O_s - \frac{\mathrm{BOD}_0}{F} \left\{ F \left[1 - (F-1) \frac{O_s - O_0}{\mathrm{BOD}_0} \right] \right\}^{\frac{1}{1-F}} = O_e$$

$$O_s = O_e - \frac{\mathrm{BOD}_{0,P}}{F} \left\{ F \left[1 - (F-1) \frac{O_s - O_0}{\mathrm{BOD}_{0,P}} \right] \right\}^{\frac{1}{1-F}} = 0$$

如果把方程左边看作是 $\mathrm{BOD}_{0,P}$ 的函数,则可改写成 $f(\mathrm{BOD}_{0,P}) = 0$ 的解方程,即求一个

函数零点的问题,采用的求函数零点的方法是牛顿法。求得 $BOD_{0,P}$ 后,利用公式

$$BOD_{0,P} = \frac{Q_1 BOD_1 + Q_2 BOD_2 + Q_3 BOD_3 - Q_4 BOD_4}{Q_1 + Q_2 + Q_3 - Q_4} \qquad (3-112)$$

可计算最大允许排污强度 W_p:

$$W_p = Q_3 BOD_3 = BOD_{0,P}(Q_1 + Q_2 + Q_3 - Q_4) - Q_1 BOD_1 - Q_2 BOD_2 + Q_4 BOD_4 \qquad (3-113)$$

式中:Q_1、Q_2、Q_3、Q_4 分别表示上游来水、支流入水、废水和上游取水的流量,m^3/s;BOD_1、BOD_2、BOD_3、BOD_4 分别表示上游来水、支流入水、废水和上游取水的 BOD,mg/L。

3. S-P 模型的修正型

为了计算河流水质的某些特殊问题,人们提出了一些新的模型,它们都是在 S-P 模型基础上开发的。

(1)托马斯模型

托马斯在 S-P 模型的基础上引进了沉淀作用对 BOD 去除的影响,托马斯模型的形式为

$$\frac{dL}{dt} = -(K_d + K_s)L \qquad (3-114)$$

$$\frac{dD}{dt} = K_d L - K_a D \qquad (3-115)$$

式中:K_s 为由沉淀作用去除 BOD 的速度常数。

托马斯方程的解为

$$L = L_0 e^{-(K_d+K_s)t} \qquad (3-116)$$

$$D = \frac{K_d L_0}{K_a - (K_d + K_s)} \left[e^{-(K_d+K_s)t} - e^{-K_a t} \right] + D_0 e^{-K_a t} \qquad (3-117)$$

(2)康布模型

康布在 S-P 模型的基础上提出了包括底泥耗氧和光合作用的模型:

$$\frac{dL}{dt} = -(K_d + K_s)L + B \qquad (3-118)$$

$$\frac{dD}{dt} = -K_a D + K_d L - P \qquad (3-119)$$

式中:B 为底泥的耗氧速度;P 为河流中光合作用产氧速度。

式(3-118)和式(3-119)的解为

$$L = \left(L_0 - \frac{B}{K_d + K_s} \right) e^{-(K_d+K_s)t} + \frac{B}{K_d + K_s} \qquad (3-120)$$

$$D = \frac{K_d}{K_a - (K_d + K_s)} \left(L_0 - \frac{B}{K_d + K_s} \right) \left[e^{-(K_d+K_s)t} - e^{-K_a t} \right] +$$

$$\frac{K_d}{K_a} \left(\frac{B}{K_d + K_s} - \frac{P}{K_d} \right) (1 - e^{-K_a t}) + D_0 e^{-K_a t} \qquad (3-121)$$

如果 K_s、B、P 为零,式(3-120)和式(3-121)就化简为 S-P 模型。

(3)欧康奈尔模型

欧康奈尔在托马斯模型的基础上引进了含氮有机物对水质的影响。其模型的形式为

$$u_x \frac{dL_C}{dx} = -(K_d + K_s)L_C \qquad (3-122)$$

$$u_x \frac{\mathrm{d}L_N}{\mathrm{d}x} = -K_N L_N \qquad (3-123)$$

$$u_x \frac{\mathrm{d}D}{\mathrm{d}x} = K_d L_C + K_N L_N - K_a D \qquad (3-124)$$

式中：L_C 为含碳有机物的 BOD 值；L_N 为含氮有机物的 BOD 值；K_N 为含氮有机物衰减速度常数。

若给定初始条件：当 $x=0$ 时，$L_C = L_{C_0}$，$L_N = L_{N_0}$，$D = D_0$，则式（3-122）～式（3-124）的解为

$$L_C = L_{C_0} e^{-(K_d + K_s) x/u_x} \qquad (3-125)$$

$$L_N = L_{N_0} e^{-K_N x/u_x} \qquad (3-126)$$

$$D = D_0 e^{-K_a x/u_x} - \frac{K_d L_{C_0}}{K_a - (K_d + K_s)} \left[e^{-(K_d + K_s) x/u_x} - e^{-K_a x/u_x} \right] + \frac{K_N L_{N_0}}{K_a - K_N} (e^{-K_N x/u_x} - e^{-K_a x/u_x})$$

$$(3-127)$$

3.3.5　多河段水质模型

当河流的水文和水力条件沿程发生变化，沿河有支流或废水输入，以及有取水口和渠道引水时，需将河流分为若干河段进行河流水质污染的模拟。

1. BOD-DO 耦合矩阵模型

水质模型的解析解是在均匀和稳定的水流条件下取得的。在河流水文条件沿线发生变化时，可以将河流分成若干个河段，使得每一个河段内部的水文条件基本保持均匀稳定，在每一个河段内部可以应用解析模型。

通常可以按下述原则在河流上设置断面：

① 河流断面形状发生剧烈变化处，这种变化导致河流的流态（流速、流量及水深的分布等）发生相应的变化；

② 支流或污水的输入处；

③ 河流取水口处；

④ 其他需要设立断面的地方，如桥涵附近便于采样的地方、现有的水文站附近等。

河流断面确定之后，就可以根据水流与污染物的输入、输出条件，作出河流水质计算的概化图。图 3-10 表示一维多段河流的概化图。

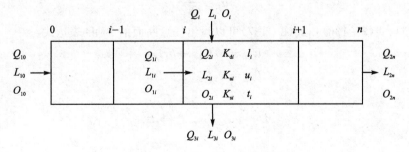

图 3-10　一维多段河流的概化图

图 3-10 中：Q_i 为第 i 断面进入河流污水（或支流）的流量；Q_{1i} 为由上游进入断面的流

量；Q_{2i} 为由断面 i 输出到下游的流量；Q_{3i} 为在断面 i 处的取水量；L_i、O_i 分别为在断面 i 处进入河流的污水(或支流)的 BOD 和 DO 的浓度；L_{1i}、O_{1i} 分别为由上游进入断面 i 的 BOD 和 DO 的浓度；L_{2i}、O_{2i} 分别为由断面 i 向下游输出的 BOD 和 DO 的浓度；K_{di}、K_{ai}、K_{si} 分别为断面 i 下游河段的水质模型参数，其中 K_{di} 为 BOD 衰减速度常数，K_{ai} 为大气复氧速度常数，K_{si} 为悬浮物的沉淀与再悬浮速度常数；l_i 为断面下游河段的长度；u_i 为断面下游河段的平均流速；t_i 为断面下游河段的流行时间。

一般河流水质的特点之一，是上游每一个排放口排放的污染物对下游每一断面的水质都会产生一个增量，而下游的水质对上游不会产生影响。因此，河流每一断面的水质状态都可以视为上游每一个断面排放的污染物和本断面排放的污染物的影响的总和。这里讨论 BOD 多河段模型也可以应用于性质与 BOD 类似的其他污染物的模拟。

由 S-P 模型可写出河流中 BOD 变化的规律：

$$L = L_0 e^{-K_d t} \tag{3-128}$$

根据图 3-10 中符号定义及水流连续性原理，可以写出每个断面流量、BOD 平衡关系：

$$Q_{2i} = Q_{1i} - Q_{3i} + Q_i \tag{3-129}$$
$$Q_{1i} = Q_{2,i-1} \tag{3-130}$$
$$L_{2i}Q_{2i} = L_{1i}(Q_{1i} - Q_{3i}) + L_i Q_i \tag{3-131}$$

另外，由 S-P 模型可以写出由断面至断面间的 BOD 衰减关系：

$$L_{1i} = L_{2,i-1} e^{-K_{d,i-1} t_{i-1}} \tag{3-132}$$

令

$$\alpha_{i-1} = e^{-K_{d,i-1} t_{i-1}} \tag{3-133}$$

代入式(3-132)，得

$$L_{1i} = \alpha_{i-1} L_{2,i-1} \tag{3-134}$$

同时，由式(3-131)和式(3-134)可写出：

$$L_{2i} = \frac{L_{2,i-1}\alpha_{i-1}(Q_{1i} - Q_{3i})}{Q_{2i}} \tag{3-135}$$

令

$$a_i = \frac{\alpha_{i-1}(Q_{1i} - Q_{3i})}{Q_{2i}} \tag{3-136}$$

$$b_i = \frac{Q_i}{Q_{2i}} \tag{3-137}$$

由式(3-135)、式(3-136)和式(3-137)可以写出任意断面的 BOD 表达式：

$$L_{21} = a_0 L_{2,0} + b_1 L_1$$
$$L_{22} = a_1 L_{2,1} + b_2 L_2$$
$$\vdots$$
$$L_{2i} = a_{i-1} L_{2,i-1} + b_i L_i$$
$$\vdots$$
$$L_{2n} = a_{n-1} L_{2,n-1} + b_n L_n$$

这一组递推式可以用如下矩阵方程来表达：

$$A\vec{L}_2 = B\vec{L} + \vec{g} \tag{3-138}$$

式中，A、B 是 n 阶矩阵，

$$A = \begin{bmatrix} 1 & & & & \\ -a_1 & 1 & & & \\ & \ddots & \ddots & & \\ & & \ddots & \ddots & \\ & & & -a_{n-1} & 1 \end{bmatrix} \quad B = \begin{bmatrix} b_1 & & & & \\ & \ddots & & & \\ & & \ddots & & \\ & & & \ddots & \\ & & & & b_n \end{bmatrix}$$

矩阵方程(3-138)表示每一个断面向下游输出的 BOD(向量 $\vec{L_2}$)与各个节点输入河流的 BOD(向量 $\vec{L}$)之间的关系。在水质预测和模拟时，$\vec{L}$ 是一组已知量，$\vec{L_2}$ 是需要模拟的量；在水污染控制规划中，$\vec{L}$ 作为河流 BOD 约束是一组已知量，$\vec{L_2}$ 是需要确定的量。

由式(3-138)可以得出

$$\vec{L_2} = A^{-1}B\vec{L} + A^{-1}\vec{g} \tag{3-139}$$

式中：$\vec{g}$ 是 n 维向量，

$$\vec{g} = (g_1 \quad 0 \quad \cdots \quad 0)^{\mathrm{T}} \tag{3-140}$$

$$g_1 = a_0 L_{20} \tag{3-141}$$

其中 g_1 是初始条件。

2. 多河段 DO 模型

根据 S-P 模型，可以写出第 i 个断面的溶解氧计算式：

$$O_{1i} = O_{2,i-1}\mathrm{e}^{-K_{a,i-1}t_{i-1}} - \frac{K_{d,i-1}L_{2,i-1}}{K_{a,i-1} - K_{d,i-1}}(\mathrm{e}^{-K_{d,i-1}t_{i-1}} - \mathrm{e}^{-K_{a,i-1}t_{i-1}}) + O_{\mathrm{S}}(1 - \mathrm{e}^{-K_{a,i-1}t_{i-1}})$$

$$\tag{3-142}$$

同时，根据质量平衡原理，可以写出：

$$O_{2i}Q_{2i} = O_{1i}(Q_{1i} - Q_{3i}) + O_iQ_i \tag{3-143}$$

令

$$\gamma_i = \mathrm{e}^{-K_{ai}t_i} \tag{3-144}$$

$$\beta_i = \frac{K_{di}(\alpha_i - \gamma_i)}{K_{ai} - K_{di}} \tag{3-145}$$

$$\delta_i = O_{\mathrm{S}}(1 - \gamma_i) \tag{3-146}$$

将式(3-144)~式(3-146)代入式(3-143)，整理得

$$Q_{2i} = \frac{Q_{1i} - Q_{3i}}{Q_{2i}}(O_{2,i-1}\gamma_{i-1} - L_{2,i-1}\beta_{i-1} + \delta_{i-1}) + \frac{Q_i}{Q_{2i}}O_i \tag{3-147}$$

令

$$c_{i-1} = \frac{Q_{1i} - Q_{3i}}{Q_{2i}}\gamma_{i-1} \tag{3-148}$$

$$d_{i-1} = \frac{Q_{1i} - Q_{3i}}{Q_{2i}}\beta_{i-1} \tag{3-149}$$

$$f_{i-1} = \frac{Q_{1i} - Q_{3i}}{Q_{2i}}\delta_{i-1} \tag{3-150}$$

由式(3-147)可得

$$O_{2i} = c_{i-1}O_{2,i-1} - d_{i-1}L_{2,i-1} + f_{i-1} + b_iO_i \tag{3-151}$$

与 BOD 的计算相似，将上述递推方程归结为一个矩阵方程：

$$C\vec{O_2} = -D\vec{L_2} + B\vec{O} + \vec{f} + \vec{h} \tag{3-152}$$

式中：C 和 D 是 n 维矩阵，分别为

$$C = \begin{bmatrix} 1 & & & & \\ -c_1 & 1 & & & \\ & \ddots & \ddots & & \\ & & \ddots & \ddots & \\ & & & -c_{n-1} & 1 \end{bmatrix} \qquad D = \begin{bmatrix} 0 & & & & \\ d_1 & 0 & & & \\ & d_2 & \ddots & & \\ & & \ddots & \ddots & \\ & & & d_{n-1} & 0 \end{bmatrix}$$

由式(3-152)可得

$$\vec{O}_2 = C^{-1}B\vec{O} - C^{-1}D\vec{L}_2 + C^{-1}(\vec{f} + \vec{h}) \qquad (3-153)$$

式中：

$$\vec{f} = (f_0 \quad f_1 \quad \cdots \quad f_{n-1})^{\mathrm{T}} \qquad (3-154)$$

$$\vec{h} = (h_1 \quad 0 \quad \cdots \quad 0)^{\mathrm{T}} \qquad (3-155)$$

表征初始条件影响的 n 维向量。$\vec{f}$ 的值可以由式(3-150)计算，$\vec{h}$ 的值可以按下式计算：

$$h_1 = c_0 O_{20} - d_0 L_{20} \qquad (3-156)$$

将式(3-139)代入式(3-153)得

$$\vec{O}_2 = C^{-1}B\vec{O} - C^{-1}DA^{-1}B\vec{L} + C^{-1}(\vec{f} + \vec{h}) - C^{-1}DA^{-1}\vec{g} \qquad (3-157)$$

若令

$$U = A^{-1}B \qquad (3-158)$$

$$V = -C^{-1}DA^{-1}B \qquad (3-159)$$

$$\vec{m} = A^{-1}\vec{g} \qquad (3-160)$$

$$\vec{n} = C^{-1}B\vec{O} + C^{-1}(\vec{f} + \vec{h}) - C^{-1}DA^{-1}\vec{g} \qquad (3-161)$$

代入式(3-139)和式(3-157)，得

$$\vec{L}_2 = U\vec{L} + \vec{m} \qquad (3-162)$$

$$\vec{O}_2 = V\vec{L} + \vec{n} \qquad (3-163)$$

式(3-162)和式(3-163)就是描述多段河流的 BOD-DO 耦合关系的矩阵模型。其中 U 和 V 是两个由给定数据计算的 n 阶下三角矩阵，$\vec{m}$ 和 $\vec{n}$ 是两个由给定数据计算的 n 维向量。每输入一组污水的 BOD($\vec{L}$)值，就可以获得一组对应的河流 BOD 值和 DO 值($\vec{L}_2$ 和 $\vec{O}_2$)。由于 U 和 V 反映了这种因果变换关系，因此称 U 为河流 BOD 稳态响应矩阵，V 为河流 DO 稳态响应矩阵。

3. 含支流的河流矩阵模型

当支流和主流要作为一个整体考虑时，可以对支流写出与式(3-162)和式(3-163)相似的矩阵方程，然后插入主流的矩阵方程，形成新的矩阵方程。

设主流含有 n 个断面，支流含有 m 个断面(不含支流汇入主流处的断面)，汇合断面在主流上的编号为 i，主流各断面的编号为 $1, 2, \cdots, i, \cdots, n$，支流各断面的编号为 $1(i), 2(i), \cdots, j(i), \cdots, m(i)$，如图 3-11 所示。

首先对主流和支流分别写出 BOD 和 DO 矩阵方程：

$$\vec{L}_2 = U\vec{L} + \vec{m} \qquad (3-164)$$

$$\vec{O}_2 = V\vec{L} + \vec{n} \qquad (3-165)$$

$$\vec{L}'_2 = U'\vec{L}' + \vec{m}' \qquad (3-166)$$

$$\vec{O}'_2 = V'\vec{L}' + \vec{n}' \qquad (3-167)$$

式中符号的意义同前。凡含"'"的符号代表支流的有关向量和矩阵。

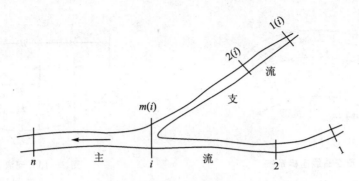

图 3-11　含支流的河流系统

将式(3-164)、式(3-165)的 $\vec{L}$ 展开得

$$\vec{L}=(L_1 \quad L_2 \quad \cdots \quad L_i \quad \cdots \quad L_n)^T$$

式中 L_i 表示由支流输入的 BOD 值，L_i 的值就是式(3-162)中 $\vec{L'_2}$ 的最后一个元素 L'_{2m}，即

$$L_i=L'_{2m}=u'_{m1}L'_1+u'_{m2}L'_2+\cdots+u'_{mj}L'_j+\cdots+u'_{mm}L'_m+m'_m \qquad (3-168)$$

由此可以求出主流矩阵方程中的 $\vec{L}$，进而计算主流各断面的 $BOD(\vec{L_2})$ 和 $DO(\vec{O_2})$。

L'_{2m} 可以通过引入一个算子 λ 计算：

$$L'_{2m}=\boldsymbol{\lambda}^T(U'\vec{L'}+\vec{m'}) \qquad (3-169)$$

式中：$\boldsymbol{\lambda}^T=(0 \quad 0 \quad \cdots \quad 0 \quad 1)$ 为 m 维算子向量。

4. 二维水质模型

如果需要模拟的河段较短，或宽度较大，污染物在宽度方向上的浓度梯度较大，就要进行纵向和横向的模拟。描述纵向和横向水质变化的水质模型称为平面二维水质模型。

平面二维水质模型的一般形式为

$$\frac{\partial C}{\partial t}+u_x\frac{\partial C}{\partial x}+u_y\frac{\partial C}{\partial y}=\frac{\partial}{\partial x}\left(D_x\frac{\partial C}{\partial x}\right)+\frac{\partial}{\partial y}\left(D_y\frac{\partial C}{\partial y}\right)+S$$

一般情况下，由于河床非常不规则，解析解应用受到限制，常常采用数值解。目前，常用数值解很多，如有限差分法、有限元法、有限单元(容积法)法等。这里介绍有限单元法在求解二维水质模型中的应用。

在一给定的河段中，沿水流方向将河宽分成 m 个流带，同时，在垂直水流方向，将河段分为 n 个子河段，构成一个含有 n 个有限单元平面网格系统，建立的正交坐标系统如图 3-12 所示。

对每个有限单元来说，水质变化原因包括：由纵向或横向水流的携带作用造成的输入与输出；由纵向及横向弥散作用形成的输入和输出；污染物的转化与衰减；系统外部的输入。根据这些关系，可以针对每一个有限单元写出质量平衡方程，然后联立求解方程，就可以获得二维系统中的污染物分布。

二维系统中横向水流分量的确定是非常困难的。如果在划分流带时，使得每条流带的流量保持恒定，就可以忽略横向的水流交换。为了保持流带内的流量恒定，流带的宽度就必然要随河流的形状不断变化。假定河流的计算流量为 Q，河宽为 B，横断面的面积为 A，断面形状如图 3-13 所示。

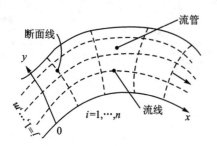

图 3-12　正交曲线坐标系统

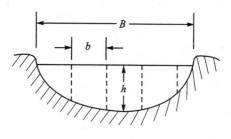

图 3-13　河流断面

河流断面上任一单位宽度上的流量可以用下式计算：

$$q = a \left(\frac{h}{H} \right)^b \frac{Q}{B} \tag{3-170}$$

式中：q 为河流断面上某一单位宽度上的流量；h 为河流断面上某一单位宽度上的局部水深；Q 为河流流量；H 为河流断面的平均水深；B 为河流断面水面的宽度。

a 和 b 是根据断面流量分布估计的参数。休姆(Sium)根据河流中观测的数据给出了河流中 a、b 参数的取值范围：

在平直河道中：若 $50 \leqslant B/H < 70$，则 $a = 1.0$，$b = 5/3$；若 $70 \leqslant B/H$，则 $a = 0.92$，$b = 7/4$。

在弯曲河道中：若 $50 \leqslant B/H < 100$，则 $0.95 \geqslant a \geqslant 0.80$，$2.48 \geqslant b \geqslant 1.78$。

当河流断面上的单宽流量确定之后，就可以求出断面上的横向累积流量，作出横向累积流量曲线，如图 3-14 所示。

根据累积流量曲线，可以确定相对于某一确定流量流带的宽度。流带宽度确定之后，就可以给出流带的形状，然后垂直各流带的分界线（流线）作出断面线。由流线和断面线构成一个正交曲线坐标系统（图 3-12）。这个系统共含有 $m \times n$ 个单元，单元的长度为 Δx_i，宽度为 Δy_i，深度为 Δh_i。如果假定在一个单元内部的浓度是均匀的，就可以对每一个单元写出物质平衡方程，从而建立系统水质模型。

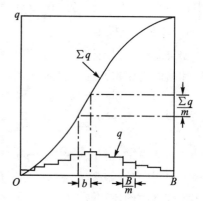

图 3-14　断面横向累积流量曲线

3.3.6　河流水质模型参数的估算

水质模型中有许多参数，如对流项中有水文参数；扩散项中有水利参数，需要确定扩散系数或弥散系数 E；增减项中有水质参数，包括 k_1、k_2、k_3 等的推求。这些参数是水体的物理、生物和化学动力学过程的常数。参数值估算的正确与否，关系到模型的可靠性。可以说，参数估值是建立水质模型的核心工作，水质模型只有给其参数赋予准确的值后，才有实用价值。

模型参数估值方法大体可分为三类：

① 单参数估值：通过实验室或野外现场测定所得数据，采用一些数学方法，进行分析估算，常用的有最小二乘法、图解法、实测估算法、两点法等。

② 多参数估值：根据野外现场实测数据，利用最优化技术等数学方法进行计算机模拟，以确定其参数值，常用的有梯度法、计算机扫描计算-图解-梯度搜索法、单纯形法、复合形

法等。

③ 经验公式法。

这里我们介绍前两类方法。

1. 水文参数估值

水质模型中要求的各种流量值,可根据附近水文观测站的实测流量进行推算,并可插补求得各断面的流量值。由于断面平均流速 u、平均水深 H、水面宽度 B 等水利参数都是流量 Q 的函数,其关系为

$$\left.\begin{aligned} u &= \frac{Q}{A} \\ H &= \frac{A}{B} \end{aligned}\right\} \tag{3-171}$$

式中：A 为过水断面面积。

也可由流量 Q 直接计算有关的水力参数。以下的经验关系式得到广泛应用：

$$\left.\begin{aligned} u &= \alpha Q^{\beta} \\ H &= \gamma Q^{\delta} \\ B &= \frac{1}{\alpha\gamma} Q^{(1-\beta-\delta)} \end{aligned}\right\} \tag{3-172}$$

式中：α、β、γ、δ 为经验数据,由实测资料统计确定。α、γ 一般随河床大小而变化；β 较为稳定。对于大的河流,当河宽 B 和河床糙率 n 不变时,$\beta=0.4$,$\delta=0.6$。

2. 耗氧系数 k_1 的估值

(1) 最小二乘法

解法 1：

$$\frac{\mathrm{d}L}{\mathrm{d}t} = -k_1 L$$

解得

$$L = L_0 \theta^{-k_1 t}$$

化简上式,得

$$y = L_0 (1 - \theta^{-k_1 t}) \tag{3-173}$$

式中：L 为 t 时刻 CBOD 浓度；L_0 为起始断面($t=0$)的 CBOD 浓度；y 为耗氧量。

依据 n 对数据$[t, y(t)]$,用最小二乘法估计参数 L_0 和 k_1。

对式(3-173)中的 t 取微分

$$\frac{\mathrm{d}y}{\mathrm{d}t} = L_0 k_1 \mathrm{e}^{-k_1 t}$$

两边取对数

$$\ln\left(\frac{\mathrm{d}y}{\mathrm{d}t}\right) = \ln(L_0 k_1) - k_1 t$$

作变量代换

$$\ln\left(\frac{\mathrm{d}y}{\mathrm{d}t}\right) = Y, \quad \ln(L_0 k_1) = A$$

得

$$Y = A - k_1 t$$

$$Q = \sum_{i=1}^{n} \left[Y_i - (A - k_1 t_i) \right]^2$$

根据极值原理,得

$$A = \frac{\sum t_i \sum \left(\dfrac{\mathrm{d}y}{\mathrm{d}t}\right) t_i - \sum \left(\dfrac{\mathrm{d}y}{\mathrm{d}t}\right) \sum t_i^2}{\sum t_i^2 - N \sum t_i^2}$$

$$k_1 = \frac{\sum t_i \sum \left(\dfrac{\mathrm{d}y}{\mathrm{d}t}\right) - N \sum \left(\dfrac{\mathrm{d}y}{\mathrm{d}t}\right) \sum t_i}{\sum t_i^2 - N \sum t_i^2} \tag{3-174}$$

因为 $L_0 k_1 = \exp A$,所以有

$$L_0 = \frac{\exp A}{k_1} \tag{3-175}$$

当对 $\dfrac{\mathrm{d}y}{\mathrm{d}t}$ 进行具体数值计算时,一般用差商近似微商,即

$$\frac{\mathrm{d}y}{\mathrm{d}t} = \frac{y_{i+1} - y_{i-1}}{t_{i+1} - t_{i-1}} \tag{3-176}$$

而在 $t = t_1$ 和 $t = t_n$ 处必须采用向前差分和向后差分表达式,即

$$f'(t_1) = \frac{-f(t_3) + 4f(t_2) - 3f(t_1)}{2h}$$

$$f_1(t_n) = \frac{3f(t_n) - 4f(t_{n-1}) + f(t_{n-2})}{2h} \tag{3-177}$$

式中:$h = t_{i+1} - t_i$,为步长。

解法 2: 设 $k_1 = k_1^{(0)} + h$,则式(3-173)可写成

$$y = L_0 \mathrm{e}^{-(k_1^{(0)}+h)t} \approx L_0(1 - \mathrm{e}^{-k_1^{(0)}t} \cdot \mathrm{e}^{-ht}) \approx L_0 \left[1 - \mathrm{e}^{-k_1^{(0)}t}(1 - ht)\right] = af_1 + bf_2$$

按最小二乘法可解得:

$$a = \frac{\sum f_2^2 \sum f_1 y - \sum f_1 f_2 \sum f_2 y}{\sum f_1^2 \sum f_2^2 - \left(\sum f_1 f_2\right)^2}, \quad b = \frac{\sum f_1^2 \sum f_2 y - \sum f_1 f_2 \sum f_1 y}{\sum f_1^2 \sum f_2^2 - \left(\sum f_1 f_2\right)^2} \tag{3-178}$$

式中:$a = L_0$;$b = L_0 h$;$f_1 = 1 - \mathrm{e}^{-k_1^{(0)}t}$;$f_2 = t\theta^{-k_1^{(0)}t}$。

(2)**上下游断面两点法**

设污染物从上游(断面)均匀且稳定地流进河流,如测得上下游断面 A、B 两点的污染物浓度分别为 C_A、C_B,而水流由上游断面流到下游断面的时间(可用平均流速推求)为 Δt,则

$$k_1 = \frac{1}{\Delta t} \ln \frac{L_A}{L_B} \tag{3-179}$$

式中:L_A、L_B 分别为河段上游断面和下游断面的 BOD 浓度,量纲为 ML^{-3}。

(3)**溶解氧平衡模型法**

氧亏(D)的简化方程为

$$\frac{\mathrm{d}D}{\mathrm{d}t} = k_1 L - k_2 D \tag{3-180}$$

在临界氧亏 D_C 处，$\dfrac{\mathrm{d}D}{\mathrm{d}t}=0$，即

$$D_C=\frac{k_1}{k_2}L=\frac{k_1}{k_2}L_0\exp\,(-k_1t_0)$$

将上式两边取对数，得

$$\ln D_0=\ln k_1+\ln\frac{L_0}{k_2}-k_1t_0 \qquad\qquad (3-181)$$

式中：D_C、t_0 分别为临界氧亏浓度和河水到达临界氧亏处的流行时间，可通过氧亏曲线求得。

式（3-181）中 k_2 通过其他方法求得，此时方程（3-181）就变成只含 k_1 的一元方程，可方便地求解得到 k_1。

【例 3-1】　已知 $L_0=15$ mg/L，$O_S=9.5$ mg/L，$k_2=2$ d^{-1}。由水团追踪试验得表 3-4 所列的资料，由此数据可作氧垂曲线如图 3-15 所示。

表 3-4　水团追踪试验的假定数据

t/d	0	0.1	0.3	0.6	0.9	1.2	1.5	1.8	2.0
DO 浓度/(mg·L^{-1})	7.5	6.48	5.30	4.84	5.13	6.32	6.33	6.89	7.22
D/(mg·L^{-1})	1.5	2.52	3.70	4.16	3.87	2.68	2.67	2.11	1.78

解：由测定数据（见表 3-4）作氧垂曲线（见图 3-15）。

从图可得出 $t_c=0.6$ d，$D_C=4.2$ mg/L，将上述已知量代入方程（3-181），

$$\ln 4.2=\ln k_1+\ln 15-\ln 2-0.6k_1$$

即

$$0.6k_1-\ln k_1-0.58=0$$

用近似求解法求得

$$k_1=0.985\ \mathrm{d}^{-1}\approx 0.99\ \mathrm{d}^{-1}$$

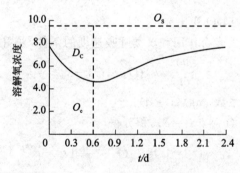

图 3-15　溶解氧氧垂曲线图

3. 硝化系数的估值

硝化过程的一级反应方程为

$$\frac{\mathrm{d}L_N}{\mathrm{d}t}=-k_N L_N$$

解得

$$\ln L_N=\ln L_{N0}-k_N t$$

式中：L_{N0} 为起始断面（$t=0$）的 NBOD 浓度；L_N 为 t 时的 NBOD 浓度。

根据实测的 L_{N0}、L_N，以及断面间距离、平均流速，即可计算求得 k_N。

【例 3-2】　已测得河流各断面的 NH_4-N、NO_2-N、NO_3-N 的浓度（见表 3-5），

求 k_N。

表 3 - 5　水团追踪实测数据

时间/d	$NH_4 - N$	$(NH_3 - N)+(NH_2 - N)$	$(NH_3 - N)+(NH_2 - N)$ 的增量	扣除被氧化的 $NH_4 - N$
0	9.6	2.5	0	9.6
0.3	8.8	3.0	0.5	9.1
0.6	8.1	3.4	0.4	8.7
0.8	7.6	3.7	0.3	8.4
1.0	7.0	4.2	0.5	7.9
1.5	5.0	4.9	0.7	7.2
2.0	3.0	5.7	0.8	6.4
2.5	2.2	6.3	0.6	5.8

解：(1) 两点法求解：

$$k_N = \frac{\ln 9.6 - \ln 5.8}{2.5} \text{ d}^{-1} = 0.202 \text{ d}^{-1}$$

(2) 逐个计算 k_{Ni} (两点法)，再求 k_N。

$$k_{N1}=0.178, \quad k_{N2}=0.149, \quad k_{N3}=0.175, \quad k_{N4}=0.307$$
$$k_{N5}=0.186, \quad k_{N6}=0.236, \quad k_{N7}=0.197$$

$$k_N = \frac{\sum\limits_{i=1}^{7} k_{Ni}}{7} = 0.204 \text{ d}^{-1}$$

4. 复氧系数的估值

(1) 实测法

1) 测定夜间河流断面的 DO 变化

Hormberger 根据夜间无光合作用和藻类呼吸速度的条件，采用

$$\frac{dO}{dt} = k_2(O_s - O) - R_0 \tag{3-182}$$

式中：R_0 为藻类呼吸耗氧系数，$mg/(L \cdot d)$。

在 $t_i \to t_{i+1}$ 边界条件下 $(t_{i+1} - t_i = \delta)$，积分得

$$O_{i+1} - O_i = \left(\bar{O}_{Si} - O_i - \frac{R_0}{k_2}\right)(1 - e^{-k_2\delta}) \tag{3-183}$$

式中：O_{Si} 为在 δ 时间内河水中溶解氧的饱和浓度的平均值，mg/L。

式 (3-183) 可写为

$$d_i = a_i\zeta_1 - \zeta_2\zeta_1 \tag{3-184}$$

式中：

$$d_i = O_{i+1} - O_i \tag{3-185}$$

$$a_i = \bar{O}_{Si} - O \tag{3-186}$$

$$\zeta_1 = 1 - e^{-k_2\delta} \tag{3-187}$$

$$\zeta = R_0/k_2 \tag{3-188}$$

由最小二乘法原理可求得

$$\zeta_2 = \frac{-\left(\sum a_i^2 \sum d_i - \sum a_i d_i \sum a_i\right)}{n\sum a_i d_i - \sum a_i \sum d_i} \qquad (3-189)$$

$$\zeta_1 = \frac{\sum d_i}{\sum a_i - n\zeta_2} \qquad (3-190)$$

式中：n 为测量时间间隔数。所以

$$k_2 = -\frac{1}{\delta}\ln(1-\zeta_1) \qquad (3-191)$$

$$R_0 = k_2\zeta_2 \qquad (3-192)$$

2）测定无藻类作用河流断面 DO 的变化（粗估 k_2）

Churchill 等人提出按下式表达溶解氧亏的变化

$$\frac{\mathrm{d}D}{\mathrm{d}t} = -k_2 D \qquad (3-193)$$

式中：D 为河水溶解氧亏浓度，mg/L。

式（3-193）积分得

$$k_2 = \frac{\ln D_2 - \ln D_1}{t_1 - t_2} \qquad (3-194)$$

式中：t_1、t_2 分别为取样测定的两个时间，量纲为 T；D_1、D_2 分别为 t_1、t_2 时刻的溶解氧亏，量纲为 ML^{-3}。

3）在已知 k_1 条件下，由 Streeter-Phelps 氧平衡方程估算 k_2

采用方程

$$D_c = \frac{k_1}{k_2}L_0 \mathrm{e}^{-k_1 t_c}$$

或

$$k_2 = k_1 \frac{L_0}{D_C} \mathrm{e}^{-k_1 t_c} \qquad (3-195)$$

式中：k_1 为 BOD 衰减系数，量纲为 T^{-1}；L_0 为河水始端 BOD$_5$ 浓度，量纲为 ML^{-3}；D_c 为临界氧亏浓度，量纲为 ML^{-3}；t_c 为河水流至临界氧亏处的流动时间，量纲为 T。

或采用方程

$$k_2 = k_1 \frac{\bar{L}}{\bar{D}} - \frac{\Delta D}{2.3\Delta t \bar{D}} \qquad (3-196)$$

式中：$\bar{L}$ 为在河段上下断面间的平均 BOD 浓度，量纲为 ML^{-3}；$\bar{D}$ 为在河段上下断面间的平均溶解氧亏，量纲为 ML^{-3}；ΔD 为上游到下游断面的氧亏变化，量纲为 ML^{-3}；Δt 为流经时间间隔，量纲为 T；k_1 为耗氧系数，量纲为 T^{-1}。

（2）经验公式法

1）O'Connor-Dobbins 公式

$$k_{2(20\,℃)} = \frac{[D_{M(20\,℃)}u]^{0.5}}{h^{1.5}}$$

或

$$k_{2(20\,℃)} = \frac{294[D_{M(20\,℃)}u]^{0.5}}{h^{1.5}} \qquad (3-197)$$

式中：$D_{M(20\,℃)}$ 为 20 ℃时氧分子在水中的扩散系数，1.76×10^{-4} m^2/d；u 为平均流速，m/s；h 为平均水深，m。

或

$$k_{2(20\,℃)}=\frac{[D_{M(20\,℃)}u]^{0.5}}{h^{1.5}}\times 86\,400\ \mathrm{d^{-1}} \tag{3-198}$$

任意温度(T 时)的复氧系数 $k_{2(T)}$ 与 20 ℃水温时的复氧系数 $k_{2(20\,℃)}$ 有以下关系：

$$k_{2(T)}=k_{2(20\,℃)}\cdot(1.024)^{T-20\,℃} \tag{3-199}$$

式中：T 为任意温度,℃;1.024 为温度系数。

2) 村上公式

$$k_{2(20\,℃)}=\frac{22.56n^{3/4}/u^{9/8}}{h^{3/2}} \tag{3-200}$$

式中：n 为粗糙系数；其余符号同上。

5. 弥散系数的估值

河流平均的纵向弥散系数方程：

$$\bar{E}_x=\frac{1}{A}\int_0^B q'(y)\mathrm{d}y\int_0^y\frac{1}{E_y h(y)}\mathrm{d}y\int_0^y q'(y)\mathrm{d}y \tag{3-201}$$

费希尔提出用近似差分积分公式(3-202)代替式(3-201)：

$$E=-\frac{1}{A}\sum_{k=2}^n q'_k\Delta y_k\left[\sum_{j=2}^k\frac{\Delta y_j}{D_{yj}h_j}\left(\sum_{i=1}^{j-1}q'_i\Delta y_i\right)\right] \tag{3-202}$$

当河段为均匀顺直河段,Δy_i 取定常值时,$\Delta y_i=\Delta y$,式(3-202)可改写为

$$E=-\frac{(\Delta y)^3}{0.23u^* A}\sum_{k=2}^n q'_k\left[\sum_{j=2}^k\frac{1}{h_j^2}\left(\sum_{i=1}^{j-1}q'_i\right)\right]$$
$$i=1,\cdots,n;\quad k=2,\cdots,n \tag{3-203}$$

式中：A 为总过水断面积,$\mathrm{m^2}$,$A=\sum_{i=1}^n \bar{h}_i\Delta y_i$；$n$ 为河宽分割为 Δy 的单元数；$\bar{h}_i$ 为第 i 单元的平均水深,m,$\bar{h}_i=\frac{h_i+h_{i+1}}{2}$($h_i$、$h_{i+1}$ 为第 i 单元左右两边水深,m)；q'_i 为第 i 单元单位宽度上的流量偏差,$\mathrm{m^3/(s\cdot m)}$；E_y 为横向扩散系数,$\mathrm{m^2/s}$；u^* 为摩阻流速,$u^*=\sqrt{ghI}$(I 为水力坡度)。

图 3-16 所示为河流横断面示意图。

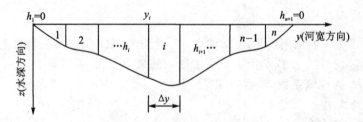

图 3-16 河流横断面示意图

根据河流断面上各单元的水深 h_i、流速 u_i、水力坡度 I 等资料即可计算纵向离散系数。

3.4　湖泊和水库的水质模型

3.4.1　湖泊环境概述

　　湖泊是被陆地围着的大片水域。湖泊是由湖盆、湖水和湖中所含有的一切物质组成的统一体,是一个综合生态系统。湖泊水域广阔,贮水量大。它可作为供水水源地,用于生活用水、工业用水、农业灌溉用水。湖泊中的污染物质种类繁多,它既有河水中的污染物、大气中的污染物,又有土壤中的污染物,几乎集中了环境中所有的污染物。例如,河流和沟渠与湖泊相通,受污染的河水、渠水流入湖泊,使其受到污染;湖泊四周附近工矿企业的工业污水和城镇生活污水直接排入湖泊,使其受到污染;湖区周围农田、果园土地中的化肥、农药残留和其他污染物质可随农业回水和降雨径流进入湖泊。大气中的污染物由降水清洗注入湖泊。此外,湖泊中来往船只的排污及养殖投饵等,亦是湖泊污染物的重要来源之一。

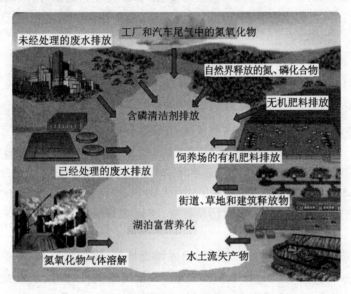

图 3 - 17　湖泊污染的来源

1. 湖泊污染的特征

　　从湖泊水文水质的一般特征来看,湖泊中的水流速度很低,流入湖泊中的河水在湖泊中停留时间较长,一般可达数月甚至数年。由于水在湖泊中停留时间较长,湖泊一般属于静水环境。这使湖泊中的化学和生物学过程保持一个比较稳定的状态,可用稳态的数学模型描述。由于静水环境,进入湖泊的营养物质在其中不断积累,致使湖泊中的水质发生富营养化。进入湖泊的河水多输入大量颗粒物和溶解物质,颗粒物质沉积在湖泊底部,营养物使水中的藻类大量繁殖,藻类的繁殖使湖泊中其他生物产率越来越高。有机体和藻类的尸体堆积湖底,它和沉积物一起使湖水深度越来越浅,最后变为沼泽。湖泊中污染物种类很多,各湖泊水文条件也不相同,描写湖泊水质的预测模式也是多种多样的。

　　根据湖泊水中营养物质含量的多少,可把湖泊分为富营养型和贫营养型。贫营养湖泊水中营养物质少,生物有机体的数量少,生物产量低;湖泊水中溶解氧含量高,水质澄清。富营养湖泊,生物产量高,以及它们的尸体要耗氧分解,造成湖水中溶解氧下降,水质变坏。

湖泊的边缘至中心,由于水深不同而产生明显的水生生物分层,在湖深的铅直方向上还存在着水温和水质的分层。随着一年四季的气温变化,湖泊水温的铅直分布也呈有规律的变化。夏季的气温高,湖泊表层的水温也高。由于湖泊水流缓慢,处于静水环境,表层的热量只能由扩散向下传递,因而形成了表层水温高、深层水温低的铅直分布。整个湖泊处于稳定状态。到了秋末冬初,由于气温的急剧下降,使湖泊表层水温亦急剧下降,水的密度增大,当表层水密度比底层水密度大时,会出现表层水下沉,导致上下层水的对流。湖泊的这种现象称为"翻池"。翻池的结果使水温、水质在水深方向上分布均匀。翻池现象在春末夏初也可能发生。水库和湖泊类似,同样具有上述特征。

2. 湖泊(水库)水流状态

湖泊(水库)水流状态分为前进和振动两类。前者指湖流和混合作用,后者指波动和波漾。

① 湖流:指湖水在水力坡度、密度梯度和风力等作用下产生沿一定方向的缓慢流动。湖流经常呈水平环状运动(多出现在湖水较浅的场合)和垂直环状运动(湖水较深处)。

② 混合:指在风力和水力坡度作用下产生的湍流混合和由湖水密度差引起的对流混合作用。

③ 波动:主要由风引起的,又称风浪。

④ 波漾:是在复杂的外力作用下,湖中水位有节奏地升降变化。

3. 湖泊(包括水库)水质评价要求

湖泊(包括水库)水质评价中,对水质监测有相应要求。监测点的布设应使监测水样具有代表性,数量又不能过多,以免监测工作量过大。因此,应在下列区域设置采样点:河流、沟渠入湖的河道口;湖水流出的出湖口、湖泊进水区、出水区、深水区、浅水区、渔业保护区、捕捞区、湖心区、岸边区、水源取水处、排污处(如岸边工厂排污口)。预计污染严重的区域采样点应布置得密些,清洁水域相应地稀些。不同污染程度、不同水域面积的湖泊,其采样点的数目也不应相同。

湖泊水质监测项目的选择,主要根据污染源调查情况、湖泊的用处、评价目的而确定。环评导则中提供了按行业编制的特征水质参数表,根据建设项目特点、水域类别及评价等级选定,选择时可适当删减。一般情况下,可选择 pH 值、溶解氧、化学耗氧量、生化需氧量、悬浮物、大肠杆菌、氮、磷、挥发酚、氰、汞、铬、镉、砷等,根据不同情况可增减监测项目。在采样时间和次数上,可根据评价等级的要求安排。监测应在有代表性的水文气象和污染排放正常情况下进行。若获得水质的年平均浓度,必须在一年内进行多次监测,至少应在枯、平、丰水期进行监测。

3.4.2 混合箱式模型

1. 沃伦威德尔模型

沃伦威德尔模型是沃伦威德尔(R. A. Vollenweider)在 20 世纪 70 年代初期研究北美大湖时提出的。模型适用于停留时间很长、水质基本处于稳定状态的湖泊水库。该模型不能描述发生在湖泊内的物理、化学和生物过程,同时也不考虑湖泊和水库的热分层,是只考虑其输入–输出关系的模型。

对于停留时间很长、水质基本处于稳定状态的中小型湖泊和水库,可以简化为一个均匀混

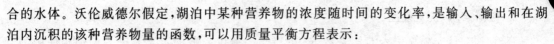

合的水体。沃伦威德尔假定,湖泊中某种营养物的浓度随时间的变化率,是输入、输出和在湖泊内沉积的该种营养物量的函数,可以用质量平衡方程表示:

$$V \frac{\mathrm{d}C}{\mathrm{d}t} = I_{c} - sCV - QC \qquad (3-204)$$

式中:V 为湖泊或水库的容积,m^3;C 为某种营养物质的浓度,g/m^3;I_c 为某种营养物质的输入总负荷,g/a;s 为该营养物质在湖泊或水库中的沉降速度常数,$1/\mathrm{a}$;Q 为湖泊的出流流量,m^3/a。

如果令 $r = Q/V$,称为冲刷速度常数,则式(3-204)可以写为

$$\frac{\mathrm{d}C}{\mathrm{d}t} = \frac{I_{c}}{V} - sC - rC \qquad (3-205)$$

在给定初始条件 $t = 0, C = C_0$ 时,上式的解析解为

$$C = \frac{I_{c}}{V(s+r)} + \frac{V(s+r)C_0 - I_c}{V(s+r)} \exp\left[-(s+r)t\right] \qquad (3-206)$$

水体在入流、出流及营养物质输入稳定的条件下,当 $t \to \infty$ 时,可达到水中营养物平衡浓度:

$$C_{p} = \frac{I_{c}}{(r+s)V} \qquad (3-207)$$

如果进一步令 $t_w = \frac{1}{r} = \frac{V}{Q}$ 和 $V = A_s h$,则水库、湖泊中的营养物质平衡浓度可以写成:

$$C_{p} = \frac{L_{c}}{sh + h/t_{w}} \qquad (3-208)$$

式中:t_w 为湖泊水库的水力停留时间,a;A_s 为湖泊水库的水面面积,m^2;h 为湖泊水库的平均水深,m;L_c 为湖泊水库的单位面积营养负荷,$\mathrm{g}/(\mathrm{m}^2 \cdot \mathrm{a})$,$L_c = \frac{I_c}{A_s}$。

图 3-18 所示为沃伦威德尔模型应用实例。

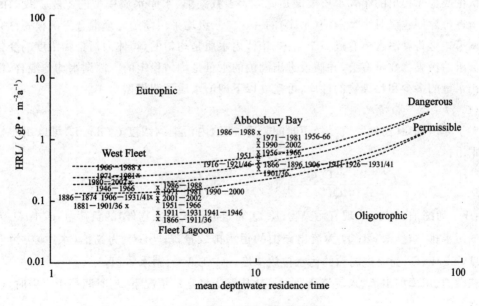

图 3-18　沃伦威德尔模型应用实例

2. 吉柯奈尔-狄龙模型

吉柯奈尔-狄龙模型引入滞留系数 R_c 的概念。滞留系数的定义是进入湖泊水库中的营养物在其中的滞留分数。吉柯奈尔-狄龙模型写为

$$\frac{\mathrm{d}C}{\mathrm{d}t} = \frac{I_c(1-R_c)}{V} - rC \qquad (3-209)$$

式中：R_c 为某种营养物在湖泊水库中的滞留分数；其余符号同前。

给定初始条件 $t=0$，$C=C_0$，可以得到上式的解析解：

$$C = \frac{I_c(1-R_c)}{rV} + \left[C_0 - \frac{I_c(1-R_c)}{rV} \right] e^{-rt} \qquad (3-210)$$

若湖泊水库的入流、出流、污染物的输入都比较稳定，当 $t \to \infty$ 时，可以得到上式的平衡浓度：

$$C_p = \frac{I_c(1-R_c)}{rV} = \frac{L_c(1-R_c)}{rh} \qquad (3-211)$$

可以根据湖泊水库的入流、出流近似计算出滞留系数：

$$R_c = 1 - \frac{\sum_{j=1}^{m} q_{0j} C_{0j}}{\sum_{k=1}^{n} q_{ik} C_{ik}} \qquad (3-212)$$

式中：q_{0j} 为第 j 条支流的出流量，$\mathrm{m^3/a}$；C_{0j} 为第 j 条支流出流中的营养物浓度，$\mathrm{mg/L}$；q_{ik} 为第 k 条支流入流水库的流量，$\mathrm{m^3/a}$；C_{ik} 为第 k 条支流中的营养物浓度，$\mathrm{mg/L}$；m 为入流的支流数目；n 为出流的支流数目。

3. 我国环境评价的湖泊完全混合平衡模式

沃伦威德尔提出的箱式水质模型是此后大多数湖泊、水库水质模型的先驱。我国的地面水环境评价导则建议对小型湖泊（水库）的一、二、三级均采用湖泊完全混合平衡模式。完全混合平衡模式是将湖泊水体看成一个箱体，箱体内水质是均匀的，箱体内污染物浓度的变化仅与流进流出的污染物数量有关，并假设进出湖泊的水量是均匀稳定的。因湖水均匀混合，根据湖泊进出水量的多少和污染物的性质，可建立以下湖泊水质预测模型。

（1）污染物守恒情况

对于守恒物质（惰性物质），经历时间 t 后，湖泊内污染物浓度 C（$\mathrm{mg/L}$）可以用质量平衡方程求出：

$$C = \frac{W_0 + C_p Q_p}{Q_h} + \left(C_0 - \frac{W_0 + C_p Q_p}{Q} \right) \exp\left(-\frac{Q_h}{V} t \right) \qquad (3-213)$$

式中：W_0 为湖泊（水库）中现有污染物（除 Q_p 带进湖泊的污染物外）的负荷量，$\mathrm{g/d}$；Q_p 为流进湖泊的污水排放量，$\mathrm{m^3/d}$；Q_h 为流出湖泊的污水排放量，$\mathrm{m^3/d}$；C_0 为湖泊（水库）中污染物现状浓度，$\mathrm{mg/L}$；C_p 为流进湖泊的污水排放浓度，$\mathrm{mg/L}$；V 为湖水体积，$\mathrm{m^3}$。

在湖泊、水库的出流、入流流量及污染物质输入稳定的情况下，当时间趋于无穷时，达到平衡浓度：

$$C = \frac{W_0 + C_p Q_p}{Q_h} \qquad (3-214)$$

（2）湖泊完全混合衰减模式

对于非守恒物质，经历时间 t 后，湖泊内污染物浓度 C（mg/L）可以用完全混合衰减方程表示：

$$C = \frac{W_0 + C_p Q_p}{V K_h} + \left(C_0 - \frac{W_0 + C_p Q_p}{V K_h}\right) \exp(-K_h t) \tag{3-215}$$

$$K_h = (V/Q_h) + k_1 \tag{3-216}$$

式中：K_h 是描述污染物浓度变化的时间常数，d^{-1}；它是两部分的和：k_1（d^{-1}）表示污染物质按 k_1 的速度作一级降解反应，而 V/Q_h（d）是湖水体积与出流流量比，表现了湖水的滞留时间。对照式（6-44）与式（6-42），其差别在于污染物降解反应速度常数 k_1。k_1 的确定方法与河流参数类似，一级评价可采用多点法或多参数优化法；二级可采用两点法或多参数优化法；三级可采用室内实验法或类比调查法；当无法取得合适的实测资料时，一、二、三级均可采用室内实验法。

在湖泊、水库的出流、入流流量及污染物质输入稳定的情况下，当时间趋于无穷时，达到平衡浓度：

$$C = \frac{W_0 + C_p Q_p}{V K_h} \tag{3-217}$$

4. 斯诺得格拉斯分层水质模型

沃伦威德尔模型把一个湖泊考虑为一个统一的整体，相当于一个均匀混合搅拌器，而不要求描述其内部的水质分布。在夏季，由于水温造成的密度差，致使水质强烈地分层。在表层和底层存在不同的水质状态。1975 年，斯诺得格拉斯（Snodgrass）等人提出了一个分层的箱式模型，用以近似描述水质分层状况。由于大气湍流的影响，表层形成一个一定深度的等温层，底部的温度从上至下呈缓慢的递减过程，在上层与底层之间存在一个很大的温度梯度的斜温层（见图 3-19）。由于斜温层的存在，分层箱式模型把上层和下层各视为完全混合模型。分层箱式模型分为分层期（夏季）模型和非分层期（冬季）模型，分层期考虑上、下分层现

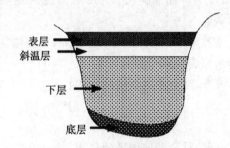

图 3-19 湖库分层示意图

象，非分层期不考虑分层。图 3-20 所示为分层箱式水质模型概化图。该模型模拟正磷酸盐（P_o）和偏磷酸盐（P_p）两个水质组分的变化规律。

对于夏季分层模型，可以写出 4 个独立的微分方程。

① 对表层正磷酸盐 P_{oe}：

$$V_e \frac{dP_{oe}}{dt} = \sum Q_j P_{oj} - Q P_{oe} - P_e V_e P_{oe} + \frac{k_{th}}{\overline{Z}_{th}} A_{th}(P_{oh} - P_{oe}) \tag{3-218}$$

② 对表层偏磷酸盐 P_{pe}：

$$V_e \frac{dP_{pe}}{dt} = \sum Q_j P_{pj} - Q P_{pe} - S_e A_{th} P_{pe} + P_e V_e P_{poe} + \frac{k_{th}}{\overline{Z}_{th}} A_{th}(P_{ph} - P_{pe}) \tag{3-219}$$

③ 对下层正磷酸盐 P_{oh}：

$$V_h \frac{dP_{oh}}{dt} = r_h V_h P_{ph} + \frac{k_{th}}{\overline{Z}_{th}} A_{th}(P_{oe} - P_{oh}) \tag{3-220}$$

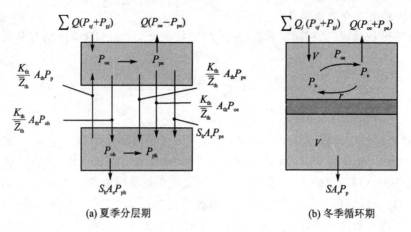

(a) 夏季分层期   (b) 冬季循环期

图 3 - 20　分层箱式水质模型概化图

④ 对下层偏磷酸盐 P_{ph}：

$$V_h \frac{\mathrm{d}P_{ph}}{\mathrm{d}t} = S_e A_{th} P_{phe} - S_h A_s P_{ph} - r_h V_h P_{ph} - \frac{k_{th}}{\overline{Z}_{th}} A_{th} (P_{pe} - P_{ph}) \qquad (3-221)$$

式中：下标 e 和 h 分别表示上层和下层；下标 th 和 s 分别表示斜温层和底层沉淀区的界面；P、r 分别表示净产生和衰减的速度常数；k 为竖向扩散系数，包括湍流扩散、分子扩散，也包括内波、表层风波以及其他过程对热传递或物质穿越斜温层的影响；$\overline{Z}$ 为平均水深；V 为箱的体积；A 为界面面积；Q_j 为由河流流入湖泊的流量；Q 为流出湖泊的流量；S 为磷的沉淀速度常数。

在冬季，由于上部水温下降，密度增加，促使上下层之间的水量循环，由上层和下层的磷平衡可以得到两个微分方程。

① 对全湖的正磷酸盐 P_o：

$$V \frac{\mathrm{d}P_o}{\mathrm{d}t} = Q_j P_{oj} - Q P_o - P_{eu} V_{eu} P_o + r V P_p \qquad (3-222)$$

② 对全湖的偏磷酸盐 P_p：

$$V \frac{\mathrm{d}P_p}{\mathrm{d}t} = Q_j P_{pj} - Q P_p + P_{eu} V_{eu} P_p - r V P_p - S A_s P_p \qquad (3-223)$$

式中：下标 eu 表示上层(富营养区)；其余符号同前。

夏季的分层模型和冬季的循环模型可以用秋季或春季"翻池"过程形成的完全混合状态作为初始条件，此时：

$$P_o = \frac{P_{oe} V_e + P_{oh} V_h}{V} \qquad (3-224)$$

$$P_p = \frac{P_{pe} V_e + P_{ph} V_h}{V} \qquad (3-225)$$

5. 我国环评中的分层湖(库) 集中参数模式

分层箱式模型按污染物的降解情况分为守恒模式和衰减模式。

(1) 分层箱式守恒模式

分层期($0 < t < t_1$)：

$$C_{E(t)} = C_{pE} - [C_{pE} - C_{M(t-1)}] \exp(-Q_{pE}t/V_E)$$
$$C_{H(t)} = C_{pH} - [C_{pH} - C_{M(t-1)}] \exp(-Q_{pH}t/V_H) \tag{3-226}$$

式中：C_E、C_H 分别为分层湖（库）上层、下层的平均浓度，mg/L；C_M 为分层湖（库）非成层期污染物平均浓度，mg/L，下标$(t-1)$表示上一周期；C_{pE}、C_{pH} 分别为向分层湖上层、下层排放的污染物浓度，mg/L；Q_{pE}、Q_{pH} 分别为向分层湖上层、下层排放的污水流量，m³/d；V_E、V_H 分别为分层湖（库）上层、下层的湖水体积，m³。

湖水翻转时，上、下两层完全混合，混合浓度 C_T 为

$$C_{T(t)} = \frac{C_{E(t)}V_E + C_{H(t)}V_H}{V_E + V_H} \tag{3-227}$$

非分层期$(t_1 < t < t_2)$浓度 C_M 为

$$C_{M(t)} = C_p - (C_p - C_{T(t)}) \exp[-Q_p(t-t_1)/V] \tag{3-228}$$

（2）分层箱式衰减模式

分层箱式衰减模式与完全混合衰减模式十分相似。通过引入污染物浓度变化的时间常数 K_h(1/d)进行描述，它也是湖水的滞留时间与污染物降解反应速度常数两部分的和。

$$K_{hE} = (Q_{pE}/V_E) + k_1$$
$$K_{hH} = (Q_{pH}/V_H) + k_1$$

分层期$(0 < t < t_1)$，分层湖（库）各层的平均浓度：

$$C_{E(t)} = \frac{C_{pE}Q_{pE}/V_E}{K_{hE}} - \frac{[C_{pE}Q_{pE}/V_E - K_{hE}C_{M(t-1)}]\exp(-K_{hE}t)}{K_{hE}} \tag{3-229}$$

$$C_{H(t)} = \frac{C_{pH}Q_{pH}/V_H}{K_{hH}} - \frac{[C_{pH}Q_{pH}/V_H - K_{hH}C_{M(t-1)}]\exp(-K_{hH}t)}{K_{hH}} \tag{3-230}$$

湖水翻转时，上、下两层完全混合，混合浓度 C_T 仍以式(3-227)计算：

$$C_{T(t)} = \frac{C_{E(t)}V_E + C_{H(t)}V_H}{V_E + V_H}$$

非分层期$(t_1 < t < t_2)$浓度 C_M 为

$$C_{M(t)} = \frac{C_pQ_p/V}{K_h} - \frac{C_pQ_p/V - K_hC_{T(t)}}{K_h}\exp(-k_ht) \tag{3-231}$$

3.4.3　非完全混合水质模型

对于水域宽阔的大湖泊，当其主要污染源来自某些入湖河道或沿湖厂、矿时，污染往往仅出现在入湖河口与排污口附近的水域，污染物浓度梯度明显。

这时若采用均匀混合型水质模型往往会造成很大的误差，因而需要研究污染物在湖水中稀释、扩散规律，采用不均匀混合水质模型描述。

污染物在开阔湖面的湖水中的稀释、扩散现象较为复杂，不宜简单地套用河流中一维扩散方程，一般可用有限容积模型，而且扩散系数应当考虑风浪等更多的影响因素。在研究湖泊水质模型时，采用圆柱形坐标较为简便，这样湖泊中的二维扩散问题可简化为一维扩散问题。

1. 湖泊扩散的水质模型

A. B. 卡拉乌舍夫在研究难降解污染物质在湖水中心稀释、扩散规律时采用了圆柱形坐标。取湖（库）排污口附近的一块水体（见图3-21），其中 q 为入湖污水量，m³/d；r 为湖泊内某计算点离排污口的距离，m；C 为所求计算点的污染物浓度，mg/L；ϕ 为废水在湖水中的扩

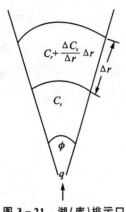

图 3 - 21　湖（库）排污口
附近的污染物扩散

散角度，由排放口附近地形决定，当废水在开阔的岸边垂直排放时，$\phi = 180°$；当在湖心排放时，$\phi = 360°$。

卡拉乌舍夫分析了湖水中的平流和扩散过程，应用质量平衡原理推得如下扩散方程：

$$\frac{\partial C_r}{\partial t} = \left(M_r - \frac{Q_p}{\phi H} \right) \frac{1}{r} \frac{\partial C_r}{\partial r} + M_r \frac{\partial^2 C_r}{\partial r^2} \qquad (3-232)$$

式中：C_r 为所求计算点的污染物浓度，mg/L；M_r 为径向湍流混合系数，m^2/d；Q_p 为排入湖中的废水量，m^3/d；ϕ 为废水在湖（库）中的扩散角（根据湖（库）岸边形状和水流状况确定，中心排放取 2π 弧度，在开阔、平直和与岸边垂直时取 π 弧度）；r 为湖内某计算点到排出口距离，m。

当排污口稳定排放时，边界条件取距排放口充分远某点 r_0 处的现状值 C_{r0}，将式（3-232）积分，得

$$C_r = C_p - (C_p - C_{r0}) \left(\frac{r}{r_0} \right)^{\frac{Q_p}{\phi H M_r}} \qquad (3-233)$$

对于径向湍流混合系数 M_r，考虑到风浪的影响，可采用下述经验公式计算：

$$M_r = \frac{\rho H^{2/3} d^{1/3}}{f_0 g} \sqrt{\left(\frac{uh}{\pi H} \right)^2 + \bar{u}^2} \qquad (3-234)$$

式中：ρ 为水的密度；H 为计算范围内湖（库）的平均水深；d 为湖底沉积物颗粒的直径；g 为重力加速度；f_0 为经验系数；u 为风浪和湖流造成的湖水平均流速；h 为波高。

2. 易降解物质简化的水质模型

当湖水流速很小、风浪不大、湖水稀释扩散作用较弱的情况下，可将式（3-232）中的扩散项忽略掉，并考虑污染物的降解作用，这样即可得到稳态条件下污染物在湖（库）中推流和生化降解共同作用下的基本方程：

$$Q_p \frac{dC_r}{dr} = -k_1 C_r H \phi r \qquad (3-235)$$

当边界条件取 $r = 0$ 时，$C_r = C_{r0}$（C_{r0} 为排出口浓度），其解析解为

$$C_r = C_{r0} \exp\left(-\frac{k_1 \phi H r^2}{172\ 800 Q_p} \right) \qquad (3-236)$$

k_1 的确定可采用两点法和多点法。

当考察湖库的水质指标溶解氧时，并只考虑 BOD 的耗氧因素与大气的复氧因素，可在前面的条件下推导出湖库的氧亏方程：

$$Q_p \frac{dD}{dr} = (k_1 L - k_2 D) H \phi r \qquad (3-237)$$

其解析解为

$$D = \frac{k_1 L_0}{k_2 - k_1} \left[\exp\left(-\frac{k_1 \phi H r^2}{2 Q_p} \right) - \exp\left(-\frac{k_2 \phi H r^2}{2 Q_p} \right) \right] + D_0 \exp\left(-\frac{k_2 \phi H r^2}{2 Q_p} \right) \qquad (3-238)$$

式中：D_0 为排放口处的氧亏量。

3. 我国环评导则推荐的湖泊水质扩散模型

在无风浪情况下，污水排入大湖（库）的湖水浓度预测，对一、二、三级评价均可采用卡拉乌

舍夫湖泊水质扩散模型。污染物守恒模式如图 3 - 22 所示。

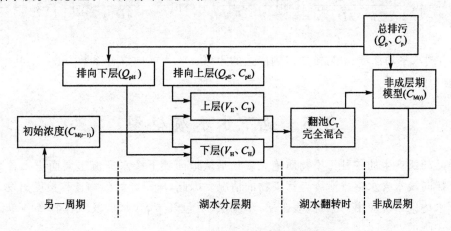

图 3 - 22　湖水分层箱式计算模型示意图

$$C_r = C_p - (C_p - C_{r0})\left(\frac{r}{r_0}\right)Q_p / \phi h D_r \qquad (3-239)$$

式中：ϕ 可根据湖(库)的岸边形状和水流情况确定,湖心排放 2π 弧度,平直岸边取 π 弧度;选取离排放口充分远的某点为参照点,以 r_0 表示排放口到该点的距离,C_{r0} 表示该点现状的浓度值。h 表示湖水的平均深度,r 表示排放口到考核点的距离,D_r 是径向混合系数,m^2/s。D_r 的确定对不同的评价等级有不同要求,一级可以采用示踪试验法,三级可以采用类比调查法,二级可酌情确定。其他符号含义同前。

对于污染物以时间常数 $k_1(1/d)$ 降解的情况,湖泊推流衰减模式为

$$C_r = C_h + C_p \exp\left(-\frac{k_1 \phi h r^2}{2Q_p}\right) \qquad (3-240)$$

式中：ϕ 可根据湖(库)岸边形状和水流状况确定,中心排放取 2π 弧度,平直岸边取 π 弧度;C_h 为湖水原有的污染物浓度,在此基础上叠加了一个排入污水经扩散和衰减后的浓度值。

4. 湖泊环流二维稳态混合模式

近岸环流显著的大湖(库)可以使用湖泊环流二维稳态混合模式进行预测评价。

污染物守恒的湖泊环流二维稳态模式基本方程如下：

岸边排放：

$$C(x,y) = C_h + \frac{C_p Q_p}{h\sqrt{\pi D_y x u}} \exp\left(-\frac{y^2 u}{4 D_y x}\right) \qquad (3-241)$$

非岸边排放：

$$C(x,y) = C_h + \frac{C_p Q_p}{2h\sqrt{\pi D_y x u}}\left[\exp\left(-\frac{y^2 u}{4 D_y x}\right) + \exp\left(-\frac{(2a+y)^2 u}{4 D_y x}\right)\right] \qquad (3-242)$$

污染物非守恒的湖泊环流二维稳态衰减模式基本方程如下：

岸边排放：

$$C(x,y) = \left[C_h + \frac{C_p Q_p}{h\sqrt{\pi D_y x u}} \exp\left(-\frac{y^2 u}{4 D_y x}\right)\right] + \exp\left(-\frac{k_1 x}{u}\right) \qquad (3-243)$$

非岸边排放：

$$C(x,y)=\left\{C_{\mathrm{h}}+\frac{C_{\mathrm{p}}Q_{\mathrm{p}}}{2h\sqrt{\pi D_y xu}}\left[\exp\left(-\frac{y^2u}{4D_y x}\right)+\exp\left(-\frac{(2a+y)^2u}{4D_y x}\right)\right]\right\}\exp\left(-\frac{k_1 x}{u}\right)$$

$$(3-244)$$

式中：h 为湖水平均深度；a 为排放口到岸边的距离；D_y 为横向混合系数，m^2/s。其他符号含义同前。

3.5 地下水水质模型

人类活动所产生的各种污染物质绝大多数是从地面随下渗水经流土层而进入含水层的，很少有直接向淡水含水层排泄废弃污染物的情况。因此，从研究污染物迁移角度出发，一个完整的地下水污染系统应由污染源、表土层、犁底层、下包气带、含水层及农作物等各单元组成，如图 3-23 所示。

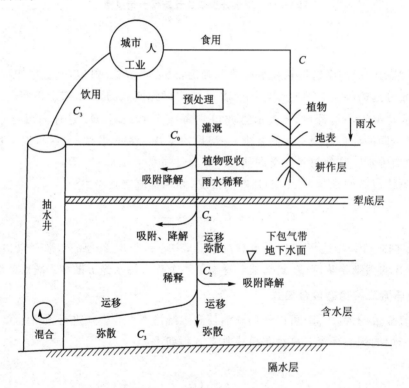

图 3-23 地下水污染系统组成

由于地下水的运动依赖于所赋存的地下多孔介质系统，具有相对的隐蔽性和不可见性，因此对复杂地下水系统的认知具有较大的难度，与地下水有关问题的范围和复杂性也随之增大。实际中常利用地下水数学模型对客观环境进行合理简化，为环境管理措施提供依据。

自 1856 年法国工程师达西(Henry Darcy)根据砂槽实验提出达西公式后，地下水数学模型经历了稳定流、非稳定流的解析研究阶段，物理模拟方法阶段和计算机数值模拟阶段。近几十年来数值模拟技术取得了长足进步，不仅能够有效解决地下水流问题，还能解决水质问题、污染物在地下水中的运移问题、淡咸水分界面移动问题、地下水热运移及含水介质形变问题、地下水最优管理问题，等等。理论上来说，对于任意复杂的地下水问题，使用数值方法都能得出相应精度的解,目前主要限制在于对实际地下水系统海量基础信息获取的详细程度。近年来随着科学技术水平的提高,地质雷达技术、电阻率层析成像技术、高密度电阻率探查法、环境同位素等先进技术逐渐应用到水文地质勘查过程中,数据信息获取的数量和质量都得到飞速提高。并且随着地下含水层特征参数确定方法的不断丰富,参数观测的精度和细致程度将不断提高,数值模型的率定方法及灵敏度的分析将更规范化,数值模型的仿真程度将进一步增强。另外,信息数据资料的膨胀将形成对数据管理和空间分析的新要求,地下水数值计算将越来越与 3S(RS、GPS、GIS)技术密切结合。系统论、信息论在地下水研究中也将越来越重要。

对地下水质的模拟可以分为两步,首先模拟地下水流状况,然后模拟污染物的运移转化过程。因此在地下水模型中存在一些专门进行地下水流模拟的模型,它们一般对地下水流模拟细致,并提供将模拟结果连接到污染物运移转化模型的功能。但是大部分地下水质模型都同时具有模拟地下水流和污染物运移转化过程的功能。

3.5.1　污染物在地下水中迁移的基本理论——弥散理论

弥散是指多孔介质中两种流体相接触时,某种物质从含量较高的流体中向含量较低的流体中迁移,使两种流体分界面处形成一个过渡混合带的现象,混合带不断发展扩大,趋向于成为均质的混合物质。这种现象称为弥散现象。当可溶解物质进入地下水系统后,随即有沿着地下水流动方向扩展的纵向弥散和垂直于地下水流动方向扩展的横向弥散,同时还有在地下水系统内上、下扩展的垂向弥散。在流速甚小的情况下,甚至出现沿着与地下水流相反方向扩展的逆弥散。地下水中这种不同方向的弥散,通常被统称为水动力弥散。

通常由于水动力条件等的不同,使得上述四个方向弥散效应存在较大差异。在地下水流速甚小的情况下,横向弥散占据重要地位,逆向弥散也有所发展;在地下水流速较大的情况下,则纵向弥散表现突出。至于垂向弥散,多取决于污染质的比重和地下水的上下运动,只有在污染质的比重较大或地下水上下运动较强时,垂向弥散才会显著。不过,实际遇到的地下水流速均不会太小,纵向弥散和横向弥散总是主要的,逆弥散往往被忽略不计。

一般情况下,水动力弥散是由于质点的热动能以及因流体对流而造成机械混合产生的,即溶质在孔隙介质中的分子扩散和对流弥散共同作用的结果。

1. 分子扩散

分子扩散主要是物理化学作用的结果,故亦称物理化学弥散。它是由化学势梯度所引起的,而化学势则与浓度有关。即因液相中所含污染物质的浓度不均一,浓度梯度使得高浓度处的物质向低浓度处运移,以求浓度趋于均一,所以分子扩散作用是一种使地下水系统各部分的浓度均匀化的过程。它取决于时间,并且可以在静止的流体中单独存在,故在地下水流速较小的情况下,研究其污染时,不仅要考虑可溶污染质的被吸附,同时,分子扩散将成为水动力扩散中的重要组成部分。实际上,在弥散中分子扩散,是经常的、每时每刻发生的。就其本身而言,动力扩散中的分子扩散亦具有方向性,是向各个方向扩展的。

如以管流为例,大致可分为:

① 纵向分子扩散:在管流内部,沿水流平均方向,可溶污染质的浓度差有逐渐消失的趋势,如图 3 - 24 所示。

② 横向分子扩散:在两个相邻管之间,发生可溶污染质的大量迁移,逐步消除浓度上的差异,如图3-25所示。

③ 在实际问题中,纵、横向分子的扩散效应往往是同时存在的,如图3-26所示。

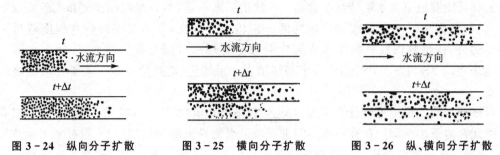

图3-24　纵向分子扩散　　　　图3-25　横向分子扩散　　　　图3-26　纵、横向分子扩散

2. 对流弥散

对流弥散主要是纯力学作用的结果,故亦称机械弥散。当流体在孔隙介质中运动时,由于孔隙系统的存在,使得各个点的流速向量与横断面平均流速向量的方向、大小各不相同。所以,通过不同孔隙的物质粒子,在某时间间隔之后到达的位置亦不相同。

一般可分为以下三种情况:

① 自然界的各种流体,通常均具有一定的粘滞性,它在多孔介质中运动时,表现为靠近颗粒介质表面速度缓慢,而靠近孔隙中心则速度最快。即在通道轴处的流速大,靠近通道壁处的流速小,或者说,在同一个孔隙中的速度分布不同,孔隙中心速度最快。因此,在流体中产生了速度梯度,如图3-27所示。

② 由于颗粒间孔隙大小不同,从而使得流体流动通道口径不同,引起各通道轴的最大流速差异,造成沿不同孔隙运动的流体产生速度差,如图3-28所示。

③ 由于流体在孔隙介质中流动,受到固体颗粒的阻挡,造成绕行,使速度发生变化,流线相对于平均流动方向产生起伏,即流动方向流线产生起伏,如图3-29所示。

对流弥散是上述三种情况造成的。质点流速不一样及不同孔隙中地下水质点实际流速的差异产生了纵向机械弥散;而固体骨架的阻挡作用产生了横向机械弥散。横向弥散大概可以波动一个颗粒直径大的范围。实际上,流体在孔隙介质内的流动过程中,可溶物质将随同逐步混合了的地下水不断地被细分,进入更细的通道分支,从而使污染物质逐步散布开,并占据孔隙介质的越来越多的体积,如图3-30所示。所以,从微观尺度的不均匀性来说,造成对流弥散的两个基本要素是地下水的流动和水流所通过的孔隙系统的存在,地下水质点运动速度的差异是产生水动力弥散的根本原因。

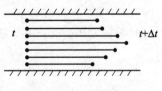

图3-27　速度梯度

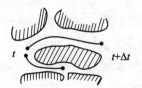

图3-28　沿不同孔隙运动的流体产生速度差

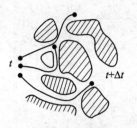

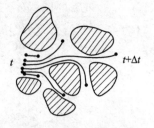

图 3 - 29　流动方向流线产生起伏　　　　图 3 - 30　污染物质逐步散布开

3.5.2　地下水溶质运移解析法

地下水溶质预测研究过程中,应用较为广泛的方法是数值法和解析法。在应用数值法的过程中,需要收集大量的资料来建立模型,而这些资料的收集往往需要一个很长的过程。因此,在水文地质条件简单、参数选择合理的情况下,采用解析法就能满足预测的要求。解析法预测地下水溶质扩散的模型主要包括一维稳定流动一维水动力弥散模型、一维稳定流动二维水动力弥散模型等。

求解复杂的水动力弥散方程定解问题非常困难,实际问题中多采用数值方法求解。但可以用解析解对照数值解法进行检验和比较,并用解析解去拟合观测资料以求得水动力弥散系数。

1. 一维稳定流动一维水动力弥散模型

（1）一维无限长多孔介质柱体,示踪剂瞬时注入

设有一无限长均质砂柱,原有溶液浓度 $C_0 = 0$,在 $t = 0, x = 0$ 处瞬时注入质量为 m 的示踪剂,取砂柱中心轴为 x 轴,流速方向为正,求浓度 $C(x, t)$ 分布

$$\frac{\partial C}{\partial t} = \frac{\partial}{\partial x} \left(D_{xx} \frac{\partial C}{\partial x} + D_{xy} \frac{\partial C}{\partial y} + D_{xz} \frac{\partial C}{\partial z} \right) +$$

$$\frac{\partial}{\partial y} \left(D_{yx} \frac{\partial C}{\partial x} + D_{yy} \frac{\partial C}{\partial y} + D_{yz} \frac{\partial C}{\partial z} \right) +$$

$$\frac{\partial}{\partial z} \left(D_{zx} \frac{\partial C}{\partial x} + D_{zy} \frac{\partial C}{\partial y} + D_{zz} \frac{\partial C}{\partial z} \right) -$$

$$\frac{\partial}{\partial x} (C \cdot u_x) - \frac{\partial}{\partial y} (C \cdot u_y) - \frac{\partial}{\partial z} (C \cdot u_z) + I \qquad (3 - 245)$$

$$X = x - ut, \quad T = t$$

此时有

$$u_x = u, \quad u_y = u_z = 0$$

$$D_{xx} = D_L$$

$$\frac{\partial C}{\partial y} = \frac{\partial C}{\partial z} = 0$$

简化成

$$\frac{\partial C}{\partial y} = D_L \frac{\partial^2 C}{\partial x^2} - u \frac{\partial C}{\partial x}$$

采用动坐标,令 $X = x - ut, T = t$,则

$$\frac{\partial C}{\partial T} = \frac{\partial C}{\partial x} \cdot \frac{\partial x}{\partial t} \cdot \frac{\mathrm{d}t}{\mathrm{d}T} + \frac{\partial C}{\partial t} \cdot \frac{\mathrm{d}t}{\mathrm{d}T} = \frac{\partial C}{\partial x} u + \frac{\partial C}{\partial t}$$

$$\frac{\partial C}{\partial X} = \frac{\partial C}{\partial x} \cdot \frac{\partial x}{\partial X} = \frac{\partial C}{\partial x}$$

$$\frac{\partial^2 C}{\partial X^2} = \frac{\partial^2 C}{\partial x^2}$$

$$\frac{\partial C}{\partial T} = D_L \frac{\partial^2 C}{\partial X^2}$$

将 X、T 变换,得

$$C(x,t) = \frac{m/\omega}{2n\sqrt{\pi D_L t}} \exp\left[-\frac{(x-ut)^2}{4D_L t}\right] \qquad (3-246)$$

式中: m 为注入的示踪剂质量,kg;ω 为横截面面积,m^2;u 为水流速度,m/d;n 为有效孔隙度,无量纲;D_L 为纵向弥散系数。

(2)一维半无限长多孔介质柱体,一端为定浓度边界

在半无限、一端为定浓度边界的限定情况下,一维水动力弥散问题的数学模型为

$$\frac{\partial C}{\partial t} = D_L \frac{\partial^2 C}{\partial x^2} - u\frac{\partial C}{\partial x}$$

$$C(x,0) = 0, \quad x \geqslant 0$$

$$C(0,t) = C_0, \quad t > 0$$

$$C(\infty,t) = 0, \quad t > 0$$

该模型通过 Laplace 变换,并利用边界条件、换元法可得出该定解问题的解:

$$\frac{C}{C_0} = \frac{1}{2}\mathrm{erfc}\left(\frac{x-ut}{2\sqrt{D_L t}}\right) + \frac{1}{2}\mathrm{e}^{\frac{ux}{D_L}}\mathrm{erfc}\left(\frac{x+ut}{2\sqrt{D_L t}}\right) \qquad (3-247)$$

式中: C_0 为注入的示踪剂浓度,g/L;erfc( )为余误差函数。

2. 一维稳定流动二维水动力弥散问题

(1)瞬时注入示踪剂——平面瞬时点源

二维水动力弥散问题中,注入平面瞬时点源时,同样可利用平面瞬时点源的基本解,通过换元等一系列转化、积分求得所求之解。只是必须清楚该问题在假定条件下会有新的变化:$u \neq 0$,为一定值,流体非静止;水动力弥散系数为各向异性。通过一定关系的转化,得出该问题的解:

$$C(x,y,t) = \frac{m_M/M}{4\pi nt\sqrt{D_L D_T}}\exp\left\{-\left[\frac{(x-ut)^2}{4D_L t} + \frac{y^2}{4D_T t}\right]\right\} \qquad (3-248)$$

式中: $C(x,y,t)$ 为 t 时刻点 x、y 处的示踪剂浓度,g/L;M 为承压含水层的厚度,m;m_M 表示长度为 M 的线源瞬时注入的示踪剂质量,kg;n 为有效孔隙度,无量纲;D_T 为横向 y 方向的弥散系数,m^2/d。

(2)连续注入示踪剂——平面连续点源

当注入平面连续点源时,可将连续点源的作用视为无数瞬时点源之和,通过叠加原理,积分求得解为

$$C(x,y,t) = \frac{m_t}{4\pi Mn\sqrt{D_L D_T}}\mathrm{e}^{\frac{xu}{2D_L}}\left[2K_0(\beta) - W\left(\frac{u^2 t}{4D_L},\beta\right)\right] \qquad (3-249)$$

$$\beta = \sqrt{\frac{u^2 x^2}{4D_L^2} + \frac{u^2 y^2}{4D_L D_T}}$$

式中：m_t 为单位时间注入示踪剂的质量，kg/d；$K_0(\beta)$ 为第二类零阶修正贝塞尔函数；$W\left(\frac{u^2 t}{2D_L}, \beta\right)$ 为第一类越流系统井函数。

应用地下水流解析法可以给出在各种参数值的情况下渗流区中任意一点的水位（水头）值。但是，这种方法有很大的局限性，只适用于含水层几何形状规则、方程式简单、边界条件单一的情况。由于实际情况要复杂得多，例如，介质结构要求均质；边界条件假定是无限或直线、简单的几何形状，而自然界常是不规则的边界；在开采条件下，补给条件会随时间变化，而解析法的公式则难以反映，只能简化为均匀、连续的补给等。

3.5.3 地下水数值模型

数值法可以解决许多复杂水文地质条件和地下水开发利用条件下的地下水资源评价问题，并可以预测各种开采方案条件下地下水位的变化，即预报各种条件下的地下水状态。但不适用于管道流（如岩溶暗河系统等）的模拟评价。

1. 地下水水流模型

下面介绍非均质、各向异性、空间三维结构、非稳定地下水流系统。

（1）控制方程

$$\mu_s \frac{\partial h}{\partial t} = \frac{\partial}{\partial x}\left(K_x \frac{\partial h}{\partial x}\right) + \frac{\partial}{\partial y}\left(K_y \frac{\partial h}{\partial y}\right) + \frac{\partial}{\partial z}\left(K_z \frac{\partial h}{\partial z}\right) + W \tag{3-250}$$

式中：μ_s 为贮水率，1/m；h 为水位，m；K_x、K_y、K_z 分别为 x、y、z 方向上的渗透系数，m/d；W 为源汇项，1/d。

（2）初始条件

$$h(x,y,z,t) = h_0(x,y,z)(x,y,z) \in \Omega, \quad t = 0 \tag{3-251}$$

式中：$h_0(x,y,z)$ 为已知水位分布；Ω 为模型模拟区。

（3）边界条件

1）第一类边界

$$h(x,y,z,t)\mid_{\Gamma_1} = h(x,y,z,t), \quad (x,y,z) \in \Gamma_1, t \geq 0 \tag{3-252}$$

式中：$h(x,y,z,t)$ 为一类边界上的已知水位函数；Γ_1 为一类边界。

2）第二类边界

$$k\left.\frac{\partial h}{\partial \vec{n}}\right|_{\Gamma_2} = q(x,y,z,t), \quad (x,y,z) \in \Gamma_2, t > 0 \tag{3-253}$$

式中：k 为三维空间上的渗透系数张量；$\vec{n}$ 为边界 Γ_2 的外法线方向；$q(x,y,z,t)$ 为二类边界上已知流量函数；Γ_2 为二类边界。

3）第三类边界

$$\left[k(h-z)\frac{\partial h}{\partial \vec{n}} + \alpha h\right]_{\Gamma_3} = q(x,y,z) \tag{3-254}$$

式中：α 为已知函数；Γ_3 为三类边界；$\vec{n}$ 为边界 Γ_3 的外法线方向；$q(x,y,z)$ 为三类边界上已知流量函数。

2. 地下水溶质运移数值模型

水是溶质运移的载体,地下水溶质运移数值模拟应在地下水流场模拟基础上进行。因此,地下水溶质运移数值模型包括水流模型和溶质运移模型两部分。

(1) 控制方程

$$R\theta \frac{\partial C}{\partial t} = \frac{\partial}{\partial x_i}\left(\theta D_{ij}\frac{\partial C}{\partial x_j}\right) - \frac{\partial}{\partial x_i}(\theta v_i C) - W C_s - W C - \lambda_1 \theta C - \lambda_2 \rho_b \bar{C} \qquad (3-255)$$

式中:R 为迟滞系数,无量纲,$R = 1 + \frac{\rho_b}{\theta}\frac{\partial \bar{C}}{\partial C}$;$\theta$ 为介质孔隙度,无量纲;ρ_b 为介质密度,$kg/(dm)^3$;C 为组分的浓度,g/L;$\bar{C}$ 为介质骨架吸附的溶质浓度,g/kg;t 为时间,d;D_{ij} 为水动力弥散系数张量,m^2/d;v_i 为地下水渗流速度张量,m/d;W 为水流的源和汇,$1/d$;C_s 为组分的浓度,g/L;λ_1 为溶解相一级反应速率,$1/d$;λ_2 为吸附相反应速率,$1/d$。

(2) 初始条件

$$C(x,y,z,t) = C_0(x,y,z), \quad (x,y,z) \in \Omega_1, t = 0 \qquad (3-256)$$

式中:$C_0(x,y,z)$ 为已知浓度分布;Ω 为模型模拟区域。

(3) 定解条件

1) 第一类边界——给定浓度边界

$$C(x,y,z,t)\big|_{\Gamma_1} = C(x,y,z,t), \quad (x,y,z) \in \Gamma_1, t \geqslant 0 \qquad (3-257)$$

式中:Γ_1 为给定浓度边界;$C(x,y,z,t)$ 为定浓度边界上的浓度分布。

2) 第二类边界——给定弥散通量边界

$$\theta D_{ij}\frac{\partial C}{\partial x_j}\bigg|_{\Gamma_2} = f_i(x,y,z,t), \quad (x,y,z) \in \Gamma_2, t \geqslant 0 \qquad (3-258)$$

式中:Γ_2 为通量边界;$f_i(x,y,z,t)$ 为边界 Γ_2 上已知的弥散通量函数。

3) 第三类边界——给定溶质通量边界

$$\left(\theta D_{ij}\frac{\partial C}{\partial x_j} - q_i C\right)\bigg|_{\Gamma_3} = g_i(x,y,z,t) \qquad (3-259)$$

式中:Γ_3 为混合边界;$g_i(x,y,z,t)$ 为 Γ_3 上已知的对流-弥散总的通量函数。

3.5.4 地下水污染物运移模型

目前,国内外已发展了一系列成熟的地下水污染物运移模拟软件,如 BIOSCREEN、AT123D、MT3D 和 FEMWATER 等。其中 BIOSCREEN - AT 地下水污染物迁移解析解模型是由美国环保署开发的一款应用广泛的模型,它沿用 Domenico 解析解法,基于地下水流场稳定流假设,考虑对流、弥散、吸附以及一级反应作用,模拟溶质在三维介质中的迁移与反应过程。

1. BIOSCREEN - AT 模型

假设含水层沿 x 轴方向半无限延伸,沿 y 轴方向无限延伸,z 轴表示由潜水水面向下的深度,地下水径流采用一维稳定流方程描述。污染源的分布和浓度通过在地下水径流边界上设定的定浓度边界条件实现。BIOSCREEN - AT 所采用的溶质运移方程包含沿地下水径流方向的对流作用、垂直径流方向的弥散作用、平衡吸附作用以及一级不可逆反应。

模型单一化学组分的三维溶质迁移偏微分方程:

$$R\frac{\partial C}{\partial t}=-v\frac{\partial C}{\partial x}+D_x\frac{\partial^2 C}{\partial x^2}+D_y\frac{\partial^2 C}{\partial y^2}+D_z\frac{\partial^2 C}{\partial z^2}-\lambda_{\text{EFF}}C \tag{3-260}$$

$$0\leqslant x<\infty, -\infty\leqslant y<\infty, 0\leqslant z<\infty$$

$$\lambda_{\text{EFF}}=\lambda_D+\frac{P_b}{\theta}K_d\lambda_S \tag{3-261}$$

式中：C 为溶解性污染物浓度，mg/L；v 为地下水平均流速，m/d；D_x、D_y、D_z 为弥散系数，m^2/d；R 为延迟因子，无量纲；λ_D 为溶解相一级速率常数，d^{-1}；λ_S 为吸附相一级速率常数，d^{-1}；ρ_b 为干容重，kg/L；θ 为含水率，无量纲。

模型引入 λ_{EFF} 项是为了更好地反映不同污染物的衰减状况，表现污染物在溶解相及吸附相的相对衰减速率以及衰减反应的程度。对于生物反应而言，常常假设只在溶解相发生传质，吸附相基本不发生传质反应。

方程中的弥散系数：

$$\left.\begin{array}{l}D_x=\alpha_L\mid v\mid+D^*\\D_y=\alpha_{TH}\mid v\mid+D^*\\D_z=\alpha_{TV}\mid v\mid+D^*\end{array}\right\} \tag{3-262}$$

式中：α_L 为纵向弥散度，m；α_{TH} 为水平横向弥散度，m；α_{TV} 为垂直横向弥散度，m；D^* 为有效扩散系数，m^2/d。

径流初始位置处（$x=0$）边界条件为

$$C(0,y,z,t)=C_0\exp(-\gamma t)\left[U\left(y+\frac{W}{2}\right)-U\left(y-\frac{W}{2}\right)\right]\times[U(z)-U(z-H)] \tag{3-263}$$

式中：$U(*)$ 为海维赛德（Heaviside）阶梯函数项，用于描述污染源的分布范围：沿 y 轴 $-W/2\sim+W/2$ 间，沿 z 轴 $0\sim H$ 间；γ 为污染源衰减系数；W 为污染源宽度；H 为污染源从水面向下的穿透深度；C_0 为污染源初始浓度。

除上述边界条件和初始条件以外，模型中的其余边界条件和初始条件为

$$C(\infty,y,z,t)=0$$
$$C(x,\pm\infty,z,t)=0$$
$$\frac{\partial C}{\partial z}(x,y,0,t)=0, \quad C(x,y,\infty,t)=0$$
$$C(x,y,z,0)=0$$

方程的求解采用积分变换法，可得污染物初始源强浓度的衰减过程。地下水面处的边界条件，结合镜像原理，在 $-H\leqslant z<+H$ 间指定均匀分布源强浓度。

$$C(x,y,z,t)=C_0\frac{x}{8\sqrt{\pi D_x'}}\exp(-\gamma t)\times$$

$$\int_0^1\frac{1}{\xi^{3/2}}\exp\left[(\gamma-\lambda_{\text{EFF}})\xi-\frac{(x-v'\xi)^2}{4D_x'\xi}\right]\times$$

$$\left[\text{erfc}\left(\frac{y-W/2}{2\sqrt{D_y'\xi}}\right)-\text{erfc}\left(\frac{y+W/2}{2\sqrt{D_y'\xi}}\right)\right]\times$$

$$\left[\text{erfc}\left(\frac{z-H}{2\sqrt{D_z'\xi}}\right)-\text{erfc}\left(\frac{z+H}{2D_z'\xi}\right)\right]\text{d}\xi \tag{3-264}$$

式中：$v' = v/R$；$D'_x = D_x/R$；$D'_y = D_y/R$；$D'_z = D_z/R$。

为了合理描述地下水中污染物的迁移、转化过程，BIOSCREEN - AT 模型的输入参数分为地下水径流参数、污染物弥散参数、吸附解吸参数及生物降解参数。此外，还需输入污染源强浓度及范围、实测浓度等信息，用于模型构建。

2. 模块化的三维运移模型

模块化的三维运移模型(Modular 3 - Dimensional Transport model，简称 MT3D)采用了对流-弥散方程来描述污染物在三维地下水流中的运移，即

$$R \frac{\partial C}{\delta t} = \frac{\partial C}{\partial x_i}\left(D_{ij}\frac{\partial C}{\partial x_j}\right) - \frac{\partial}{\delta x_i}(v_i C) + \frac{q_s}{dx}C_s - \lambda\left(C + \frac{\rho_b}{\theta}\bar{C}\right) \qquad (3-265)$$

式中：C 是溶解于水中的污染物的浓度，mg/L；R 是阻滞因子，无量纲；x_i 是空间坐标，m；D_{ij} 是水动力弥散系数张量，m^2/d；v_i 是地下水渗透流速，m/d；q_s 是源(正值)或汇(负值)的单位流量，d^{-1}；C_s 是源或汇的浓度，mg/L；θ 是孔隙度，无量纲；λ 是一阶反应速率常数，d^{-1}；ρ_b 是多孔介质的比重，kg/L；$\bar{C}$ 是吸附在介质上的污染物浓度，mg/g。式中等号右端从左至右依次为弥散项、对流项、源汇项和化学反应项。

对流-弥散方程需要首先确定地下水渗透流速。根据 Darcy 定律，有

$$v_i = -\frac{K_{ii}}{\theta}\frac{\partial h}{\partial x_i} \qquad (3-266)$$

式中：K_{ii} 是渗透系数的主轴分量，m/d；h 是地下水位，m。

地下水位可以通过求解三维地下水流动方程得到，即

$$\frac{\partial}{\partial x_i}\left(K_{ii}\frac{\partial h}{\partial x_i}\right) + q_s = S_s\frac{\partial h}{\partial t} \qquad (3-267)$$

式中：S_s 是多孔介质的贮水率，m^{-1}。

MT3D 可以用来模拟可溶性污染物在地下水中的对流、弥散、扩散作用和一些基本的化学反应过程，能够有效处理各种边界条件和外部源汇项。模型中的化学反应主要是一些比较简单的单组分反应，包括平衡或非平衡状态的线性或非线性吸附作用、一阶不可逆反应(如生物降解等)和可逆的动态反应等。

3.6 水质模型的软件及应用

随着水污染防治工作的开展，水质模型作为水污染控制研究的工具在水质规划中起着越来越重要的作用。然而，大小不同的河流，由于其水文条件、污径比等不同，模拟河流水变化的手段也各有差异。纵观河流水质模型的研究发展过程，大致可分为 3 个阶段。第 1 阶段，1925—1970 年，是考虑水质项不多的一维定常模型阶段；第 2 阶段，1970—1985 年，是河流水质模型的快速发展阶段；第 3 阶段，1985 年至今，是河流水质模型的发展与完善阶段。

欧美发达国家开发的水质模型软件包括 ISO 开发的 PRR(河流污染削减规划模型)、RWIM(一维和二维河流水质模式)、WQRRS(河流水库水质模型)等。其中最具有代表性的是美国国家环保局的 QUAL2E(河流水质增强型)，它模拟了污染物质在河流中的迁移，是河流水质模型，最初是用来模拟水质传统的成分(如富营养化、藻类、溶解氧)。在通常情况下，参照水流和输入的废弃物负荷，可以计算每一部分的水流平衡、水温平衡和物质平衡。另外，

EPA 开发的水环境模型系列软件有：河流水质量增强模型 AQUATOX、地下水建模维持中心 CSMOS 和集水处流入流出水质水量模型 HSPF。此外，英国 AEA 技术公司开发的 OT-TER 是用于模拟重金属和放射性物质在淡水环境中迁移的多媒体仿真模型工具，典型的是大气沉积物质的后续影响。它集成了集水区、河流和湖泊的模型。人类通过饮水和食用鱼类而吸收污染物的剂量可以计算出来，并且通过在英国湖泊地区的试验数据证明预测结果是有效的。另外，有些模型集成了几个数学模块，每一个模块都可以单独地解决固定的问题，如美国地质勘探局（USGS）提供的 USGS 水源应用软件，包括地质化学、地下水、地表水和水质等几个模块。每一个模块，又由若干模型软件构成，如地表水软件包括 BRANCH、ANNIE、CAP 等，水质量软件包括 BIOMOC、BLTM、DOTABLES 等。

以下对常见的 QUAL2K、WASP、EIAW 等模型软件作一简单介绍。

3.6.1　QUAL-II 模型系列

QUAL 模型系列中的最初完整模型是美国德克萨斯州水利发展部（Texas Water Development Board）于 1971 年开发完成的 QUAL-I 模型。而 QUAL-I 模型的雏形则是 F. D. Masch 及其同事在 1970 年提出的。QUAL-I 模型应用较成功。在该模型的基础上，1972 年美国水资源工程公司（Water Resources Engineering,Inc.,缩写为 WRE）和美国环保局（U. S. EPA）合作开发完成了 QUAL-II 模型的第 1 个版本。1976 年 3 月，SEMCOG（Southeast Michigan Council of Governments）和美国水资源工程公司合作对此模型作了进一步的修改，并将当时各版本的所有优秀特性都合并到了 QUAL-II 模型的新版本中。自 1987 年以来，我国学者应用 QUAL-II 模型解决了大量河流水质规划、水环境容量计算等问题，并结合国内的实际情况，对该模型进行了改进。

QUAL-II 模型可以模拟 13 种物质，这 13 种物质是：溶解氧、生化需氧量（BOD）、氨氮、亚硝酸盐氮、硝酸盐氮、溶解的正磷酸盐磷、藻类-叶绿素 a、大肠杆菌、温度、一种任选的可衰减的放射性物质和 3 种难降解的惰性组分。QUAL-II 模型可按用户希望的任意组合方式模拟这 13 种物质。QUAL-II 模型属于综合水质模型，它引入了水生生态系统与各污染物之间的关系，从而使水质问题的研究更为深化。该模型各组成成分之间的相互关系以溶解氧为核心。大肠杆菌、可衰减的放射性物质以及 3 种难降解的惰性组分与溶解氧无关。

1. QUAL2E 模拟的原理

作为一个准动态模型，QUAL2E 将恒定流水力学与水质参数结合，而这些水质参数既可以是恒定的，也可以是逐日变化的，QUAL2E 模型既可以作为静态模型使用，也可用于动态模拟。当 QUAL2E 作为静态模型使用时，它可以用来研究废水排放对河流水质的影响（定量、定性和定位），也可以和现场采样程序联合使用，以确定非点源废水排放的定量和定性的特征；当 QUAL2E 作为动态模型使用时，用户可以研究气象数据每天的变化对水质（主要是溶解氧和温度）的影响，也可以研究由于藻类生长和呼吸的影响，溶解氧每天的变化量。

QUAL2E 假定存在主流输送机理，即假定平流与扩散都沿着河流的主流方向，而在河流的横向与垂向上水质组分是完全均匀混合的。QUAL2E 模型的基本方程是一维平流-扩散物质迁移方程，该方程考虑了平流、扩散、稀释、水质组分自身反应、水质组分间的相互作用以及组分的外部源和汇对组分浓度的影响。对于任意一种物质组分，有

$$\frac{\partial C}{\partial t} = \frac{\partial\left(A_x D_L \frac{\partial C}{\partial x}\right)}{A_x \partial x} - \frac{\partial(A_x \bar{u}C)}{A_x \partial x} + \frac{dC}{dt} + \frac{S}{V} \qquad (3-268)$$

式中：C 为污染物浓度，mg/L；x 为河流纵向坐标，m；t 为时间，s ；A_x 为河流过水断面面积，m^2；D_L 为河流纵向离散系数，m/s；$\bar{u}$ 为河流断面平均流速，m/s；S 为外部的源或汇，g/s；V 为计算单元的体积，m^3。式子右边的四项分别代表扩散、平流、组分反应和外部源和汇。

2. QUAL2E 对河流的概化

QUAL2E 首先将模拟河道划分为一系列恒定非均匀流河段，再将每个河段划分为若干等长的计算单元。河道数据以河段组织，同一河段具有相同的水力、水质特性和参数，各河段的水力、水质特性则各不相同。

单元是 QUAL2E 中最小的计算单位，每个单元都是理想混合的反应器，河段由单元组合而成。但是应用 QUAL2E 模型河段最多 25 个；每个河段不超过 20 个计算单元，即全流程不超过 500 个；源头最多为 7 个；汇合单元最多为 6 个；输入和输出单元最多为 25 个。上述条件限制决定计算单元长度随流域的纵向沿程距离而变化，对中小型河流而言，流程越短，计算单元的长度 Δx 越小，则每单元与实际情况越接近，模拟越精确。

为了描述河流的空间分布特征，QUAL2E 将单元定义为以下 8 种类型：

① 源头单元（H）：主流和支流的源头，源头单元是源头河段的第一个单元交汇点单元（J）；

② 有支流汇入的单元交汇点上游单元（U）；

③ 主流中交汇点单元的上一个单元系统的最后单元（L）；

④ 模拟系统中的最后一个计算单元取水口单元（P）；

⑤ 含有取水口的单元排放口单元（W）；

⑥ 含有排放口的单元水工建筑物单元（D）；

⑦ 含有水工建筑物单元的标准单元（S）；

⑧ 除以上 7 种单元之外的单元都定义为标准单元。

通过划分河段单元，QUAL2E 将模拟河段概念化为一系列通过输移、扩散机理首尾相连、均匀混合的计算单元。一组具有相同水力、水质特性和参数的单元构成河段，QUAL2E 按河段组织模型数据。在每一个时间步长上，对任一种水质组分，QUAL2E 在每个计算单元上列出水质方程，由于对复杂的河流系统，上述方程很难求解，故 QUAL2E 采用向后隐式有限差分法求其数值解。

QUAL2E 模型可以模拟面源污染，它假定一段时间内沿河段入流的地下水或污水排放近似为一常数。这种假定更贴近排污实际，使得模型开发具有很好的实用价值。

3. QUAL2K 模型

QUAL2K（或简称 Q2K）模型是 QUAL 模型系列中的一个。它是在 QUAL2E 的基础上改进而成的，两者的共同之处是：

① 一维。水体在垂向和横向都是完全混合的。

② 定常。模拟的是不均匀定常流场和浓度场。

③ 日间热收支。日间热收支和温度在日间时间轴上用一个气象学方程模拟。

④ 日间水质动力学。所有水质变量在日间时间轴上模拟。

⑤ 热量和物质输入。模拟点源和非点源负荷和去除。

较 QUAL2E 而言，QUAL2K 的不同之处包括：

① 软件环境和界面。QUAL2K 在 Microsoft Windows 环境下实现，所用的编程语言是

Visual Basic for Applications(VBA)。用户图形界面则用 Excel 实现。可从美国环保局网站获得该模型的可执行程序、文档及源代码。

② 模型分割。QUAL2E 将系统分割成几个等距河段,而 QUAL2K 则将系统分割成几个不等距河段。另外,在 QUAL2K 中,多个污水负荷和去除可以同时输入到任何一个河段中。

③ 碳化 BOD(CBOD)分类。QUAL2K 使用两种碳化 BOD 代表有机碳。根据氧化速率的快慢把碳化 BOD 分为慢速 CBOD 和快速 CBOD。另外,在 QUAL2K 中,对非活性有机物颗粒(碎屑)也进行了模拟。这种碎屑由固定化学计量的碳、氮和磷颗粒组成。

④ 缺氧。QUAL2K 通过在低氧条件下将氧化反应减少为零来调节缺氧状态。另外,在低氧条件下,反硝化反应很明确地模拟为一级反应。

⑤ 沉积物、水体之间的交互作用。在 QUAL2E 中,溶解氧和营养物在沉积物、水体之间的流量只是做了一些文字性的描述,而在 QUAL2K 中,则是在内部做了模拟,即氧(SOD)和营养物流量可用一个方程模拟,该方程由有机沉淀颗粒、沉积物内部反应及上层水体中可溶解物质的浓度构成。

⑥ 底栖藻类。QUAL2K 模拟了底栖藻类。

⑦ 光线衰减。光线衰减是由藻类、碎屑和无机颗粒方程计算。

⑧ pH。对碱度和无机碳都进行了模拟,在它们的基础上模拟河流 pH。

⑨ 病原体。对一种普通病原体进行了模拟。病原体的去除由温度、光线和沉积方程决定。

⑩ 不仅适用于完全混合的树枝状河系,而且允许多个排污口、取水口的存在以及支流汇入和流出。

⑪ 对藻类、营养物质、光 3 者之间的相互作用进行了矫正。

⑫ 在模拟过程中对输入和输出等程序有了进一步改进。

⑬ 计算功能的扩展。

⑭ 新反应因子的增加,如藻类 BOD、反硝化作用和固着植物引起的 DO 变化。

美国环保局还对 QUAL2K 模型进行着改进,并于 2009 年 1 月发布了该模型的一个最新版本。

4. QUAL2K 模型的优势

① 功能全面,通用性强。

② 对数据、资料的需求量较少,所需人力、时间和经费也较少。

③ 由一些简单模型组合而成,大量的动力学参数可参照简单模型的数值。

④ 界面规范,可视化程度高。图形用户界面采用 Excel 实现。Excel 属于日常办公软件,操作方便、易掌握。

⑤ 程序语言经优化设计,计算效率高,软件内存需求小且运行速度快。

⑥ 编程语言为 VBA,即 VB 的简化版,简单易学,用该语言开发的软件易于与其他兼容性软件搭配使用。

⑦ 可从美国环保局网站获得全部源代码。

3.6.2　WASP 水质模型

WASP(The Water Quality Analysis Simulation,水质分析模拟程序)是美国环保局提出的、推荐使用的水质模型,能够用于不同环境污染决策系统中分析和预测由于自然和人为污染造成的各种水质状况,可以模拟水文动力学、河流一维不稳定流、湖泊和河口三维不稳定流、常规污染物和有毒污染物在水中的迁移和转化规律。

WASP 是水质分析模拟程序,是一个动态模型模拟体系,它基于质量守恒原理,待研究的水质组分在水体中以某种形态存在,WASP 在时空上追踪某种水质组分的变化。它由两个子程序组成:有毒化学物模型 TOXI 和富营养化模型 EUTRO,分别模拟两类典型的水质问题:

① 传统污染物的迁移转化规律(DO、BOD 和富营养化)。

② 有毒物质迁移转化规律(有机化学物、金属、沉积物等)。

TOXI 是有机化合物和重金属在各类水体中迁移积累的动态模型,采用了 EXAMS 的动力学结构,结合 WASP 迁移结构和简单的沉积平衡机理,它可以预测溶解态和吸附态化学物在河流中的变化情况。EUTRO 采用 POTOMAC 富营养化模型的动力学,结合 WASP 迁移结构,该模型可预测 DO、COD、BOD、富营养化、碳、叶绿素 a、氨、硝酸盐、有机氮、正磷酸盐等物质在河流中的变化情况。

1. 基本方程

WASP 水质模块的基本方程是一个平移-扩散质量迁移方程,它能描述任一水质指标的时间与空间变化。在方程里除了平移和扩散项外,还包括由吸附、解析等作用引起的化学反应动力项。对于任一无限小的水体,水质指标 C 的质量平衡式为

$$\frac{\partial C}{\partial t} = -\frac{\partial}{\partial x}(U_x C) - \frac{\partial}{\partial y}(U_y C) - \frac{\partial}{\partial z}(U_z C) + \frac{\partial}{\partial x}\left(E_x \frac{\partial C}{\partial x}\right) +$$

$$\frac{\partial}{\partial y}\left(E_y \frac{\partial C}{\partial y}\right) + \frac{\partial}{\partial z}\left(E_z \frac{\partial C}{\partial z}\right) + S_L + S_B + S_K \qquad (3-269)$$

式中:U_x、U_y、U_z 分别为河流的横向、纵向、垂向的流速,量纲为 LT^{-1};C 为溶质浓度,量纲为 ML^{-1};E_x、E_y、E_z 分别为河流的横向、纵向、垂向的扩散系数,量纲为 L^2T;S_L 为点源和非点源负荷,量纲为 LT^{-1};S_B 为边界负荷,量纲为 LT^{-1};S_K 为动力转换项,量纲为 LT^{-1}。

2. EUTRO 模块

EUTRO 模拟了 8 个常规水质指标,即 $NH_3-N(C_1)$、$NO_3-N(C_2)$、无机磷(C_3)、浮游植物(C_4)、$CBOD(C_5)$、$DO(C_6)$、有机氮(C_7)和有机磷(C_8)。这 8 个指标分为 4 个相互作用的子系统:浮游植物动力学子系统、磷循环子系统、氮循环子系统和 DO 平衡子系统。这 4 个系统之间的相互转换关系见图 3-31。

在 EUTRO 模型中,充分考虑了各系统间的相互转化关系,即 S_K 项反映了这 4 个系统、8 个指标之间的相互转化和影响。而这些指标除了相互影响之外,还会受到光照、温度等的影响。

3. TOXI 模块

TOXI 模块模拟有毒物质的污染,可考虑 1~3 种化学物质和 1~3 种颗粒物质,包括有机化合物、金属和泥沙等。对于某一污染物质可分别计算出其在水体中溶解态和颗粒态的浓度,在底泥孔隙水和固态底泥中的浓度。但是,污染物质在河流中的迁移转化机理却要比常规指标复杂得多,它受到水体流动因素、气象因素,以及物质本身的一系列物理、化学性质等的影响。因此,TOXI 模块所考虑的动力过程也更为复杂,其中包括了转化、吸附和挥发等。转化过程包括生物降解、水解(酸性水解、中性水解、碱性水解)、光解、氧化反应及其他化学反应等。吸附作用是一个可逆的平衡过程,包括 DOC 吸附、固体吸附。挥发过程与气象条件等有关。

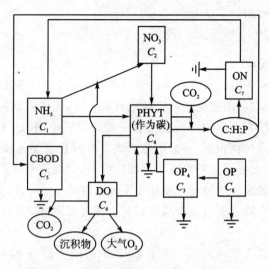

图 3 - 31　EUTRO 系统之间的相互转换关系

3.6.3　地面水环评助手 EIAW

EIAW 是地面水环评助手(Environmental Impact Assessment Assistant Special For Ground Water)的简称。这是由 SFS(Six Five Software,六五软件工作室)继大气环评助手 EIAA 之后推出的第二个环评辅助软件系统。

EIAW 以 HJT 2.3—93 地面水环评导则中推荐的模型和计算方法作为主要框架,内容涵盖了导则中的全部要求,包括参数估值和污染源估算。除了拓展导则中的内容外还增加了许多实用的内容,例如可用于计算多个污染源、多个支流、流场不均匀等复杂的情况模拟计算、动态温度数值模型、动态 SP 数值模型等。EIAW 是面向模型的软件,每一个扩散模型都可以找到对应的程序模块。EIAW 又是一个多文档的程序,可以同时打开任意多个相同的窗口。EIAW 采用了灵活的参数输入格式,可以用文本也可以用表格方式输入,每个功能模块均有 RTF 格式的说明文档与之相对应,同时提供了电子表格和图形处理功能,能够输出浓度的平面分布图或轴线变化图。

1. EIAW 的功能模块

EIAW 以导则为框架,但在许多方面从广度和深度上又进行了拓展。其功能模块包括河流、河口、湖库、海湾、参数估值及工具。

河流模式有导则河流模式(导则中 11 个河流解析模式,适用平直、均匀河段,且要求污染源稳定均匀排放,只有一个污染源)、基本扩散模式解析解法、基本扩散模式数值解法、S - P 模式、温度模式、pH 模式、模拟计算(一维、二维)及河流硝化方程与混合段长度。

河口模式包括河口解析模型、河口数值模型及河口模拟计算。

湖(库)模式包括导则湖(库)模式、完全混合箱式基本模式及湖(库)富营养化的判别。

海湾模式包括海湾 5 -约瑟夫-新德那模式、海湾二维潮流混合模型及海湾二维潮流温度模型。

参数估值包括水力学参数估值、耗氧系数 k_1、复氧系数 k_2、混合系数 M、多参数同时优化估值及其他参数。

工具包括地面水评价分级(地面水现状评价方法、地面水面源源强确定方法及相关系数和相对误差)、电子表格及绘图。

2. 模型应用

(1) 导则中的河流模式

应用于河流中的点源扩散。要求河流的流场是均匀的,而且是稳定的,即流速、流量等参数均是常数,不随时间和空间的变化。污染源也只有一个,无任何支流或取水口。

点源排放出的污染物在河流中的混合过程一般分为三个阶段:垂直混合段、混合过程段和充分混合段。垂直混合过程很短,一般不考虑。混合过程段是污染物在河流的横向上逐渐展开的阶段,这一段河流在横向上各点有不同的浓度值,因此需要计算二维浓度分布。当某一断面上任意点的浓度与断面平均浓度之差小于平均浓度的 5% 时,认为已完成横向混合,这之后的河段就称为充分混合段。充分混合段在横向上浓度已基本相同,因此只需计算断面平均浓度,只需一维计算。

坐标系以排放口为原点(0,0),流线为 x 轴,正向指向下游,y 轴与流线垂直。

如果污染物的衰减过程是耗氧的,则宜采用 S-P 模型或其修正式。由 S-P 模型或其修正式,下列式子是成立的:

$$\left.\begin{aligned} C(x) &= f(x, \vec{K}, u, \vec{C}_0) \\ O(x) &= f(x, \vec{K}, u, \vec{C}_0, O_0) \end{aligned}\right\} \tag{3-270}$$

式中:$\vec{K}$ 是参数项。根据不同的修正式,$\vec{K}$ 中可包含不同的参数,可能有 K_1、K_2、K_3、K_N、B、P 等;$\vec{C}_0$ 是起始浓度项,如考虑硝化作用,则应包括氨氮浓度,否则仅指耗氧污染物浓度;O_0 是起始处的溶解氧值。

在每一个单元起点处,计算出来水、取水、污水、支流混合水的流量和污染物、溶解氧的浓度,就可以使用适当的 S-P 模型计算出本单元内任一点的污染物和溶解氧浓度。

起点处污染物浓度:

$$C_{i1} = \frac{(Q_{ih} - Q_{iq})C_{ih} + Q_{iw}C_{iw} + Q_{iz}C_{iz}}{Q_i} \tag{3-271}$$

起点处溶解氧浓度:

$$O_{i1} = \frac{(Q_{ih} - Q_{iq})O_{ih} + Q_{iw}O_{iw} + Q_{iz}O_{iz}}{Q_i} \tag{3-272}$$

式中:下标 h、q、w、z 分别表示来水、取水、污水和支流混合水。

在 x 断面($0 \leqslant x \leqslant L_i$)处浓度为

$$\left.\begin{aligned} C(x) &= f(x, \vec{K}_i, u_i, \vec{C}_{i1}) \\ O(x) &= f(x, \vec{K}_i, u_i, \vec{C}_{i1}, O_{i1}) \end{aligned}\right\} \tag{3-273}$$

所以

$$\left.\begin{aligned} Q_{i+1,h} &= Q_i \\ C_{i+1,h} &= C_{i2} = c(L_i) = f(L_i, \vec{K}_i, u_i, \vec{C}_{i1}) \\ O_{i+1,h} &= O_{i2} = o(L_i) = f(L_i, \vec{K}_i, u_i, \vec{C}_{i1}, O_{i1}) \end{aligned}\right\} \tag{3-274}$$

上式中,函数 $f()$ 为 S-P 模型或其修正式的解析式。

（2）河　口

1）欧康纳河口模式

导则中的欧康纳河口模式，可用于计算中、小河河口潮周平均、高潮平均和低潮平均水质，适用于污染物的完全混合段。

可以考虑两种河口形状。一种是均匀河口，要求河口宽度基本保持不变。对于某些河口，在一个不长的河段内是可以作为均匀河口处理的。另一种是匀变河口，河口的宽度沿海方向均匀变大，呈喇叭状。对于均匀河口，$x<0$ 表示计算排放口上游的污染物上游浓度；$x>0$ 表示计算排放口上游的污染物下游浓度。对于持久性污染物，均匀河口的下游浓度是个常数，不随 x 变化。对于匀变河口，所有计算点 x 值均为正值。排放口坐标为 x_0。$x<0$ 表示在排放口上游；$x>0$ 表示在排放口下游。要注意的是，导则中的匀变河口模式只适用于非持久性污染物，当 $K_1=0$ 时是不能用的。

2）河口 BOD - DO 耦合模式

适用于混合良好的窄长河口，要求污水与河水在短距离内完成完全混合过程。BOD - DO 耦合方程与河流的 S - P 方程的基本式是完全相同的，但是这里的弥散系数是很大的（数量级为 $10^1 \sim 10^2$），当边界条件 $x=\infty$ 时，$DO=DOs$。同河流 S - P 模型一样，可以计算离排放口 x 处的 BOD 和 DO 浓度，或临界点浓度和位置，或从允许最小 DO 浓度反推允许的排污量等。

对 S - P 模型基本式，按边界条件：当 $x=\pm\infty$ 时，$O=O_0$，可解得

$$\left.\begin{aligned} C &= C_0 \frac{1}{\beta_1} e^{\gamma_1 x} \\ D &= C_0 \alpha_1 \left(\frac{1}{\beta_1} e^{\gamma_1 x} - \frac{1}{\beta_2} e^{\gamma_2 x} \right) + D_0 \frac{1}{\beta_2} e^{\gamma_2 x} \\ O &= O_s - D \end{aligned}\right\} \qquad (3-275)$$

$$C_0 = \frac{C_p Q_p + C_h Q_h}{Q_h + Q_p}, \quad D_0 = O_s - \frac{O_p Q_p + O_h Q_h}{Q_h + Q_p}, \quad O_0 = \frac{O_p Q_p + O_h Q_h}{Q_h + Q_p}$$

$$\beta_1 = \sqrt{1 + 4M_l k_1 / u^2}, \quad \beta_2 = \sqrt{1 + 4M_l k_2 / u^2}$$

$$\alpha_1 = \frac{k_1}{k_2 - k_1}$$

对排放口上游（$x<0$）：

$$\gamma_1 = \frac{u_x}{2M_l}(1+\beta_1), \quad \gamma_2 = \frac{u_x}{2M_l}(1+\beta_2)$$

对排放口下游（$x>0$）：

$$\gamma_1 = \frac{u_x}{2M_l}(1-\beta_1), \quad \gamma_2 = \frac{u_x}{2M_l}(1-\beta_2)$$

对上式中的 D 求导并使其等于 0，可求出临界点：

$$x_c = \frac{1}{\gamma_1 - \gamma_2} \ln \left[\left(1 - \frac{D_0}{C_0 \alpha_1} \right) \cdot \frac{\beta_1}{\beta_2} \cdot \frac{\gamma_2}{\gamma_1} \right] \qquad (3-276)$$

将 x_c 代入式（3 - 275），就可求出 C_c、D_c 和 O_c。x_c 为临界点（溶解氧最低点）离排放口的流线距离，m；C_c 为临界点（溶解氧最低点）好氧降解物浓度，mg/L；O_c 为临界点（溶解氧最低点）溶解氧 DO 浓度，也称最小 DO，mg/L；D_c 为临界点（溶解氧最低点）的氧亏值，也称为最大氧亏，mg/L。只有当 $D_0 < C_0 \alpha_1$ 时，才会有临界点。

上述式子中：x 为预测点离排放口的流线距离，m；u 为河口流速，m/s；C 为预测点 x 处的好氧降解物浓度，mg/L；D 为预测点 x 处的氧亏值，mg/L；O 为预测点 x 处的溶解氧 DO 浓度，mg/L；C_0 为排放口完全混合水中好氧降解物浓度，mg/L；D_0 为排放口完全混合水中的氧亏值，mg/L；O_0 为排放口完全混合水中溶解氧 DO 浓度，mg/L；O_S 为河流中饱和溶解氧浓度，mg/L；Q_p 为污水流量，m^3/s；C_p 为污水中污染物的浓度，mg/L；Q_h 为河口中河水净流量，m^3/s；C_h 为河口水中污染物的本底浓度，mg/L；k_1 为河口中好氧污染物降解（耗氧）系数，d^{-1}；k_2 为河口中水体复氧系数，d^{-1}；M_l 为河口纵向混合（弥散）系数，m^2/s。

河口一维潮汐模型的数值解法、河口二维潮汐模型的数值解法适用于潮汐河口完全混合段的一级评价，可用于持久性污染物或非持久性污染物，可得出任意时刻的浓度分布。此算法只适用于河段宽度基本均匀的情况。

河口一维水质模拟，对于河口，如果只需计算潮周平均浓度，污染物排放又是稳定的，则使用模拟算法最为灵活。

（3）湖 库

1）导则中的湖库模式

湖库完全混合模式：模式 1 适用于小湖库中的持久性污染物；模式 5 适用于小湖库中的非持久性污染物。当降解系数 $k_1=0$ 时自动采用模式 1，否则采用模式 5。

无风大湖库点源排放模式：湖库模式 2、模式 6 计算离排放口 r 处的平衡浓度。模式 2 称为卡拉乌舍夫模式，适用于持久性污染物；模式 6 称为湖泊推流衰减模式，适用于非持久性污染物。

近岸环流显著湖库模式：导则湖库环流二维混合模式 3 为环流二维稳态混合模式，用于持久性污染物；模式 7 为环流二维稳态混合衰减模式，用于非持久性污染物。

分层湖库的集总参数模式：模式 4 适用于持久性污染物；模式 8 适用于非持久性污染物。

狭长湖移流衰减模式：导则湖库 9 适用于从湖库顶端入口附近排入废水的狭长形湖泊或水库。污染物与湖水充分混合，随湖水边流动边衰减，从狭长湖的另一端流出。湖库污染物降解系数 k_1 的确定：一级可以采用多点法，二级可以采用多点法或两点法，三级可以采用两点法。

部分混合模式：导则湖库 10 适用于循环利用湖水的小湖库。k_1 的确定可采用实验室测定法确定，三级也可以采用类比调查法。

2）完全混合箱式基本模式

这两个模式与导则中的湖库模式 1、模式 5 描述的是相通的一种混合过程，但对参数的需求有所不同。对于停留时间很长、水质基本处于稳定状态的湖泊和水库，可以被作为一个均匀混合的箱体进行研究。而沃伦威德尔模式是最早用于描述这种完全混合湖库的数学模型，难以确定沃伦威德尔模式中的沉积速率常数 s，吉柯奈尔和迪龙在 1975 年引入滞留系数 R_c，称为吉柯奈尔-迪龙模型。

3）湖库富营养化判断

根据湖泊水库的营养源计算营养负荷，预测湖泊水库的营养物浓度，然后预测其营养状况。判断标准：当 P 平衡浓度 PE＞0.03 mg/L 和 N 平衡浓度 NE＞0.3 mg/L 时，属富营养化；当 PE＜0.02 mg/L 和 NE＜0.2 mg/L 时，属贫营养化；否则属于过渡状态。

（4）海　湾

1）约瑟夫-辛德那模式

该模式适用于海湾持久性污染物三级评价。可用于计算离点源排放口径向距离为 $r(m)$ 处的污水浓度。其中排放角 φ 可以根据海岸形状和水流情况确定：远离排放取 2π 弧度，平直海岸岸边排放取 π 弧度；d 可以参考表 3-6 确定：M_v 一般可取 $(0.010\pm0.005)\,m/s$，近岸可取 $0.005\,m/s$。

表 3-6　混合深度 d 的参考数据

海　域	近　岸	大河口、港口	离岸 2～25 km	大陆架
d/m	2	2～6	2～10	$\geqslant 10$

2）海湾二维潮流混合模式

采用特征理论差分解法求解海湾二维潮流混合模型，适用于计算海湾中持久性污染物的扩散。对于非持久性污染物，因为在海湾中的混合系数很大，降解作用相对扩散作用微乎其微，因此也可以用此式。首先用导则海湾-2（特征理论潮流模式）计算流场，再用海湾-4（特征理论混合模式）计算浓度场。

3）海湾二维潮流温度模式

海湾二维潮流温度模式采用特征理论差分解法，适用于计算海湾中热源的扩散。首先用导则海湾-2（特征理论潮流模式）计算流场，再用海湾-6（特征理论温度模式）计算温度场。

3. 参数估值

（1）水力学参数估值

该软件提供了一些水力学参数计算的工具。

① 以河流平均水深和河床坡降计算磨阻流速。

② 以曼宁公式为基础计算河流的谢才系数、平均流速和流量、河流平均水深 H。需输入河床糙率、水力半径和河床坡降以及河流断面面积及河宽等。采用蒙特卡洛法求解超越方程。

（2）耗氧系数 k_1 估值

不同的评价要求、不同的水体可能需要不同方法来测定耗氧系数 k_1。该软件提供 4 种常用的方法：实验室测定法、野外两点测定法、野外多点测定法及四点 DO 测定法。

（3）复氧系数 k_2 估值

不同的评价要求、不同的水体可能需要不同方法来测定复氧系数 k_2。该软件提供两种常用的方法：

① 野外 DO 实验测定法。本法适用于河、湖、库等稳定水体。

② 经验式估算 k_2。该软件提供了三种经验公式，均用于估算河流的复氧系数 k_2。它们适用于不同的条件，需要输入不同的参数。

（4）混合系数 M 估值

混合系数 M 主要是由弥散引起，所以一些资料中也称为弥散系数 D。不同的评价要求、不同的水体可能需要不同方向的混合系数，使用不同的方法来测定混合系数 M。该软件提供 3 种实测方法和 10 种经验式法估算混合系数 M 的经验式。其中 3 种实测方法包括：

① 示踪实验法测定河流纵向混合系数 M_x（仅用于河流）；

② 示踪实验法测定河流横向混合系数 M_y（仅用于河流）；

③ Ficher 法测定河流纵向混合系数 M_x（仅用于河流）。

（5）多参数同时估值

应用多维参数的最优化估值方法，可以同时确定模型中多个参数。这种方法的优点是从模型的整体出发，由此求得的参数代入模型后使模型的可靠性得到较大的提高。同时要注意以下几点：

① 模型结构已证明是合理或基本合理的。

② 参数的初值要合情理，有代表性。

③ 使用已由最优化求出参数的模型时，环境条件应该与测定用于最优化数据时的环境相似。

（6）其他参数计算

提供一些计算工具，用以计算水体的饱和溶解氧浓度 O_S、柯氏力参数 f、水面热交换系数 kTs 以及 k_1、k_2 的温度校正。

4. 工　具

工具主要包括以下内容：

① 地面水评价分级；

② 地面水现状评价方法：内梅罗平均值、单项水质指标、多项水质综合指标、自净利用指数以及污染排序指数 ISE；

③ 面源源强的确定：计算水土流失面源源强和堆积物面源源强；

④ 公路建设项目生态环境影响评价：水土流失的侵蚀量、因公路尾气引起土壤铅含量变化以及公路项目生活污水和冲洗废水；

⑤ 相关系数与相对误差：用于模式的验证的相关系数和相对误差的累积频率。

3.6.4　其他水质模型简介

1. MIKE 模型体系

MIKE 模型体系由丹麦水动力研究所（DHI）开发，包括 MIKE11、MIKE21 和 MIKE3。MIKE11 是一维动态模型，用于模拟河网、河口、滩涂等地区的情况；MIKE21 是二动态模型，用来模拟在水质预测中垂向变化常被忽略的湖泊、河口、海岸地区。

MIKE21 模型可用于模拟河流、湖泊、河口、海湾、海岸及海洋的水流、波浪、泥沙及环境场，可为工程应用、海岸及规划提供完备、有效的设计条件和参数；该软件的高级图形用户界面与高效计算引擎的结合，使其在世界范围内成为很多专业河口海岸工程技术人员不可缺少的工具，并曾在丹麦、埃及、澳大利亚、泰国等许多国家得到成功应用。如今，该软件已在国内的一些大型工程中得到广泛应用。如：长江口综合治理工程、杭州湾数值模拟、南水北调工程、重庆市城市排污评价、太湖富营养模型、香港新机场工程建设、台湾桃园工业港兴建工程等。

MIKE3 与 MIKE21 类似，但它处理三维空间。MIKE 模型体系在中国也已有应用实例。以一维 MIKE 模型为例，模型的基本公式为

$$\frac{\partial C}{\partial t} = E_x \frac{\partial C}{\partial x^2} - \bar{u} \frac{\partial C}{\partial x} - K_1 L + K_2 (C_S - C) - S_R \qquad (3-277)$$

$$\frac{\partial L}{\partial t} = E_x \frac{\partial^2 L}{\partial x^2} - \bar{u} \frac{\partial L}{\partial x} - (K_1 + K_3) L + L_A \qquad (3-278)$$

式中：C、L、C_S 分别为横断面 DO 和 BOD 浓度及当时水温下的饱和溶解氧，量纲为 ML^{-3}；E_x 为沿流向扩散系数，量纲为 L^2T^{-1}；$\bar{u}$ 为平均流速，量纲为 LT^{-1}；t 为时间，量纲为 T；k_1、k_2 分别为生化耗氧系数和河水复氧系数，量纲为 T^{-1}；x 为横断面沿程距离，量纲为 L；S_R 为由水生生物光合作用、呼吸作用和河床底泥耗氧等引起的 DO 增减率，量纲为 ML^3T；L_A 为当地径流或吸着有机物的底泥重新悬浮引起的 BOD 增减率，量纲为 ML^3T。

MIKE21 系统包括了以下几个模拟引擎：

① 单一网格。这是一种传统的矩形模型，是将研究区域划分成同一大小的矩形网格，网格的大小（分辨率）由模拟区域大小及具体应用决定，网格越小计算精度越高，但耗时越长。

② 嵌套网格。这也是一种矩形模型，只是在同一模型中可以有多种网格大小。在大网格模型中可以嵌套小网格模型。

③ 曲线网格。网格呈四边形或近似矩形，主要适用于蜿蜒河段的水动力学计算和河床演变分析。

④ 有限元网格。这是一种三角形网格，采用有限元解法。该网格能够很好地模拟弯道或水上结构物周围区域的流场。

2. MIKE21 主要模块

（1）前后处理模块（Pre‐＆Post Processing，PP）

MIKE21 为用户准备输入数据、数据转换和分析、结果的演示提供了灵活方便的工具。MIKE21 系统使用相同的数据格式、文件和目录结构作为前后处理的工具，以便应用于各种输入和输出数据及结果演示的操作中。

（2）水动力学模块（Hydrodynamics，HD）

水动力学模块模拟由于各种作用力的作用而产生水位及水流变化。它包括了广泛的水力现象，可用于任何忽略分层的二维自由表面流的模拟。HD 模块是 MIKE21 软件包中的基本模块，它为泥沙传输和环境水文学提供了水动力学的计算基础。HD 模块模拟湖泊、河口和海岸地区的水位变化和由于各种力的作用而产生的水流变化。当用户为模型提供了地形、底部糙率、风场和水动力学边界条件等输入数据后，模型会计算出每个网格的水位和水流变化。模型利用 ADI 二阶精度的有限差分法对动态流的连续方程和动量守恒方程求解。MIKE21 HD 模块是非常通用的水文学工具，它可以用来描述各种水力现象，如：潮汐交换和潮流、风暴潮、漩涡、港区的水面波动、溃坝和海啸。

（3）水质和环境评价模块

水质和环境评价模块包括对流扩散模块（AD）和水质模块（ECOLab）。

AD 模块模拟水中溶解物由于对流和扩散作用的传输过程，如：盐度、热交换、大肠菌群和其他异型生物质的化合物，线性衰减和热耗散也能通过 AD 模块来计算。AD 方程是采用三阶精度有限差分法，QUICKEST‐SHARP 或 ULTIMATE‐QUICKEST 来求解。这样的解法有效避免了对流扩散模块中质量守恒、偏高和偏低值的问题。第三种可能是使用简单的 UPWIND 解法来求解。AD 模块的典型可用于发电厂冷却水的循环和脱盐厂的盐循环，各种守恒或线性衰减水溶物的环境研究（如盐、温度、污水、菌群、有毒的有机化合物、重金属或放射性元素）以及高级水质模块中水溶物扩散计算。

高级的水质和环境评价分析则需要借助 MIKE21 的水质模块 ECOLab 进行模拟，ECO-Lab 是一个完备的、用于生态模拟的数值实验室，它提供了从简单到复杂的解决方案。而且，它还提供了一系列的模板,用户可根据自己的具体应用选择使用模板,并可在此基础上写入自己的公式来创建自己的应用模板,从而为用户节省了大量用于编程的时间。该模块用于河流、湿地、湖泊、水库等的水质模拟,预报生态系统的响应、简单到复杂的水质研究工作、水环境影响评价及水环境修复研究、水环境规划和许可研究、水质预报。

（4）泥沙传输模块

MIKE21 包含三种类型的泥沙传输模块:输沙模块(ST)、输泥模块和质点模块。

3. AQUATOX 模型

AQUATOX 是水生生态系统的模拟软件,用于预测水体中的营养物质、沉积物、有机化学物质的归宿以及它们对水体中有机体的直接或间接的影响。AQUATOX 模拟了生物质及化学物质从生态系统的一个圈到另一圈的转移,同时计算了随时间推移的生物及化学过程。AQUATOX 模拟多种环境压力(包括营养物质、有机负荷、沉淀物、有毒化学物质及温度)以及它们对藻类、水生植物、无脊椎动物及鱼群的影响。AQUATOX 可用于识别和理解化学水质,物理环境及水生生物之间的因果关系。它可描述一系列的水生生态系统,包括垂直分层湖泊、水库、池塘、河流、小溪及河口。它包括 3 个独立的模拟程序:水动力学子模型(DYN-HYD)、富营养化子模型(EU2TRO)及有毒物质模型(TOXI),它们均可以独立运行。

AQUATOX 可用于解决有关从化学和物理环境到生物群落的一系列问题。其功能如下:

① 评价并确定哪种环境压力是造成生物伤害的主要原因;

② 预测农药及其他有毒物质对水生生物的影响;

③ 评价潜在生态系统对气候变化的响应;

④ 通过与 BASINS 模型的链接,评估土地使用状况改变对水生生物的影响;

⑤ 评估减少污染物负荷后鱼群的恢复时间。

4. 康奈尔混合区专家系统

康奈尔混合区专家系统(Cornell Mixing Zone Expert System, CORMIX) 是一种水动力混合区模型与决策支持系统, 由美国康奈尔大学土木及环境工程学研究所 Jirka 等人于 1996 年开发完成。该软件的早期版本由美国环保局正式对外发布,目前由 MixZon Inc 公司负责该软件的信息更新、授权使用、销售及技术支持, 是美国环保局和美国核管理委员会(US-NRC) 认可的用于(液态流出物) 连续点源排放的混合区环境影响评价模拟和决策支持系统。

CORMIX 是一个水质模型及决策支持系统,用于评估从点源排放的废水对混合区域所造成的环境影响。CORMIX 研发者对模型水深、水体分层、水平侧向流速、排污量、液态流出物密度、受纳水体密度及扩散管的设计形态等因素,进行一系列正交实验,确定液态流出物以不同排放方式排放至不同受纳水体时可能的流动形态,采用长度尺度比例模型针对不同的环境状况及射流状况等因素所产生的不同流动形态(依据长度尺度比值来分类,将计算得到的各种比值与经验常数比较以区分流动形态),分别建立适用于各流动形态的稀释方程,导出不同流动形态稀释度(稀释倍数)的相应数学式,能广泛用于多种环境及射流状况。CORMIX 系统模型可用于不同水体环境的不同排放方式,具有适应性强、应用范围广、计算过程耗时短的特点。同时,软件也在不断升级,使用户操作更方便,界面更友好。

CORMIX 可根据所输入的排放源项条件、排水构筑物的特征参数及受纳水体水动力条件等资料来分析、预测液态流出物在水环境中的稀释扩散情形,特别着重于排放近区的初始稀释或初始混合，也可用于模拟远距离输送行为。

CORMIX 主要包括 4 个水动力学模拟计算模块和 2 个后处理模块，其名称及对应的主要功能如下：

① CORMIX1：用于模拟水面以下（淹没式）或水面单孔排放的稀释行为；

② CORMIX2：用于模拟水面以下（淹没式）多孔排放的稀释行为；

③ CORMIX3：用于模拟水面（表层）排放（浮力射流）的稀释行为；

④ DHYDRO：用于模拟海洋环境下，采用单孔、淹没式多孔或水面排放方式，排放浓盐水和 P 或沉积物的稀释行为；

⑤ CorJet：后处理模块，用于处理无边界环境条件下淹没式单孔和多孔排放的近区稀释特性相关的数据信息；

⑥ FFL：后处理模块，用于分析远区稀释的羽流特性，模块基于/累计流量法 0，将概化处理后的 CORMIX 远区羽流转换成自然水体（河流或河口等）实际流动形态下的羽流分布。

5. BASINS 模型体系

BASINS(Better Assessment Science in Integrating Point and Non-point Sources)是由美国环保局发布的多目标环境分析系统，基于 GIS 环境，可对水系和水质进行模拟。最初用于水文模拟，后来集成了河流水质模型 QUAL2E 和其他模型，同时使用了土壤水质评价工具 WEAT 和 ARCVEIW 界面，可使用 GIS 从数据库抽取数据。该系统由 6 个相互关联的能对水系和河流进行水质分析、评价的组件组成，它们分别是国家环境数据库、评价模块、工具、水系特性报表、河流水质模型、非点源模型和后处理模型。

6. OTIS 模型体系

OTIS 是由 USGS 开发的可用于对河流中溶解物质的输移进行模拟的一维水质模型，带有内部调蓄节点，状态变量是痕迹金属。这个模型能模拟河流，还可用于模拟示踪剂试验。它只研究用户自定义水质组分，还提供了参数优化器。OTIS 模型已被广泛应用于水质模拟，OTIS 模型如下：

$$\frac{\partial C}{\partial t} = -\frac{Q}{A}\frac{\partial C}{\partial x} + \frac{1}{A}\frac{\partial}{\partial x}\left(AD\frac{\partial C}{\partial x}\right) + \frac{q_{\mathrm{LIN}}}{A}(C_{\mathrm{L}} - C) + \alpha(C_{\mathrm{S}} - C) \quad (3-279)$$

$$\frac{\partial C_{\mathrm{S}}}{\partial t} = \alpha\frac{A}{A_{\mathrm{S}}}(C - C_{\mathrm{S}}) \quad (3-280)$$

式中：A、A_{S} 分别为主要渠道横截面积、储蓄区横截面积，量纲为 L^2；x 为距离，量纲为 L；C、C_{L}、C_{S} 分别为主要渠道溶解物浓度、侧向入流溶解物浓度、储蓄区溶解氧浓度，量纲为 ML^{-3}；D 为弥散系数，量纲为 L^2T^{-1}；Q 为流量率，量纲为 L^3T^{-1}；q_{LIN} 为侧向流量率，量纲为 $L^3T^{-1}L^{-1}$；t 为时间，量纲为 T；α 为储蓄区交换系数。

7. CE - QUAL - W2 模型体系

CE - QUAL - W2 模型是二维水质和水动力学模型。这一模型由直接耦合的水动力学模型和水质输移模型组成。CE - QUAL - W2 模型可模拟包括 DO、TOC、BOD、大肠杆菌、藻类等在内的 17 种水质变量浓度变化。CE - QUAL - W2 水质模型如下：

$$\frac{\partial BC}{\partial t} + \frac{\partial UBC}{\partial x} + \frac{\partial WBC}{\partial z} - \frac{\partial\left[BD_x\left(\frac{\partial C}{\partial x}\right)\right]}{\partial x} - \frac{\partial\left[BD_z\left(\frac{\partial C}{\partial z}\right)\right]}{\partial z} = C_{\mathrm{q}}B + SB$$

$$(3-281)$$

式中：B 为时间空间变化的层宽，量纲为 L；C 为横向平均的组分浓度，量纲为 ML^{-3}；U、W 分别为 x 方向(水平)、z 方向(竖直)的横向平均流速，量纲为 LT^{-1}；D_x、D_z 分别为 x、z 方向上温度和组分的扩散系数，量纲为 L^2T^{-1}；C_q 为入流或出流的组分的物质流量率，量纲为 $ML^{-3}T^{-1}$；S 为相对组分浓度的源汇项，量纲为 $ML^{-3}T^{-1}$。

思考题

1. 简述污染物进入环境之后的迁移转化特性及相应模型。

2. 模拟水质的基本模型有哪些？说明它们的适用条件。

3. 试描述守恒污染物和非守恒污染物在均匀流场中的扩散模型。

4. 河流宽度 50 m，平均深度 2 m，断面平均流速 0.25 m/s，横向弥散系数 $D_y = 2$ m²/s，污染物边界上排放，试计算：

(1) 污染物到达彼岸所需距离 L_b；

(2) 完成横向混合所需距离 L_m。

5. 在河流岸边有一连续稳定排放污水口，河宽 6.0 m，水深 0.5 m，河水流速 0.3 m/s，横向弥散系数 $D_y = 0.05$ m²/s，求污水到达对岸的纵向距离 L_b 和完全混合的横向距离 L_m。若污水排放口排放量为 80 g/s，说明在到达对岸的纵向距离断面浓度 $C(L_b,B)$、$C(L_b,0)$，完全混合的纵向距离断面浓度 $C(L_m,B)$、$C(L_m,0)$各是多少？

6. 均匀河段长 10 km，有一含 BOD 的废水从这一河段的上游端点流入废水流量为 $q = 0.2$ m³/s，BOD 浓度 $C_2 = 200$ mg/L；上游河水流量 $Q = 2.0$ m³/s，BOD 浓度 $C_1 = 2$ mg/L，河水的平均流速 $u = 20$ km/d，BOD 的衰减系数 $k = 2$ d^{-1}，求废水入河口以下(下游)1 km、2 km、5 km 处的河水中 BOD 的浓度。

7. 一均匀河段，有含 BOD 的废水流入，河水的平均流速 $u = 20$ km/d，起始断面河水(和废水完全混合后)含 BOD 浓度为 $C_0 = 20$ mg/L，BOD 的衰减系数 $k = 2$ d^{-1}，扩散系数 $D_x = 1$ km²/d，求下游 1 km 处的河水中 BOD 的浓度。

8. 河流中连续稳定排放污水，污水中某种污染物的浓度为 50 g/s，河流水深 $h = 1.5$ m，流速 $u = 0.3$ m/s，横向弥散系数 $D_y = 5$ m²/s，污染物的衰减系数 $k = 0$。试求：在无边界的情况下，$(x,y) = (2\,000$ m，10 m$)$处的污染物浓度。

9. S—P 模型基于哪些假设？请描述其推导过程并说明临界点的氧亏值和发生时间。

10. 简述 S—P 模型的修正模型有哪些？

11. 如何基于 S—P 模型推算污染源的允许排放量。

12. 一维河流水量 $Q = 6.0$ m³/s，平均流速 $u_x = 0.3$ m/s，$K_d = 0.25$ d^{-1}，$K_a = 0.4$ d^{-1}，设上游本底 BOD$_5$ 浓度为 2 mg/L，氧亏值为 0，$T = 20$ ℃。污水排放数据如下：$q = 1.0$ m³/s，BOD$_5$ 浓度为 100 mg/L，DO=0。试求：

(1) 临界氧垂点处的 DO 浓度；

(2) 临界氧垂点下游 DO 浓度恢复到 6 mg/L 的位置。

13. 某厂在一河上游瞬时事故排放了 100 kg 酚，当时河水流速 $u = 3.6$ km/h，纵向弥散系数 $D_x = 1.5$ m²/s，河流断面面积为 40 m²，酚的衰减系数 $k = 2$ d^{-1}。求：

(1) 距工厂下游 500 m 处、距事故发生瞬间 15 min 时，以及下游 1.5 km 处、距事故发生瞬间 1 h 的河水含酚浓度；

（2）忽略弥散作用又各为多少？

14. 已知工厂污水排放量为 0.5 m³/s，污水中 BOD 浓度为 400 mg/L，其上游河水流量为 20 m³/s，流速为 0.2 m/s，BOD 浓度为 2 mg/L，氧亏为 1.2 mg/L，水温为 20 ℃，$K_d = 0.1\ \mathrm{d^{-1}}$，$K_a = 0.2\ \mathrm{d^{-1}}$。

（1）确定最大氧亏处的溶氧值及距排放口的距离；

（2）为保证排放口至下游 110 km 的河段中溶氧不低于 6.5 mg/L，确定排放口处污水排放 BOD 的最大浓度。

15. 小河河宽 25 m，水深 2 m，水温 10 ℃，某断面上游来水流量 50 m³/s，BOD 浓度为 10 mg/L，DO 饱和。该断面有一工厂，每小时取清水 1 200 m³，每小时排污水 300 m³，污水中 BOD 浓度为 500 mg/L，氧亏为 2 mg/L，工厂下游 2 km、4 km 处各有一个取水口，取水时取水量都是 5 m³/s，$K_d = 0.2\ \mathrm{d^{-1}}$，$K_a = 0.3\ \mathrm{d^{-1}}$。计算：

（1）当两取水口不取水时，水质最坏处离工厂排污口的距离；

（2）水质最坏处的 BOD 和 DO 值。

16. 简述湖泊和水库的水质特征。

17. 湖泊的容积 $V = 1.0 \times 10^7\ \mathrm{m^3}$，支流输入水量 $Q_{in} = 0.5 \times 10^8\ \mathrm{m^3/a}$，河流中的 BOD 浓度为 3 mg/L；湖泊的 BOD 本底浓度为 1.5 mg/L，BOD 在湖泊中的沉积速度常数 $s = 0.08\ \mathrm{a^{-1}}$。湖泊输出水量 $Q_{out} = 0.5 \times 10^8\ \mathrm{m^3/a}$。试求湖泊的 BOD 平衡浓度，以及达到平衡浓度的 99% 所需的时间。

第4章　水处理单元操作和单元过程数学模型

自 20 世纪 50 年代以来,人们逐渐把化学工程中关于单元操作和单元过程的概念引入水处理学科理论中,从而使水处理学科理论的发展进入了一个新的阶段,也为使用各种数学模型选择最优水处理设计、对水处理过程实现最优控制以及选择最佳工艺过程和工艺参数等创造了条件。所谓水处理单元操作和单元过程数学模型是指用来描述这类反应器中的各种过程的数学模型。

4.1　连续流动釜式反应器的基本设计方程

4.1.1　全混流假定

连续流动釜式反应器的结构和间歇釜式反应器相同,但进出物料的操作是连续的,即一边连续恒定地向反应器内加入反应物,同时连续不断地把反应产物引出反应器,这样的流动状况称为全混流。全混流是一种理想化的假定,是理想的流动模型。实际工业生产中广泛应用的连续流动釜式搅拌反应器,只要达到足够的搅拌强度,其流型就很接近于全混流。

这里的论述都限于定态操作范围,即假定反应器在稳定操作条件下,任何空间位置处物料浓度、稳定和加料速度都不随时间而发生变化的定常状态。

4.1.2　连续流动釜式反应器中的反应速率

图 4-1 所示为连续流动釜式反应器。在连续流动釜式反应器中,反应原料以稳定的流速进入反应器,反应器中的反应物料以同样的稳定流速流出反应器。由于强烈搅拌的作用,刚进入反应器的新鲜物料与已存留在反应器内的物料在瞬间达到完全混合,使釜内物料的浓度和温度处处相等。这种停留时间不同的物料之间的混合,称为逆向(时间概念上的逆向)混合或返混。在连续流动釜式反应器中,逆向混合程度最大。实际生产中的多数连续流动搅拌釜式反应器,由于搅拌充分,可认为属于全混流反应器。

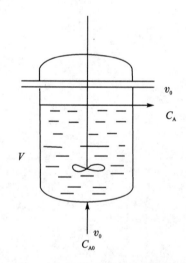

图 4-1　连续流动釜式反应器

根据全混流的定义,既然釜内物料浓度处处相等,则在反应器出口处即将流出反应器的物料浓度也应该与釜内物料浓度一致。因此,流出反应器的物料浓度应该与反应器内的物料浓度相等。连续流动釜式反应器中的反应速率即由釜内物料的浓度和温度决定。

连续流动釜式反应器的特点,可归结如下:

① 反应器中的物料浓度和温度处处相等,并且等于反应器出口物料的浓度和温度。

② 物料质点在反应器内停留时间有长有短,存在不同停留时间物料的混合,即返混程度最大。

③ 反应器内物料所有参数,如浓度、温度等都不随时间变化,从而不存在时间这个自然变量。

4.1.3　连续流动釜式反应器的基本方程

图 4-1 为连续流动釜式反应器,对整个反应器进行物料衡算和热量衡算。如首先考虑在连续流动釜式反应器中进行的是等温、等容反应过程 A→P,则可对物料 A 作物料衡算。假定反应器在定态条件下进行,则可得:

$$v_0 C_{A0} = v_0 C_A + (-r_A) V \qquad (4-1)$$

式中:v_0 为进料体积流率;V 为反应器体积;C_{A0}、C_A 分别为进料和出料中反应物 A 的浓度;$(-r_A)$ 为反应物 A 的反应速率。

式(4-1)即为连续流动釜式反应器的基本设计方程式,可写成

$$\tau = \frac{V}{v_0} = \frac{C_{A0} - C_A}{(-r_A)} \qquad (4-2)$$

这里的 τ 是表示反应器生产能力的一个参数。

【例 4-1】 有液相反应 A+B⇌P+R,在 120 ℃时,正、逆反应的速率常数分别为 $k_1 = 8$ L/(mol·min),$k_2 = 1.7$ L/(mol·min)。若反应在连续流动釜式反应器中进行,其中物料容量为 100 L。两股进料流同时等量导入反应器,其中一股含 A 3.0 mol/L,另一股含 B 2.0 mol/L,求当 B 的转化率为 0.8 时,每股料液的进料流量应为多少?

解:假定在反应过程中物料的密度恒定不变,当 B 的转化率为 0.8 时,在反应器中和反应器的出口流中各组分的浓度应为

$$C_{A0} = 1.5 \text{ mol/L}$$

$$C_{B0} = 1.0 \text{ mol/L}$$

$$C_B = C_{B0}(1 - x_B) = 1.0 \text{ mol/L} \times 0.2 = 0.2 \text{ mol/L}$$

$$C_A = C_{A0} - C_{B0} x_B = (1.5 - 0.8) \text{ mol/L} = 0.7 \text{ mol/L}$$

所以

$$C_p = 0.8 \text{ mol/L}, \quad C_R = 0.8 \text{ mol/L}$$

对于可逆反应,有

$$(-r_A) = (-r_B) = k_1 C_A C_B - k_2 C_p C_R =$$
$$(8 \times 0.7 \times 0.2 - 1.7 \times 0.8 \times 0.8) \text{ mol/(L·min)} =$$
$$(1.12 - 1.08) \text{ mol/(L·min)} =$$
$$0.04 \text{ mol/(L·min)}$$

对于连续流动釜式反应器:

$$\tau = \frac{V}{v_0} = \frac{C_{A0} - C_A}{(-r_A)} = \frac{C_{B0} - C_B}{(-r_B)}$$

$$v_0 = \frac{V(-r_A)}{C_{A0} - C_A} = \frac{V(-r_B)}{C_{B0} - C_B} = \frac{100 \times 0.04}{0.8} \text{ L/min} = 5 \text{ L/min}$$

所以,两股进料流中每一股进料流量应为 2.5 L/min。

4.2 沉淀和过滤

4.2.1 沉 淀

沉淀法是水处理中最基本的方法之一。它是利用水中悬浮颗粒和水的密度差,在重力作用下产生下沉作用,以达到固液分离的一种过程。根据水中悬浮颗粒的性质、凝聚性能及浓度,沉淀通常分为四种:自由沉淀、絮凝沉淀、区域沉淀、压缩沉淀。这里主要对自由沉淀和絮凝沉淀进行分析。

1. 自由沉淀

水中的悬浮颗粒因两种力的作用发生运动:重力、浮力。重力大于浮力时,下沉;两力相等时,相对静止;重力小于浮力时,上浮。

假定:①颗粒为球形;②沉淀过程中颗粒的大小、形状、重力等不变;③颗粒只在重力作用下沉淀,不受器壁和其他颗粒影响。

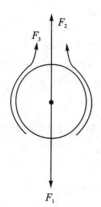

悬浮颗粒在静水中开始沉淀以后,会受到三种力的作用:颗粒的重力 F_1,颗粒的浮力 F_2,下沉过程中受到的摩擦阻力 F_3。沉淀开始时,因受重力作用产生加速运动,经过很短时间后,三力达到相互平衡,颗粒即呈等速下沉(图 4 - 2)。

可用牛顿第二定律表达颗粒的自由沉淀过程:

$$m\frac{\mathrm{d}u}{\mathrm{d}t}=F_1-F_2-F_3 \tag{4-3}$$

式中:m 为颗粒质量,kg;u 为颗粒沉速,m/s;t 为沉淀时间,s;F_1 为颗粒的重力,$F_1=\frac{\pi d^3}{6}\rho_s g$,其中 ρ_s 为颗粒密度(kg/m³),d 为颗粒直径(m),g 为重力加速度;F_2 为颗粒的浮力,$F_2=\frac{\pi d^3}{6}$

图 4 - 2 颗粒自由沉淀过程

$\rho_L g$,其中 ρ_L 为液体密度(kg/m³);F_3 为颗粒沉淀过程中受到的摩擦阻力。

颗粒沉淀受到的摩擦阻力可表示为

$$F_3=\lambda \cdot A \cdot \rho_L \frac{u^2}{2} \tag{4-4}$$

式中:λ 为阻力系数,当颗粒周围绕流处于层流状态时,$\lambda=\frac{24}{Re}$,其中 Re 为颗粒绕流雷诺数,与颗粒的直径、沉速、液体的粘度等有关,$Re=\frac{ud\rho_L}{\mu}$,其中 μ 为液体的动力粘度;A 为自由沉淀颗粒在垂直面上的投影面积,为 $\frac{1}{4}\pi d^2$。

颗粒下沉开始时,沉速为 0,逐渐加速,阻力 F_3 也随之增加,很快三种力达到平衡,颗粒等速下沉,$\frac{\mathrm{d}u}{\mathrm{d}t}=0$,把 F_1、F_2、F_3 代入式(4 - 3),可得

$$m\frac{\mathrm{d}u}{\mathrm{d}t}=(\rho_s-\rho_L)g\frac{\pi d^3}{6}-\lambda\frac{\pi d^2}{4}\rho_L\frac{u^2}{2} \tag{4-5}$$

故

$$u = \sqrt{\frac{4}{3} \cdot \frac{g}{\lambda} \cdot \frac{\rho_s - \rho_L}{\rho_L} \cdot d}$$

代入阻力系数公式,整理后得

$$u = \frac{\rho_s - \rho_L}{18\mu} g d^2 \qquad (4-6)$$

式(4-6)即为球状颗粒自由沉淀的沉速公式,也称斯托克斯(Stokes)公式。

2. 絮凝沉淀

絮凝沉淀过程中,沉淀颗粒会发生凝聚,凝聚的程度与悬浮固体浓度、颗粒尺寸分布、负荷、沉淀池深、沉淀池中的速度梯度等因素有关,这些变量的影响只能通过沉淀试验确定。

絮凝沉淀试验柱直径一般取 150～200 mm,高度上应与拟建沉淀池相同,含悬浮固体混合液引入柱中时,开始应缓慢搅拌均匀,同时保证试验过程中温度均匀,以避免对流,试验时间应与拟建沉淀池沉淀时间相同,取样口的位置约间隔 0.5 m,在不同的时间间隔取样分析悬浮固体浓度,对每个分析样品计算去除百分率,然后像绘制等高线一样绘制等百分率去除曲线,标于图 4-3 中。

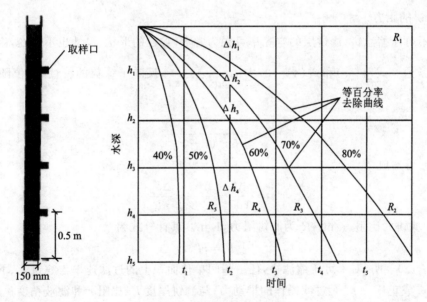

图 4-3　絮凝沉淀试验分析

絮凝沉淀速度 u 可以用下式计算:

$$u = \frac{H}{t} \qquad (4-7)$$

式中:u 为沉淀速度,m/s;H 为沉淀柱高度,m;t 为达到给定去除率所需要的时间,s。

对于指定的沉淀时间和沉淀高度,总沉淀效率 η 可用下式计算:

$$\eta = \sum_{i=1}^{n} \left(\frac{\Delta h_i}{H} \right) \left(\frac{R_i + R_{i+1}}{2} \right) \qquad (4-8)$$

式中:η 为总沉淀效率,%;i 为等百分率去除曲线号;Δh_i 为等百分率去除曲线之间的距离,m;H 为沉降柱总高度,m;R_i、R_{i+1} 分别为曲线号 i 和 $i+1$ 的等百分去除率,%。

4.2.2 过滤基本方程

过滤是以某种多孔物质为介质,在外力作用下,使悬浮液中的液体通过介质的孔道,而固体颗粒被截留在介质上,从而实现固、液分离的操作。

1. 过滤速度与过滤速率

单位时间内获得的滤液体积称为过滤速率,单位为 m^3/s。单位过滤面积上的过滤速率称为过滤速度,单位为 m/s。若过滤过程中其他因素不变,则由于滤饼厚度不断增加而使过滤速度逐渐变小。任一瞬间的过滤速度可写成如下形式:

$$u = \frac{dV}{A d\theta} = \frac{\varepsilon^3}{5a^2(1-\varepsilon)^2} \frac{\Delta p_c}{\mu L} \qquad (4-9)$$

而过滤速率为

$$\frac{dV}{d\theta} = \frac{\varepsilon^3}{5a^2(1-\varepsilon)^2} \frac{A \cdot \Delta p_c}{\mu L} \qquad (4-10)$$

式中:V 为滤液量,m^3;θ 为过滤时间,s;A 为过滤面积,m^2;ε 为床层空隙率;a 为颗粒的比表面积,m^2/m^3;Δp_c 为流体通过床层的压降,Pa;μ 为流体粘度,Pa·s;L 为床层高度,m。

2. 滤饼的阻力

对于不可压缩滤饼,滤饼层的空隙率可视为常数,颗粒的形状、尺寸也不改变,因此比表面积 a 亦为常数。式(4-9)和式(4-10)中的 $\dfrac{\varepsilon^3}{5a^2(1-\varepsilon)^2}$ 反映了颗粒的特性,其值随物料而不同。令

$$r = \frac{\varepsilon^3}{5a^2(1-\varepsilon)^2} \qquad (4-11)$$

则式(4-9)可写成

$$u = \frac{dV}{A d\theta} = \frac{\Delta p_c}{\mu r L} = \frac{\Delta p_c}{\mu R} \qquad (4-12)$$

式中:r 为滤饼的比阻,$1/m^2$;R 为滤饼阻力,$1/m$。其计算式为

$$R = rL \qquad (4-13)$$

式(4-12)表明,对不可压缩滤饼,任一瞬间单位面积上的过滤速率与滤饼上、下游两侧的压强差 Δp_c 成正比,Δp_c 是过滤操作的推动力;与滤饼厚度 L、比阻 r 和滤液粘度 μ 成反比,单位面积上的过滤阻力是 $\mu r L$。

3. 过滤介质的阻力

滤饼过滤中,过滤介质的阻力一般较小,与其厚度及本身的致密程度有关。通常把过滤介质的阻力视为常数,写出滤液穿过过滤介质层的速度关系为

$$u_m = \frac{dV}{A d\theta} = \frac{\Delta p_m}{\mu R_m} \qquad (4-14)$$

式中:u_m 为滤液穿过过滤介质层的速度,m/s;Δp_m 为过滤介质上、下游两侧的压强差,Pa;R_m 为过滤介质阻力,$1/m$。

过滤介质与滤饼之间的分界面难以划定,过滤操作中总是把两者联合起来考虑。通常,滤饼与过滤介质的面积相同,所以两层中的过滤速度应相等,则

$$u = u_{\mathrm{m}} = \frac{\mathrm{d}V}{A\,\mathrm{d}\theta} = \frac{\Delta p_{\mathrm{c}} + \Delta p_{\mathrm{m}}}{\mu(R + R_{\mathrm{m}})} = \frac{\Delta p}{\mu(R + R_{\mathrm{m}})} \qquad (4-15)$$

式中：$\Delta p = \Delta p_{\mathrm{c}} + \Delta p_{\mathrm{m}}$，代表滤饼与过滤介质两侧的总压强降，称为过滤压强差。

为方便起见，设想以一层厚度为 L_{e} 的滤饼来代替过滤介质，而过程仍能完全按照原来的速率进行，那么，这层设想中的滤饼就应当具有与过滤介质相同的阻力，即

$$rL_{\mathrm{e}} = R_{\mathrm{m}}$$

于是式(4-15)可写为

$$\frac{\mathrm{d}V}{A\,\mathrm{d}\theta} = \frac{\Delta p}{\mu(rL + rL_{\mathrm{e}})} = \frac{\Delta p}{\mu r(L + L_{\mathrm{e}})} \qquad (4-16)$$

式中：L_{e} 为过滤介质的当量滤饼厚度，或称虚拟滤饼厚度，m。

4. 过滤基本方程

在滤饼过滤过程中，滤饼厚度 L 随时间增加，滤液量也不断增多。

若每获得 1 m³ 滤液所形成的滤饼体积为 v(m³)，则任一瞬间的滤饼厚度 L 与当时已经获得的滤液体积 V 之间的关系为

$$LA = vV$$

即

$$L = vV/A$$

同理，如生成厚度为 L_{e} 的滤饼所应获得的滤液体积以 V_{e} 表示，则

$$L_{\mathrm{e}} = \frac{vV_{\mathrm{e}}}{A} \qquad (4-17)$$

式中：V_{e} 为过滤介质的当量滤液体积，或称虚拟滤液体积，m³。

在一定的操作条件下，以一定介质过滤一定的悬浮液时，V_{e} 为定值，但同一介质在不同的过滤操作中，V_{e} 值不同。

于是，式(4-16)可以写为

$$\frac{\mathrm{d}V}{A\,\mathrm{d}\theta} = \frac{\Delta p}{\mu r v \left(\dfrac{V + V_{\mathrm{e}}}{A} \right)} \qquad (4-18a)$$

或

$$\frac{\mathrm{d}V}{\mathrm{d}\theta} = \frac{A^2 \Delta p}{\mu r v (V + V_{\mathrm{e}})} \qquad (4-18b)$$

式(4-18b)是过滤速率与各有关因素间的一般关系式。

考虑到滤饼的压缩性，通常可借用下面的经验公式来粗略估算压强差增大时比阻的变化，即

$$r = r'(\Delta p)^s \qquad (4-19)$$

式中：r' 为单位压强差下滤饼的比阻，$1/\mathrm{m}^2$；Δp 为过滤压强差，Pa；s 为滤饼的压缩性指数，无因次。一般情况下，$s = 0 \sim 1$。对于不可压缩滤饼，$s = 0$，可压缩滤饼 $s = 0.2 \sim 0.8$。

将式(4-19)代入式(4-18b)，得到

$$\frac{\mathrm{d}V}{\mathrm{d}\theta} = \frac{A^2 \Delta p^{1-s}}{\mu r' v (V + V_{\mathrm{e}})} \qquad (4-20)$$

式(4-20)称为过滤基本方程式，表示过滤进程中任一瞬间的过滤速率与各有关因素间的关系，是过滤计算及强化过滤操作的基本依据。

4.3　活性污泥法数学模型

活性污泥是悬浮的微生物群体及它们所吸附的有机物质和无机物质的总称。活性污泥法工艺能从污水中去除溶解的和胶体的可生物降解有机物,以及能被活性污泥吸附的悬浮固体和其他一些物质,无机盐类也能被部分去除,类似的工业废水也可用活性污泥法处理。

由于活性污泥系统是一个复杂的生化学反应系统,且水质、水量负荷变化大,因而能够描述活性污泥系统反应过程的数学模型成为具有实用价值的工具。首先,数学模型有助于描述和理解活性污泥系统的反应过程,从而更深刻地认识所研究的现象和规律,为设计提供理论上的指导;其次,通过数学模型还可以模拟活性污泥法污水处理的动态过程,对出水指标进行实时预测,为污水处理的运行提供指导;最后,将数学模型和控制理论及方法结合起来,可以对污水处理的控制系统进行优化,从而提高净化效率,降低处理成本。

20 世纪 50 年代中期,国外一些学者引入化工领域的反应器理论及微生物理论,通过基质降解、微生物生长及各参数之间的关系建立了各自的活性污泥静态数学模型。其中具有代表性的有 Eckenfelder 等挥发性悬浮固体(Volatile Suspended Solid,VSS)积累速率经验公式提出的活性污泥模型,Mckinney 等活性污泥全混假设提出的活性污泥模型和 Lawrence、Mc Carty L 等基于微生物生长动力学理论提出的活性污泥模型。这 3 种模型基于生长-衰减机理。这些模型对实际的生化反应系统作了很大简化,其区别仅在于有机物降解速率表达式和活性污泥组分划分的差异。由于模型计算结果可基本满足活性污泥工艺设计的要求,且具有模型变量易测、动力学参数确定及方程求解方便等特点,迄今仍广泛用于活性污泥的工艺设计。但是,这些静态模型只考虑了污水中含碳有机物的去除,并没有考虑氮磷的去除过程;不能解释和描述污水生物处理中常见的有机物"快速去除"和出水中有机物浓度随进水浓度变化的现象;也不能很好地预测实际观察中存在的有机物浓度增加时,微生物增长速率变化的滞后效应。1987 年,Mogens 等在总结前人工作的基础上,提出 IWA(International Water Association,IWA)活性污泥 1 号模型 ASM1(Activated Sludge Model No1)。

下面对活性污泥法中的细胞生长动力学模型、劳伦斯-麦卡蒂(Lawrence-Mc Carty)模型和 ASMs 活性污泥模型作一介绍。

4.3.1　活性污泥法中的细胞生长动力学模型

自 20 世纪 50 年代以来,国外一些学者在废水生物处理的动力学模型方面做了不少工作,所谓生物处理动力学主要包括:

① 基质降解动力学,涉及基质降解与基质浓度、生物量等因素之间的关系;

② 微生物增长动力学,涉及微生物增长与基质浓度、生物量、增长常数等因素之间的关系;

③ 基质降解与生物量增长、基质降解与需氧、营养要求等关系。

1. Monod 方程

1942 年,现代细胞生长动力学奠基人 J. Monod 提出了描述底物浓度对细胞生长速率影响的著名的 Monod 动力学模型,以后相继提出的模型都是在此基础上进行的修改和补充。

该模型的基本假设如下:

① 细胞生长为均衡生长,因此可用细胞浓度的变化来描述细胞的生长;

② 培养基中只有一种底物是细胞生长的限制性底物,其他组分则均为过量,它们的变化不影响细胞的生长;

③ 细胞生长视为简单单一反应。

在这三个假设下,细胞的比生长速率与基质浓度之间的关系可以用 Monod 方程来表示:

$$\mu = \frac{\mu_{max} S}{K_s + S} \tag{4-21}$$

式中: μ 为比生长速率,s^{-1};μ_{max} 为最大比生长速率,s^{-1};S 为限制性底物浓度,g/L;K_s 为饱和常数,g/L,其值等于比生长速率恰为最大比生长速率的一半时的限制性底物浓度。

虽然 Monod 是采用单一基质和单一菌种做的试验,但在后来学者的研究中,对混合基质和混合菌种的培养,Monod 关系式基本上也是正确的。所以 Monod 关系式也被广泛地应用于混合培养中。但同时必须认识到 Monod 方程仅适用于细胞生长较慢和细胞密度较低的环境。

在上述这一讨论中,事实上我们是假设限制性底物全部用于细胞的生长。但在实际中又常发现,若底物浓度低于某一数值,细胞将会停止生长。这是因为,细胞为了维持其正常的生理活动,也需要消耗部分底物,如用于维持细胞内外化学物质的浓度梯度、修复受损的 DNA 和 RNA 分子和结构以及细胞运动等与细胞生长无直接关系的生理活动。

当细胞生长很旺盛时,所消耗的这部分底物所占比例很少;如果 μ 值较小,细胞密度较大,则需要考虑这部分能量所消耗的底物,该部分能量常称为维持能。

如果底物浓度进一步降低至不足以满足上述维持能对底物的需要,则细胞又会消耗一部分胞内含物,以满足维持细胞生理活动的需要,此时称为细胞的内源代谢或内源呼吸。

上述两种情况下的细胞比生长速率可表示为

$$\mu = \frac{\mu_{max} S}{K_s + S} - b \tag{4-22}$$

式中:对于维持代谢,b 值与维持系数有关;对于内源代谢,b 值为内源代谢速率常数,s^{-1}。

当把 Monod 方程应用于活性污泥生物处理法中时,通过相应的数学变形及定义可以得到 Monod 基质去除率公式,如下式:

$$\frac{dS}{dt} = \frac{k_{max} XS}{K_s + S} \tag{4-23}$$

式中:k_{max} 为最大比基质去除速率常数,s^{-1};S 为限制性底物浓度,g/L;K_s 为饱和常数,g/L;X 为细胞浓度,g/L。

从这个公式可以看出,Monod 的研究认为基质去除率不仅与限制性底物浓度有关还与细胞浓度有关。

2. Contois 模型

Contois 在 1959 年应用 Monod 模型去适应一定基质连续培养好氧产气菌的资料时,发现"饱和常数"与进水基质浓度(S_0)成正比。因此提出了相应的 Contois 基质去除率公式为

$$\frac{dS}{dt} = \frac{k_{max} XS}{aS_0 + S} \tag{4-24}$$

式中:a 为经验常数;k_{max} 为最大比基质去除速率常数,s^{-1};X 为细胞浓度,g/L;S_0 为进水基质浓度,g/L。

Mc Carty 和 Mosey 认为"Contois 效应"可解释为在很高的基质浓度下,由于扩散限制而

引起的。Contois 动力学模型指出了出水基质浓度 S 是进水基质浓度 S_0 的函数,这比起 Monod 模型中的 S 与 S_0 无关来说是一个改进。

Contois 根据研究结果发现,比生长速率 μ 是微生物浓度 X 和限制基质浓度 S 的函数:

$$\mu = \frac{\mu_{max} S}{K_s X + S} \qquad (4-25)$$

Contois 方程描述了高细胞密度时的细胞生长,当 X 增大时,导致底物进入细胞的速率下降,因而 μ 减小。

虽然生物学家早就认为有机体的比生长速率常常是种群密度的函数,但是多数微生物学家(如 Monod 等)的观点是:细菌种群的比生长速率理论上与种群的浓度无关,把限制基质的浓度作为比生长速率的唯一函数。但是 Contois 通过细菌的间歇培养发现了细菌种群的比生长速率是种群浓度的函数。

3. Andrews 模型

对细胞反应,当存在高浓度的底物或产物,以及在培养基中可能存在有抑制作用的物质时,都会抑制细胞的生长。这些抑制作用,或改变了细胞中酶的活性,或影响酶的合成,或使细胞中酶的聚集体发生解离等。因此,相应地产生了有抑制的细胞生长动力学模型。Andrews 模型就是其中的一个典型模型。具体数学表示如下:

$$\mu = \frac{\mu_{max} S}{K_s + S + \dfrac{S_2}{K_1}} \qquad (4-26)$$

式中:μ 为比生长速率,s^{-1};μ_{max} 为最大比生长速率,s^{-1};S 为限制性底物浓度,g/L;K_s 为饱和常数,g/L;K_1 为抑制常数。

不难看出,Andrews 模型描述了这样一种状况,即当底物浓度低时,细胞比生长速率随底物浓度的提高而增大,并达到最大值;当底物浓度继续提高时,比生长速率反而下降。

相应的,Andrews 基质去除率方程通过一定的数学变形及定义,可表示为

$$\frac{dS}{dt} = \frac{k_{max} X S}{\dfrac{K_s + S + S^2}{K_1}} \qquad (4-27)$$

式中:k_{max} 为最大比基质去除速率常数,s^{-1};S 为限制性底物浓度,g/L;K_s 为饱和常数,g/L;X 为细胞浓度,g/L;K_1 为抑制常数。

4. Eckenfelder 模型

该模型是 W. W. Eckenfelder. Jr 对间歇试验反应器内微生物的生长情况进行观察后于 1955 年提出的,该模型是基于 VSS(挥发性悬浮固体)积累速率经验公式提出的,因此它也是一个经验模型。

当微生物处于生长率上升阶段时,基质浓度高,微生物生长速度与基质浓度无关,呈零级反应:

$$\frac{dX}{dt} = k_1 X \qquad (4-28)$$

式中:X 为微生物浓度,mg/L,k_1 为对数增长速度常数,d^{-1}。

当微生物处于生长率下降阶段时,微生物生长主要受食料不足的限制,微生物的增长与基质的降解遵循一级反应关系:

$$\frac{\mathrm{d}X}{\mathrm{d}t} = k_2 S \tag{4-29}$$

式中：X 为微生物浓度，mg/L；k_2 为减速增长速度常数，d^{-1}。

当微生物处于内源代谢阶段时，微生物进行自身氧化：

$$\frac{\mathrm{d}(X_1 - X)}{\mathrm{d}t} = k_3 X \tag{4-30}$$

式中：X 为微生物浓度，mg/L；X_1 为生长率下降阶段末的微生物浓度，mg/L；k_3 为衰减常数，d^{-1}。

4.3.2　劳伦斯－麦卡蒂模型

活性污泥法动力学模型中著名的算是劳伦斯－麦卡蒂（Lawrence·Mc Carty）模型，这一数学模型在实际的工程设计计算中应用最为广泛。

1. 建立模型的假设

① 曝气池处于完全混合状态。

② 进水中的微生物浓度与曝气池中的活性污泥微生物浓度相比很小，可假设为零。

③ 全部可微生物降解的底物都处于溶解状态。

④ 系统处于稳定状态。

⑤ 二沉池中没有微生物的活动。

⑥ 二沉池中没有污泥积累，泥水分离良好。

图 4-4 表示了一个完全混合活性污泥法工艺的典型流程，也是建立活性污泥法数学模型的基础。图中虚线表示建立数学模型的范围。Q、S_0、X_0 表示进入系统的污水流量、有机底物浓度和进水中微生物浓度，曝气池中的活性污泥浓度、有机底物浓度和曝气池容积分别用 X、S_e、V 表示。R 表示回流污泥流量与进水流量之比，叫做回流比；X_R 为回流污泥浓度；Q_w 为剩余污泥排放流量；X_e 为出水中活性污泥的浓度。图中的流量以 m^3/d 计，浓度以 $\mathrm{g/m}^3$ 计，活性污泥浓度均以 MLVSS 计。

下面活性污泥法数学模型的推导以从二沉池底部排泥管排出剩余污泥为准。

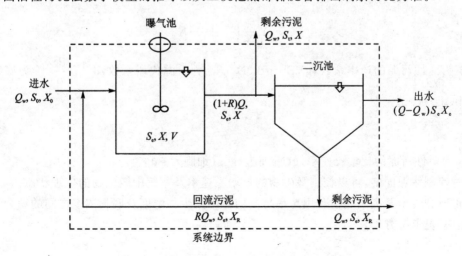

图 4-4　完全混合活性污泥法系统的典型流程

2. 劳伦斯-麦卡蒂模型推导

劳伦斯和麦卡蒂强调了生物固体停留时间(SRT)即污泥泥龄这一运行参数的重要性。污泥泥龄被定义为在处理系统(曝气池)中微生物的平均停留时间,常用 θ_c 表示:

$$\theta_c = \frac{(X)_T}{(\Delta X / \Delta t)_T} \qquad (4-31)$$

式中:θ_c 为污泥泥龄(SRT),d;$(X)_T$ 为处理系统中总的活性污泥质量,kg;$(\Delta X / \Delta t)_T$ 为每天从处理系统中排出的活性污泥质量,包括从排泥管线上有意识排出的污泥加上随出水流失的污泥量,kg/d。

式(4-31)所表达的污泥泥龄的实质是曝气池中的活性污泥全部更新一次所需要的时间。

结合图 4-4,根据污泥泥龄的概念,有

$$\theta_c = \frac{XV}{(Q - Q_w) x_e + Q_w x_R} \qquad (4-32)$$

在稳态条件下,对图 4-4 做系统活性污泥的物料平衡,有

$$Q x_0 - \left[(Q - Q_w) x_e + Q_w x_R \right] + \left(\frac{dX}{dt}\right)_g V = 0 \qquad (4-33)$$

式中:x_0 为进水中微生物浓度,gVSS/m³;x_e 为出水中微生物浓度,gVSS/m³;x_R 为回流污泥浓度,gVSS/m³;X 为曝气池中活性污泥浓度,gVSS/m³;V 为曝气池容积,m³;Q 为进水流量,m³/d;Q_w 为剩余污泥排放量,m³/d;$\left(\frac{dX}{dt}\right)_g$ 为活性污泥的净增长速率,gVSS/(m³·d)。

根据前述假定,进水中微生物浓度可以忽略,因此,式(4-33)变为

$$(Q - Q_w) x_e + Q_w x_R = \left(\frac{dX}{dt}\right)_g V \qquad (4-34)$$

再结合微生物生长方程 $\left(\frac{dX}{dt}\right)_g = Y \left(\frac{dS}{dt}\right)_u - K_d X$,有

$$\frac{(Q - Q_w) x_e + Q_w x_R}{XV} = Y \frac{1}{X} \left(\frac{dS}{dt}\right)_u - K_d \qquad (4-35)$$

或

$$\frac{1}{\theta_c} = Y \frac{1}{X} \left(\frac{dS}{dt}\right)_u - K_d \qquad (4-36)$$

式中:Y 为活性污泥的产率系数,gVSS/gBOD₅;K_d 为内源代谢系数,d⁻¹;$\left(\frac{dS}{dt}\right)_u$ 为底物利用速率,gBOD₅/(m³·d)。

$$\mu = \frac{1}{\theta_c} \qquad (4-37)$$

式中:μ 为活性污泥的比增长速率,g(新细胞)/[g(细胞)·d]。

通过控制污泥泥龄,可以控制微生物的比增长速率及系统中微生物的生理状态。

劳伦斯和麦卡蒂提出底物利用速率与反应器中微生物浓度及底物浓度之间的动力学关系式,劳伦斯-麦卡蒂方程:

$$r = r_{max} \frac{S}{K_s + S} \qquad (4-38)$$

式中:r 为比例常数,即比底物利用速率;r_{max} 为最大比底物利用速率,即单位微生物量利用底

物的最大速率，$gBOD_5/(gVSS \cdot d)$；K_s 为饱和常数，即 $r = \dfrac{r_{max}}{2}$ 时的底物浓度，也称半速率常数，$gBOD_5/m^3$；S 为底物浓度，$gBOD_5/m^3$。

将式(4-38)代入式(4-36)得

$$\frac{1}{\theta_c} = Y \frac{r_{max} S_e}{K_s + S_e} - K_d \qquad (4-39)$$

从式(4-39)中解出 S_e

$$S_e = \frac{K_s(1 + K_d \theta_c)}{\theta_c(Y r_{max} - K_d) - 1} \qquad (4-40)$$

式中：S_e 为出水中溶解性有机底物的浓度，$gBOD_5/m^3$。

式(4-40)说明活性污泥法系统的出水有机物浓度仅仅是污泥泥龄和动力学参数的函数，与进水有机物浓度无关。

在稳态条件下，对图 4-4 做曝气池底物的物料平衡，有

$$QS_0 + RQS_e - \left(\frac{dS}{dt}\right)_u V - (1+R)QS_e = 0 \qquad (4-41)$$

整理得

$$\left(\frac{dS}{dt}\right)_u = \frac{Q(S_0 - S_e)}{V} \qquad (4-42)$$

将式(4-41)代入式(4-36)得

$$\frac{1}{\theta_c} = Y \frac{Q(S_0 - S_e)}{XV} - K_d \qquad (4-43)$$

从上式解出 X 并整理得

$$X = \frac{YQ(S_0 - S_e)\theta_c}{V(1 + K_d \theta_c)} \qquad (4-44)$$

从上式可以看出，曝气池中的活性污泥浓度与进出水水质、污泥泥龄和动力学参数密切相关。

式(4-40)、式(4-44)就是劳伦斯和麦卡蒂导出的活性污泥法数学模型，这一模型得到了环境工程界的普遍承认。

4.3.3　活性污泥 ASMs 数学模型

1. ASMs 发展历程

国际水协会(International Water Association，IWA)在总结已有废水生物处理数学模型的基础上，采用偏微分方程组的形式，描述活性污泥系统生物反应的运行过程和状态建立了活性污泥 ASMs 数学模型。模型全面考虑了影响生物反应的各种水质组分，将各种生物反应过程有机地组合在一起，较真实地反映了活性污泥系统生物反应过程的数学模式。自 1987 年起，IWA 陆续推出了 ASM1、ASM2、ASM2D 和 ASM3 等数学模型，为活性污泥过程仿真与控制提供了重要的理论基础。

1987 年推出的活性污泥 1 号模型(ASM1)不仅包括含碳有机物的去除过程，还描述了通过硝化和反硝化作用对含氮物质的去除，它以矩阵的形式描述了污水中好氧、缺氧条件下所发生的水解、微生物生长、衰减等 8 种反应。模型中包含 13 种组分、14 个动力学参数和 5 个化学计量学系数。ASM1 自推出以后得到广泛应用，它能够很好地描述活性污泥法污水处理系

统的构造状况、进水水质特性以及系统运行参数,促进关于模型和污水特性描述的进一步研究。但它的缺陷是未包含磷的去除。

针对此问题,1995 年,IWA 专家组提出活性污泥 2 号模型(ASM2)。与 ASM1 相比,它包含了磷的吸收和释放,增加了厌氧水解、发酵及生物除磷和化学沉淀等 8 个反应过程。因为生物除磷机理很复杂,所以 ASM2 非常庞大,它包含 19 种物质、19 种反应、22 个化学计量系数以及 42 个动力学参数。从 ASM1 到 ASM2,最显著的变化是使所描述的生物有了细胞内部构造,而不再简单地用生物总量来表示。然而,ASM2 不区分个体细胞的组成,而是考虑微生物的平均组成。该模型可以对化学需氧量、氮磷去除的综合处理工艺进行动态模拟。ASM2不是生物除磷模型的最终形式,它介于简单和复杂之间,是许多关于正确的模型应该是什么样子的不同观点的一个折中方案,它更应该被看作是模型进一步发展的一个概念平台。

随着对生物除磷机理的认知,1999 年,IWA 又推出了 ASM2D,对 ASM2 作了进一步完善和延伸,可同时模拟生物除磷和硝化—反硝化。ASM2D 共包括 19 种组分、21 种反应、22 个化学计量系数及 45 个动力学参数。与 ASM2 相比,在模拟硝酸盐和磷酸盐动力学方面,ASM2D 更准确。

1999 年,IWA 还推出了活性污泥 3 号模型(ASM3)。该模型更深入地考虑了胞内存储过程,并考虑环境因素对衰减过程的修正,把溶解性、颗粒性有机氮的降解与微生物的水解、衰减和生长结合在一起,包含氧化、硝化和反硝化过程,没有包括生物除磷过程。迄今为止,ASM3 模型尚未经过大量不同的实验数据验证,模型结构对存储现象的描述还有待改善。

为操作方便,模型应尽量简单,因此不得不做一些简化和假设,但过分简单又会使模型失去准确性,从而也失去使用价值,这是一个问题的两个方面。ASM1、ASM2、ASM2D、ASM3均为复杂的矩阵,有诸多物质、常数和参数,若要进行动态模拟则难度更大。但如今,随着计算机技术的发展,使组成数学模型的各种复杂微分方程的快速求解成为可能。对应于 ASM1,1998 年就开发出了 SSSP 程序;1998 年对应于 ASM2 则有 Efor 软件。这些程序和软件可十分方便地用于污水厂的设计,也可用于已有污水厂的静态、动态模拟以寻求最佳运行状态。

2. 活性污泥 1 号模型(ASM1)的介绍

(1)模型建立的方法

① 矩阵格式:ASM1 用表 4-1 所列的矩阵形式来表述。该矩阵描述活性污泥系统中各种组分的变化规律和相互关系。反应过程用行号 j 表示,组分用列号 i 表示。矩阵最上面一行(i)从左到右列出了模型所包含的各种参与反应的组分,左边第一列(j)从上到下列出了各种生物反应过程,最右边的那一列从上到下列出了各种生物反应的动力学表达式或速率方程式。过程速率以 ρ_j 表示。矩阵元素为计量系数,表明组分 i 与过程 j 的相互关系。若某一组分不参与过程变化,相应的计量系数为零,矩阵中用空项表示。矩阵内的化学计量系数 ν_{ij} 描述了单个过程中各组分之间的数量关系。

序号为 i 的组分表观转化速率可以由下式计算:

$$r_i = \sum_j \nu_{ij}\rho_j \tag{4-45}$$

式中:ν_{ij} 为表 4-1 中 i 列 j 行的化学计量系数;ρ_j 为表 4-1 中 j 行的反应过程速率,量纲为 MLT^{-1}。

例如计算可快速生物降解有机物($j=2$)的表观转化速率为

$$r_2 = \sum_j \nu_{2j}\rho_j = \nu_{21}\rho_1 + \nu_{22}\rho_2 + \nu_{27}\rho_7 \tag{4-46}$$

或将表 4-1 中所列的化学计量系数和反应过程速率表达式代入式(4-46),得

表4-1　活性污泥ASM1模型的矩阵表达

工艺过程 i	组分 i	1 S_I	2 S_S	3 X_I	4 X_S	5 $X_{B,H}$	6 $X_{B,A}$	7 X_P	8 S_O	9 S_{NO}	10 S_{NH}	11 S_{ND}	12 X_{ND}	13 S_{ALK}	反应速率 ρ /ML^{-1}T^{-1}
1	异养菌的好氧生长		$-\dfrac{1}{Y_H}$			1			$-\dfrac{1-Y_H}{Y_H}$		$-i_{XB}$			$-\dfrac{i_{XB}}{14}$	$\dfrac{S_S}{K_S+S_S}\dfrac{S_O}{K_{O,H}+S_O}\,\mu_H\,X_{B,H}$
2	异养菌的缺氧生长		$-\dfrac{1}{Y_H}$			1				$-\dfrac{1-Y_H}{2.86Y_H}$	$-i_{XB}$			$\dfrac{1-Y_H}{14\times2.86Y_H}-\dfrac{i_{XB}}{14}$	$\dfrac{S_S}{K_S+S_S}\times\dfrac{K_{O,H}}{K_{O,H}+S_O}\times\dfrac{S_{NO}}{K_{NO}+S_{NO}}\eta_g\mu_H X_{B,H}$
3	自养菌的好氧生长						1		$-\dfrac{4.57-Y_A}{Y_A}$	$\dfrac{1}{Y_A}$	$-i_{XB}-\dfrac{1}{Y_A}$			$-\dfrac{i_{XB}}{14}-\dfrac{1}{7Y_A}$	$\dfrac{S_{NH}}{K_{NH}+S_{NH}}\dfrac{S_O}{K_{O,A}+S_O}\mu_A X_{B,A}$
4	异养菌的衰减				$1-f_P$	-1		f_P					$i_{XB}-f_P i_{XP}$		$b_H X_{B,H}$
5	自养菌的衰减				$1-f_P$		-1	f_P					$i_{XB}-f_P i_{XP}$		$b_A X_{B,A}$
6	可溶性有机氮的氨化										1	-1		$\dfrac{1}{14}$	$k_a S_{ND} X_{B,H}$
7	网捕性有机物的水解		1		-1										$k_h\dfrac{X_S/X_{B,H}}{k_X+(X_S/X_{B,H})}\left[\dfrac{S_O}{K_{O,H}+S_O}+\eta_h\left(\dfrac{K_{O,H}}{K_{O,H}+S_O}\right)\cdot\dfrac{S_{NO}}{K_{NO}+S_{NO}}\right]X_{B,H}$
8	网捕性有机氮的水解											1	-1		$\rho_7\dfrac{X_{ND}}{X_S}$
	观察到的转换速率/ML^{-1}T^{-1}	溶解性惰性有机物 [M(COD)/L³]	易生物降解基质 [M(COD)/L³]	颗粒性惰性有机物 [M(COD)/L³]	慢速可生物降解基质 [M(COD)/L³]	活性异养菌固体 [M(COD)/L³]	活性自养菌固体 [M(COD)/L³]	由生物体衰减产生的惰性颗粒物 [M(COD)/L³]	溶解氧(-COD) [M(-COD)/L³]	硝态氮与亚硝态氮 [M(N)/L³]	NH₄⁺+NH₃氮 [M(N)/L³]	溶解性可生物降解有机氮 [M(N)/L³]	颗粒性可生物降解有机氮 [M(N)/L³]	碱度-摩尔单位	动力学参数: μ_H, K_S, $K_{O,H}$, K_{NO}, b_H: 异养生长与衰减; μ_A, K_{NH}, $K_{O,A}$, b_A: 自养菌缺氧生长与衰减; η_g: 氮化; k_a: 氨化; k_h, k_x: 水解; η_h: 缺氧水解的校正因子

化学计量参数:
Y_H: 异养菌产率;
Y_A: 自养菌产率;
f_P: 生物固体惰性部分;
性组分值;
i_{XB}: 生物体含氮量;
i_{XP}: 生物固体惰性组分含氮量

$$r_2 = -\frac{1}{Y_H}\hat{\mu}_H\left(\frac{S_s}{K_s + S_s}\right)\left(\frac{S_O}{K_{O,H} + S_O}\right)X_{B,H} -$$

$$\frac{1}{Y_H}\hat{\mu}_H\left(\frac{S_s}{K_s + S_s}\right)\left(\frac{K_{O,H}}{K_{O,H} + S_O}\right)\left(\frac{S_{NO}}{K_{NO} + S_{NO}}\right)\eta_g X_{B,H} +$$

$$k_h\frac{\frac{X_s}{X_{B,H}}}{K_X + \left(\frac{X_s}{X_{B,H}}\right)}\left[\left(\frac{S_O}{K_{O,H} + S_O}\right) + \eta_h\left(\frac{K_{O,H}}{K_{O,H} + S_O}\right)\left(\frac{S_{NO}}{K_{NO} + S_{NO}}\right)\right]X_{B,H} \quad (4-47)$$

在矩阵最右项"反应速率 ρ"中使用了"开关函数"这一概念,以反映环境因素改变所产生的遏制作用,即反应的进行与否。采用具有数学连续性的开关函数可以避免那些具有开关型不连续特性的反应过程表达式在模拟过程中出现数值的不稳定。

② 统一单位和基本符号。

③ 质量守恒定律的应用:输入量-输出量+反应量=累积量。

组分 i 的反应速率

$$r_i = \sum_j v_{ij}\rho_j \quad (4-48)$$

系统内某一点微生物 X_B、溶解性底物 S_s、溶解氧 S_O 的反应速率

$$r_{X_B} = \frac{\mu S_s}{K_s + S_s}X_B - bX_B \quad (4-49)$$

$$r_{S_s} = -\frac{1}{Y}\frac{\mu S_s}{K_s + S_s}X_B \quad (4-50)$$

$$r_{S_O} = -\left(\frac{1-Y}{Y}\right)\frac{\mu S_s}{K_s + S_s}X_B - bX_B \quad (4-51)$$

④ 连续性检查:单个反应过程中化学计量系数的总和为 0。

⑤ 模型假定:系统运行温度恒定;pH 值恒定而且接近中性;微生物所需营养充足;进水污染物浓度可变,但组成和性质不变;微生物的种群和浓度处于正常状态;假设微生物对颗粒有机物的捕捉是瞬时进行的;有机物和有机氮的水解同时进行,且速率相等;系统中电子受体的存在类型不影响由衰减引起的活性污泥生物量损失;二沉池内无生化反应,仅为一个固液分离装置。

(2) 模型的组分

1) 有机组分(惰性物质)

废水中有机物质的划分是以其生物降解为基础的;不可生物降解的物质是生物惰性的(用下标 I 表示),经过活性污泥系统处理后没有形态上的变化;不可生物降解的物质分为两个部分——可溶的(S)和颗粒性的(X);惰性溶解性有机物(S_I)的进出水浓度相同;惰性悬浮性(颗粒性)有机物(X_I)被活性污泥捕捉,并随剩余污泥排出系统。

2) 有机组分(可生物降解物质)

可生物降解物质(用下标 S 表示)分为两部分——易生物降解物质和慢速生物降解物质;易生物降解物质(S_s)被当作可溶物来处理,而慢速生物降解物质(X_s)被当作颗粒物来处理;易生物降解物质的分子结构一般比较简单,它们可以直接被异养微生物吸收并用于新微生物的生长,这些分子的一部分能量(COD)被结合到了微生物中(2/3),另一部分能量被消耗以提供细胞合成所需的能量(1/3),这部分的电子转移到外部的电子受体(氧或硝酸盐);慢速生物

降解物质一般具有较复杂的分子结构,在其被利用之前,必须经胞外水解反应转化为易生物降解物质,假设慢速生物降解物转化为易生物降解形式过程没有能量的利用,这样也没有与它们相关的电子受体的利用。

3）异养微生物$(X_{B,H})$

异养微生物的繁殖是通过在好氧或缺氧条件下利用易生物降解物质生长,而假定其在厌氧条件下停止生长;微生物因为衰减而损失,假定衰减的结果是生物体转化为慢速生物降解物X_S和颗粒物X_P;由衰减生成的慢速生物降解物质可转化为用于新细胞生长的物质;X_P对进一步的生物作用呈惰性。

4）自养微生物$(X_{B,A})$

自养微生物(硝化菌)的繁殖是通过在好氧条件下利用氨氮为能源,所需碳源为无机碳化合物;自养微生物因为衰减而损失,假定衰减的结果是生物体转化为慢速生物降解物X_S和颗粒物X_P,X_P对进一步的生物作用呈惰性。

5）生物衰减生成的颗粒产物X_P

X_P由异养菌和自养菌的衰减形成;X_P是生物惰性的(实际上这部分生物体也许并不完全对生物处理呈惰性,然而,它的降解速率太低,在活性污泥系统的 SRT 内,它可看作是惰性的);在模型中加入这个组分,是为了解释这样一种现象:在活性污泥系统中并不是所有微生物都是活性的。

6）含氮组分

含氮组分分为不可生物降解和可生物降解物质;不可生物降解的含氮组分是与不可生物降解颗粒状 COD(X_I)相联系的;可溶不可生物降解的含氮组分少到可忽略不计;可生物降解含氮物质划分为氨氮S_{NH}、可溶性有机氮S_{ND}和颗粒性有机氮X_{ND}。

7）总碱度S_{ALK}

所有包含质子增减的反应都能引起碱度的变化:异养菌和自养菌合成过程中氨氮向氨基酸的转化;有机氮的氨化过程;硝化过程;反硝化过程。碱度可以提供预测 pH 的变化信息,判断反应的正常与异常情况。

（3）模型中的反应过程

1）异养菌的好氧生长

异养菌的好氧生长是以溶解性易降解物质为底物,同时有氧的利用;氨氮主要作为营养物质从溶液中去除并结合到细胞中;异养菌好氧生长动力学受双重营养物限制:易生物降解底物S_S和 DO(S_O)是速率的决定因素。异养菌的好氧生长过程以异养菌的好氧反应动力学方程为基础:

$$\left(\frac{dX_{B,H}}{dt}\right)_1 = \mu_H\left(\frac{S_S}{K_S+S_S}\right)\left(\frac{S_O}{K_{O,H}+S_O}\right)X_{B,H} \tag{4-52}$$

2）异养菌的缺氧生长

异养菌的缺氧生长依赖于易生物降解底物,硝态氮作为电子受体;根据 COD 物料恒算,硝态氮的去除量和易生物降解物质去除量与细胞生成量之差成比例;氨氮作为营养转化为微生物中的有机氮;缺氧条件下底物去除的最大速率比好氧条件下要小,考虑到这一影响,所采用的方法是在速率表达式中加入一个经验系数$\eta_g(\eta_g < 1.0)$。缺氧反硝化过程如下:

$$NO_3^- + 1.08CH_3OH + 0.24H_2CO_3 \rightarrow 0.06C_5H_7NO_2 + 0.47N_2 + 1.68H_2O + HCO_3^-$$

异养菌的缺氧生长以异养菌的缺氧生长动力学方程为基础:

$$\left(\frac{\mathrm{d}X_{B,H}}{\mathrm{d}t}\right)_2 = \mu_A \left(\frac{S_S}{K_S + S_S}\right) \left(\frac{K_{O,H}}{K_{O,H} + S_O}\right) \left(\frac{S_{NO}}{K_{NO} + S_{NO}}\right) \eta_g X_{B,H} \qquad (4-53)$$

3) 自养微生物的好氧生长(硝化过程)

$$NH_4^+ + 1.86O_2 + 1.98HCO_3^- \rightarrow (0.018 + 0.002\ 4)C_5H_7NO_2 +$$
$$1.04H_2O + 0.98NO_3^- + 1.88H_2CO_3$$

自养菌的好氧生长以自养菌的好氧生长动力学方程为基础:

$$\left(\frac{\mathrm{d}X_{B,A}}{\mathrm{d}t}\right)_3 = \mu_A \left(\frac{S_{NH}}{K_{NH} + S_{NH}}\right) \left(\frac{S_O}{K_{O,A} + S_O}\right) X_{B,A} \qquad (4-54)$$

4) 异养菌的衰减

异养菌的衰减以异养菌的衰减的动力学方程为基础:

$$\left(\frac{\mathrm{d}X_{B,H}}{\mathrm{d}t}\right)_4 = b_H X_{B,H} \qquad (4-55)$$

5) 自养菌的衰减

和异养菌的衰减完全相似;自养菌的衰减速率常数可能比异养菌的小。自养菌的衰减以自养菌的衰减动力学方程为基础:

$$\left(\frac{\mathrm{d}X_{B,A}}{\mathrm{d}t}\right)_5 = b_A X_{B,A} \qquad (4-56)$$

6) 可溶性有机氮的氨化

有机氮在氨化细菌的作用下,可以转化为氨氮;微生物转化为慢速生物降解物质继而至易生物降解物质的同时,也伴随着有机氮向氨氮的转化。可溶性有机氮的氨化以氨氮增长的动力学方程为基础:

$$\left(\frac{\mathrm{d}S_{NH}}{\mathrm{d}t}\right)_6 = K_a S_{NH} X_{B,H} \qquad (4-57)$$

7) 絮集性有机物的水解

絮集性有机物的水解速率与存在的异养菌浓度成一级反应关系;当被网捕絮集的慢速可降解有机底物量相当于微生物量来说已很大时,水解速率将接近于饱和;因为需要酶的合成,速率必然与存在的电子受体的浓度有关,因此假定在氧气和硝酸盐都不存在的情况下水解速率趋向 0。絮集性有机物的水解以易降解有机物 S_S 的增长动力学方程为基础:

$$\left(\frac{\mathrm{d}S_S}{\mathrm{d}t}\right)_7 = k_h \frac{X_S/X_{B,H}}{K_S + (X_S/X_{B,H})} \left[\left(\frac{S_O}{K_{O,H} + S_O}\right) + \eta_h \left(\frac{K_{O,H}}{K_{O,H} + S_O}\right) \left(\frac{S_{NO}}{K_{NO} + S_{NO}}\right)\right] X_{B,H}$$

$$(4-58)$$

8) 絮集性有机氮的水解

假设有机氮被均匀地分散在慢速生物降解有机底物中,这样被絮集有机氮的水解速率与慢速生物降解有机物质的水解速率成正比。絮集性有机氮的水解以易降解有机氮 S_{ND} 的增长动力学方程为基础:

$$\left(\frac{\mathrm{d}S_{ND}}{\mathrm{d}t}\right)_8 = \frac{X_{ND}}{X_S} \left(\frac{\mathrm{d}S_S}{\mathrm{d}t}\right)_7 \qquad (4-59)$$

(4) 过程动力学方程

相对参与某一子过程反应的某一组分,可写出一个反应动力学方程,来表示该组分的浓度在该子过程反应中随时间的变化情况;对于某一子过程,可写出一个或几个组分的动力学方程;一般以某一组分生长或衰减的反应动力学方程作为基本方程,其他组分的反应动力学方程以该基本方程为基础,通过化学计量系数调整来获得。

(5) 组分的总动力学方程式

$$r_i = \sum_j v_{ij}\rho_j \qquad (4-60)$$

3. ASMs 模型实际使用中的约束条件

ASMs 模型描述的是活性污泥系统对生活污水的处理过程,都在一系列的假设条件下,对污水处理过程相对准确的描述,每个模型都有一定的约束条件。

(1) ASM1 使用中的约束条件

温度应在 8～23 ℃之间;pH 值应在 6.5～7.5 之间;微生物的净生长速率和 SRT 必须在合适的范围内,以保证微生物絮体的形成(3～30 d);污泥的沉降性能受进入二沉池中固体质量浓度的影响(750～7 500 gCOD/m³);反应器曝气死区比例不应大于 50%,否则污泥沉降性能将会恶化;曝气反应器中,混合强度不能太大。

(2) ASM2 使用中的约束条件

聚磷菌在高温及低温条件下的性能变异至今还不清楚,所以温度要保持在 10～25 ℃;因为模型的碱度平衡计算基于 pH=6.9 的条件,所以 pH 值的范围保持在 6.3～7.8 之间;污水中必须要有足够的镁离子和钾离子,以保证生物除磷的正常进行;未考虑亚硝酸盐和一氧化氮对生物除磷的抑制作用。

(3) ASM2D 使用中的约束条件

温度应在 10～25 ℃之间;pH 值接近于中性;污水中必须要有足够的镁离子和钾离子,以保证生物除磷的正常进行;不能模拟有发酵产物溢流至曝气池的过程。

(4) ASM3 使用中的约束条件

温度应在 8～23 ℃之间;pH 值应在 6.5～7.5 之间;不能模拟厌氧区占很大比例(>50%)的反应器;不能处理亚硝酸盐浓度升高的情况;不适用于超高负荷或泥龄小于 1 天的活性污泥系统。

4. ASMs 的应用难点

活性污泥数学模型有助于新建废水处理系统的精确设计,有助于对现有废水处理系统的优化运行管理,也有助于对现有废水处理系统的处理能力或功能进行科学评估,为扩建提供重要依据。因此,活性污泥数学模型近年来在污水处理中受到了广泛的关注,但模型的使用还是有一定的困难,主要体现在:

① 模型组分的分析和测定;

② 机理的进一步研究;

③ 模型中各参数的校正;

④ 模型的简化。

4.4　生物膜反应器数学模型

生物膜法作为一种高效的废水处理方法,已经在工业界获得了广泛运用,生物膜废水处理系统的性能在很大程度上取决于生物膜的形成及动力学过程。

4.4.1　生物膜动力学模型

1. 理想生物膜动力学模型

图 4-5 所示为理想生物膜动力学示意图。假设生物膜达到稳定,生物膜内生物体的增长量等于微生物衰亡并通过液固界面水力剪切作用脱落的生物体损失量。该生物膜具有恒定的生物体浓度 $X_{B,Hf}$ 和恒定的厚度 L_f,当液相主体基质浓度为 S_0 时,具有恒定的基质利用速率,稳态时的物质守恒方程为

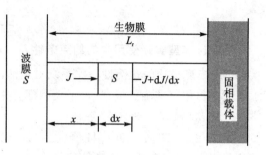

图 4-5　理想生物膜动力学示意图

$$[输入量]=[输出量]+[去除量]$$

则进入生物膜内一生物体微元的基质质量守恒方程如下:

$$-D_f A_s \frac{dS}{dx}\bigg|_x + D_f A_s \frac{dS}{dx}\bigg|_{x+\Delta x} - r \cdot A_s \cdot \Delta x = 0 \qquad (4-61)$$

式中:A_s 为垂直于扩散方向的传质表面积;x 为从惰性固体的生物膜载体到生物膜的距离;r 为生物膜内某点基质反应速率;Δx 为扩散方向上生物膜厚度的增量。

如果有效扩散系数 D_f 为一常数,式(4-61)两边都除以 AS 和 Δx,Δx 取的极限为 0,则式(4-61)转化为

$$D_f \frac{d^2 S}{dx^2} - r = 0 \qquad (4-62)$$

2. 零级生物膜动力学模型

当反应速率 r 为零级方程时,把该生物膜称为零级生物膜。对于零级反应,生物膜降解基质的速率与基质浓度无关,对方程(4-62)积分得到

$$S = \frac{1}{2}\frac{r}{D_f}x^2 + K_1 x + K_2 \qquad (4-63)$$

根据边界条件在生物膜表面 $(S)_{x=0}=S_0$,在生物膜底部 $\left(\frac{dS}{dx}\right)_{x=L_f}=0$,代入上述积分方程,可得 $K_1 = -\frac{r}{D_f}L_f$,$K_2 = S_0$,将 K_1、K_2 代入式(4-63),可得

$$S = \frac{1}{2}\frac{r}{D_f}x^2 - \frac{r}{D_f}L_f x + S_0 \qquad (4-64)$$

对式(4-64)微分一次,可得下列表达式:

$$\frac{dS}{dx}\bigg|_{x=z} = \frac{r}{D_f}x - \frac{r}{D_f}L_f \qquad (4-65)$$

基质通过生物膜与液膜界面的通量为

$$J = D_f \cdot \frac{dS}{dx}\bigg|_{x=0} = -rL_f \qquad (4-66)$$

3. 一级生物膜动力学模型

当反应速率 r 为一级方程时,把该生物膜称为一级生物膜。对于一级反应,有

$$r = kX_{B,H}S \tag{4-67}$$

式中：k 为本征反应动力学系数；$X_{B,H}$ 为单位体积生物膜内生物体的质量。

将式(4-67)代入式(4-62)得

$$D_f \frac{d^2S}{dx^2} = kX_{B,H}S \tag{4-68}$$

令 $a = \left(\dfrac{kX_{B,H}}{D_f}\right)^{\frac{1}{2}}$，配齐方程得

$$\frac{d^2S}{dx^2} + 0 \cdot \frac{dS}{dx} - a^2 S = 0 \tag{4-69}$$

该常系数二阶齐次微分方程的特征方程为 $R^2 - a^2 = 0, R = \pm a$。a 为实数时解为

$$S = Ae^{ax} + Be^{-ax} \tag{4-70}$$

根据边界条件 $(S)_{x=0} = S_0$ 和 $\left(\dfrac{dS}{dx}\right)_{x=L_f} = 0$，可得常数 A 和 B，即

$$A = \frac{S_0}{e^{2aL_f} + 1}, \qquad B = \frac{S_0 e^{2aL_f}}{e^{2aL_f} + 1}$$

生物膜内基质浓度表达式 S 为

$$S = \frac{S_0}{e^{2aL_f} + 1}e^{ax} + \frac{S_0 e^{2aL_f}}{e^{2aL_f} + 1}e^{-ax} \tag{4-71}$$

对式(4-71)微分一次，可得下列表达式：

$$\frac{dS}{dx}\bigg| = Aae^{ax} - Bae^{-ax} \tag{4-72}$$

基质通过生物膜与液膜界面的通量为

$$\frac{dS}{dx}\bigg|_{x=0} = Aa - Ba \tag{4-73}$$

4. 莫诺(Monod)及布莱克曼(Blackman)生物膜模型

法国学者 Monod 在研究微生物生长的大量实验数据的基础上，提出在微生物典型生长曲线的对数期和平衡期，微生物的增长速率不仅是微生物浓度的函数，而且是某些限制性营养物浓度的函数，其描述限制增长营养物的剩余浓度与微生物比增长率之间的关系为

$$\mu = \mu_{max} \cdot \frac{S}{K_S + S} \tag{4-74}$$

式中：μ 为微生物比增长速度；μ_{max} 为微生物最大比增长速度；S 为溶液中限制生长的底物浓度；K_S 为饱和常数，即当 $\mu = \mu_{max}/2$ 时的底物浓度，故又称半速度常数。

而 Blackman 模式如下：

当 $S < 2K_S$ 时，公式为

$$\mu = \mu_{max} \cdot \frac{S}{2K_S} \tag{4-75}$$

当 $S \geqslant 2K_S$ 时，公式为

$$\mu = \mu_{max} \tag{4-76}$$

Monod 方程与 Blackman 模式的曲线如图 4-6 所示。在这里各数据是以无量纲形式表示的。将式(4-74)代入式(4-61)并整理，得到生物体微元基质质量守恒方程：

$$D_f \frac{\mathrm{d}^2 S}{\mathrm{d}x^2} - \frac{\mu_{\max} S}{K_S + S} = 0 \tag{4-77}$$

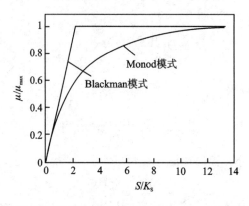

图 4-6　细菌比增殖速率与底物浓度关系的 Monod 及 Blackman 模式

4.4.2　厌氧流化床反应器模型

厌氧流化床反应器(Anaerobic Fluidized-Bed Reactor,AFBR)是一类利用惰性载体为生物膜生长提供机械支撑的反应器,这些生物颗粒能利用进水的流速维持流态化,因此流化床系统可以避免其他生物膜反应器中常见的堵塞问题,具有效率高、能耗低、占地少、运行稳定等优点。为了优化 AFBR 的操作和设计,有必要建立简单而符合实际的数学模型,本文主要探讨 AFBR 模型的构建方法。

1. 流化床层模型

载体所支撑的生物颗粒的流体力学行为对于 AFBR 的设计极为关键:颗粒在长大过程中,其大小、形状和密度会变化,这会对颗粒的水力学行为产生影响。颗粒沉降和流化特征(如流化床层高度)与液速的关系,对于 AFBR 的设计也非常关键,尤其是流化床层高度,因为它决定了固体停留时间和生物活性区域内生物膜的比表面积。在厌氧流化床中,需考虑生物膜对颗粒的影响。

(1) 终端沉降速度

在一个无限的液相范围内,单球体颗粒的沉降速度可表示为

$$u_t = \sqrt{\frac{4g d_p (\rho_p - \rho_L)}{3 C_D \rho_L}} \tag{4-78}$$

式中:g 为重力加速度;d_p 为颗粒直径;ρ_p 为生物膜颗粒密度;ρ_L 为液体密度;C_D 为曳力系数。

根据生物膜厚度和载体类型,ρ_p 通常为 1 100~1 500 $\mathrm{kg/m^3}$,C_D 是颗粒雷诺数 Re_t 的函数。

(2) 流态化机制

在一个厌氧生物流化床反应器中,生物载体通过不断流入的液体保持其流态化,而流化床的孔隙率和生物量由流态化机制所决定。

对于由均匀球体颗粒所组成的流化床,有以下关系式:

$$\left. \begin{array}{l} u_p = u_i (\varepsilon)^n \\ u_i = u_t 10^{d_p/D} \end{array} \right\} \tag{4-79}$$

式中：u_p 为空床液体流速；ε 为孔隙度；u_t 为无壁效应的终端沉降速度；u_i 为有壁效应的终端沉降速度；D 为床体直径；n 为常数。

Mulcahy 等建立了一个模型，确定了适用于流化床中生物颗粒的 u_t 和 n 值，表达式如下：

$$u_t = \left[\frac{(\rho_p - \rho_L)gd_p^{1.67}}{27.5\rho_L^{0.33}\mu^{0.67}}\right]^{0.75} \tag{4-80}$$

$$n = 10.35Re_t^{0.18} \quad (40 < Re_t < 90) \tag{4-81}$$

式中：μ 为液体粘度。

2. 生物反应动力学模型

（1）生物膜模型

具有均匀厚度的生物膜球体颗粒，其基质的去除表达式如下：

$$\frac{D}{r^2}\frac{\mathrm{d}}{\mathrm{d}r}\left(r^2\frac{\mathrm{d}s}{\mathrm{d}r}\right) - R_t \tag{4-82}$$

式中：D 为生物膜内基质的有效扩散系数；r 为从载体中心测得的半径值；s 为生物膜内基质浓度；R_t 为单位体积生物膜的基质消耗本征速率。

对于 AFBR，零级反应动力学可以描述基质的消耗过程，其反应速率 $R_t = \rho k_0$，其中 ρ 为密度，k_0 为表观反应速率常数。

对于基质，可以完全渗透和部分渗透到生物膜内部这两种情况，Mulcahy 等提出了式（4-79）的解。若基质能完全渗透到生物膜内，则

$$\text{表观速率} = \frac{4}{3}\pi\rho k_0(r_p^3 - r_m^3) \tag{4-83}$$

若基质只能部分渗透到生物膜内，则

$$\text{表观速率} = 1.76(\rho k_0)^{1.45}(r_p^3 - r_m^3)^{1.9}s_b^{0.45}\frac{(r_p^3 - r_m^3)^{1.9}}{r_p^{1.8}D^{0.45}} \tag{4-84}$$

式中：r_m 为载体颗粒半径；r_p 为生物颗粒半径；s_b 为流化床内液相主体基质浓度。

在流化床反应器中，可用简单的推流模型描述溶解性基质的轴向传递过程。对于基质可完全渗入到生物膜内部的情况，反应器内基质的浓度模型为

$$s_e = s_0 - \rho k_0\frac{V_m}{Q}\left[\left(\frac{r_p}{r_m}\right)^3 - 1\right] \tag{4-85}$$

式中：s_0 为进水基质浓度；s_e 为出水基质浓度；Q 为进水流量；V_m 为生物膜体积。

Hirata 等估计了在三相流化床反应器中生化反应的动力学参数，利用在稳态下基质平衡关系 Monod 动力学方程，在基质的消耗速率和基质浓度（用生化需氧量 BOD_5 表示）与生物膜的总面积之间建立了一个关系式。以下的假设用于建模：

① 反应器系统完全混合；

② 用 BOD_5 表示的总有机碳（TOC）是唯一的限制性基质，其他基质均过量；

③ 该反应遵循 Monod 动力学方程，基质抑制可忽略；

④ 反应发生在固定的区域。

在稳态下，基质的平衡方程为

$$F(s_{in} - s_{ss}) = \frac{1}{Y_{X/S}}r_x V \tag{4-86}$$

式中：F 为进水流量；V 为反应器容积；r_x 为生物膜生长速率；$Y_{X/S}$ 为产率系数，为形成的生物

量与消耗的基质质量之比；s_{ss} 为反应器内稳态下限制性基质浓度；s_{in} 为进水基质浓度。

如果反应遵循 Monod 的动力学方程，那么其速率方程为

$$r_x = \mu X = \left(\frac{\mu_{max} s_{ss}}{k_m + s_{ss}} \right) X \tag{4-87}$$

式中：μ 为比增长速率；μ_{max} 为最大比增长速率；k_m 为 Monod 常数。

把式（4-87）代入式（4-86），可得

$$F(s_{in} - s_{ss}) = \frac{1}{Y_{X/S}} \left(\frac{\mu_{max} s_{ss}}{k_m + s_{ss}} \right) VX = R_t \tag{4-88}$$

$$VX = \rho_b \delta S_b \tag{4-89}$$

式中：ρ_b 为生物膜的干密度；δ 为生物膜的有效厚度；S_b 为生物膜的总表面积，可通过 $S_b = \pi(D_{ave})^2 N$ 得到，N 为反应器内总的颗粒数量，D_{ave} 为颗粒的平均直径。

修改式（4-88）可得

$$R_t = k \left(\frac{S_b s_{ss}}{k_m + s_{ss}} \right) \tag{4-90}$$

其中

$$k = \frac{\rho_b \delta \mu_{max}}{Y_{X/S}} \tag{4-91}$$

Buffiere 等在总碳去除动力学的基础上，为 AFBR 构建了一种模型。他们考虑了模型中产气的两种影响：产气改变了轴向的混合程度，这对反应器内形成浓度梯度有重要的影响；产气会导致床的收缩，将减少液体和生物颗粒之间的接触。此外，他们还发现 TOC 的去除动力学与 Monod 模型非常吻合。

床的收缩使液固接触减少 $10\% \sim 25\%$，

$$\frac{\varepsilon_s}{\varepsilon_{s0}} = 1 + 0.045 U_g^{0.4} \tag{4-92}$$

式中：ε_s 为固含率；ε_{s0} 为液固流化床中固含率；U_g 为表观气速。

反应器内气含率 ε_g 关系式如下：

$$\varepsilon_g = (13 \pm 1.2) d_p^{0.168} U_g^{0.7} \tag{4-93}$$

一个沿轴向扩散的推流式模型可用来描述反应器中液相的混合程度。反应器中物料平衡关系为

$$\frac{1}{p_e} \frac{d^2 s}{dx^2} = \frac{ds}{dx} + D_a \frac{s}{1 + s} \tag{4-94}$$

其中

$$x = \frac{z}{H}, \quad s = \frac{s}{k_s}, \quad D_a = \frac{r_{max}}{k_s} \frac{H_{\varepsilon_1}}{U_1}, \quad p_e = \frac{U_1 H}{\varepsilon_1 E_{zl}}$$

式中：s 为基质浓度；x 为床高减少量；H 为床层高度；k_s 为 Monod 方程中的半饱和浓度；E_{zl} 为轴向扩散系数；U_1 为表观液速；r_{max} 为 Monod 方程中的最大反应速率；z 为轴向距离。

利用示踪试验可以得到轴向扩散系数，所得试验结果符合以下方程：

$$\frac{D_c U_1}{\varepsilon_1 z} = 1.01 U_g^{0.167} D_c^{0.583} \tag{4-95}$$

式中：D_c 为反应器直径；ε_1 为液含率。

（2）分层生物膜模型

厌氧的生物膜被分割成截然不同的内层和外层，内层由产甲烷细菌组成，而外层则由产酸细菌组成。基质在外层转化为酸，然后在内层转化为甲烷。在这两层中基质利用的偏微分方程分别为

$$D_1 \frac{\mathrm{d}^2 G}{\mathrm{d} z^2} = k_1 x_1 \qquad (4-96)$$

$$D_2 \frac{\mathrm{d}^2 F}{\mathrm{d} z^2} = -\alpha k_1 x_1 + \frac{k_2 x_2}{1 + \dfrac{F}{k_i}} \qquad (4-97)$$

式中：D_1、D_2 分别指基质通过产酸细菌和产甲烷细菌层时的扩散系数；G、F 分别指葡萄糖和脂肪酸的浓度；k_1 为零级速率常数（糖转化的零级动力学常数）；k_2 为挥发性脂肪酸（VFA）转化动力学常数；k_i 为抑制常数；z 为穿透生物膜的距离；x_1、x_2 分别为产酸细菌和产甲烷细菌的生物量。

分层的生物膜较不分层的生物膜更具优势。当 VFA 的浓度很高时，在不分层的生物膜中，产甲烷细菌将会受到 VFA 的抑制，而对于分层的生物膜，膜外层的存在可以将抑制程度降低。

这里探讨了建立基质利用动力学模型的两种方法。在第一种方法中，TOC 被认为是限制性基质，并没有考虑各反应步骤的基质转化动力学、生物膜菌群组成和扩散限制。利用试验结果，可以估计模型所涉及的参数。这种方法很简单，但缺乏令人信服的理论解释，是经验性的。在第二种方法中，动力学模型考虑了各反应步骤的基质转化动力学、生物膜菌群组成和扩散限制，更切合实际。但是，这些模型的有效性最终都需要在大尺度反应器中进行验证。

由于缺乏合理的设计原则，现在 AFBR 并未普遍应用。但是厌氧生物处理技术因运行费用低、能源（甲烷）可回收、剩余污泥量少、处理能力高效等优点，近 20 年来引起了国内外学者的普遍关注，成为未来废水处理技术发展的一个重要趋势。

4.4.3　膜生物反应器膜污染数学模型

膜生物反应器中膜污染因子主要来自三个方面：膜的性质、操作条件和活性污泥混合液性质。用于模拟通量、压力、过滤阻力变化的数学模型，为膜材料的选择、膜生物反应器的设计及运行条件的控制提供了理论依据。

1. 阻力模型

根据 Darcy 定律过滤模型，膜通量可以表示为

$$J = \Delta P / \mu (R_m + R_p + R_c) \qquad (4-98)$$

式中：J 为膜通量，$m^3/m^2 \cdot s$；ΔP 为膜两侧的压力差，Pa；μ 为渗透液粘度，$Pa \cdot s$；R_m 为新膜的阻力，m^{-1}；R_p 为膜孔堵塞阻力，m^{-1}；R_c 为膜表面滤饼层阻力，m^{-1}。

2. 膜污染因子数学模型

Rui Liu 等人通过均匀设计得到了适用于活性污泥混合液条件下的膜间液体上升流速计算模型；并实测了膜过滤阻力的上升速率，建立了膜间液体上升流速（uLr）、污泥浓度（X）和膜通量（J）对污泥沉积速率（K）的影响模型：

$$K = (8.933 \times 10^7) \cdot X^{0.532} \cdot J^{0.376} \cdot uLr^{-3.047} \qquad (4-99)$$

Shimizu 等人设计了膜过滤数学模型：

$$J_{ss}=V_L=K \cdot u \cdot d \cdot MLSS^{-0.5} \qquad (4-100)$$

式中：V_L、K、u、d 分别为流体反向传递速率、过滤常数、气液两相流速、膜组件几何因子，MLSS 为污泥浓度。

从反应器中微生物增长的角度，膜过滤总阻力（R）是膜固有阻力 R_m、沉积 EPS 阻力之和，公式如下：

$$R=\alpha m+R_m \qquad (4-101)$$

式中：R 为过滤总阻力，m^{-1}；R_m 为膜固有阻力，m^{-1}；α 为 EPS 产生的阻力系数，m/kg；m 为膜表面 EPS 密度，kg/m^2。

4.5 纳滤膜分离数学模型

人们认识膜现象已有 200 多年的历史，直到 20 世纪 70 年代 J. E. Cadotte 才研究开发了 NS-300 膜，弥补反渗透（RO）和超滤（UF）之间的空白，将纳滤（NF）引入了膜技术领域，后来美国 Film-Tech 公司将这种膜定义为"纳滤膜"。纳滤膜具有两个显著特征：一个是其截留分子量介于反渗透膜和超滤膜之间（200~2 000）；另一个是纳滤膜对无机盐有一定的截留率，因为它的表面分离层由聚电解质构成。根据其第一个特征，推测纳滤膜可能拥有 1 nm 左右的微孔结构，故称为"纳滤"。从结构上来看，纳滤膜大多是复合型膜，即膜的表面分离层和它的支撑层的化学组成不同，正是由于纳滤膜特殊的孔径范围和制备方法（如复合化、荷电化），它的分离性能也很特别，在物质分离和物料回收方面具有独到的优势，近年来已广泛应用于印染、食品、化工、除盐工业，以及生物技术、饮用水生产和废水处理。

纳滤分离机理

由于纳滤膜孔的范围接近分子水平，特别是纳滤膜的荷电性、溶质结构、极性强弱以及膜材料与溶质之间、溶质与溶质之间还可能存在相互作用，使得 NF 的分离机理十分复杂，确切的传质机理尚无定论。目前，普遍认为纳滤传质机理包括浓度差引起的扩散（Difussion）、压力差引起的对流（Convection）以及电位差引起的电迁移（Electric-migration），可由推广的 Nernst-Planck 方程描述。随着对纳滤技术的应用研究越来越广，对膜分离机理特别是建立纳滤膜的结构与分离性能的数学模型一直是当今膜科学领域的研究热点之一。已建立的一些描述纳滤分离机理的数学模型主要有：不可逆热力学模型、溶解-扩散模型、细孔模型、电荷模型、静电位阻模型、道南-立体细孔模型以及介电排斥-道南-立体细孔模型等。

（1）不可逆热力学模型

对于液体膜分离过程，其传递现象通常用不可逆热力学模型来表征。该模型把膜当作一个"黑匣子"，膜两侧溶液存在或施加的势能差就是溶质和溶剂组分通过膜的驱动力。如果在"黑匣子"两边的势能差是电势差，则产生电流流动，其过程称为电渗析。纳滤膜分离过程与微滤、超滤、反渗透膜分离过程一样，以压力差为驱动力，产生溶质和溶剂的透过通量，其通量可以由不可逆热力学模型建立的现象论方程式来表征。如膜的溶剂透过通量 J_V（m/s）和溶质透过通量 J_s（mol/m²·s），可以分别用下列方程式表示：

$$J_V=L_P(\Delta p-\sigma\Delta\pi) \qquad (4-102)$$

$$J_s=-(P\Delta x)\frac{dC}{dx}+(1-\sigma)J_V C \qquad (4-103)$$

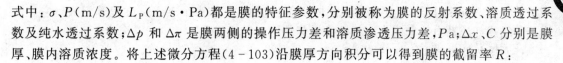

式中：σ、$P(\mathrm{m/s})$ 及 $L_{\mathrm{P}}(\mathrm{m/s \cdot Pa})$ 都是膜的特征参数，分别被称为膜的反射系数、溶质透过系数及纯水透过系数；Δp 和 $\Delta \pi$ 是膜两侧的操作压力差和溶质渗透压力差，Pa；Δx、C 分别是膜厚、膜内溶质浓度。将上述微分方程(4-103)沿膜厚方向积分可以得到膜的截留率 R：

$$R = 1 - C_{\mathrm{p}}/C_{\mathrm{m}} = \sigma \frac{1-F}{1-F\sigma} \qquad (4-104)$$

式中：$F = \exp\left[\dfrac{-J_{\mathrm{V}}(1-\sigma)}{P}\right]$；$C_{\mathrm{m}}$ 和 C_{p} 分别为料液侧膜面和透过液的浓度，$\mathrm{mol/L}$。

式(4-104)就是众所周知的 Spiegler-Kedem 方程。从式(4-104)不难推出膜的反射系数相当于溶剂透过通量无限大时的最大截留率。膜特征参数可以通过实验数据进行关联而求得，比如根据式(4-102)由纯水透过实验数据可以确定膜的纯水透过系数，根据式(4-104)对某组分的膜截留率随膜的溶剂透过通量的实验数据进行关联可以确定膜的反射系数和溶质透过系数。如果已知膜的结构及其特性，上述膜特征参数则可以根据某些数学模型来确定，从而无须进行实验即可表征膜的传递分离机理。

（2）溶解-扩散模型

溶解-扩散模型是一种广泛应用于反渗透膜的传质机理。该模型假定表皮分离层是致密无孔的，溶质和溶剂都能溶解于表皮层内，膜中溶解量的大小服从亨利定律，然后各自在浓度或压力造成的化学势推动下扩散通过膜，再从膜下游解吸。有的学者也将纳滤膜视为无孔致密膜，直接应用溶解-扩散模型。由溶解-扩散理论可导出水和溶质（盐）在膜中的迁移遵循下列方程式：

$$J_{\mathrm{w}} = A(\Delta P - \Delta \pi) \qquad (4-105)$$
$$J_{\mathrm{s}} = B(C_{1\mathrm{S}} - C_{2\mathrm{S}}) \qquad (4-106)$$

式中：J_{w} 为水在膜中的透过通量，$\mathrm{m^3/(m^2 \cdot s)}$；$J_{\mathrm{s}}$ 为盐在膜中的透过通量，$\mathrm{m^3/(m^2 \cdot s)}$；$A$ 为纯水透过系数；B 为溶质透过系数；$C_{1\mathrm{S}}$ 进水盐的浓度，$\mathrm{mol/m^3}$；$C_{2\mathrm{S}}$ 出水盐的浓度，$\mathrm{mol/m^3}$。

（3）细孔模型

该模型假定膜分离层具有均一的细孔结构，认为溶质的传递是由于膜两侧的压力差引起的对流扩散和浓度梯度引起的分子扩散，溶质受到的空间阻碍作用以及溶质与孔壁之间相互作用影响溶质的传递过程。应用细孔模型可确定膜特征参数：

$$\sigma = 1 - \left(1 + \frac{16}{9}\lambda^2\right)(1-\lambda)^2\left[2 - (1-\lambda)^2\right] \qquad (4-107)$$

$$P = (1-\lambda)^2 D_{\mathrm{S}} \frac{A_{\mathrm{K}}}{\Delta x} \qquad (4-108)$$

式中：$\lambda = r_{\mathrm{s}}/r_{\mathrm{p}}$；$r_{\mathrm{s}}$ 为溶质结构尺寸，nm；r_{p} 为膜孔径，nm；D_{S} 为溶质的扩散系数，$\mathrm{m^2/s}$；$A_{\mathrm{K}}/\Delta x$ 为膜的开空率与膜厚的比率。

由于反射系数 σ 随着 $r_{\mathrm{s}}/r_{\mathrm{p}}$ 的比率增加而增大，当 $r_{\mathrm{s}}/r_{\mathrm{p}}=1$ 时，$\sigma=1$，表明溶质完全被截留。如果对已知直径的溶质进行透过实验，利用 Spiegler-Kedem 方程对数据进行关联，就可得到膜特征参数（膜的反射系数和溶质透过系数），进而利用方程(4-104)可以得到膜的孔径。

（4）电荷模型

电荷模型根据其对膜结构的假设可分为空间电荷模型（the space charge model）和固定电荷模型（the fixed-charge model）。空间电荷模型假设膜由孔径均一且其壁面上电荷均匀分布的微孔组成。空间电荷模型最早由 Osterle 等提出，是表征膜对电解质及离子的截留性能的理想模型。该模型的基本方程由表征离子浓度和电位关系的 Poisson-Boltzmann 方程、表征离子传递的 Nernst-Planck 方程和表征体积透过通量的 Navier-Stokes 方程等组成。它主要应用于描述如流动电位和膜内离子电导率等动电现象的研究。

（5）静电排斥和立体阻碍模型

将细孔模型和 TMS 模型结合起来，建立了静电排斥和立体阻碍模型（the electrostatic and steric-hindrance model），又可简称为静电位阻模型。静电位阻模型假定膜分离层由孔径均一、表面电荷分布均匀的微孔构成，其结构参数包括孔径 r_p、开孔率 A_k，孔道长度即膜分离层厚度 Δx，电荷特性则表示为膜的体积电荷密度 X（或膜的孔壁表面电荷密度为 q）。根据上述膜的结构参数和电荷特性参数，对于已知的分离体系，就可以运用静电位阻模型预测各种溶质（中性分子、离子）通过膜的传递分离特性（如膜的特征参数）。

（6）道南-立体细孔模型（DSPM）

该模型首次由 Bowenw R. 及其合作者提出，后来作了修正。模型认为纳滤为荷电的微孔结构，溶质组分 i 在膜孔内的运动由扩展的 Nernst-Planck 方程表示：

$$j_i = J_v K_{ic} c_i = D_{ip} \frac{\mathrm{d}c_i}{\mathrm{d}x} - z_i c_i D_{ip} \frac{F}{RT} \frac{\mathrm{d}\psi}{\mathrm{d}x} \qquad (4-109)$$

组分 i 在膜与外部溶液界面上的分离效应由 Donnan 平衡（通过 $\Delta \psi_D$）和位阻效应（通过 ϕ_i）描述：

$$\frac{c_i(0^+)}{c_i(0^-)} = \phi_i \exp(- z_i \Delta \psi_{D,0}) \qquad (4-110)$$

$$\frac{c_i(\delta^-)}{c_i(\delta^+)} = \phi_i \exp(- z_i \Delta \psi_{D,\delta}) \qquad (4-111)$$

DSPM 模型包括了扩散、对流和电迁移对溶质跨膜传递的贡献，较全面地表述了溶质截留是由筛分效应和电荷效应这两种效应共同决定，可以较好地描述纳滤膜的分离机理，广泛应用于膜的表征和溶质分离性能的模拟与预测。该模型假定的膜的结构参数和电荷特性参数与 Wang 等提出的静电排斥和立体阻碍模型所假定的模型参数完全相同。该模型用于预测硫酸钠和氯化钠的纳滤过程的分离性能，与实验结果较为吻合，因而可以认为该模型也是了解纳滤膜分离机理的一个重要途径。

（7）介电排斥（dielectic exelusion）与 DSPM&DE 模型

有研究者发现，DSPM 模型不能很好描述纳滤膜对二价离子和高价离子的高截留率，认为膜与溶液界面上的分离效应仅由位阻和 Donnan 效应不充分，还存在一种称为介电排斥（dielectric exclusion）效应。

介电排斥由膜材料与溶液之间电介常数的不同引起离子发生极化，溶液中的离子与极化电荷也存在静电作用。由于溶液的介电常数显著高于膜材料的介电常数，极化电荷总是与溶液离子同号，因此总是对溶液中的离子起排斥作用。这样，电荷效应就包含 Donnan 效应和介电排斥效应。据此，Bandini 等提出了 Donnan steric pore model and dielectic exelusion（DSPM&DE）以描述电解质和中性溶质的传递规律。DSPM&DE 模型将 DSPM 模型中方程（4-110）和方程（4-111）改为

$$\frac{c_i(0^+)}{c_i(0^-)} = \phi_i \exp(- z_i \Delta \psi_{D,0}) \exp(- z_i^2 \Delta W_0) \qquad (4-112)$$

$$\frac{c_i(\delta^-)}{c_i(\delta^+)} = \phi_i \exp(- z_i \Delta \psi_{D,\delta}) \exp(- z_i^2 \Delta W_0) \qquad (4-113)$$

其余方程与 DSPM 模型方程相同。

思考题

1. 水处理单元基本模型定义及基本假定。
2. 简述活性污泥 ASMs 数学模型的建立方法和使用条件。
3. 简述生物膜反应器的数学模型。
4. 说说你知道的常用水处理模型软件并作简要描述。
5. 采用微生物对 2,4-二硝基甲苯(2,4-DNT)进行降解,高效液相色谱测定的某菌株在不同时间对 2,4-DNT 的降解情况如下表:

反应时间/h	0	12	24	36	48	60	72	84	108	132	156	180	204
2,4-DNT 浓度/(mg·L^{-1})	46.06	45.78	39.43	30.26	27.73	25.33	20.68	19.85	19.48	19.30	18.88	18.56	18.55

请根据表中数据,利用 Origin 软件拟合相应的化学反应动力学方程,确定该菌株降解 2,4-DNT 的化学反应级数、化学反应速率常数 k 及拟合的相关系数,并计算 2,4-DNT 降解的半衰期。

6. 采用生物法对其 2,4,6-三硝基苯酚(TNP)进行降解过程中,当反应体系中有毒基质浓度达到一定程度时,可选择对抑制现象进行描述的 Andrews 模型来描述其降解过程。Andrews 模型的一般形式如下:

$$\mu = \frac{\mu_{\max}}{K_S/S + 1 + S/K_I}$$

式中:μ 为比生长速率,h^{-1};$\mu_{\max}$ 为最大比生长速率,h^{-1};S 为限制性底物浓度,mg/L;K_S 为饱和常数,mg/L;K_I 为抑制常数,mg/L。

下表为某菌株在不同时间对 TNP 的降解情况以及该菌株的比生长速率。

限制性底物浓度 S/(mg·L^{-1})	10	25	50	75	100	200
菌株的比生长速率 μ/h^{-1}	0.150	0.176	0.187	0.177	0.160	0.155
限制性底物浓度 S/(mg·L^{-1})	300	400	500	600	700	800
菌株的比生长速率 μ/h^{-1}	0.1168	0.1147	0.0972	0.0934	0.0820	0.0800

请运用自定义函数拟合功能,获得相应的 Andrews 细胞生长动力学模型,确定该菌株的 $\mu_{\max}$、K_S 和 K_I 及拟合的相关系数。

第二篇　环境影响评价

第5章　环境影响评价概述

5.1　环境影响评价的基本概念

1. 环境影响

环境影响,是指人类活动(经济活动、政治活动和社会活动)导致的环境变化,以及由此引起的对人类社会的效应。环境影响分类包括:

① 按影响的来源,可分为直接影响、间接影响和累积影响。直接影响与人类的活动同时同地;间接影响在时间上推迟、在空间上较远,但在可合理预见的范围内;累积影响是指一项活动的过去、现在及可以预见的将来的影响具有累积效应,或多项活动对同一地区可能叠加的影响。

② 按影响的效果,可分为有利影响和不利影响。

③ 按影响的程度,可分为可恢复影响和不可恢复影响。一般认为,在环境承载力范围内对环境造成的影响是可恢复的;超出了环境承载力范围,则为不可恢复影响。

另外,环境影响还可以按时间效应分为长期影响和短期影响,按空间效应分为地方、区域影响或国家、全球影响。

2. 环境影响评价

环境影响评价(EIA)是建立在环境监测技术、污染物扩散规律、环境质量对人体健康影响、自然界自净能力等基础上发展而来的一门科学技术,其功能包括判断功能、预测功能、选择功能和导向功能。

《中华人民共和国环境影响评价法》(2018年施行)规定:环境影响评价,是指对规划和建设项目实施后可能造成的环境影响进行分析、预测和评估,提出预防或者减轻不良环境影响的对策和措施,进行跟踪监测的方法与制度。法律强制规定环境影响评价为指导人们开发活动的必须行为,成为环境影响评价制度,是贯彻"预防为主"环境保护方针的重要手段。

环境影响评价按时间顺序分为环境现状评价、环境影响预测与评价及环境影响后评价,按评价对象分为规划和建设项目环境影响评价,按环境要素分为大气、地面水、地下水、土壤、声、固体废物和生态环境影响评价等。

环境影响评价的基本内容包括:建设方案的具体内容,建设地点的环境本底状况,项目建成实施后可能对环境产生的影响和损害,防止这些影响和损害的对策措施及其经济技术论证,以及对建设项目实施环境监测的建议。

5.2　环境影响评价制度的应用

环境影响评价作为一项科学方法和技术手段,任何个人和组织都可应用,为人类开发活动提供指导依据,但并没有约束力,因而需要法律强制规定其为指导人们开发活动的必须行为,成为环境影响评价制度。

5.2.1　国外环境影响评价制度

20 世纪 50 年代初期,开始评价核设施的环境辐射状况。60 年代,英国总结出环境影响评价"三关键"(关键因素、关键途径、关键居民区),建立了"污染源—污染途径(扩散迁移方式)—受影响人群"的环境影响评价模式。1969 年,美国通过立法建立了环境影响评价制度,把环境影响评价作为联邦政府环境管理必须遵守的核心制度,并于 1970 年 1 月 1 日正式实施,是第一个建立环境影响评价制度的国家。1974 年,联合国环境规划署与加拿大联合召开了第一次环境影响评价会议 ,此后的《里约环境与发展宣言》、《21 世纪议程》、《跨国界的环境影响评价公约》、《生物多样性公约》、《气候变化框架公约》等,都对环境影响评价制度作了规定。目前已有 100 多个国家建立了环境影响评价制度。

1. 美国环境影响评价制度

美国的《国家环境政策法》(NEPA)和《国家环境政策法实施程序条例》(CEQ 条例),可以看作是从政府角度认识环境问题的一次革命。

《国家环境政策法》第 102 条规定了环境影响评价制度:"对人类环境质量具有重大影响的各项提案或法律草案、建议报告以及其他重大联邦行为,均应当由负责经办官员提供一份包括下列事项的详细说明:拟议行动对环境的影响;提案行为付诸实施对环境产生的不可避免的不良影响;提案行为的各种可供选择方案;对人类环境的区域性短期使用与维持和加强长期生命力之间的关系;提案行为付诸实施时可能产生的无法恢复和无法补救的资源耗损。"

为实施《国家环境政策法》,联邦行政机关及其下属机构也制定了有关环境影响评价制度的行政规章。《清洁空气法》第 309 条规定:联邦环境保护局(EPA)具有独立的环境影响评价审查权,规定 EPA 可以评议联邦机构编制的环境影响报告书,同时可以将书面评议公之于众。《行政程序法》规定:报给 EPA 的环境影响报告书及 EPA 对报告书的评议要在《联邦公报》中公布;实行会议公开制度,要求环境影响评价会议要对公众公开;实行民事诉讼制度,规定公民可以投诉政府。

环境影响评价制度是美国环境政策的核心制度,在美国环境法中占有特殊地位,它不仅为实施国家环境政策提供手段,而且为实现国家环境目标提供法律保障。

2. 美国环境影响评价管理机制

在环境影响评价制度的实施方面,美国采取多级管理体制:

① 环境质量委员会(CEQ):负责《国家环境政策法》和环境影响评价程序的监督,制定环境影响评价规章,审查联邦规章以确定联邦各部门规章是否符合 CEQ 制定的环境影响评价规章的要求,协调部门之间及与公众之间的利益冲突,环境政策的最高行政裁决,向联邦机构签发《国家环境政策法》执行指令。

② 联邦机构:承担大部分的环境影响评价责任,负责执行环境影响评价。

③ 联邦环境保护局(EPA):作为独立审查者,其主要职责是评议、审查环境影响报告书,根据 EPA 关注程度给环境影响报告书评级,会同联邦机构解决重大环境问题。

④ 公众:是环境影响评价的重要参与者,公众参与环境影响评价有利于决策民主化、科学化,有利于把问题摆到桌面上解决,避免利益冲突,避免诉讼问题的发生。

⑤ 地方政府:包括州政府、地区政府及部落政府,作为利益相关方参与联邦机构的环境影响评价过程,与联邦机构合作编制环境影响报告书,执行州政府环境影响评价程序。

3. 美国环境影响评价的对象和内容

美国环境影响评价的对象很广泛。《国家环境政策法》规定,凡是联邦政府的立法建议或其他行政机关向国会提出的议案、立法建议、申请批准的条约,以及由联邦政府资助或批准的工程项目,制定的政策、规章、计划和方案,都必须进行环境影响评价。

评价对象都须对人类有重大影响。"对人类有重大影响"一般有两个标准:背景和强度。背景,是指以社会整体、受影响地区、受影响利益和行为等方面背景为基础,对行动的环境影响进行分析。强度,是指影响的严重程度,它包括衡量下列各方面的影响:

① 有益的和有害的影响(若有益影响大于有害影响,仍属有重大影响);

② 对公众健康和安全的影响;

③ 对特殊地理区域(历史文化资源、公园、基本农田等重要生态区等)的影响;

④ 行动的环境影响引起激烈争论的可能性;

⑤ 行动环境影响的高度不确定性和/或未知的危险程度;

⑥ 成为未来行动的先例或代表的可能性;

⑦ 行动的累积影响;

⑧ 对国家历史遗迹不利影响的程度;

⑨ 对濒危物种保护地区不利影响的程度;

⑩ 行动是否可能违反联邦、州或地方的环境保护法。这里的"行动"包括新的和正在进行的行动及按照法律规定应当做但未做的法律行为。

美国环境影响评价的内容,根据 CEQ 条例的规定,主要包括以下三项内容:

① 包括拟议行动在内的各种可供选择方案的环境影响。详细说明各种可供选择的方案是环境影响评价的核心内容,它包括建议行动(the proposed action)和替代行动(the alternatives)两类,后者是相对于前者而言,指可以替代建议行动并实现其预期目的的方案。按照替代方案的性质,它又可分为主要替代方案(primary alternative)、辅助替代方案(secondary alternative)和推迟行动三种。主要替代方案,是以根本不同的方式实现建议行动目的的方案,包括不行动;辅助替代方案,是指在不排斥建议行动的前提下,以不同方式实施建议行动;推迟行动,是指当建议行动的环境影响在科学上具有不确定性时,应当谨慎地推迟行动。

② 拟议行动的环境影响与受影响的环境。在美国,法律要求在环境影响评价阶段就拟议行动的"环境影响"做出基本判断,从而决定是否进一步编制环境影响报告书。依照 CEQ 条例,"影响"是指该行动将要或可能引起的、与行动同时同地发生的直接、间接或叠加的影响,以及对生态、美学、历史、文化、经济、社会、健康的直接、间接或叠加影响,既包括活动的有利影响,也包括行动的有害影响。影响分为一般影响和显著影响。只有那些被认为具有显著影响的行动,才能作为必须编制环境影响报告书的对象。报告书中的数据和分析应当与环境影响的重要性相称。

③ 各种行动方案及其补救措施的环境后果,是在对包括拟议行动在内的所有可供选择方

案的环境影响进行科学对比和分析的基础上展开讨论。讨论的内容包括：

- 直接后果及其程度；
- 间接后果及其程度；
- 拟议行动与联邦、地区、州和地方的土地利用规划、政策和控制之间可能发生的冲突；
- 包括拟议行动在内的各种方案的环境效果；
- 各种方案的能源需求和节能潜力以及控制措施；
- 各种方案对自然或不可再生资源的需求以及控制措施；
- 城市环境质量、历史和文化资源、环境设计，包括各种方案的节约和回收潜力以及控制措施；
- 消除负面环境影响的方法。

4. 美国环境影响评价的法定程序

根据《国家环境政策法》的规定，美国环境影响评价的法定程序实际上可以分为环境评价（EA）和编制环境影响报告书（EIS）两个阶段。

（1）环境评价阶段

依照《国家环境政策法实施程序条例》，除非一项拟议行动被联邦机构确定为对环境没有显著影响，否则各机构都必须就行动可能造成的环境影响编制环境评价（EA）或环境影响报告书（EIS）。为了帮助联邦机构进行规划和决策，各机构也可以准备环境影响报告书。

编制 EA，是为了以此为根据，判定拟议行动对环境产生的影响，其结果是由联邦机构对行动的环境影响做出基本判断，并做出以下结论：该行为对环境不会产生重大影响，或者应当在 EA 的基础上编制 EIS。如果主管机构已经决定准备 EIS，则可不准备 EA。因此，我们可以将 EA 看作是编制 EIS 的前置程序。只有当 EA 认定拟议行动可能对环境产生显著影响时，才可以要求编制 EIS。

（2）编制环境影响报告书阶段

编制 EIS 是美国全面实施环境影响评价制度的核心内容。法定的 EIS 编制程序主要包括：项目审查阶段、确定评价范围阶段、准备 EIS 草案阶段、EIS 最终文本编制阶段等，充分征求和考虑公众意见贯穿于环境影响报告书编制的整个过程。

1）项目审查阶段

项目审查阶段是环境影响评价的最初阶段。主管机构必须在《联邦公报》上发表公告，简要描述该主管机构的拟议行动，确定接受公众意见的最后期限以及准备 EIS 草案与最终文本的初步时间表。公告的目的不是请求公众积极参与，而是主管机构为公众提供相应的联系方式以备将来联系之用，并允许有兴趣的公众对该机构发表意见。

2）确定评价范围阶段

确定评价范围阶段是联邦机构或者牵头机构在 EIS 中对将要涉及的范围和重要性予以确认的公众程序。

该程序包含：

- 邀请公众与受影响的机构参与；
- 决定评价范围以及环境影响报告书对主要问题的分析程度；
- 确定和删除不重要的或者先前的环境审查中已经涉及的问题，简单说明这些问题为什么对人类环境没有显著影响，或者提供对这些问题进行分析的参考资料；

- 在环境影响报告书中对牵头机构和协作机构的任务进行分工，由牵头机构对报告书负责；
- 提出与本评价报告书有关但不包括在本评价范围之内的正在或准备起草的各种环境评价和其他环境影响报告书；
- 确定其他环境审查和协作需求，以便牵头机构和协作机构在编制环境影响报告书的同时进行必要的分析和研究；
- 明确环境分析与该机构的初步计划以及政策进度在时间上的关系。

3）准备 EIS 草案阶段

一般，除立法建议外，各机构需要分两个阶段准备 EIS，即 EIS 草案和 EIS 最终文本阶段。另外，还可以提交相关的补充报告。

当 EIS 草案编制完毕后，牵头机构应当向 EPA 提交 EIS 草案，并在《联邦公报》进行 EIS 草案可得性公告。在 EIS 草案可得性公告公布的同时，负责机构应当征求所有有关法定管辖权、对所产生的环境影响具有专门经验或者制订执行环境标准机构的意见。EIS 草案的复印本应当送交任何有需要的个人、团体和机构。EPA 应当就 EIS 草案的充分性发表意见。

EPA 在《联邦公报》发布 EIS 草案可得性公告之日起 90 天内，牵头机构应当允许任何有利害关系的个人及机构对该机构遵守《国家环境政策法》的状况发表意见。公众意见应当在主管机构发布 EIS 草案之后送交给 EPA。在此期间，如果公众与其他机构未发表意见，将会对他们随后就 EIS 最终文本进行质疑的权利构成限制。

在准备 EIS 草案的过程中，负责机构听取意见的主要方式是召开公众听证会或公众会议，公众也可主动表示对拟议行动的意见。

当各机构对拟议行动进行了实质性修改，或与拟议行动相关的环境问题出现了新的重大信息时，应当对已编制好的 EIS 进行增补。

4）EIS 最终文本编制阶段

在编制最终文本时，必须包含公众意见以及该主管机构对公众意见的反馈。牵头机构对公众意见反馈的处理可以采取以下方式：

- 调整包括建议的活动方案在内的备选方案；
- 制定和评价过去未慎重考虑的可供选择的方案；
- 补充、改进或修正分析；
- 根据事实进行修改。

对没有采纳的评论意见做出解释，列举能够支持机构意见的数据和原因，如果合适，指出能够引起机构重新评价或进一步回答的情形。

无论公众意见是否被采用，这些意见都应当附录于 EIS 的最终定稿之中。

最终文本编制完毕，牵头机构应当就该文本再次征求公众意见，条例规定牵头机构的征求意见期为 30 天。只有在 30 天之后没有公众意见，负责牵头的机构才能实施拟议行动。

当牵头机构决定实施可能给人类环境质量带来显著影响的拟议行动时，如果该机构对该拟议行动进行了实质性修改及出现了与拟议行动或其带来的环境影响相关的新的情况或信息时，则应当对 EIS 进行增补。条例建议，对 5 年以上的 EIS，牵头机构应当进行详细的再审核，以决定是否有必要增补。

5.2.2　我国环境影响评价制度

1. 我国环境影响评价制度的发展

（1）引入和确立阶段

1972 年,我国派团出席斯德哥尔摩人类环境会议后,1973 年召开第一次全国环境保护会议,环境影响评价概念随之引入我国。

1979 年,通过《中华人民共和国环境保护法(试行)》,该法规定:"一切企业、事业单位的选址、设计、建设和生产,都必须注意防止对环境的污染和破坏。在进行新建、改建和扩建工程中,必须提交环境影响报告书,经环境保护主管部门和其他有关部门审查批准后才能进行设计。"这标志着我国的环境影响评价制度正式确立。

（2）规范和建设阶段

1981 年,发布了《基本建设项目环境保护管理办法》,明确把环境影响评价纳入到基本建设项目审批程序中。

1986 年,通过了《建设项目环境保护管理办法》,规定:"凡从事对环境有影响的一切基本建设项目、技术改造项目、区域开发建设项目、中外合资、中外合作、外商独资等,企业都必须在可行性研究阶段完成建设项目的环境影响报告书(或表)。各级人民政府的环境保护部门负责环境影响报告书(或表)的审批。对未经批准环境影响报告书(或表)的建设项目,规划部门不办理设计任务书的审批手续,土地部门不办理征地手续,银行不予贷款。"至此,建立了较完善的环境影响评价制度。

1989 年颁布的《中华人民共和国环境保护法》规定:"建设污染环境的项目必须遵守国家有关建设项目环境管理的规定。建设项目环境影响报告书,必须对其产生的污染和对环境的影响做出评价,规定防治措施,经主管部门预审,并依照规定的程序报环境保护行政主管部门批准。环境影响报告书经批准后,计划部门方可批准建设项目设计任务书。"环境影响评价的法律基础进一步坚实。

（3）提高和完善阶段

1994 年,开始了环境影响评价招标试点工作。

1996 年,召开了第四次全国环境保护工作会议,强化了"清洁生产"和"公众参与"的内容,强化了生态环境影响评价、战略环境影响评价以及环境影响后评价。国家加强了对评价队伍的管理,进行了环境影响评价人员的持证上岗培训。

1998 年,颁布了《建设项目环境保护管理条例》,这是建设项目环境管理的第一个行政法规,使得环境影响评价制度更加完善。

1999 年,国家环保总局公布的《建设项目环境影响评价资格证书管理办法》,对评价单位的资质进行了规定。

2001 年,国家环境保护总局发布《建设项目环境保护分类管理(第一批)名录》。

2001 年,国家环境保护总局发布《建设项目竣工环境保护验收管理办法》。

（4）拓展和强化阶段

2002 年,第九届全国人大常委会通过了《中华人民共和国环境影响评价法》,它将规划纳入环境影响评价中,标志着环境影响评价从建设项目层次扩展到规划层次,具有划时代的意义。《中华人民共和国环境影响评价法》详细说明了立法的目的,环境影响评价的法律定义,环境影响评价的原则,环境影响评价的类别、范围及评价要求,报审时限,审查、分类管理的法律规定,环评报告的法定内容,环评资质管理,环评工程师等有关规定。

2004 年,人事部、国家环保总局决定在全国环境影响评价行业建立环境影响评价工程师职业资格制度,对环境影响评价技术以及从业人员提出了更高的要求。发布了《环境影响评价工程师职业资格制度暂行规定》。

2006 年,开始施行《环境影响评价公众参与暂行办法》。

2009 年,国务院颁布了《规划环境影响评价条例》。

2011 年,国务院发布《关于加强环境保护重点工作的意见》,对严格执行环境影响评价制度提出具体要求。

(5) 改革和转型阶段

2014 年,《中华人民共和国环境保护法》修订通过。该法规定:"编制有关开发利用规划,建设对环境有影响的项目,应当依法进行环境影响评价。未依法进行环境影响评价的开发利用规划,不得组织实施;未依法进行环境影响评价的建设项目,不得开工建设。"

2015 年,环境保护部发布《建设项目环境影响后评价管理办法(试行)》。

2015 年,环境保护部发布《关于加强规划环境影响评价与建设项目环境影响评价联动工作的意见》。

2016 年,环境保护部发布《建设项目环境影响登记表备案管理办法》。

2017 年,国务院发布修正后的《建设项目环境保护管理条例》。

2017 年,环境保护部发布《关于做好环境影响评价制度与排污许可制衔接相关工作的通知》。

2017 年,环境保护部发布《建设项目竣工环境保护验收暂行办法》。

2017 年,环境保护部发布《生态保护红线、环境质量底线、资源利用上线和环境准入负面清单编制技术指南》。

2018 年,生态环境部发布《关于强化建设项目环境影响评价事中事后监管的实施意见》。

2018 年,生态环境部发布《环境影响评价公众参与办法》。

2018 年,生态环境部发布修改后的《建设项目环境影响评价分类管理目录》。

2018 年,《中华人民共和国环境影响评价法》第二次修正,取消了环评机构资质管理,弱化了环评行政审批要求,强化了规划环评,进一步提高了对环评文件的质量要求,加大未批先建处罚力度。

2019 年,生态环境部发布《生态环境部审批环境影响评价文件的建设项目目录》。

2019 年,生态环境部发布《规划环境影响跟踪评价技术指南(试行)》。

2. 我国环境影响评价制度的特点

我国环境影响评价制度的主要特点表现在以下几个方面:

(1) 兼顾规划和建设项目环境影响评价

编制环境影响报告书的规划包括国务院有关部门、设区的市级以上地方人民政府及其有关部门,对其组织编制的工业、农业、畜牧业、林业、能源、水利、交通、城市建设、旅游、自然资源开发等有关专项规划;其他规划需编制环境影响篇章或说明。

建设项目环境影响评价的范围包括:基本建设项目(包括新建、改建、扩建项目)、技术改造项目、资源和流域开发、成片土地开发、城市新区建设和旧区改造等各类开发建设项目以及对环境可能造成影响的饮食、娱乐服务类项目。

建设项目的环境影响评价,应当避免与规划的环境影响评价相重复。作为一项整体建设

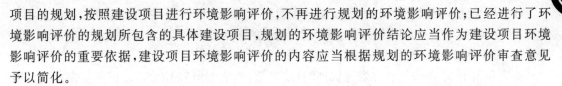

项目的规划,按照建设项目进行环境影响评价,不再进行规划的环境影响评价;已经进行了环境影响评价的规划所包含的具体建设项目,规划的环境影响评价结论应当作为建设项目环境影响评价的重要依据,建设项目环境影响评价的内容应当根据规划的环境影响评价审查意见予以简化。

（2）具有法律强制性

环境影响评价制度是国家环境保护法明令规定的一项法律制度,必须遵照执行,具有不可违背的强制性,所有对环境有影响的项目都必须执行这一制度。

（3）纳入基本建设程序

2017 年修改通过的《建设项目环境保护管理条例》规定,依法应当编制环境影响报告书、环境影响报告表的建设项目,建设单位应当在开工建设前将环境影响报告书、环境影响报告表报有审批权的生态环境主管部门审批;建设项目的环境影响评价文件未依法经审批部门审查或者审查后未予批准的,建设单位不得开工建设。

（4）分类管理,行政审批

国家规定,对造成不同程度环境影响评价的建设项目实行分类管理:对环境可能造成重大影响的,必须编写环境影响报告书;对环境可能造成轻度影响的,可以编写环境影响报告表;对环境影响很小的项目,可只填环境影响登记表。评价工作的重点也因类而异,对新建项目,主要解决合理布局、优化选址和总量控制;对扩建和技术改造项目,重点在于工程实施前后可能对环境造成的影响及"以新带老"的改进措施。

（5）环境影响评价文件分级审批制度

各级生态环境部门负责建设项目环境影响评价文件的审批工作。建设项目环境影响评价文件的分级审批权限,原则上按照建设项目的审批、核准和备案权限及建设项目对环境的影响性质和程度确定。实行审批制的建设项目,建设单位应当在报送可行性研究报告前完成环境影响评价文件报批手续。实行核准制的建设项目,建设单位应当在提交项目申请报告前完成环境影响评价文件报批手续。实行备案制的建设项目,建设单位应当在办理备案手续后和项目开工前完成环境影响评价文件报批手续。

生态环境部审批的环境影响评价文件的建设项目遵照《生态环境部审批环境影响评价文件的建设项目目录》,省级生态环境部门应根据该目录,结合本地区实际情况和基层生态环境部门承接能力,及时调整公告目录以外的建设项目环境影响评价文件审批权限,报省级人民政府批准并公告实施。

5.3　"三线一单"环境管控体系

5.3.1　"三线一单"概述

"三线一单"是指生态保护红线、环境质量底线、资源利用上线和环境准入负面清单。

生态保护红线,指在生态空间范围内具有特殊重要生态功能、必须强制性严格保护的区域,是保障和维护国家生态安全的底线和生命线,通常包括具有重要水源涵养、生物多样性维护、水土保持、防风固沙、海岸生态稳定等功能的生态功能重要区域,以及水土流失、土地沙化、石漠化、盐渍化等生态环境敏感脆弱区域。按照"生态功能不降低、面积不减少、性质不改变"的基本要求,实施严格管控。

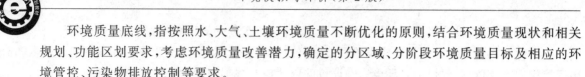

环境质量底线，指按照水、大气、土壤环境质量不断优化的原则，结合环境质量现状和相关规划、功能区划要求，考虑环境质量改善潜力，确定的分区域、分阶段环境质量目标及相应的环境管控、污染物排放控制等要求。

资源利用上线，指按照自然资源资产"只能增值、不能贬值"的原则，以保障生态安全和改善环境质量为目的，利用自然资源资产负债表，结合自然资源开发管控，提出的分区域、分阶段的资源开发利用总量、强度、效率等上线管控要求。

环境管控单元，指集成生态保护红线及生态空间、环境质量底线、资源利用上线的管控区域，衔接行政边界，划定的环境综合管理单元。

环境准入负面清单，指基于环境管控单元，统筹考虑生态保护红线、环境质量底线、资源利用上线的管控要求，提出的空间布局、污染物排放、环境风险、资源开发利用等方面禁止和限制的环境准入要求。

通过编制"三线一单"，以改善环境质量为核心，以生态保护红线、环境质量底线、资源利用上线为基础，将行政区域划分为若干环境管控单元，在一张图上落实生态保护、环境质量目标管理、资源利用管控要求，按照环境管控单元编制环境准入负面清单，构建环境分区管控体系，为战略和规划环评落地、项目环评审批提供硬约束，为其他环境管理工作提供空间管控依据，促进形成绿色发展方式和生产生活方式。

5.3.2 "三线一单"编制任务和技术路线

根据"生态保护红线、环境质量底线、资源利用上线和环境准入负面清单"编制技术指南，编制"三线一单"的任务如下：

① 开展基础分析，建立工作底图。收集整理基础地理、生态环境、国土开发等数据资料，对数据进行标准化处理和可靠性分析，建立基础数据库。对相关规划、区划、战略环评的宏观要求进行梳理分析。开展自然环境状况、资源能源禀赋、社会经济发展和城镇化形势等方面的综合分析，建立统一规范的工作底图。

② 明确生态保护红线，识别生态空间。按照《生态保护红线划定指南》，识别需要严格保护的区域，划定并严守生态保护红线，落实生态空间用途分区和管控要求，形成生态空间与生态保护红线图。

③ 确立环境质量底线，测算污染物允许排放量。开展水、大气环境评价，明确各要素空间差异化的环境功能属性，合理确定分区域、分阶段的环境质量目标，测算污染物允许排放量和控制情景，识别需要重点管控的区域，形成水环境质量底线、允许排放量及重点管控区图，大气环境质量底线、允许排放量及重点管控区图。开展土壤环境评价，合理确定土壤环境安全利用底线目标，形成土壤环境风险管控底线及土壤污染风险重点管控区图。

④ 确定资源利用上线，明确管控要求。从生态环境质量维护改善、自然资源资产"保值增值"等角度，开展自然资源开发利用强度评估，明确水、土地等重点资源开发利用和能源消耗的上线要求，形成自然资源资产负债表、土地资源重点管控区图，生态用水补给区图（可选），地下水开采重点管控区图（可选）、高污染燃料禁燃区图（可选）及其他自然资源重点管控区图（可选）。

⑤ 综合各类分区，确定环境管控单元。结合生态、大气、水、土壤等环境要素及自然资源的分区成果，衔接乡镇街道或区县行政边界，建立功能明确、边界清晰的环境管控单元，统一环境管控单元编码，实施分类管理，形成环境管控单元分类图。

⑥ 统筹分区管控要求，建立环境准入负面清单。基于环境管控单元，统筹生态保护红线、

环境质量底线、资源利用上线的分区管控要求,明确空间布局约束、污染物排放管控、风险管控防控、资源开发利用效率等方面禁止和限制的环境准入要求,建立环境准入负面清单及相应治理要求。

⑦ 集成"三线一单"成果,建设信息管理平台。落实"三线一单"管控要求,集成开发数据管理、综合分析和应用服务等功能,实现"三线一单"信息共享及动态管理。

通过系统收集、整理区域生态环境及经济社会等基础数据,开展综合分析评价,明确生态保护红线、环境质量底线、资源利用上线,确定环境管控单元,提出环境准入负面清单。具体编制技术路线见图 5-1。

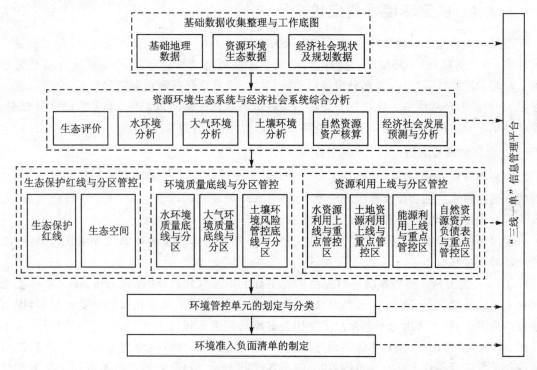

图 5-1　"三线一单"编制技术路线图

5.3.3　划定生态保护红线

按照"生态功能不降低、面积不减少,性质不改变"的原则,识别并明确生态空间,划定生态保护红线。

1. 生态评价

利用地理国情普查、土地调查及变更数据,提取森林、湿地、草地等具有自然属性的国土空间。按照《生态保护红线划定指南》,开展区域生态系统服务功能重要性评估(水源涵养、水土保持、防风固沙、生物多样性维护)和生态环境敏感性评估(水土流失、土地沙化、石漠化、盐渍化),按照生态系统服务功能重要性依次划分为一般重要、重要和极重要 3 个等级,按照生态环境敏感性依次划分为一般敏感、敏感和极敏感 3 个等级,识别生态功能重要、生态环境敏感脆弱区域分布。

2. 生态空间识别

综合考虑维护区域生态系统完整性、稳定性的要求,结合构建区域生态安全格局的需要,基于重要生态功能区、保护区和其他有必要实施保护的陆域、水域和海域,考虑农业空间和城镇空间,衔接土地利用和城镇开发边界,识别并明确生态空间。生态空间原则上按限制开发区域管理。

3. 划定生态保护红线

已经划定生态保护红线的,严格落实生态保护红线方案和管控要求;尚未划定生态保护红线的,按《生态保护红线划定指南》划定。生态保护红线,原则上按照禁止开发区域的要求进行管理,严禁不符合主体功能定位的各类开发活动,严禁任意改变用途。

5.3.4 确定环境质量底线

遵循环境质量不断优化的原则,确定环境质量底线。对于环境质量不达标区,环境质量只能改善,不能恶化;对于环境质量达标区,环境质量应维持基本稳定,且不得低于环境质量标准。环境质量底线的确定,要充分衔接相关规划的环境质量目标和达标期限要求,合理确定分区域、分阶段的环境质量底线目标。评估污染源排放对环境质量的影响,落实总量控制要求,明确基于环境质量底线的污染物排放控制和重点区域环境管控要求。

1. 水环境质量底线

水环境质量底线是将国家确立的控制单元进一步细化,按照水环境质量分阶段改善、实现功能区达标和水生态功能修复提升的要求,结合水环境现状和改善潜力,对水环境质量目标、允许排放量控制和空间管控提出的明确要求。

通过水环境分析、水环境质量目标确定、水污染物允许排放量测算和水环境管控分区,确定水环境质量底线。

① 水环境分析。在国家确定的控制单元基础上,与水(环境)功能区衔接,细化水环境控制单元。分析地表水、地下水、近岸海域(沿海城市)等水环境质量现状和近年变化趋势,识别主要污染因子、特征污染因子以及水质维护关键制约因素。根据水文、水质及污染特征,以工业源、城镇生活源、面源及其他污染源等构成的全口径污染源排放清单为基础,分析各控制单元内相关污染源等对水环境质量的影响,确定各控制单元、流域、行政区的主要污染来源。对于跨界水体,应分析流域上下游、左右岸的主要污染物传输通量的影响。

② 水环境质量目标确定。依据水(环境)功能区划,衔接国家、区域、流域及本地区的相关规划、行动计划对水环境质量的改善要求,确定一套覆盖全流域、落实到各控制断面、控制单元的分阶段水环境质量目标。对未纳入水(环境)功能区划的重要水体,考虑现状水质与水体功能要求,补充制定水环境质量目标。水环境质量目标应不低于国家和地方要求。

③ 水污染物允许排放量测算。以各控制单元水环境质量目标为约束,选择合适的模型方法,测算化学需氧量、氨氮等主要污染物以及存在超标风险的其他污染因子的环境容量。重点湖库汇水区、总磷超标的控制单元和沿海地区应对总氮、总磷进行测算,上游区域应考虑下游区域水质目标约束,入海河流应考虑近岸海域水质改善目标。以水环境质量目标为约束,考虑经济社会发展、产业结构调整、污染控制水平、环境管理水平等因素,构建不同的控制情景,测算存量源污染削减潜力和新增源污染排放量,分析分区域分阶段水环境质量改善潜力。基于水环境质量改善潜力,参考环境容量,综合考虑区域功能定位、经济发展特点与目标、技术可行性等因素,并预留一定的安全余量,综合测算水污染物允许排放量。根据水环境质量现状与目标的差距,结合现状污染物排放情况,对允许排放量进行校核,允许排放量不应高于上级政府

下达的同口径污染物排放总量指标。

④ 水环境管控分区。将饮用水水源保护区、湿地保护区、江河源头、珍稀濒危水生生物及重要水产种质资源的产卵场、索饵场、越冬场、洄游通道、河湖及其生态缓冲带等所属的控制单元作为水环境优先保护区。根据水环境评价和污染源分析结果,将以工业源为主的控制单元、以城镇生活源为主的超标控制单元和以农业源为主的超标控制单元作为水环境重点管控区;有地下水超标超载问题的地区,还需要考虑地下水管控要求;其余区域作为一般管控区。

2. 大气环境质量底线

大气环境质量底线的确定,要按照分阶段改善和限期达标要求,根据区域大气环境和污染排放特点,考虑区域间污染传输影响,对大气环境质量改善潜力进行分析,对大气环境质量目标、允许排放量控制和空间管控提出的明确要求。

通过大气环境分析、大气环境质量目标确定、大气污染物允许排放量测算、大气环境管控分区,确定大气环境质量底线。

① 大气环境分析。分析大气环境质量现状和近年变化趋势,识别主要污染因子、特征污染因子及影响大气环境质量改善的关键制约因素。依据城市大气环境特点选择合适的技术方法,定量估算不同排放源和污染物排放对城市环境空气中主要污染物浓度的贡献,确定大气污染物主要来源,筛选重点排放行业和排放源。估算周边区域不同污染源对目标城市环境空气中主要污染物浓度的贡献,识别大气污染联防联控的重点区域和重点控制行业。

② 大气环境质量目标确定。衔接国家、区域、省域和本地区对区域大气环境质量改善的要求,结合大气环境功能区划,合理制定分区域分阶段环境空气质量目标。

③ 大气污染物允许排放量测算。根据典型年气象条件、污染特征及数据资料基础,合理选择模型方法,以环境空气质量目标为约束,测算二氧化硫、氮氧化物、颗粒物、挥发性有机物、氨等主要污染物环境容量,地方可结合实际增加特征污染物环境容量测算。基于大气污染源排放清单,利用大气环境质量模型,考虑经济社会发展、产业结构调整、污染控制水平、环境管理水平等因素,以环境质量目标为约束,构建不同措施组合的控制情景,分析测算工业、生活、交通、港口船舶等存量源污染减排潜力和新增源污染排放量,评估不同控制情景下大气环境质量改善潜力。基于大气环境质量改善潜力和环境质量目标可达性,参考环境容量,综合考虑经济发展特点与目标、技术可行性等因素,并预留一定的安全余量,测算全市、各区县主要大气污染物允许排放量,对重点工业园区污染排放给出管控要求。各地可根据实际情况,结合排污许可证管理要求,进一步核算主要行业大气污染物允许排放量。根据大气环境质量现状数据与目标的差异,结合现状污染物排放情况,对允许排放量进行校核,允许排放量不应高于上级政府下达的同口径污染物排放总量指标要求。

④ 大气环境管控分区。将环境空气一类功能区作为大气环境优先保护区;将环境空气二类功能区中的工业集聚区等高排放区域,上风向、扩散通道、环流通道等影响空气质量的布局敏感区域,静风或风速较小的弱扩散区域,城镇中心及集中居住、医疗、教育等受体敏感区域等作为大气环境重点管控区;将环境空气二类功能区中的其余区域作为一般管控区。

3. 土壤环境风险管控底线

土壤环境风险管控底线是根据土壤环境质量标准及土壤污染防治相关规划、行动计划要求,对受污染耕地及污染地块安全利用目标、空间管控提出的明确要求。

通过土壤环境分析、土壤环境风险管控底线确定和土壤污染风险管控分区,确定土壤环境质量底线。

① 土壤环境分析。利用国土、农业、环保等部门的土壤环境监测调查数据,并结合全国土壤污染状况详查,参照国家有关标准规范,对农用地、建设用地和未利用地土壤污染状况进行分析评价,确定土壤污染的潜在风险和严重风险区域。

② 土壤环境风险管控底线确定。衔接土壤环境质量标准及土壤污染防治相关规划、行动计划要求,以受污染耕地及污染地块安全利用为重点,确定土壤环境风险管控目标。

③ 土壤污染风险管控分区。依据土壤环境分析结果,参照农用地土壤环境状况类别划分技术指南,农用地划分为优先保护类、安全利用类和严格管控类,将优先保护类农用地集中区作为农用地优先保护区,将农用地严格管控类和安全利用类区域作为农用地污染风险重点管控区;筛选涉及有色金属冶炼、石油加工、化工、焦化、电镀、制革等行业生产经营活动和危险废物贮存、利用、处置活动的地块,识别疑似污染地块。基于疑似污染地块环境初步调查结果,建立污染地块名录,确定污染地块风险等级,明确优先管理对象,将污染地块纳入建设用地污染风险重点管控区;其余区域纳入一般管控区。

5.3.5　确定资源利用上线

以改善环境质量、保障生态安全为目的,确定水资源开发、土地资源利用、能源消耗的总量、强度、效率等要求。基于自然资源资产"保值增值"的基本原则,编制自然资源资产负债表,确定自然资源保护和开发利用要求。

1. 水资源利用上线

① 水资源利用要求衔接。通过历史趋势分析、横向对比、指标分析等方法,分析近年水资源供需状况。衔接既有水资源管理制度,梳理用水总量、地下水开采总量和最低水位线、万元国内生产总值用水量、万元工业增加值用水量、灌溉水有效利用系数等水资源开发利用管理要求,作为水资源利用上线管控要求。

② 生态需水量测算。基于水生态功能保障和水环境质量改善要求,对涉及重要生态服务功能、断流、重度污染、水利水电梯级开发等河段,测算生态需水量等指标,明确需要控制的水面面积、生态水位、河湖岸线等管控要求,纳入水资源利用上线。

③ 重点管控区确定。根据生态需水量测算结果,将相关河段划为生态用水补给区,纳入水资源重点管控区,实施重点管控。根据地下水超采、地下水漏斗、海水入侵等状况,衔接各部门地下水开采相关空间管控要求,将地下水严重超采区、已发生严重地面沉降、海(咸)水入侵等地质环境问题的区域,以及泉水涵养区等需要特殊保护的区域划为地下水开采重点管控区。

2. 土地资源利用上线

① 土地资源利用要求的衔接。通过历史趋势分析、横向对比、指标分析等方法,分析城镇、工业等土地利用现状和规划,评估土地资源供需形势。衔接国土、规划、建设等部门对土地资源开发利用总量及强度的管控要求,作为土地资源利用上线管控要求。

② 重点管控区的确定。考虑生态环境安全,将生态保护红线集中、重度污染农用地或污染地块集中的区域确定为土地资源重点管控区。

3. 能源利用上线

① 能源利用要求的衔接。综合分析区域能源禀赋和能源供给能力,衔接国家、省、市能源利用相关政策与法规,能源开发利用规划,能源发展规划,节能减排规划,梳理能源利用总量、

结构和利用效率要求，作为能源利用上线管控要求。

② 煤炭消费总量的确定。已经下达或制定煤炭消费总量控制目标的城市，严格落实相关要求；尚未下达或制定煤炭消费总量控制目标的城市，以大气环境质量改善目标为约束，测算未来能源供需状况，采用污染排放贡献系数等方法，确定煤炭消费总量。

③ 重点管控区的确定。考虑大气环境质量改善要求，在人口密集、污染排放强度高的区域优先划定 高污染燃料禁燃区，作为重点管控区。

4. 自然资源资产核算及管控

① 自然资源资产核算。根据《编制自然资源资产负债表试点方案》，记录各区县行政单元区域内耕地、草地等土地资源面积数量和质量等级，天然林、人工林等林木资源面积数量和单位面积蓄积量，水库、湖泊等水资源总量，水质类别等自然资源资产期初、期末的实物量，核算自然资源资产数量和质量变动情况，编制自然资源资产负债表，构建各行政单元内自然资源资产数量增减和质量变化统计台账。

② 重点管控区的确定。根据各区县耕地、草地、森林、水库、湖泊等自然资源核算结果，加强对数量减少、质量下降的自然资源开发管控。将自然资源数量减少、质量下降的区域作为自然资源重点管控区。

5.3.6　划定环境管控单元

根据生态保护红线、生态空间、环境质量底线、资源利用上线的分区管控要求，衔接乡镇街道和区县行政边界，综合划定环境管控单元，实施分类管控。各地可根据自然环境特征、人口密度、开发强度、生态环境管理基础能力等因素，合理确定环境管控单元的空间尺度。

将规划城镇建设区、乡镇街道、工业园区（集聚区）等边界与生态保护红线、生态空间、水环境管控分区、大气环境管控分区、土壤污染风险管控分区、资源利用上线管控分区等进行叠加。采用逐级聚类的方法，确定环境管控单元。分析各环境管控单元生态、水、大气、土壤等环境要素的区域功能及自然资源利用的保护、管控要求等，将环境管控单元划分为优先保护、重点管控和一般管控三类，见表 5－1。

表 5－1　环境管控单元分类

生态环境空间分区	管控单元分类		
	优先保护	重点管控	一般管控
生态空间分区	生态保护红线	其他生态空间	其他区域
水环境管控分区	水环境优先保护区	水环境工业污染重点管控区	
		水环境城镇生活污染重点管控区	
		水环境农业污染重点管控区	
大气环境管控分区	大气环境优先保护区	大气环境高排放重点管控区	
		大气环境布局敏感重点管控区	
		大气环境弱扩散重点管控区	
		大气环境受体敏感重点管控区

生态环境空间分区	管控单元分类		
	优先保护	重点管控	一般管控
土壤污染风险管控分区	农用地优先保护区	农用地污染风险重点管控区	其他区域
		建设用地污染风险重点管控区	
自然资源管控分区		生态用水补给区	
		地下水开采重点管控区	
		土地资源重点管控区	
		高污染燃料禁燃区	
		自然资源重点管控区	

优先保护单元,包括生态保护红线、水环境优先保护区、大气环境优先保护区、农用地优先保护区等,以生态环境保护为主,禁止或限制大规模的工业发展、矿产等自然资源开发和城镇建设。

重点管控单元,包括生态保护红线外的其他生态空间、城镇和工业园区(集聚区),人口密集、资源开发强度大、污染物排放强度高的区域,根据单元内水、大气、土壤、生态等环境要素的质量目标和管控要求,以及自然资源管控要求,综合确定准入、治理清单。

一般管控单元,包括除优先保护类和重点管控类之外的其他区域,执行区域生态环境保护的基本要求。

5.3.7 环境准入负面清单

根据环境管控单元涉及的生态保护红线、环境质量底线、资源利用上线的管控要求,从空间布局约束、污染物排放管控、环境风险防控、资源利用效率等方面,针对环境管控单元提出优化布局、调整结构、控制规模等调控策略及导向性的环境治理要求,分类明确禁止和限制的环境准入要求。

应根据空间布局约束、污染物排放管控、环境风险防控和资源利用效率要求,编制环境准入负面清单。

① 空间布局约束。对于各类优先保护单元以及生态保护红线以外的其他生态空间,应从环境功能维护、生态安全保障等角度出发,优先从空间布局上禁止或限制有损该单元生态环境功能的开发建设活动。

② 污染物排放管控。对于水环境重点管控区、大气环境重点管控区等管控单元,应加强污染排放控制,重点从污染物种类,排放量、强度和浓度上管控开发建设活动,提出主要污染物允许排放量、新增源减量置换和存量源污染治理等方面的环境准入要求。

③ 环境风险防控。对于各类优先保护单元、水环境工业污染重点管控区、大气环境高排放重点管控区,以及建设用地和农用地污染风险重点管控区,应提出环境风险防控的准入要求。

④ 资源利用效率要求。对于生态用水补给区、地下水开采重点管控区、高污染燃料禁燃区、自然资源重点管控区等管控单元,应针对区域内资源开发的突出问题,加严资源开发的总量、强度和效率等管控要求。

环境准入负面清单编制的具体要求详见表 5-2。

表 5-2 环境准入负面清单编制要求

管控类型	管控单元	编制指引
空间布局约束	生态保护红线	① 严禁不符合主体功能定位的各类开发活动。 ② 严禁任意改变用途。 ③ 已经侵占生态保护红线的,应建立退出机制、制定治理方案及时间表。 ④ 结合地方实际,编制生态保护红线正面清单
	其他生态空间	① 避免开发建设活动损害其生态服务功能和生态产品质量。 ② 已经侵占生态空间的,应建立退出机制,制定治理方案及时间表
	水环境优先保护区	① 避免开发建设活动对水资源、水环境、水生态造成损害。 ② 保证河湖滨岸的连通性,不得建设破坏植被缓冲带的项目。 ③ 已经损害保护功能的,应建立退出机制、制定治理方案及时间表
	大气环境优先保护区	① 应在负面清单中明确禁止新建、改扩建排放大气污染物的工业企业。 ② 制定大气污染物排放工业企业退出方案及时间表
	农用地优先保护区	① 严格控制新建有色金属冶炼、石油加工、化工、焦化、电镀、制革等具有有毒有害物质排放的行业企业。 ② 应划定缓冲区域,禁止新增排放重金属和多环芳烃、石油烃等有机污染物的开发建设活动。 ③ 现有相关行业企业加快提标升级改造步伐,并应建立退出机制,制定治理方案及时间表
污染物排放管控	水环境工业污染重点管控区;水环境城镇生活污染重点管控区	① 应明确区域及重点行业的水污染物允许排放量。 ② 对于水环境质量不达标的管控单元,应提出现有源水污染物排放削减计划和水环境容量增容方案;应对涉及水污染物排放的新建、改扩建项目提出倍量削减要求;应基于水质目标,提出废水循环利用和加严的水污染物排放控制要求。 ③ 对于未完成区域环境质量改善目标要求的管控单元,应提出暂停审批涉水污染物排放的建设项目等环境管理特别措施
	水环境农业污染重点管控区	① 应科学划定畜禽、水产养殖禁养区的范围,明确禁养区内畜禽、水产养殖退出机制。 ② 应对新建、改扩建规模化畜禽养殖场(小区)提出雨污分流、粪便污水资源化利用等限制性准入条件。 ③ 对于水环境质量不达标的管控区,应提出农业面源整治要求
	大气环境布局敏感重点管控区;大气环境弱扩散重点管控区;大气环境受体敏感重点管控区	① 应明确区域大气污染物允许排放量及主要污染物排放强度,严格控制涉及大气污染物排放的工业项目准入。 ② 提出区域大气污染物削减要求
	大气环境高排放重点管控区	① 应明确区域及重点行业的大气污染物允许排放量。 ② 对于大气环境质量不达标的管控单元,应结合源清单提出现有源大气污染物排放削减计划;对涉及大气污染物排放的新建、改扩建项目,应提出倍量削减要求;应基于大气环境目标提出加严的大气污染物排放控制要求。 ③ 对于未完成区域环境质量改善目标要求的,应提出暂停审批涉及大气污染物排放的建设项目环境准入等环境管理特别措施

管控类型	管控单元	编制指引
环境风险防控	各优先保护单元;水环境工业污染重点管控区;水环境城镇生活污染重点管控区;大气环境受体敏感重点管控区	针对涉及易导致环境风险的有毒有害和易燃易爆物质的生产、使用、排放、贮运等新建、改扩建项目,应明确提出禁止准入要求或限制性准入条件以及环境风险防控措施
	农用地污染风险重点管控区	① 分类实施严格管控。对于严格管控类,应禁止种植食用农产品;对于安全利用类,应制定安全利用方案,包括种植结构与种植方式调整、种植替代、降低农产品超标风险。 ② 对于工矿企业污染影响突出、不达标的牧草地,应提出畜牧生产的管控限制要求。 ③ 禁止建设向农用水体排放含有毒、有害废水的项目
	建设用地污染风险重点管控区	① 应明确用途管理,防范人居环境风险。 ② 制定涉重金属,持久性有机物等有毒有害污染物工业企业的准入条件。 ③ 污染地块经治理与修复,并符合相应规划用地土壤环境质量要求后,方可进入用地程序
资源开发效率要求	生态用水补给区	① 应明确管控区生态用水量(或水位、水面)。 ② 对于新增取水的建设项目,应提出单位产品或单位产值的水耗、用水效率、再生水利用率等限制性准入条件。 ③ 对于取水总量已超过控制指标的地区,应提出禁止高耗水产业准入的要求
	地下水开采重点管控区	① 应划定地下水禁止开采或者限制开采区,禁止新增取用地下水。 ② 应明确新建、改扩建项目单位产值水耗限值等用水效率水平。 ③ 对于高耗水行业,应提出禁止准入要求,建立现有企业退出机制并制定治理方案及时间表
	高污染燃料禁燃区	① 禁止新建、扩建采用非清洁燃料的项目和设施。 ② 已建成的采用高污染燃料的项目和设施,应制定改用天然气、电或者其他清洁能源的时间表
	自然资源重点管控区	① 应明确提出对自然资源开发利用的管控要求,避免加剧自然资源资产数量减少、质量下降的开发建设行为。 ② 应建立已有开发建设活动的退出机制并制定治理方案及时间表

5.3.8　"三线一单"成果要求

"三线一单"编制成果包括文本、图集、研究报告、信息管理平台等。

1. 文本成果要求

文本成果包括生态环境基础,编制总则,生态保护红线,生态空间,大气、水、土壤的环境质量底线、污染物允许排放量和重点管控区,资源利用上线及重点管控区,环境管控单元,环境准入负面清单,"三线一单"信息管理平台等内容。

2. 图集成果要求

图集成果包括范围图,生态空间与生态保护红线图,水环境质量底线、污染物允许排放量及重点管控区图,大气环境质量底线、污染物允许排放量及重点管控区图,土壤污染风险重点管控区图,生态用水补给区图(可选),地下水开采重点管控区图(可选),高污染燃料禁燃区图(可选),土地资源重点管控区图(可选),自然资源重点管控区图(可选),环境管控单元分类图等成果。

3. 研究报告成果要求

研究报告包括数据准备、区域概况、编制思路、要素分析评价以及"三线一单"划定的技术方法、过程、结果等研究性内容,应包含详实完整的研究过程的文字说明、图和表格。

4. 数据共享及应用平台成果要求

生态环境主管部门建立"三线一单"数据共享和应用平台。

数据应用平台的主要功能包括数据管理与综合分析、智能分析与应用服务。其中,数据管理与综合分析应包括基础数据管理、成果管理、实时业务数据对接、数据综合查询及展示等功能;智能分析与应用服务应包括数据共享交换、智能分析支持、多类型用户服务、应用服务接口、业务管理互动等。

5.4　生态环境保护法律法规和标准

5.4.1　生态环境保护法律法规体系

目前,我国建立了由法律、国务院行政法规、政府部门规章、地方性法规和地方政府规章、环境标准、环境保护国际条约组成的完整的环境保护法律法规体系。

1. 宪　法

《中华人民共和国宪法》规定:

① 矿藏、水流、森林、山岭、草原、荒地、滩涂等自然资源,都属于国家所有,即全民所有;由法律规定属于集体所有的森林、山岭、草原、荒地、滩涂除外。国家保障自然资源的合理利用,保护珍贵的动物和植物。禁止任何组织或者个人用任何手段侵占或者破坏自然资源。

② 城市的土地属于国家所有。农村和城市郊区的土地,除由法律规定属于国家所有的以外,属于集体所有;宅基地和自留地、自留山,也属于集体所有。任何组织或者个人不得侵占、买卖、出租或者以其他形式非法转让土地。一切使用土地的组织和个人必须合理地利用土地。

③ 国家保护名胜古迹、珍贵文物和其他重要历史文化遗产。国家保护和改善生活环境和生态环境,防治污染和其他公害。国家组织和鼓励植树造林,保护林木。

宪法中的这些规定,是环境保护立法的依据和指导原则。

2. 生态环境保护法律

生态环境保护法律包括环境保护综合法、生态环境保护单行法和生态环境保护相关法。

(1) 环境保护综合法

环境保护综合法是指《中华人民共和国环境保护法》,该法共有 7 章 70 条,于 2014 年 4 月 24 日修订通过,自 2015 年 1 月 1 日起施行。

（2）生态环境保护单行法

环境保护单行法包括《中华人民共和国水污染防治法》、《中华人民共和国大气污染防治法》、《中华人民共和国固体废物污染环境防治法》、《中华人民共和国环境噪声污染防治法》、《中华人民共和国土壤污染防治法》、《中华人民共和国放射性污染防治法》、《中华人民共和国海洋环境保护法》和《中华人民共和国环境影响评价法》等。

《中华人民共和国环境影响评价法》于 2002 年 10 月颁布，2016 年 7 月第一次修正，2018 年 12 月第二次修正。《中华人民共和国环境影响评价法》的目的在于实施可持续发展战略，预防因规划和建设项目实施后对环境造成不良影响，促进经济、社会和环境的协调发展。环境影响评价必须客观、公开、公正，综合考虑规划或者建设项目实施后对各种环境因素及其所构成的生态系统可能造成的影响，为决策提供科学依据。鼓励有关单位、专家和公众以适当方式参与环境影响评价，加强环境影响评价的基础数据库和评价指标体系建设，鼓励和支持对环境影响评价的方法、技术规范进行科学研究，建立必要的环境影响评价信息共享制度，提高环境影响评价的科学性。

环境影响评价分为规划的环境影响评价和建设项目的环境影响评价。

1）规划的环境影响评价

① 规划环境影响的篇章或者说明。国务院有关部门、设区的市级以上地方人民政府及其有关部门，对其组织编制的土地利用的有关规划，区域、流域、海域的建设、开发利用规划，应当在规划编制过程中组织进行环境影响评价，编写该规划有关环境影响的篇章或者说明。规划有关环境影响的篇章或者说明，应当对规划实施后可能造成的环境影响作出分析、预测和评估，提出预防或者减轻不良环境影响的对策和措施，作为规划草案的组成部分一并报送规划审批机关。未编写有关环境影响的篇章或者说明的规划草案，审批机关不予审批。

② 规划的环境影响报告书。国务院有关部门、设区的市级以上地方人民政府及其有关部门，对其组织编制的工业、农业、畜牧业、林业、能源、水利、交通、城市建设、旅游、自然资源开发的有关专项规划（以下简称专项规划），应当在该专项规划草案上报审批前，组织进行环境影响评价，并向审批该专项规划的机关提出环境影响报告书。专项规划的环境影响报告书应当包括下列内容：实施该规划对环境可能造成影响的分析、预测和评估；预防或者减轻不良环境影响的对策和措施；环境影响评价的结论。

③ 规划的公众参与。专项规划的编制机关对可能造成不良环境影响并直接涉及公众环境权益的规划，应当在该规划草案报送审批前，举行论证会、听证会，或者采取其他形式，征求有关单位、专家和公众对环境影响报告书草案的意见，但是，国家规定需要保密的情形除外。编制机关应当认真考虑有关单位、专家和公众对环境影响报告书草案的意见，并应当在报送审查的环境影响报告书中附具对意见采纳或者不采纳的说明。专项规划的编制机关在报批规划草案时，应当将环境影响报告书一并附送审批机关审查；未附送环境影响报告书的，审批机关不予审批。

④ 规划环境影响报告书的审查。设区的市级以上人民政府在审批专项规划草案，作出决策前，应当先由人民政府指定的生态环境主管部门或者其他部门召集有关部门代表和专家组成审查小组，对环境影响报告书进行审查。审查小组应当提出书面审查意见。由省级以上人民政府有关部门负责审批的专项规划，其环境影响报告书的审查办法，由国务院生态环境主管部门会同国务院有关部门制定。审查小组提出修改意见的，专项规划的编制机关应当根据环境影响报告书结论和审查意见对规划草案进行修改完善，并对环境影响报告书结论和审查意见

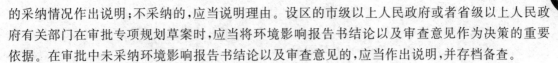

的采纳情况作出说明;不采纳的,应当说明理由。设区的市级以上人民政府或者省级以上人民政府有关部门在审批专项规划草案时,应当将环境影响报告书结论以及审查意见作为决策的重要依据。在审批中未采纳环境影响报告书结论以及审查意见的,应当作出说明,并存档备查。

⑤ 跟踪评价。对环境有重大影响的规划实施后,编制机关应当及时组织环境影响的跟踪评价,并将评价结果报告审批机关;发现有明显不良环境影响的,应当及时提出改进措施。跟踪评价应探明规划在实施过程中的变化情况、变化原因,实施中采取的生态环境影响减缓对策及措施的合理性和有效性;分析区域或流域生态环境质量现状及变化趋势、资源环境承载力的变化情况,结合国家、地方最新的生态环境管理要求和公众意见,对规划已实施部分造成的生态环境问题提出解决方案;对未实施完毕的规划,说明规划后续实施内容的生态环境合理性,对规划后续实施内容提出优化调整建议或减轻不良生态环境影响的对策和措施。

2) 建设项目的环境影响评价

① 分类管理。国家根据建设项目对环境的影响程度,对建设项目的环境影响评价实行分类管理。建设单位应当按照下列规定组织编制环境影响报告书、环境影响报告表或者填报环境影响登记表(以下统称环境影响评价文件)。可能造成重大环境影响的,应当编制环境影响报告书,对产生的环境影响进行全面评价;可能造成轻度环境影响的,应当编制环境影响报告表,对产生的环境影响进行分析或者专项评价;对环境影响很小、不需要进行环境影响评价的,应当填报环境影响登记表。《建设项目的环境影响评价分类管理名录》由国务院生态环境主管部门制定并公布。

② 环境影响报告书的内容。建设项目的环境影响报告书应当包括下列内容:建设项目概况,建设项目周围环境现状,建设项目对环境可能造成影响的分析、预测和评估,建设项目环境保护措施及其技术、经济论证,建设项目对环境影响的经济损益分析,对建设项目实施环境监测的建议,环境影响评价的结论。

③ 环境影响评价文件的编制和考核。建设单位可以委托技术单位对其建设项目开展环境影响评价,编制建设项目环境影响报告书、环境影响报告表;建设单位具备环境影响评价技术能力的,可以自行对其建设项目开展环境影响评价,编制建设项目环境影响报告书、环境影响报告表。编制建设项目环境影响报告书、环境影响报告表应当遵守国家有关环境影响评价标准、技术规范等规定。建设单位应当对建设项目环境影响报告书、环境影响报告表的内容和结论负责,接受委托编制建设项目环境影响报告书、环境影响报告表的技术单位对其编制的建设项目环境影响报告书、环境影响报告表承担相应责任。设区的市级以上人民政府生态环境主管部门应当加强对建设项目环境影响报告书、环境影响报告表编制单位的监督管理和质量考核。负责审批建设项目环境影响报告书、环境影响报告表的生态环境主管部门应当将编制单位、编制主持人和主要编制人员的相关违法信息记入社会诚信档案,并纳入全国信用信息共享平台和国家企业信用信息公示系统向社会公布。

④ 公众参与。除国家规定需要保密的情形外,对环境可能造成重大影响、应当编制环境影响报告书的建设项目,建设单位应当在报批建设项目环境影响报告书前,举行论证会、听证会,或者采取其他形式,征求有关单位、专家和公众的意见。建设单位报批的环境影响报告书应当附具对有关单位、专家和公众的意见采纳或者不采纳的说明。

⑤ 环境影响评价文件的审批。建设项目的环境影响报告书、报告表,由建设单位按照国务院的规定报有审批权的生态环境主管部门审批。海洋工程建设项目的海洋环境影响报告书的审批,依照《中华人民共和国海洋环境保护法》的规定办理。审批部门应当自收到环境影

报告书之日起 60 日内，收到环境影响报告表之日起 30 日内，分别作出审批决定并书面通知建设单位。国家对环境影响登记表实行备案管理。审核、审批建设项目环境影响报告书、报告表以及备案环境影响登记表，不得收取任何费用。

⑥ 国务院生态环境主管部门负责审批下列建设项目的环境影响评价文件：核设施、绝密工程等特殊性质的建设项目；跨省、自治区、直辖市行政区域的建设项目；由国务院审批的或者由国务院授权有关部门审批的建设项目。除此以外的建设项目的环境影响评价文件的审批权限，由省、自治区、直辖市人民政府规定。建设项目可能造成跨行政区域的不良环境影响，有关生态环境主管部门对该项目的环境影响评价结论有争议的，其环境影响评价文件由共同的上一级生态环境主管部门审批。

⑦ 重新报批和报请重新审核。建设项目的环境影响评价文件经批准后，建设项目的性质、规模、地点、采用的生产工艺或者防治污染、防止生态破坏的措施发生重大变动的，建设单位应当重新报批建设项目的环境影响评价文件。建设项目的环境影响评价文件自批准之日起超过五年，方决定该项目开工建设的，其环境影响评价文件应当报原审批部门重新审核；原审批部门应当自收到建设项目环境影响评价文件之日起十日内，将审核意见书面通知建设单位。

⑧ 环境保护对策措施。建设项目建设过程中，建设单位应当同时实施环境影响报告书、环境影响报告表以及环境影响评价文件审批部门审批意见中提出的环境保护对策措施。

⑨ 环境影响后评价。在项目建设、运行过程中产生不符合经审批的环境影响评价文件的情形的，建设单位应当组织环境影响的后评价，采取改进措施，并报原环境影响评价文件审批部门和建设项目审批部门备案；原环境影响评价文件审批部门也可以责成建设单位进行环境影响的后评价，采取改进措施。

⑩ 跟踪检查。生态环境主管部门应当对建设项目投入生产或者使用后所产生的环境影响进行跟踪检查，对造成严重环境污染或者生态破坏的，应当查清原因、查明责任。对属于建设项目环境影响报告书、环境影响报告表存在基础资料明显不实，内容存在重大缺陷、遗漏或者虚假，环境影响评价结论不正确或者不合理等严重质量问题的，追究建设单位及其相关责任人员和接受委托编制建设项目环境影响报告书、环境影响报告表的技术单位及其相关人员的法律责任；属于审批部门工作人员失职、渎职，对依法不应批准的建设项目环境影响报告书、环境影响报告表予以批准的，追究其法律责任。

（3）生态环境保护相关法

环境保护相关法是指一些自然资源保护和其他有关部门法律，如《中华人民共和国森林法》《中华人民共和国草原法》《中华人民共和国水土保持法》《中华人民共和国野生动物保护法》《中华人民共和国防沙治沙法》《中华人民共和国渔业法》《中华人民共和国矿产资源法》《中华人民共和国水法》《中华人民共和国清洁生产促进法》《中华人民共和国文物保护法》《中华人民共和国土地管理法》《中华人民共和国城乡规划法》等都涉及环境保护的有关要求，也是环境保护法律法规体系的一部分。

3. 生态环境保护行政法规

环境保护行政法规是由国务院制定并公布或经国务院批准有关主管部门公布的生态环境保护规范性文件。一是根据法律授权制定的环境保护法的实施细则或条例，如《中华人民共和国水污染防治法实施细则》《中华人民共和国大气污染防治法实施细则》；二是针对环境保护的某个领域而制定的条例、规定和办法，如《建设项目环境保护管理条例》《规划环境影响评价条例》《中华人民共和国河道管理条例》《中华人民共和国自然保护区条例》《风景名胜区条例》《基本农田保护条例》《土地复垦条例》《医疗废物管理条例》《危险化学品安全管理条例》《中华人民共和国海岸工程建设项目污染损害海洋环境管理条例》《防治海洋工程建设项目污染损害海洋环境管理条例》《畜禽规模养殖污染防治条例》《消耗臭氧层物质管理条例》等。

《建设项目环境保护管理条例》于 1998 年首次颁布施行,对贯彻建设项目环境影响评价制度以及环境保护设施与主体工程同时设计、同时施工、同时投产使用的"三同时"制度,防治环境污染,减少生态破坏,发挥了重要作用。随着国务院行政审批制度改革的不断深入,对建设项目环境保护管理提出了简政放权,强化事中事后监管和责任追究等新的要求,对其进行修改,修改后的《建设项目环境保护管理条例》自 2017 年 10 月 1 日起施行。

与 1998 年的相比,2017 年的《建设项目环境保护管理条例》修改了以下内容:

① 删除有关行政审批事项。取消对环评单位的资质管理;将环评登记表由审批制改为备案制;将建设项目环保设施竣工验收由环保部门验收改为建设单位自主验收。

② 简化环评程序。删除建设项目投产前试生产、环评审批前必须经水利部门审查水土保持方案、行业预审等审批前置条件、环评审批文件作为投资项目审批、工商执照前置条件等规定,串联改并联;环境影响报告书、报告表的报批时间由可行性研究阶段调整为开工建设前,环评文件未依法经审批部门审查或者审查后未予批准的,不得开工建设。

③ 细化环评审批要求。明确生态环境主管部门作出不予批准的五种情形,包括:建设项目类型及其选址、布局、规模等不符合环境保护法律法规和相关法定规划;所在区域环境质量未达到国家或者地方环境质量标准,且建设项目拟采取的措施不能满足区域环境质量改善目标管理要求;建设项目采取的污染防治措施无法确保污染物排放达到国家和地方排放标准,或者未采取必要措施预防和控制生态破坏;改建、扩建和技术改造项目,未针对项目原有环境污染和生态破坏提出有效防治措施;建设项目的环境影响报告书、环境影响报告表的基础资料数据明显不实,内容存在重大缺陷、遗漏,或者环境影响评价结论不明确、不合理。生态环境主管部门在环评审批中应当重点审查建设项目的环境可行性、环境影响分析预测评估的可靠性、环境保护措施的有效性、环境影响评价结论的科学性,并分别自收到环境影响报告书之日起60 日内、收到环境影响报告表之日起 30 日内,作出审批决定并书面通知建设单位。生态环境主管部门可以组织技术机构对建设项目环境影响报告书、环境影响报告表进行技术评估,并承担相应费用;技术机构应当对其提出的技术评估意见负责,不得向建设单位、从事环境影响评价工作的单位收取任何费用。依法应当填报环境影响登记表的建设项目,建设单位应当按照国务院环境保护行政主管部门的规定将环境影响登记表报建设项目所在地县级环境保护行政主管部门备案。审核、审批建设项目环境影响报告书、环境影响报告表及备案环境影响登记表,不得收取任何费用。

④ 强化事中事后监管。进一步明确建设单位在设计、施工阶段的环保责任,建设单位在初步设计阶段,应当按照环境保护设计规范的要求,编制环境保护篇章,落实防治环境污染和生态破坏的措施以及环境保护设施投资概算;建设单位应当将环境保护设施建设纳入施工合同,保证环境保护设施建设进度和资金,并在项目建设过程中同时组织实施环境影响报告书、环境影响报告表及其审批部门审批决定中提出的环境保护对策措施。新增建设项目竣工后环保设施验收的程序和要求,规定建设单位在环境保护设施验收过程中,应当按照生态环境主管部门规定的标准和程序,如实查验、监测、记载建设项目环境保护设施的建设和调试情况,不得弄虚作假,并向社会公开。编制环境影响报告书、环境影响报告表的建设项目,其配套建设的环境保护设施经验收合格,方可投入生产或者使用;未经验收或者验收不合格的,不得投入生

产或者使用;建设项目投入生产或者使用后,应当按照国务院环境保护行政主管部门的规定开展环境影响后评价。生态环境主管部门应当对建设项目环境保护设施设计、施工、验收、投入生产或者使用情况,以及有关环境影响评价文件确定的其他环境保护措施的落实情况,进行监督检查。

⑤ 加大处罚力度。明确建设项目"未批先建",应依据《中华人民共和国环境影响评价法》予以处罚;新增对未落实环保对策措施、环保投资概算或未依法开展环境影响后评价的处罚,严厉打击对环保设施未建成、未经验收或经验收不合格投入生产使用、在验收中弄虚作假等违法行为的处罚,并将原来仅对建设单位"单罚"改为同时对建设单位和相关责任人"双罚",还规定了责令限期改正、责令停产或关闭等法律责任;新增对技术评估机构违法收费的处罚和信用惩戒,规定生态环境主管部门应当将建设项目有关环境违法信息记入社会诚信档案。

⑥ 强化信息公开和公众参与。建设项目环境影响评价分类管理名录,由国务院环境保护行政主管部门在组织专家进行论证和征求有关部门、行业协会、企事业单位、公众等意见的基础上制定并公布。生态环境主管部门开展环境影响评价文件网上审批、备案和信息公开,及时向社会公开违法者名单等规定。

4. 政府部门规章

政府部门规章是指国务院生态环境行政主管部门单独发布或与国务院有关部门联合发布的环境保护规范性文件,以及政府其他有关行政主管部门依法制定的生态环境保护规范性文件。政府部门规章是以生态环境保护法律和行政法规为依据而制定的,或者是针对某些尚未有相应法律和行政法规调整的领域做出的相应规定。

5. 生态环境保护地方性法规和地方性规章

生态环境保护地方性法规和地方性规章是享有立法权的地方权力机关和地方政府机关依据宪法和相关法律制定的环境保护规范性文件。这些规范性文件是根据本地实际情况和特定环境问题制定的,并在本地区实施,有较强的可操作性。环境保护地方性法规和地方性规章不能和法律、国务院行政规章相抵触。

6. 环境标准

环境标准是环境保护法律法规体系的一个组成部分,是环境执法和环境管理工作的技术依据。我国的环境标准分为国家环境标准和地方环境标准。

7. 环境保护国际公约

环境保护国际公约是指我国缔结和参加的环境保护国际公约、条约和议定书。国际公约与我国环境法有不同规定时,优先适用国际公约的规定,但我国声明保留的条款除外。

8. 环境政策

环境政策是国家保护环境的大政方针。环境政策包括以下内容:关于加快推进生态文明建设的意见,生态文明体制改革总体方案,关于全面加强生态环境保护坚决打好污染治理攻坚战的意见,关于划定并严守生态保护红线的若干意见,全国生态环境保护纲要,全国主体功能区规划,全国海洋主体功能区规划,水污染防治行动计划,土壤污染防治行动计划,打赢蓝天保卫战三年行动计划,关于推进城镇人口密集区危险化学品生产企业搬迁改造的指导意见,工矿用地土壤环境管理办法(试行),污染地块土壤环境管理办法(试行),农用地土壤环境管理办法(试行),国家重点生态功能保护区规划纲要,全国生态脆弱区保护规划纲要,"十三五"挥发性有机物污染防治工作方案,农业农村污染治理攻坚战行动计划,关于加强涉重金属行业污染防控的意见。

5.4.2 环境保护法律法规体系中各层次间的关系

宪法是环境保护法律法规体系建立的依据和基础,法律层次不管是环境保护的综合法、单行法还是相关法,其中对环境保护的要求,法律效力是一样的。如果法律规定中有不一致的地方,应遵循后法大于先法。

国务院环境保护行政法规的法律地位仅次于法律。部门行政规章、地方环境法规和地方政府规章均不得违背法律和行政法规的规定。地方法规和地方政府规章只在制定法规、规章的辖区内有效。

我国的环境保护法律法规与参加和签署的国际公约有不同规定时,应优先适用国际公约的规定,但我国声明保留的条款除外。

5.4.3 环境标准

1. 环境标准的定义

环境标准是环境质量、污染物排放(控制)、相关检测规范和方法标准的总称,是为了保护人群身体健康、社会物质财富和促进生态良性循环,针对环境结构和状态,在综合考虑自然环境特征、科学技术水平和经济条件的基础上,对大气、水、土壤等环境质量,污染源、监测方法以及其他需要所制定的标准。

环境标准是国家环境政策在技术方面的具体体现,是执行各项环境法规的基本依据,是进行环境评价的准绳。只有依靠环境标准,才能做出定量化的比较和评价,正确判断环境质量的好坏,从而为控制环境质量、进行环境污染综合整治以及设计切实可行的治理方案提供科学依据。

2. 环境标准的分类与分级

根据《中华人民共和国环境保护标准管理办法》,按标准控制的对象,我国的环境标准分为三类,即环境质量标准、污染物排放标准、环境保护基础和方法标准(包括环境监测方法标准、环境标准样品标准、环境基础标准等)。

按标准的性质,可以划分为:具有法律效力的强制性标准和推荐性标准。强制性标准必须执行,超标即违法。推荐性标准系强制性标准以外的环境标准。国家鼓励采用推荐性环境标准,推荐性环境标准被强制性标准引用,也必须强制执行。

环境质量标准和污染物排放标准分国家标准和地方标准两级。环境保护基础标准和方法标准只有国家标准。

国家标准,适用于全国范围,针对普遍的和具有深远影响的重要事物。地方标准和行业标准带有区域性和行业特殊性,是对国家标准的补充和具体化,由省、自治区、直辖市人民政府制定。由于地方标准一般严于国家标准,因此,应优先执行地方标准。此外,有行业标准的,优先执行环境保护行业标准。

3. 环境标准体系

各种环境标准之间相互联系、依存和补充。环境标准体系就是按照各个环境标准的性质、功能和内在联系进行分级、分类,构成一个有机整体,这个体系随不同时期的社会经济和科学技术发展水平的变化而修订、充实和发展。中国现行的环境标准体系见图 5-2。

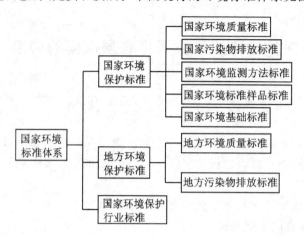

图 5-2　中国现行的环境标准体系

这些标准的含义如下所述:

(1) 环境质量标准

环境质量标准是为保障人群健康、维护生态环境和保障社会物质财富,并考虑技术、经济条件,对环境中有害物质和因素所做的限制性规定。环境质量标准是一定时期内衡量环境优劣程度的标准,是环境政策的目标,是制定污染物排放标准的依据。

国家环境质量标准是由国家按照环境要素和污染因子规定的标准,适用于全国范围;地方环境质量标准是地方根据本地区的实际情况对某些指标更严格地要求,是对国家环境标准的补充和完善,即国家环境质量标准中未做规定的项目,可以制定地方环境质量标准;对国家环境质量标准中已做规定的项目,可以制定严于国家环境质量标准的地方环境质量标准。地方环境质量标准应当报国务院生态环境主管部门备案。

国家环境质量标准还包括中央各个部门对一些特定的对象,为了特定的目的和要求而制定的环境质量标准,如《生活饮用水标准》。

污染报警标准是一种环境质量标准,其目的是使人群健康不致被严重损害。当环境中的污染物超过报警标准时,地方政府发布警告并采取应急措施。

(2) 污染物排放标准

污染物排放标准是为了实现环境质量标准目标,结合技术经济条件和环境特点,对排入环境的污染物或有害因素所做的控制规定,或者说是环境污染物或有害因子的允许排放量(浓度)或限值。

污染物排放标准按污染物的状态分为气态、液态和固态污染物排放标准,还有物理污染(如噪声、振动、电磁辐射等)控制标准,按其适用范围可分为通用(综合)排放标准和行业排放标准,行业排放标准又可分为指定的部门行业污染物排放标准和一般行业污染物排放标准。通用排放标准与行业排放标准不交叉执行,有行业标准的执行行业标准,没有行业标准的执行综合排放标准。

国家污染物排放标准,适用于全国范围。当国家污染物排放标准不适于当地环境特点和要求时,省、自治区、直辖市人民政府,可制定地方污染物排放标准,地方环境标准是对国家环境标准的补充和完善。国家污染物排放标准中未做规定的项目,可以制定地方污染物排放标准。国家污染物排放标准已规定的项目,可以制定严于国家污染物排放标准的地方污染物排

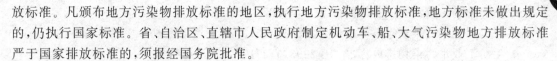

放标准。凡颁布地方污染物排放标准的地区,执行地方污染物排放标准,地方标准未做出规定的,仍执行国家标准。省、自治区、直辖市人民政府制定机动车、船、大气污染物地方排放标准严于国家排放标准的,须报经国务院批准。

(3) 环境保护基础标准和方法标准

① 环境保护基础标准

环境保护基础标准,是指在环境保护工作范围内,对有指导意义的符号、指南、导则等所做的规定,是制定其他环保标准的基础。

② 环境方法标准

环境方法标准,是指在环境保护工作范围内,以抽样、分析、试验等方法为对象而制定的标准,是制定和执行环境质量标准和污染物排放标准实现统一管理的基础。其中有:

环境监测方法标准:为监测环境质量和污染物排放,规范采样、分析测试、数据处理等所做的统一规定(包括分析方法、测定方法、采样方法、试验方法、检验方法、生产方法、操作方法等)。

环境标准样品标准:为保证环境监测数据的准确、可靠,对用于量值传递或质量控制的材料、实物样品而制定的标准物质。标准样品在环境管理中起着甄别的作用,可用来评价分析仪器,鉴别其灵敏度;评价分析者的技术,使操作技术规范化。

此外,国家生态环境部对需要统一的技术要求制定相应的标准,包括各项环境管理制度,监测技术,环境区划、规划的技术要求、规范、导则等。

5.4.4 环境影响评价常用标准

环境影响评价常用标准可从中国环境标准网(http://www.es.org.cn/cn/index.html)和中华人民共和国生态环境部环境保护标准(http://kjs.mee.gov.cn/hjbhbz)获取。

1. 水环境

(1) 水环境质量标准

- 地表水环境质量标准 GB 3838—2002
- 海水水质标准 GB 3097—1997
- 地下水质量标准 GB/T 14848—2017
- 渔业水质标准 GB 11607—1989
- 农田灌溉水质标准 GB 5084—2005

(2) 污染物排放标准

- 污水综合排放标准 GB 8978—1996
- 石油炼制工业污染物排放标准 GB 31570—2015
- 再生铜、铝、铅、锌工业污染物排放标准 GB 31574—2015
- 合成树脂工业污染物排放标准 GB 31572—2015
- 无机化学工业污染物排放标准 GB 31573—2015
- 锡、锑、汞工业污染物排放标准 GB 30770—2014
- 制革及毛皮加工工业水污染物排放标准 GB 30486—2013
- 电池工业污染物排放标准 GB 30484—2013
- 合成氨工业水污染物排放标准 GB 13458—2013
- 柠檬酸工业水污染物排放标准 GB 19430—2013

- 纺织染整工业水污染物排放标准 GB 4287—2012
- 缫丝工业水污染物排放标准 GB 28936—2012
- 毛纺工业水污染物排放标准 GB 28937—2012
- 麻纺工业水污染物排放标准 GB 28938—2012
- 铁合金工业污染物排放标准 GB 28666—2012
- 铁矿采选工业污染物排放标准 GB 28661—2012
- 炼焦化学工业污染物排放标准 GB 16171—2012
- 钢铁工业水污染物排放标准 GB 13456—2012
- 橡胶制品工业污染物排放标准 GB 27632—2011
- 发酵酒精和白酒工业水污染物排放标准 GB 27631—2011
- 汽车维修业水污染物排放标准 GB 26877—2011
- 弹药装药行业水污染物排放标准 GB 14470.3—2011
- 磷肥工业水污染物排放标准 GB 15580—2011
- 钒工业污染物排放标准 GB 26452—2011
- 稀土工业污染物排放标准 GB 26451—2011
- 硫酸工业污染物排放标准 GB 26132—2010
- 硝酸工业污染物排放标准 GB 26131—2010
- 镁、钛工业污染物排放标准 GB 25468—2010
- 铜、镍、钴工业污染物排放标准 GB 25467—2010
- 铅、锌工业污染物排放标准 GB 25466—2010
- 铝工业污染物排放标准 GB 25465—2010
- 陶瓷工业污染物排放标准 GB 25464—2010
- 油墨工业水污染物排放标准 GB 25463—2010
- 酵母工业水污染物排放标准 GB 25462—2010
- 淀粉工业水污染物排放标准 GB 25461—2010
- 制浆造纸工业水污染物排放标准 GB 3544—2008
- 杂环类农药工业水污染物排放标准 GB 21523—2008
- 电镀污染物排放标准 GB 21900—2008
- 羽绒工业水污染物排放标准 GB 21901—2008
- 合成革与人造革工业污染物排放标准 GB 21902—2008
- 发酵类制药工业水污染物排放标准 GB 21903—2008
- 化学合成类制药工业水污染物排放标准 GB 21904—2008
- 提取类制药工业水污染物排放标准 GB 21905—2008
- 中药类制药工业水污染物排放标准 GB 21906—2008
- 生物工程类制药工业水污染物排放标准 GB 21907—2008
- 混装制剂类制药工业水污染物排放标准 GB 21908—2008
- 制糖工业水污染物排放标准 GB 21909—2008
- 煤炭工业污染物排放标准 GB 20426—2006
- 皂素工业水污染物排放标准 GB 20425—2006
- 啤酒工业污染物排放标准 GB 19821—2005

- 医疗机构水污染物排放标准 GB 18466—2005
- 味精工业污染物排放标准 GB 19431—2004
- 兵器工业水污染物排放标准 火炸药 GB 14470.1—2002
- 兵器工业水污染物排放标准 火工药剂 GB 14470.2—2002
- 城镇污水处理厂污染物排放标准 GB 18918—2002
- 污水海洋处置工程污染控制标准 GB 18486—2001
- 畜禽养殖业污染物排放标准 GB 18596—2001
- 烧碱聚氯乙烯行业水污染物排放标准 GB 15581—1995
- 航天推进剂水污染物排放标准 GB 14374—1993
- 肉类加工工业水污染物排放标准 GB 13457—1992
- 海洋石油开发工业含油污水排放标准 GB 4914—1985
- 船舶工业污染物排放标准 GB 4286—1984
- 船舶水污染物排放控制标准 GB 3552—2018

（3）其　他

- 城市污水再生利用 城市杂用水水质 GB/T 18920—2002
- 再生水回用于景观水体的水质标准 CJ/T 95—2000
- 污水排入城镇下水道水质标准 GB/T 31962—2015
- 制订地方水污染物排放标准的技术原则与方法 GB 3839—1983

2. 大气环境

（1）大气环境质量标准

- 环境空气质量标准 GB 3095—2012
- 室内空气质量标准 GB/T 18883—2002
- 乘用车内空气质量评价指南 GB/T 27630—2011
- 相关卫生标准

（2）大气固定源污染物排放标准

- 大气污染物综合排放标准 GB 16297—1996
- 挥发性有机物无组织排放控制标准 GB 37822—2019
- 涂料、油墨及胶粘剂工业大气污染物排放标准 GB 37824—2019
- 制药工业大气污染物排放标准 GB 37823—2019
- 烧碱、聚氯乙烯工业污染物排放标准 GB 15581—2016
- 无机化学工业污染物排放标准 GB 31573—2015
- 石油化学工业污染物排放标准 GB 31571—2015
- 石油炼制工业污染物排放标准 GB 31570—2015
- 火葬场大气污染物排放标准 GB 13801—2015
- 再生铜、铝、铅、锌工业污染物排放标准 GB 31574—2015
- 合成树脂工业污染物排放标准 GB 31572—2015
- 锡、锑、汞工业污染物排放标准 GB 30770—2014
- 锅炉大气污染物排放标准 GB 13271—2014
- 水泥工业大气污染物排放标准 GB 4915—2013
- 电池工业污染物排放标准 GB 30484—2013

- 砖瓦工业大气污染物排放标准 GB 29620—2013
- 电子玻璃工业大气污染物排放标准 GB 29495—2013
- 水泥窑协同处置固体废物污染控制标准 GB 30485—2013
- 轧钢工业大气污染物排放标准 GB 28665—2012
- 炼钢工业大气污染物排放标准 GB 28664—2012
- 炼铁工业大气污染物排放标准 GB 28663—2012
- 钢铁烧结、球团工业大气污染物排放标准 GB 28662—2012
- 铁合金工业污染物排放标准 GB 28666—2012
- 铁矿采选工业污染物排放标准 GB 28661—2012
- 炼焦化学工业污染物排放标准 GB 16171—2012
- 平板玻璃工业大气污染物排放标准 GB 26453—2011
- 火电厂大气污染物排放标准 GB 13223—2011
- 钒工业污染物排放标准 GB 26452—2011
- 稀土工业污染物排放标准 GB 26451—2011
- 硫酸工业污染物排放标准 GB 26132—2010
- 硝酸工业污染物排放标准 GB 26131—2010
- 橡胶制品工业污染物排放标准 GB 27632—2011
- 镁、钛工业污染物排放标准 GB 25468—2010
- 铜、镍、钴工业污染物排放标准 GB 25467—2010
- 铅、锌工业污染物排放标准 GB 25466—2010
- 铝工业污染物排放标准 GB 25465—2010
- 陶瓷工业污染物排放标准 GB 25464—2010
- 合成革与人造革工业污染物排放标准 GB 21902—2008
- 电镀污染物排放标准 GB 21900—2008
- 煤层气(煤矿瓦斯)排放标准(暂行) GB 21522—2008
- 加油站大气污染物排放标准 GB 20952—2007
- 汽油运输大气污染物排放标准 GB 20951—2007
- 储油库大气污染物排放标准 GB 20950—2007
- 煤炭工业污染物排放标准 GB 20426—2006
- 饮食业油烟排放标准 GB 18483—2001
- 工业炉窑大气污染物排放标准 GB 9078—1996
- 恶臭污染物排放标准 GB 14554—1993

(3) 其 他

- 大气污染物无组织排放监测技术导则 HJ/T 55—2000
- 制定地方大气污染物排放标准的技术方法 GB/T 13201—1991
- 环境空气质量功能区划分原则与技术方法 HJ 14—1996

3. 固体废物

(1) 固体废物鉴别标准

- 国家危险废物名录 2016
- 固体废物鉴别标准通则 GB 34330—2017

- 危险废物鉴别技术规范 HJ/T 298—2007
- 危险废物鉴别标准 腐蚀性鉴别 GB 5085.1—2007
- 危险废物鉴别标准 急性毒性初筛 GB 5085.2—2007
- 危险废物鉴别标准 浸出毒性鉴别 GB 5085.3—2007
- 危险废物鉴别标准 易燃性鉴别 GB 5085.4—2007
- 危险废物鉴别标准 反应性鉴别 GB 5085.5—2007
- 危险废物鉴别标准 毒性物质含量鉴别 GB 5085.6—2007
- 危险废物鉴别标准 通则 GB 5085.7—2007

（2）固体废物污染控制标准

- 低、中水平放射性固体废物近地表处置安全规定 GB 9132—2018
- 生活垃圾焚烧污染控制标准 GB 18485—2014
- 生活垃圾填埋场污染控制标准 GB 16889—2008
- 进口可用作原料的固体废物环境保护控制标准 冶炼渣 GB 16487.2—2017
- 进口可用作原料的固体废物环境保护控制标准 木、木制品废料 GB 16487.3—2017
- 进口可用作原料的固体废物环境保护控制标准 废纸或纸板 GB 16487.4—2017
- 进口可用作原料的固体废物环境保护控制标准 废钢铁 GB 16487.6—2017
- 进口可用作原料的固体废物环境保护控制标准 废有色金属 GB 16487.7—2017
- 进口可用作原料的固体废物环境保护控制标准 废电机 GB 16487.8—2017
- 进口可用作原料的固体废物环境保护控制标准 废电线电缆 GB 16487.9—2017
- 进口可用作原料的固体废物环境保护控制标准 废五金电器 GB 16487.10—2017
- 进口可用作原料的固体废物环境保护控制标准 供拆卸的船舶及其他浮动结构体 GB 16487.11—2017
- 进口可用作原料的固体废物环境保护控制标准 废塑料 GB 16487.12—2017
- 进口可用作原料的固体废物环境保护控制标准 废汽车压件 GB 16487.13—2017
- 医疗废物焚烧炉技术要求（试行） GB 19128—2003
- 医疗废物焚烧环境卫生标准 GB/T 18773—2008
- 危险废物贮存污染控制标准 GB 18597—2001
- 危险废物填埋污染控制标准 GB 18598—2001
- 危险废物焚烧污染控制标准 GB18484—2001
- 水泥窑协同处置固体废物污染控制标准 GB 30485—2013
- 一般工业固体废物贮存、处置场污染控制标准 GB 18599—2001（2013 年修改单）
- 工业废渣中氰化物卫生标准 GB 18053—2000
- 含多氯联苯废物污染控制标准 GB 13015—2017
- 农用粉煤灰中污染物控制标准 GB 8173—1987
- 城镇垃圾农用控制标准 GB 8172—1987
- 农用污泥污染物控制标准 GB 4284—2018

4. 噪声和振动

- 声环境功能区划分技术规范 GB/T 15190—2014
- 声环境质量标准 GB 3096—2008
- 机场周围飞机噪声环境标准 GB 9660—1988

- 城市区域环境振动标准 GB 10070—1988
- 建筑施工场界环境噪声排放标准 GB 12523—2011
- 社会生活环境噪声排放标准 GB 22337—2008
- 工业企业厂界环境噪声排放标准 GB 12348—2008
- 铁路边界噪声限值及其测量方法 GB 12525—1990
- 地下铁道车站站台噪声限值 GB 14227—1993
- 以噪声污染为主的工业企业卫生防护距离标准 GB 18083—2000
- 城市区域环境噪声适用区划分技术规范 GB/T 15190—1994

5. 放射性与电磁辐射

- 放射性物品安全运输规程 GB 11806—2019
- 核动力厂运行前辐射环境本底调查技术规范 HJ 969—2018
- 低、中水平放低、中水平放射性废物高完整性容器——球墨铸铁容器 GB 36900.1—2018
- 放射性固体废物包安全标准 GB 12711—2018
- 低、中水平放射性废物高完整性容器——交联高密度聚乙烯容器 GB 36900.3—2018
- 低、中水平放射性废物高完整性容器——混凝土容器 GB 36900.2—2018
- 高压交流架空输电线路无线电干扰限值 GB/T 15707—2017
- 电子直线加速器工业 CT 辐射安全技术规范 HJ 785—2016
- 电磁环境控制限值 GB 8702—2014
- 低、中水平放射性废物固化体性能要求 水泥固化体 GB 14569.1—2011
- 核电厂放射性液态流出物排放技术要求 GB 14587—2011
- 核动力厂环境辐射防护规定 GB 6249—2011
- 辐射防护规定 GB 8703—1988
- 放射性废物管理规定 GB 14500—2002
- 低、中水平放射性废物近地表处置设施的选址 HJ/T 23—1998
- 放射性废物近地表处置的废物接收准则 GB 16933—1997
- 放射性废物分类标准 GB 9133—1995

6. 土壤环境

- 土壤环境质量 农用地土壤污染风险管控标准(试行) GB 15618—2018
- 土壤环境质量 建设用地土壤污染风险管控标准(试行) GB 36600—2018
- 场地环境调查技术导则 HJ 25.1—2014
- 场地环境监测技术导则 HJ 25.2—2014
- 污染场地风险评估技术导则 HJ 25.3—2014
- 污染场地土壤修复技术导则 HJ 25.4—2014
- 中国土壤分类与代码 GB/T 17296—2009
- 展览会用地土壤环境质量评价标准(暂行) HJ 350—2007
- 温室蔬菜产地环境质量评价标准 HJ 333—2006
- 食用农产品产地环境质量评价标准 HJ 332—2006
- 拟开放场址土壤中剩余放射性可接受水平规定(暂行) HJ 53—2000

7. 环境影响评价技术导则

- 环境影响评价技术导则 铀矿冶退役 HJ 1015.2—2019
- 环境影响评价技术导则 铀矿冶 HJ 1015.1—2019
- 环境影响评价技术导则 土壤环境（试行）HJ 964—2018
- 环境影响评价技术导则 城市轨道交通 HJ 453—2018
- 环境影响评价技术导则 大气环境 HJ 2.2—2018
- 建设项目环境风险评价技术导则 HJ 169—2018
- 环境影响评价技术导则 地表水环境 HJ 2.3—2018
- 建设项目环境影响评价技术导则 总纲 HJ 2.1—2016
- 环境影响评价技术导则 地下水环境 HJ 610—2016
- 环境影响评价技术导则 钢铁建设项目 HJ 708—2014
- 环境影响评价技术导则 输变电工程 HJ 24—2014
- 规划环境影响评价技术导则 总纲 HJ/T 130—2014
- 建设项目环境影响技术评估导则 HJ 616—2011
- 环境影响评价技术导则 煤炭采选工程 HJ 619—2011
- 环境影响评价技术导则 生态影响 HJ 19—2011
- 企业环境报告书编制导则 HJ 617—2011
- 环境影响评价技术导则 制药建设项目 HJ 611—2011
- 环境影响评价技术导则 农药建设项目 HJ 582—2010
- 环境影响评价技术导则 声环境 HJ 2.4—2009
- 规划环境影响评价技术导则 煤炭工业矿区总体规划 HJ 463—2009
- 环境影响评价技术导则 陆地石油天然气开发建设项目 HJ/T 349—2007
- 建设项目竣工环境保护验收技术规范 生态影响类 HJ/T 394—2007
- 海洋工程环境影响评价技术导则 GB/T 19485—2014
- 开发区区域环境影响评价技术导则 HJ/T 131—2003
- 环境影响评价技术导则 石油化工建设项目 HJ/T 89—2003
- 环境影响评价技术导则 水利水电工程 HJ/T 88—2003
- 环境影响评价技术导则 民用机场建设工程 HJ/T 87—2002
- 辐射环境保护管理导则 电磁辐射环境影响评价方法与标准 HJ/T 10.3—1996
- 工业企业土壤环境质量风险评价基准 HJ/T 25.1—2014～HJ/T 25.4—2014
- 核辐射环境质量评价一般规定 GB 11215—1989

8. 环境风险

- 污染地块地下水修复和风险管控技术导则 HJ 25.6—2019
- 危险化学品生产装置和储存设施风险基准 GB 36894—2018
- 危险化学品重大危险源辨识 GB 18218—2018
- 污染地块风险管控与土壤修复效果评估技术导则 HJ 25.5—2018
- 企业突发环境事件风险分级方法 HJ 941—2018

9. 污染源源强核算

- 污染源源强核算技术指南 准则 HJ 884—2018

- 污染源源强核算技术指南 锅炉 HJ 991—2018
- 污染源源强核算技术指南 电镀 HJ 984—2018
- 污染源源强核算技术指南 火电 HJ 888—2018
- 污染源源强核算技术指南 钢铁工业 HJ 885—2018
- 污染源源强核算技术指南 化肥工业 HJ 994—2018
- 污染源源强核算技术指南 制革工业 HJ 995—2018
- 污染源源强核算技术指南 水泥工业 HJ 886—2018
- 污染源源强核算技术指南 农药制造工业 HJ 993—2018
- 污染源源强核算技术指南 纺织印染工业 HJ 990—2018
- 污染源源强核算技术指南 制药工业 HJ 992—2018
- 污染源源强核算技术指南 石油炼制工业 HJ 982—2018
- 污染源源强核算技术指南 平板玻璃制造 HJ 980—2018
- 污染源源强核算技术指南 炼焦化学工业 HJ 981—2018
- 污染源源强核算技术指南 制浆造纸 HJ 887—2018
- 污染源源强核算技术指南 有色金属冶炼 HJ 983—2018
- 污染源源强核算技术指南 农副食品加工工业——淀粉工业 HJ 996.2—2018
- 污染源源强核算技术指南 农副食品加工工业——制糖工业 HJ 966.1—2018

5.5 环评中常用的工具

在编制环境影响报告书的过程中会用到不同类型的软件,下面分别介绍。

5.5.1 文本编辑类

常用的文本编辑类软件包括 Word、UltraEdit、ACD/ChemSketch 等。

1. Word

Word 是编制环境影响报告书过程中常用的工具软件,可以方便地编排文字。

2. UltraEdit

UltraEdit 是一款强大的文本编辑工具,它可以把编程的语言关键字高亮彩色显示,占用资源少,运行速度快,操作方便且支持 HTML、ASP 等常用语言的语法。

在环评的编写过程中,一般用来替代写字板和记事本,它最便利的地方就是能横向、竖向的选择和替换功能,特别是处理多文件整理比较及数据量较大的文件,例如网格点浓度数据的整理分析。

3. ACD/ChemSketch

ACD/ChemSketch 是高级化学发展有限公司(ACD/Labs)设计的用于化学画图用软件包,该软件包可单独使用或与其他软件共同使用。

ACD/ChemSketch 软件包的主要应用模式与功能有:结构模式,用于画化学结构和推测它们的性质;画图模式,用于文本和图像处理;分子性质模式,对分子量、组成、摩尔折射率、摩尔体积、折射率、表面张力、密度、介电常数、极性等化学性质进行估算。该软件提供了大量绘制分子式或分子图形所需的各种"元件模板",如各种类型的化学键、分子母环(从三元环到八

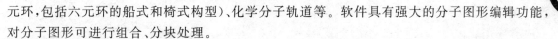

元环,包括六元环的船式和椅式构型)、化学分子轨道等。软件具有强大的分子图形编辑功能,对分子图形可进行组合、分块处理。

在应用时,可以方便地利用 Windows 的剪贴板,将绘制的分子结构式与方程式,复制、粘贴至文字编辑软件中,常用于化工类环境影响报告书的编制。

5.5.2　数据处理类

环境影响评价中经常涉及大量数据的计算分析,例如,在进行大气预测时,至少需要一年以上逐日逐时气象数据,一年的基本数据至少 8 760 行,一行数据至少 4 个参数(风速、风向、云量、温度)。采用二维数据表可处理这样的数据,并运用数据库的一些编程和分析功能,对气象数据进行统计分析并输出指定格式文件,方便下一步模型预测参数的输入。在此过程中常用的数据处理类软件包括 Excel 和 Access 等。

1. Excel

Excel 是常用的数据处理软件,具有直观的界面、出色的计算功能和图表工具。Excel 还可以跟踪数据,生成数据分析模型,编写公式以对数据进行计算,以多种方式透视数据,并以各种具有专业外观的图表显示数据。

下文就 Excel 数值计算方面介绍其相关功能:

① 输入和编辑工作表。一个工作簿中可以含有任意多个工作表,每个工作表由大量的单元格组成。一个单元格可以保存三种基本类型的数据:数值、文本、公式。除了数据,工作表还能存储图表、绘图、图片、按钮和其他的对象。

② 公式和函数。公式使得 Excel 电子表格非常有用,我们通常可以使用 Excel 中的公式计算电子表格中的数据得到结果。当数据更新后,无须做额外的工作,公式将自动更新结果。

③ 编辑公式。就像可以编辑任何单元格一样,也可以编辑公式。在对工作表做一些改动时,可能需要编辑公式,并且需要对公式进行调整以配合工作表的改动。或者,公式返回了一个错误值,用户需要对公式进行编辑以改正错误。

总之,使用 Excel 可便捷处理环评中的数据。

2. Access

Access 是由微软公司发布的关联式数据库管理系统,是 Office 套件之一,集表、查询、窗体、报表、模块等各种对象于一体,文件单一,具有较高的安全性;它采用 Visual BASIC 的编程语言,与 Office 中的 VBA、网站脚本编程语言 VBScript 有着直接的联系,应用较为广泛。

Access 有强大的数据处理、统计分析能力,利用 Access 的查询功能,可以方便地进行各类汇总、平均等统计,并可灵活设置统计条件,在统计分析上万条记录、十几万条记录及以上的数据时速度快且操作方便。

5.5.3　绘图类

1. Excel

Excel 的强大不仅体现在数据计算和分析方面,图形绘制也是游刃有余。对于由公式形成的曲线,曲线上各点的坐标在 Excel 中通过其自动计算功能生成,然后以点的形式存储在单元格中。除了曲线外,Excel 还可以绘制柱状图、饼图、折线图、增长曲线图及回归曲线,复杂一点的可以作三维立体图,甚至可以绘制浓度等值线图。通常,Excel 中创建的基本图表能够满足编制环评文件的需求。

2. Visio

Visio 是 Office 套装的一个系列,不过要单独安装。它与 Word 浑然天成,甚至更简单,能够直接复制、粘贴到 Word 当中。

Visio 是一款功能强大的流程图绘制软件。应用该软件既可以手工绘制流程图,还可以利用 Visio 自带的模板进行流程图的绘制,各种自定义的方法使得流程图的绘制有了更多的选择。Visio 的特点还表现在以下几个方面:

- Visio 的界面与 Word 极其相似,简单易学;
- Visio 支持 Office 软件,可以和 Access、Excel 等数据表、数据库互联,并可以输出 XML 格式的文件,通用性强,方便数据的存储和使用;
- Visio 视觉化效果好,容易实现业务流程相关人员的沟通。

3. Surfer

Surfer 是美国 Golden 公司自主研究开发的制作等高线和三维地形立体图的软件,以其容易掌握、使用方便(用户只需要输入原始数据,软件可自动生成等值线图)等诸多优点获得了众多用户的青睐。

Surfer 软件能够将数字化或者人工读取、实际测绘获得的三维空间数据转换成为格网数据(或称数字高程模型,DEM),并根据格网数据生成等高线图和地形立体图。除此之外,可以利用此软件绘制高分辨率的等值线图,以屏幕显示、打印机、绘图仪三种方式输出图像,使用灵活,精确度高。

该软件可以制作基面图、数据点位图、分类数据图、等值线图、线框图、地形地貌图、趋势图、矢量图以及三维表面图等;提供 11 种数据网格化方法,包含几乎所有通用的数据统计计算方法;提供各种图形、图像文件格式的输入/输出接口以及各大 GIS 软件文件格式的输入/输出接口,方便了文件和数据的交流和交换。

Surfer 的功能包括:

① 绘制等高线。这是 Surfer 的主要功能。Surfer 对绘制等高线的数据有特殊的格式要求,即首先要将数据文件转换成 Surfer 认识的 grd 文件格式。

② 在等高线图上加上背景地图。研究人员经常需要把地图放在等高线图下面作为参考,地图在 Surfer 中比较常用的是 *.bln 文件。

③ 应用 Surfer 给出数据文件的统计性质。在应用数据作图前,有时候需要知道每列数据的统计性质,如最大值、最小值、标准差等,应用 Surfer 的 worksheet 可以方便地解决此类问题。

④ 张贴图和分类张贴图。有时候,需要在背景地图中添加台站的坐标,并用三角、五星等符号将其标出,在旁边写上台站的名字,这可以用 postmap 和 classed postmap 完成。

⑤ 制作向量图。可绘制流体向量图。

⑥ 图像的输出。可以将图形复制后直接粘贴到 Word 文档中。此外,还可以通过菜单项 File Export 输出各种格式的图形(如 JPEG、WMF 等)。至于向量图 EPS 的输出,可以通过 EPS 打印机进行。

⑦ 其他辅助功能。函数直接作图(在菜单 Grid 中)、标注文字、画简单的图形等。

在环境影响报告书中需要绘制各种等值线分布图,借助于这个专用的小软件,可以方便地绘出一个水域内的各种污染物、一个区域内大气中的污染物及区域环境噪声的等值线分布图。

4. EIA Drawer

EIA Drawer 是专门为环评系列软件 EIA 开发的绘图工具,用于绘制浓度等值线图、玫瑰图和 $X - Y$ 图。可以从 EIA 软件内部进入 Drawer 环境,也可以单独运行 Drawer。数据可来源于 EIA、内部表格、手工输入或者从文本文件读入。除了 EIP 格式的 Drawer 图形描述文件之外,还可输出 BMP 格式和 EMF 格式的图形。它可以计算等值线的包容面积,这是 Surfer 做不到的功能。

5. ArcView

ArcView 是由美国环境系统研究所(ESRI)研制的基于窗口的集成地理信息系统和桌面制图系统软件,属于地理信息系统方面的专业软件,比它更专业的是 ArcGIS。它支持多类型数据和多种数据库,具有强大空间分析、统计分析功能,并且附带许多扩展模块。ArcView 具有广泛的用户基础,应用方便。其主要特点如下:

① ArcView 采用可视化的图形用户界面,操作简单,功能强大。

② 支持复杂的空间数据、属性数据的查询和显示,ArcView 不仅支持自己的 shape 文件格式和影像数据,还支持 ARC/INFO 的 Coverage 数据格式、各种图像数据格式,支持 Auto-CAD 数据文件格式以及表格和文本数据文件格式。

③ 能与其他桌面系统和不同类型的数据进行热链接。

④ 提供面向对象的二次开发语言 Avenue,可以向工程文件内加入声音、动画等多媒体效果,还可以实现许多用户自定义的功能。

⑤ 进行空间分析、网络分析和三维分析等。

ArcView 在环评领域中结合了地理信息系统,配合 GPS 的定位仪,特别适用于公路、管线输送类的环评绘图。此外,目前的一些预测软件,例如 ADMS、BASINS 等都直接提供了与 ArcView 的数据接口。

5.5.4　图像浏览与处理类

1. ACDSee

ACDSee 是一个标准的看图软件,它支持多种图形格式文件,能打开包括 ICO、PNG、XBM 在内的 20 余种图像格式,并且 ACDSee 打开图像的速度相对快一些。

在编制环评报告中,ACDSee 最主要的功能就是缩小图片和转换图片格式。

2. AutoCAD

AutoCAD(Auto Computer Aided Design)是一款自动计算机辅助设计软件,广泛应用于土木建筑、装饰装潢、城市规划、园林设计、电子电路、机械设计、服装鞋帽、航空航天、轻工化工等诸多领域,现已经成为国际上流行的绘图工具。AutoCAD 具有良好的用户界面,通过交互菜单或命令方式便可以进行各种操作。

AutoCAD 具有强大的图形绘制和编辑功能,可以采用多种方式进行二次开发或用户定制,可以进行多种图形格式的转换,具有较强的数据交换能力,支持多种硬件设备,支持多种操作平台,具有通用性、易用性,适用于各类用户。

AutoCAD 属于工程设计软件,这里将它列入图像浏览类,原因是环评人员很少用该软件设计图纸,较多的情况是打开业主提供的设计图、平面布置图,然后进行简单的修改和输出。

3. Photoshop

Photoshop 作为一款图像分析和处理软件,功能强大,具有图像编辑、图像合成、校色调色及特效制作等功能。

Photoshop 的专长在于图像编辑,在环评中常用到的功能主要有裁剪图片、拼图,对底图作基本标示和其他一些后期处理。另外,如果要在环评报告书中贴入现场照片,可以用 Photoshop 色阶和曲线工具,综合调整图像的亮度、对比度和色彩等,对于图像的调整更为精确细腻。

5.5.5　电子地图类

1. 中国电子地图

中国电子地图是一个辅助工具,包含中华人民共和国 390 余个城市的详细地图,细至乡镇。内容包括各级行政边界、居民地、水系、机场、铁路、高速公路、国道、省道、县乡道、旅游景点等信息,简单实用。

2. Google Earth

Google Earth 是 Google 公司开发的虚拟地球仪软件,它把卫星照片、航空照相和 GIS 布置在一个地球的三维模型上。结合强大的 Google 搜索技术,全球地理信息就在眼前。在环评中主要使用 Google Earth 的查找地名、查看地图等功能。

此外,电子地图类软件还包括 SuperMap GIS、ArcGIS、MapInfo 等。

5.5.6　标准参考及辅助类

1. 环评云助手

环评云助手是一款 App,内容包括标准政策、分类名录、环评资质、术语查询、站点查询、环评论坛等版块,方便实用。

2. 环保工作者实用电子手册

《环保工作者实用电子手册》包含环境质量标准、污染物排放标准、卫生标准、污染物控制标准、卫生防护距离标准、行业规划、技术规范、评价导则、产业政策、环保法律法规等。手册共分 12 章,即概论、环境管理、环境标准、废气处理技术、废水处理技术、固体废物的处理与利用、噪声控制技术、放射性防护与治理技术、工矿绿化与复垦、监测技术、环境质量评价、附录。对工业中常见的污染物分别介绍了其来源、性质、治理技术及其监测技术。

3. 化学品电子手册

《化学品电子手册》共收录了约 14 000 种化学品。该电子手册是一个综合性的化学品手册,收集了包括化学矿物、金属和非金属、无机化学品、有机化学品、基本有机原料、化肥、农药、树脂、塑料、化学纤维、胶粘剂、医药、染料、涂料、颜料、助剂、燃料、感光材料、炸药、纸、油脂、表面活性剂、皮革、香料等常用化学品的中文名称、英文名称、分子式或结构式、物理性质、用途和制备方法等。同时收录了国内 5 000 多家化工企业的信息(包括企业名称、企业简介、主要产品、地址、电话、网页地址、E-mail、邮编等)。

《化学品电子手册》具有多种检索途径,可以通过各种中文名称(如常用名、俗名、学名等)、英文名称、用途、密度、沸点、折射率、分子式、分子量等进行检索。该软件采用全模糊检索技

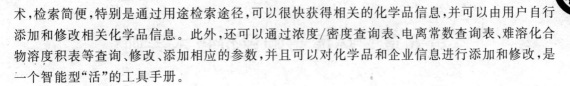

术,检索简便,特别是通过用途检索途径,可以很快获得相关的化学品信息,并可以由用户自行添加和修改相关化学品信息。此外,还可以通过浓度/密度查询表、电离常数查询表、难溶化合物溶度积表等查询、修改、添加相应的参数,并且可以对化学品和企业信息进行添加和修改,是一个智能型"活"的工具手册。

4. 环评手册

《环评手册》收录了环评工作中常用的一些技术导则、技术规范、法律法规、环境质量标准、污染物排放标准、函文解释、产业政策、环境风险、环境管理、技术资料、清洁生产标准和工具软件等内容。手册中收录的部分资料为国家环保部、中国环境标准网、环境影响评价基础数据库、中国环境影响评价网、环境影响评价论坛、环评爱好者论坛等环保网站下载,均为已发布或公开的资料文件。

思考题

1. 名词解释:环境影响评价、生态保护红线、环境质量底线、资源利用上线、环境准入负面清单。

2. 简述我国环境影响评价制度的发展和特点。

3. 简述"三线一单"编制任务、技术路线和成果要求。

4. 如何划定生态保护红线? 如何确定环境质量底线? 如何确定资源利用上线?

5. 如何划定环境管控单元? 如何确定环境准入负面清单?

6. 了解环境影响评价法。

7. 了解建设项目环境保护管理条例。

8. 了解生态环境保护法律法规和相关政策。

9. 了解环境影响评价常用标准。

10. 了解环境影响评价常用的工具软件。

第6章　环境影响评价技术导则

6.1　建设项目环境影响评价技术导则　总纲

6.1.1　概　述

《建设项目环境影响评价技术导则　总纲》规定了建设项目环境影响评价的一般性原则、通用规定、工作程序、工作内容及相关要求,适用于需编制环境影响报告书和环境影响报告表的建设项目环境影响评价。

6.1.2　总　则

1. 建设项目环境影响评价的原则

环境影响评价应突出源头预防作用,坚持保护和改善环境质量,遵循以下原则:

① 依法评价。贯彻执行我国环境保护相关法律法规、标准、政策和规划等,优化项目建设,服务环境管理。

② 科学评价。规范环境影响评价方法,科学分析项目建设对环境质量的影响。

③ 突出重点。根据建设项目的工程内容及其特点,明确与环境要素间的作用效应关系,根据规划环境影响评价结论和审查意见,充分利用符合时效的数据资料及成果,对建设项目主要环境影响予以重点分析和评价。

2. 建设项目环境影响评价技术导则体系构成

建设项目环境影响评价技术导则体系由总纲、污染源源强核算技术指南、环境要素环境影响评价技术导则、专题环境影响评价技术导则和行业建设项目环境影响评价技术导则等构成。

污染源源强核算技术指南和其他环境影响评价技术导则遵循总纲确定的原则和相关要求。污染源源强核算技术指南包括污染源源强核算准则和火电、造纸、水泥、钢铁等行业污染源源强核算技术指南;环境要素环境影响评价技术导则指大气、地表水、地下水、声环境、生态、土壤等环境影响评价技术导则;专题环境影响评价技术导则指环境风险评价、人群健康风险评价、环境影响经济损益分析、固体废物等环境影响评价技术导则;行业建设项目环境影响评价技术导则指水利水电、采掘、交通、海洋工程等建设项目环境影响评价技术导则。

3. 环境影响评价的工作程序

环境影响评价通过分析判定建设项目选址选线、规模、性质和工艺路线等与国家和地方有关环境保护法律法规、标准、政策、规范、相关规划、规划环境影响评价结论及审查意见的符合性,并与生态保护红线、环境质量底线、资源利用上线和环境准入负面清单进行对照,作为开展环境影响评价工作的前提和基础。

环境影响评价工作一般分为三个阶段,即调查分析和工作方案制定阶段,分析论证和预测评价阶段,环境影响报告书(表)编制阶段。图6-1所示为建设项目环境影响评价工作程序图。

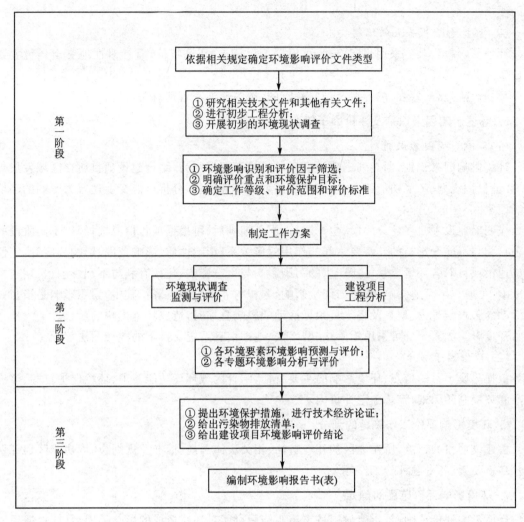

图 6 - 1 建设项目环境影响评价工作程序图

4. 环境影响报告书(表)的编制要求

(1) 环境影响报告书的编制要求

环境影响报告书一般包括概述、总则、建设项目工程分析、环境现状调查与评价、环境影响预测与评价、环境保护措施及其可行性论证、环境影响经济损益分析、环境管理与监测计划、环境影响评价结论和附录附件等内容。

概述可简要说明建设项目的特点、环境影响评价的工作过程、分析判定相关情况、关注的主要环境问题及环境影响、环境影响评价的主要结论等。总则应包括编制依据、评价因子与评价标准、评价工作等级和评价范围、相关规划及环境功能区划、主要环境保护目标等。附录和附件应包括项目依据文件、相关技术资料、引用文献等。

环境影响报告书应概括地反映环境影响评价的全部工作成果,突出重点。工程分析应体现工程特点,环境现状调查应反映环境特征,主要环境问题应阐述清楚,影响预测方法应科学,预测结果应可信,环境保护措施应可行、有效,评价结论应明确。

环境影响报告书文字应简洁、准确,文本应规范,计量单位应标准化,数据应真实、可信,资料应详实,应强化先进信息技术的应用,图表信息应满足环境质量现状评价和环境影响预测评价的要求。

(2) 环境影响报告表的编制要求

环境影响报告表应采用规定格式,可根据工程特点、环境特征,有针对性地突出环境要素或设置专题开展评价。

环境影响报告书(表)内容涉及国家秘密的,按国家涉密管理有关规定处理。

5. 环境影响因素识别及评价因子筛选

(1) 环境影响因素识别

环境影响因素识别,通过列出建设项目的直接和间接行为,结合建设项目所在区域发展规划、环境保护规划、环境功能区划、生态功能区划及环境现状,分析可能受上述行为影响的环境影响因素。

应明确建设项目在建设阶段、生产运行、服务期满后(可根据项目情况选择)等不同阶段的各种行为与可能受影响的环境要素间的作用效应关系、影响性质、影响范围、影响程度等,定性分析建设项目对各环境要素可能产生的污染影响与生态影响,包括有利与不利影响、长期与短期影响、可逆与不可逆影响、直接与间接影响、累积与非累积影响等。其中,累积影响是指当一种活动的影响与过去、现在及将来可预见活动的影响叠加时,造成环境影响的后果。

环境影响因素识别可采用矩阵法、网络法、地理信息系统支持下的叠加图法等。

(2) 评价因子筛选

根据建设项目的特点、环境影响的主要特征,结合区域环境功能要求、环境保护目标、评价标准和环境制约因素,筛选确定评价因子。

6. 环境影响评价工作等级的划分

按建设项目的特点、所在地区的环境特征、相关法律法规、标准及规划、环境功能区划等划分各环境要素、各专题评价工作等级。

7. 环境影响评价范围的确定

环境影响评价范围,是指建设项目整体实施后可能对环境造成的影响范围,具体根据环境要素和专题环境影响评价技术导则的要求确定。环境影响评价技术导则中未明确具体评价范围的,根据建设项目可能影响范围确定。

8. 环境保护目标的确定

环境保护目标,是指环境影响评价范围内的环境敏感区及需要特殊保护的对象。依据环境影响因素识别结果,附图并列表说明评价范围内各环境要素涉及的环境敏感区、需要特殊保护对象的名称、功能、与建设项目的位置关系以及环境保护要求等。

6.1.3 建设项目工程分析

1. 建设项目概况

建设项目包括主体工程、辅助工程、公用工程、环保工程、储运工程以及依托工程等。

以污染影响为主的建设项目应明确项目组成、建设地点、原辅料、生产工艺、主要生产设备、产品(包括主产品和副产品)方案、平面布置、建设周期、总投资及环境保护投资等。

以生态影响为主的建设项目应明确项目组成、建设地点、占地规模、总平面及现场布置、施工方式、施工时序、建设周期和运行方式、总投资及环境保护投资等。

改扩建及异地搬迁建设项目还应包括现有工程的基本情况、污染物排放及达标情况、存在的环境保护问题及拟采取的整改方案等内容。

2．建设项目影响因素分析

（1）污染影响因素分析

污染影响因素分析，遵循清洁生产的理念，从工艺的环境友好性、工艺过程的主要产污节点以及末端治理措施的协同性等方面，选择可能对环境产生较大影响的主要因素进行深入分析。应绘制包含产污环节的生产工艺流程图，按照生产、装卸、储存、运输等环节分析包括常规污染物、特征污染物在内的污染物产生、排放情况（包括正常工况和开停工及维修等非正常工况），存在具有致癌、致畸、致突变的物质、持久性有机污染物或重金属的，应明确其来源、转移途径和流向；给出噪声、振动、放射性及电磁辐射等污染的来源、特性及强度等；说明各种源头防控、过程控制、末端治理、回收利用等环境影响减缓措施状况。明确项目消耗的原料、辅料、燃料、水资源等种类、构成和数量，给出主要原辅材料及其他物料的理化性质、毒理特征，产品及中间体的性质、数量等。

对建设阶段和生产运行期间，可能发生突发性事件或事故，引起有毒有害、易燃易爆等物质泄漏，对环境及人身造成影响和损害的建设项目，应开展建设和生产运行过程的风险因素识别。存在较大潜在人群健康风险的建设项目，应开展影响人群健康的潜在环境风险因素识别。

（2）生态影响因素分析

结合建设项目特点和区域环境特征，分析建设项目建设和运行过程（包括施工方式、施工时序、运行方式、调度调节方式等）对生态环境的作用因素与影响源、影响方式、影响范围和影响程度。重点为影响程度大、范围广、历时长或涉及环境敏感区的作用因素和影响源，关注间接性影响、区域性影响、长期性影响以及累积性影响等特有生态影响因素的分析。

3．污染源源强及污染物排放量的核算

污染源源强核算，指选用可行的方法确定建设项目单位时间内污染物的产生量或排放量。核算方法包括：

① 根据污染物产生环节（包括生产、装卸、储存、运输）、产生方式和治理措施，核算建设项目有组织与无组织、正常工况与非正常工况下的污染物产生和排放强度，给出污染因子及其产生和排放的方式、浓度、数量等。

② 对改扩建项目的污染物排放量（包括有组织与无组织、正常工况与非正常工况）的统计，应分别按现有、在建、改扩建项目实施后等几种情形汇总污染物产生量、排放量及其变化量，核算改扩建项目建成后最终的污染物排放量。

③ 污染源源强核算方法由污染源源强核算技术指南具体规定，具体包括《污染源源强核算技术指南　准则》（HJ 884—2018）及相关行业污染源源强核算技术指南。

6.1.4　环境现状调查与评价

1．环境现状调查与评价要求

环境现状调查与评价要求包括：

① 对与建设项目有密切关系的环境要素应全面、详细调查，给出定量的数据并作出分析或评价。对于自然环境的现状调查，可根据建设项目情况进行必要说明。

② 充分收集和利用评价范围内各例行监测点、断面或站位的近三年环境监测资料或背景

值调查资料,当现有资料不能满足要求时,应进行现场调查和测试,现状监测和观测网点应根据各环境要素环境影响评价技术导则要求布设,兼顾均布性和代表性原则。符合相关规划环境影响评价结论及审查意见的建设项目,可直接引用符合时效的相关规划环境影响评价的环境调查资料及有关结论。

2. 环境现状调查与评价内容

根据环境影响因素识别结果,开展相应的现状调查与评价,具体内容包括:

① 自然环境现状调查与评价。包括地形地貌、气候与气象、地质、水文、大气、地表水、地下水、声、生态、土壤、海洋、放射性及辐射(如必要)等调查内容。根据环境要素和专题设置情况选择相应内容进行详细调查。

② 环境保护目标调查。调查评价范围内的环境功能区划和主要的环境敏感区,详细了解环境保护目标的地理位置、服务功能、四至范围、保护对象和保护要求等。

③ 环境质量现状调查与评价。根据建设项目特点、可能产生的环境影响和当地环境特征选择环境要素进行调查与评价;评价区域环境质量现状,说明环境质量的变化趋势,分析区域存在的环境问题及产生的原因。

④ 区域污染源调查。选择建设项目常规污染因子和特征污染因子、影响评价区环境质量的主要污染因子和特殊污染因子作为主要调查对象,注意不同污染源的分类调查。

6.1.5 建设项目环境影响预测与评价

1. 基本要求

环境影响预测与评价的基本要求包括:

① 环境影响预测与评价的时段、内容及方法均应根据工程特点与环境特性、评价工作等级、当地的环境保护要求确定。

② 预测和评价的因子应包括反映建设项目特点的常规污染因子、特征污染因子和生态因子,以及反映区域环境质量状况的主要污染因子、特殊污染因子和生态因子。

③ 须考虑环境质量背景与环境影响评价范围内在建项目同类污染物环境影响的叠加。

④ 对于环境质量不符合环境功能要求或环境质量改善目标的,应结合区域限期达标规划对环境质量变化进行预测。

2. 环境影响预测与评价内容

预测与评价方法主要有数学模式法、物理模型法、类比调查法等。环境影响预测与评价内容包括:

① 应重点预测建设项目生产运行阶段正常工况和非正常工况等情况的环境影响。

② 当建设阶段的大气、地表水、地下水、噪声、振动、生态以及土壤等影响程度较重、影响时间较长时,应进行建设阶段的环境影响预测和评价。

③ 可根据工程特点、规模、环境敏感程度、影响特征等选择开展建设项目服务期满后的环境影响预测和评价。

④ 当建设项目排放污染物对环境存在累积影响时,应明确累积影响的影响源,分析项目实施可能发生累积影响的条件、方式和途径,预测项目实施在时间和空间上的累积环境影响。

⑤ 对以生态影响为主的建设项目,应预测生态系统组成和服务功能的变化趋势,重点分析项目建设和生产运行对环境保护目标的影响。

⑥ 对存在环境风险的建设项目,应分析环境风险源项,计算环境风险后果,开展环境风险评价。对存在较大潜在人群健康风险的建设项目,应分析人群主要暴露途径。

6.1.6　环境保护措施及其可行性论证

环境保护措施及其可行性论证的要求包括:

① 明确提出建设项目建设阶段、生产运行阶段和服务期满后(可根据项目情况选择)拟采取的具体污染防治、生态保护、环境风险防范等环境保护措施;分析论证拟采取措施的技术可行性、经济合理性、长期稳定运行和达标排放的可靠性、满足环境质量改善和排污许可要求的可行性、生态保护和恢复效果的可达性。各类措施的有效性判定应以同类或相同措施的实际运行效果为依据,没有实际运行经验的,可提供工程化实验数据。

② 环境质量不达标的区域,应采取国内外先进可行的环境保护措施,结合区域限期达标规划及实施情况,分析建设项目实施对区域环境质量改善目标的贡献和影响。

③ 给出各项污染防治、生态保护等环境保护措施和环境风险防范措施的具体内容、责任主体、实施时段,估算环境保护投入,明确资金来源。

④ 环境保护投入应包括为预防和减缓建设项目不利环境影响而采取的各项环境保护措施和设施的建设费用、运行维护费用,直接为建设项目服务的环境管理与监测费用以及相关科研费用。

6.1.7　环境影响经济损益分析

以建设项目实施后的环境影响预测与环境质量现状进行比较,从环境影响的正负两方面,以定性与定量相结合的方式,对建设项目的环境影响后果(包括直接和间接影响、不利和有利影响)进行货币化经济损益核算,估算建设项目环境影响的经济价值。

6.1.8　环境管理与监测计划

按建设项目建设阶段、生产运行、服务期满后(可根据项目情况选择)等不同阶段,针对不同工况、不同环境影响和环境风险特征,提出具体环境管理要求。应给出污染物排放清单,明确污染物排放的管理要求,其中包括:工程组成及原辅材料组分要求,建设项目拟采取的环境保护措施及主要运行参数,排放的污染物种类、排放浓度和总量指标,污染物排放的分时段要求,排污口信息,执行的环境标准,环境风险防范措施以及环境监测等,并提出应向社会公开的信息内容,提出建立日常环境管理制度、组织机构和环境管理台账相关要求,明确各项环境保护设施和措施的建设、运行及维护费用保障计划。

环境监测计划应包括污染源监测计划和环境质量监测计划,内容包括监测因子、监测网点布设、监测频次、监测数据采集与处理、采样分析方法等,明确自行监测计划内容。内容如下:

① 污染源监测包括对污染源(包括废气、废水、噪声、固体废物等)以及各类污染治理设施的运转进行定期或不定期监测,明确在线监测设备的布设和监测因子。

② 根据建设项目环境影响特征、影响范围和影响程度,结合环境保护目标分布,制定环境质量定点监测或定期跟踪监测方案。

③ 对以生态影响为主的建设项目应提出生态监测方案。

④ 对存在较大潜在人群健康风险的建设项目,应提出环境跟踪监测计划。

6.1.9 环境影响评价结论

环境影响评价结论,应对建设项目的建设概况、环境质量现状、污染物排放情况、主要环境影响、公众意见采纳情况、环境保护措施、环境影响经济损益分析、环境管理与监测计划等内容进行概括总结,结合环境质量目标要求,明确给出建设项目的环境影响可行性结论。

对存在重大环境制约因素、环境影响不可接受或环境风险不可控、环境保护措施经济技术不满足长期稳定达标及生态保护要求、区域环境问题突出且整治计划不落实或不能满足环境质量改善目标的建设项目,应提出环境影响不可行的结论。

6.2 环境影响评价技术导则 大气环境

6.2.1 概 述

环境空气保护目标,是指评价范围内按 GB 3095 规定划分为一类区的自然保护区、风景名胜区和其他需要特殊保护的区域,二类区中的居住区、文化区和农村地区中人群较集中的区域。

大气污染源排放的污染物,按存在形态分为颗粒态污染物和气态污染物,按生成机理分为一次污染物和二次污染物。其中,由人类或自然活动直接产生,由污染源直接排入环境的污染物称为一次污染物;排入环境中的一次污染物在物理、化学因素的作用下发生变化,或与环境中的其他物质发生反应所形成的新污染物称为二次污染物。

6.2.2 大气环境评价等级与评价范围

1. 环境影响识别与评价因子筛选原则

按 HJ 2.1 或 HJ 130 的要求识别大气环境影响因素,并筛选出大气环境影响评价因子。大气环境影响评价因子主要为项目排放的基本污染物及其他污染物。

当建设项目排放的 SO_2 和 NO_x 年排放量大于或等于 500 t/a 时,评价因子应增加二次 PM2.5;当规划项目排放的 SO_2、NO_x 及 VOCs 年排放量达到表 6-1 规定的量时,评价因子应相应增加二次 PM2.5 及 O_3。二次污染物评价因子筛选见表 6-1。

表 6-1 二次污染物评价因子筛选

类 别	污染物排放量/(t·a⁻¹)	二次污染物评价因子
建设项目	$SO_2 + NO_x \geqslant 500$	PM2.5
规划项目	$SO_2 + NO_x \geqslant 500$	PM2.5
	$NO_x + VOCs \geqslant 2\ 000$	O_3

2. 评价标准确定原则

确定各评价因子所适用的环境质量标准及相应的污染物排放标准。其中,环境质量标准选用 GB 3095 中的环境空气质量浓度限值,如已有地方环境质量标准,应选用地方标准中的浓度限值。对于 GB 3095 及地方环境质量标准中未包含的污染物,可参照 HJ 2.2—2018 附录 D 中的浓度限值。对上述标准中都未包含的污染物,可参照选用其他国家、国际组织发布的环境质量浓度限值或基准值,但应作出说明,经生态环境主管部门同意后执行。

3. 评价等级判定

选择项目污染源正常排放的主要污染物及排放参数,采用估算模型分别计算项目污染源的最大环境影响,然后按评价工作分级判据进行分级。

评价工作分级方法,是根据项目污染源初步调查结果,分别计算项目排放主要污染物的最大地面空气质量浓度占标率 P_i(第 i 个污染物,简称"最大浓度占标率")及第 i 个污染物的地面空气质量浓度达到标准值的 10% 时所对应的最远距离 $D_{10\%}$。其中 P_i 定义如下:

$$P_i = \frac{C_i}{C_{0i}} \times 100\% \tag{6-1}$$

式中: P_i 为第 i 个污染物的最大地面空气质量浓度占标率,%; C_i 为采用估算模型计算出的第 i 个污染物的最大 1 h 地面空气质量浓度, $\mu g/m^3$; C_{0i} 为第 i 个污染物的环境空气质量浓度标准, $\mu g/m^3$。

一般选用 GB 3095 中 1 h 平均质量浓度的二级浓度限值,如项目位于一类环境空气功能区,应选择相应的一级浓度限值;对该标准中未包含的污染物,使用各评价因子 1 h 平均质量浓度限值。对仅有 8 h 平均质量浓度限值、日平均质量浓度限值或年平均质量浓度限值的,可分别按 2 倍、3 倍、6 倍折算为 1 h 平均质量浓度限值。

编制环境影响报告书的项目在采用估算模型计算评价等级时,应输入地形参数。

评价等级按表 6-2 的分级判据进行划分。最大地面空气质量浓度占标率 P_i 按公式(6-1)计算,如污染物数 $i > 1$,取 P 值中最大者 P_{max}。

表 6-2　评价等级判别

评价工作等级	评价工作分级判据
一级评价	$P_{max} \geqslant 10\%$
二级评价	$1\% \leqslant P_{max} < 10\%$
三级评价	$P_{max} < 1\%$

评价等级的判定还应遵守以下规定:

① 同一项目有多个污染源(两个及以上,下同)时,按各污染源分别确定评价等级,并取评价等级最高者作为项目的评价等级。

② 对电力、钢铁、水泥、石化、化工、平板玻璃、有色等高耗能行业的多源项目或以使用高污染燃料为主的多源项目,编制环境影响报告书的项目评价等级提高一级。

③ 对等级公路、铁路项目,分别按项目沿线主要集中式排放源(如服务区、车站大气污染源)排放的污染物计算其评价等级。

④ 对新建包含 1 km 及以上隧道工程的城市快速路、主干路等城市道路项目,按项目隧道主要通风竖井及隧道出口排放的污染物计算其评价等级。

⑤ 对新建、迁建及飞行区扩建的枢纽及干线机场项目,应考虑机场飞机起降及相关辅助设施排放源对周边城市的环境影响,评价等级取一级。

⑥ 确定评价等级同时应说明估算模型计算参数和判定依据。

4. 评价范围确定

一级评价项目根据建设项目排放污染物的最远影响距离($D_{10\%}$)确定大气环境影响评价范围。即以项目厂址为中心区域,自厂界外延 $D_{10\%}$ 的矩形区域作为大气环境影响评价范围。当 $D_{10\%}$ 超过 25 km 时,确定评价范围为边长 50 km 的矩形区域;当 $D_{10\%}$ 小于 2.5 km 时,评价范围边长取 5 km。二级评价项目大气环境影响评价范围边长取 5 km。三级评价项目不需要设置大气环境影响评价范围。

对于新建、迁建及飞行区扩建的枢纽及干线机场项目,评价范围还应考虑受影响的周边城市,最大取边长 50 km。

规划的大气环境影响评价范围以规划区边界为起点,外延规划项目排放污染物的最远影响距离($D_{10\%}$)的区域。

5. 环境空气保护目标调查

调查项目大气环境评价范围内主要环境空气保护目标。在带有地理信息的底图中标注,并列表给出环境空气保护目标内主要保护对象的名称、保护内容、所在大气环境功能区划以及与项目厂址的相对距离、方位、坐标等信息。

6.2.3 环境空气质量现状调查与评价

1. 环境空气质量现状调查内容

一级评价项目,需要调查项目所在区域环境质量达标情况,作为项目所在区域是否为达标区的判断依据。调查评价范围内有环境质量标准的评价因子的环境质量监测数据或进行补充监测,用于评价项目所在区域污染物环境质量现状,以及计算环境空气保护目标和网格点的环境质量现状浓度。

二级评价项目,需要调查项目所在区域环境质量达标情况;调查评价范围内有环境质量标准的评价因子的环境质量监测数据或进行补充监测,用于评价项目所在区域污染物环境质量现状。

三级评价项目,只调查项目所在区域环境质量达标情况。

2. 环境空气质量现状数据来源

(1)基本污染物环境质量现状数据

① 项目所在区域达标判定,优先采用国家或地方生态环境主管部门公开发布的评价基准年环境质量公告或环境质量报告中的数据或结论。

② 采用评价范围内国家或地方环境空气质量监测网中评价基准年连续 1 年的监测数据,或采用生态环境主管部门公开发布的环境空气质量现状数据。

③ 评价范围内没有环境空气质量监测网数据或公开发布的环境空气质量现状数据的,可选择符合 HJ 664 规定,并且与评价范围地理位置邻近,地形、气候条件相近的环境空气质量城市点或区域点监测数据。

④ 对于位于环境空气质量一类区的环境空气保护目标或网格点,各污染物环境质量现状浓度可取符合 HJ 664 规定,并且与评价范围地理位置邻近,地形、气候条件相近的环境空气质量区域点或背景点监测数据。

(2)其他污染物环境质量现状数据

优先采用评价范围内国家或地方环境空气质量监测网中评价基准年连续 1 年的监测数据。评价范围内没有环境空气质量监测网数据或公开发布的环境空气质量现状数据的,可收集评价范围内近 3 年与项目排放的其他污染物有关的历史监测资料。

(3)补充监测

在没有以上相关监测数据或监测数据不能满足规定的评价要求时,应按要求进行补充监测。监测时段的确定,根据监测因子的污染特征,选择污染较重的季节进行现状监测。补充监测应至少取得 7 天的有效数据;对于部分无法进行连续监测的其他污染物,可监测其一次空气质量浓度,监测时次应满足所用评价标准的取值时间要求。监测布点,以近 20 年统计的当地主导风向为轴向,在厂址及主导风向下风向 5 km 范围内设置 1~2 个监测点。如需在一类区进行补充监测,监测点应设置在不受人为活动影响的区域。环境空气监测中的采样点、采样环境、采样高度及采样频率,按 HJ 664 及相关评价标准规定的环境监测技术规范执行,并在评价报告中注明监测方法。

3. 项目所在区域达标判断方法

城市环境空气质量达标情况评价指标为 SO_2、NO_2、PM10、PM2.5、CO 和 O_3,6 项污染物全部达标即为城市环境空气质量达标。

根据国家或地方生态环境主管部门公开发布的城市环境空气质量达标情况,判断项目所在区域是否属于达标区。如项目评价范围涉及多个行政区(县级或以上,下同),需分别评价各行政区的达标情况,若存在不达标行政区,则判定项目所在评价区域为不达标区。

国家或地方生态环境主管部门未发布城市环境空气质量达标情况的,可按照 HJ 663 中各评价项目的年评价指标进行判定。年评价指标中的年均浓度和相应百分位数 24 h 平均或 8 h 平均质量浓度满足 GB 3095 中浓度限值要求的即为达标。

4. 各污染物的环境质量现状评价

长期监测数据的现状评价内容,按 HJ 663 中的统计方法对各污染物的年评价指标进行环境质量现状评价。对于超标的污染物,计算其超标倍数和超标率。补充监测数据的现状评价内容,分别对各监测点位不同污染物的短期浓度进行环境质量现状评价。对于超标的污染物,计算其超标倍数和超标率。

5. 环境空气保护目标及网格点环境质量现状浓度

① 对采用多个长期监测点位数据进行现状评价的,取各污染物相同时刻各监测点位的浓度平均值,作为评价范围内环境空气保护目标及网格点环境质量现状浓度,计算方法见如下公式:

$$C_{现状(x,y,t)} = \frac{1}{n} \sum_{j=1}^{n} C_{现状(j,t)} \qquad (6-2)$$

式中:$C_{现状(x,y,t)}$ 为环境空气保护目标及网格点 (x,y) 在 t 时刻环境质量现状浓度,$\mu g/m^3$;$C_{现状(j,t)}$ 为第 j 个监测点位在 t 时刻环境质量现状浓度(包括短期浓度和长期浓度),$\mu g/m^3$;n 为长期监测点位数。

② 对采用补充监测数据进行现状评价的,取各污染物不同评价时段监测浓度的最大值,作为评价范围内环境空气保护目标及网格点环境质量现状浓度。对于有多个监测点位数据的,先计算相同时刻各监测点位平均值,再取各监测时段平均值中的最大值。计算方法见如下公式:

$$C_{现状(x,y)} = \max \left[\frac{1}{n} \sum_{j=1}^{n} C_{监测(j,t)} \right] \qquad (6-3)$$

式中:$C_{现状(x,y)}$ 为环境空气保护目标及网格点 (x,y) 环境质量现状浓度,$\mu g/m^3$;$C_{监测(j,t)}$ 为第 j 个监测点位在 t 时刻环境质量现状浓度(包括 1 h 平均、8 h 平均或日平均质量浓度),$\mu g/m^3$;n 为现状补充监测点位数。

6.2.4 大气环境影响污染源调查

1. 污染源调查内容

一级评价项目污染源调查内容包括：

① 调查本项目不同排放方案有组织及无组织排放源,对于改建、扩建项目还应调查本项目现有污染源。本项目污染源调查包括正常排放和非正常排放,其中非正常排放调查内容包括非正常工况、频次、持续时间和排放量。

② 调查本项目所有拟被替代的污染源(若有),包括被替代污染源名称、位置、排放污染物及排放量、拟被替代时间等。

③ 调查评价范围内与评价项目排放污染物有关的其他在建项目、已批复环境影响评价文件的拟建项目等污染源。

④ 对于编制报告书的工业项目,分析调查受本项目物料及产品运输影响新增的交通运输移动源,包括运输方式、新增交通流量、排放污染物及排放量。

二级评价项目,参照一级评价项目污染源调查内容的①和②项,调查本项目现有及新增污染源和拟被替代的污染源。三级评价项目,只调查本项目新增污染源和拟被替代的污染源。对于城市快速路、主干路等城市道路的新建项目,需调查道路交通流量及污染物排放量。对于采用网格模型预测二次污染物的,需结合空气质量模型及评价要求,开展区域现状污染源排放清单调查。

2. 数据来源与要求

新建项目的污染源调查,依据 HJ 2.1、HJ 130、HJ 942、行业排污许可证申请与核发技术规范及各污染源源强核算技术指南,并结合工程分析从严确定污染物排放量。

评价范围内在建和拟建项目的污染源调查,可使用已批准的环境影响评价文件中的资料;改建、扩建项目现状工程的污染源和评价范围内拟被替代的污染源调查,可根据数据的可获得性,依次优先使用项目监督性监测数据、在线监测数据、年度排污许可执行报告、自主验收报告、排污许可证数据、环评数据或补充污染源监测数据等。污染源监测数据应采用满负荷工况下的监测数据或者换算至满负荷工况下的排放数据。

网格模型模拟所需的区域现状,污染源排放清单调查按国家发布的清单编制相关技术规范执行。污染源排放清单数据应采用近 3 年内国家或地方生态环境主管部门发布的包含人为源和天然源在内所有区域污染源清单数据。在国家或地方生态环境主管部门未发布污染源清单之前,可参照污染源清单编制指南自行建立区域污染源清单,并对污染源清单准确性进行验证分析。

6.2.5 大气环境影响预测与评价

一级评价项目应采用进一步预测模型开展大气环境影响预测与评价;二级评价项目不进行进一步预测与评价,只对污染物排放量进行核算;三级评价项目不进行进一步预测与评价。

1. 预测范围

预测范围应覆盖评价范围,并覆盖各污染物短期浓度贡献值占标率大于 10% 的区域。对于经判定需预测二次污染物的项目,预测范围应覆盖 PM2.5 年平均质量浓度贡献值占标率大于 1% 的区域。对于评价范围内包含环境空气功能区一类区的,预测范围应覆盖项目对一类区最大环境影响。预测范围一般以项目厂址为中心,东西向为 x 坐标轴、南北向为 y 坐标轴。

2. 预测模型

一级评价项目应结合项目环境影响预测范围、预测因子及推荐模型的适用范围等选择空气质量模型。各推荐模型适用范围见表 6-3。当推荐模型适用性不能满足需要时,可选择适用的替代模型。

表 6-3　推荐模型适用范围

模型名称	适用污染源	适用排放形式	推荐预测范围	模拟污染物			其他特性
				一次污染物	二次 PM2.5	O_3	
AERMOD	点源、面源、线源、体源	连续源、间断源	局地尺度 ($\leqslant 50$ km)	模型模拟法	系数法	不支持	—
ADMS							
AUSTAL2000	烟塔合一源						
EDMS/AEDT	机场源						
CALPUFF	点源、面源、线源、体源	连续源、间断源	城市尺度 (50 km 到 几百 km)	模型模拟法	模型模拟法	不支持	局地尺度特殊风场,包括长期静、小风和岸边熏烟
区域光化学网格模型	网格源	连续源、间断源	区域尺度 (几百 km)	模型模拟法	模型模拟法	模型模拟法	模拟复杂化学反应

当项目评价基准年内存在风速≤0.5 m/s 的持续时间超过 72 h 或近 20 年统计的全年静风(风速≤0.2 m/s)频率超过 35%时,应采用 CALPUFF 模型进行进一步模拟。当建设项目处于大型水体(海或湖)岸边 3 km 范围内时,应首先采用估算模型判定是否会发生熏烟现象。如果存在岸边熏烟,并且估算的最大 1 h 平均质量浓度超过环境质量标准,应采用 CALPUFF 模型进行进一步模拟。推荐模型的说明、执行文件、用户手册以及技术文档可到环境质量模型技术支持网站(http://www.lem.org.cn、http://www.craes.cn)下载。

3. 预测方法

采用推荐模型预测建设项目或规划项目对预测范围不同时段的大气环境影响。当建设项目或规划项目排放 SO_2、NO_x 及 VOCs 年排放量达到表 6-1 规定的量时,可按表 6-4 推荐的方法预测二次污染物。

表 6-4　二次污染物预测方法

	污染物排放量/(t·a⁻¹)	预测因子	二次污染物预测方法
建设项目	$SO_2 + NO_x \geqslant 500$	PM2.5	AERMOD/ADMS(系数法) 或 CALPUFF(模型模拟法)
规划项目	$500 \leqslant SO_2 + NO_x < 2\,000$	PM2.5	AERMOD/ADMS(系数法) 或 CALPUFF(模型模拟法)
	$SO_2 + NO_x \geqslant 2\,000$	PM2.5	网格模型(模型模拟法)
	$NO_x + VOCs \geqslant 2\,000$	O_3	网格模型(模型模拟法)

采用 AERMOD、ADMS 等模型模拟 PM2.5 时,需将模型模拟的 PM2.5 一次污染物的质量浓度,同步叠加按 SO_2、NO_2 等前体物转化比率估算的二次 PM2.5 质量浓度,得到 PM2.5

的贡献浓度。前体物转化比率可引用科研成果或有关文献,并注意地域的适用性。对于无法取得 SO_2、NO_2 等前体物转化比率的,可取 $\varphi_{SO_2} = 0.58$、$\varphi_{NO_2} = 0.44$,按如下公式计算二次 PM2.5 贡献浓度:

$$C_{二次PM2.5} = \varphi_{SO_2} \times C_{SO_2} + \varphi_{NO_2} \times C_{NO_2} \tag{6-4}$$

式中:$C_{二次PM2.5}$ 为二次 PM2.5 质量浓度,$\mu g/m^3$;φ_{SO_2}、φ_{NO_2} 为 SO_2、NO_2 浓度换算为 PM2.5 浓度的系数;C_{SO_2}、C_{NO_2} 为 SO_2、NO_2 的预测质量浓度,$\mu g/m^3$。

采用 CALPUFF 或网格模型预测 PM2.5 时,模拟输出的贡献浓度应包括一次 PM2.5 和二次 PM2.5 质量浓度的叠加结果。

对已采纳规划环评要求的规划所包含的建设项目,当工程建设内容及污染物排放总量均未发生重大变更时,建设项目环境影响预测可引用规划环评的模拟结果。

4. 预测内容

(1) 达标区的评价项目

项目正常排放条件下,预测环境空气保护目标和网格点主要污染物的短期浓度和长期浓度贡献值,评价其最大浓度占标率。

项目正常排放条件下,预测评价叠加环境空气质量现状浓度后,环境空气保护目标和网格点主要污染物的保证率日平均质量浓度和年平均质量浓度的达标情况;对于项目排放的主要污染物仅有短期浓度限值的,评价其短期浓度叠加后的达标情况。如果是改建、扩建项目,还应同步减去"以新带老"污染源的环境影响。如果有区域削减项目,应同步减去削减源的环境影响。如果评价范围内还有其他排放同类污染物的在建、拟建项目,还应叠加在建、拟建项目的环境影响。

项目非正常排放条件下,预测评价环境空气保护目标和网格点主要污染物的 1 h 最大浓度贡献值及占标率。

(2) 不达标区的评价项目

项目正常排放条件下,预测环境空气保护目标和网格点主要污染物的短期浓度和长期浓度贡献值,评价其最大浓度占标率。

项目正常排放条件下,预测评价叠加大气环境质量限期达标规划(简称"达标规划")的目标浓度后,环境空气保护目标和网格点主要污染物保证率日平均质量浓度和年平均质量浓度的达标情况;对于项目排放的主要污染物仅有短期浓度限值的,评价其短期浓度叠加后的达标情况。如果是改建、扩建项目,还应同步减去"以新带老"污染源的环境影响。如果有区域达标规划之外的削减项目,应同步减去削减源的环境影响。如果评价范围内还有其他排放同类污染物的在建、拟建项目,还应叠加在建、拟建项目的环境影响。

对于无法获得达标规划目标浓度场或区域污染源清单的评价项目,需评价区域环境质量的整体变化情况。

项目非正常排放条件下,预测环境空气保护目标和网格点主要污染物的 1 h 最大浓度贡献值,评价其最大浓度占标率。

(3) 区域规划项目

预测评价区域规划方案中不同规划年叠加现状浓度后,环境空气保护目标和网格点主要污染物保证率日平均质量浓度和年平均质量浓度的达标情况;对于规划排放的其他污染物仅有短期浓度限值的,评价其叠加现状浓度后短期浓度的达标情况。

预测评价区域规划实施后的环境质量变化情况,分析区域规划方案的可行性。

5. 评价要求

不同评价对象或排放方案对应预测内容和评价要求,如表 6－5 所列。

表 6－5　预测内容和评价要求

评价对象	污染源	污染源排放形式	预测内容	评价内容
达标区评价项目	新增污染源	正常排放	短期浓度 长期浓度	最大浓度占标率
	新增污染源－"以新带老"污染源(若有)－区域削减污染源(若有)＋其他在建、拟建污染源(若有)	正常排放	短期浓度 长期浓度	叠加环境质量现状浓度后的保证率日平均质量浓度和年平均质量浓度的占标率,或短期浓度的达标情况
	新增污染源	非正常排放	1 h 平均质量浓度	最大浓度占标率
不达标区评价项目	新增污染源	正常排放	短期浓度 长期浓度	最大浓度占标率
	新增污染源－"以新带老"污染源(若有)－区域削减污染源(若有)＋其他在建、拟建的污染源(若有)	正常排放	短期浓度 长期浓度	叠加达标规划目标浓度后的保证率日平均质量浓度和年平均质量浓度的占标率,或短期浓度的达标情况;评价年平均质量浓度变化率
	新增污染源	非正常排放	1 h 平均质量浓度	最大浓度占标率
区域规划	不同规划期/规划方案污染源	正常排放	短期浓度 长期浓度	保证率日平均质量浓度和年平均质量浓度的占标率,年平均质量浓度变化率
大气环境防护距离	新增污染源－"以新带老"污染源(若有)＋项目全厂现有污染源	正常排放	短期浓度	大气环境防护距离

注：短期浓度是指某污染物的评价时段小于或等于 24 h 的平均质量浓度,包括 1 h 平均质量浓度、8 h 平均质量浓度以及 24 h 平均质量浓度(也称为日平均质量浓度)。长期浓度是指某污染物的评价时段大于或等于 1 个月的平均质量浓度,包括月平均质量浓度、季平均质量浓度和年平均质量浓度。

6. 评价方法

(1) 环境影响叠加

1) 达标区环境影响叠加

预测评价项目建成后各污染物对预测范围的环境影响,应用本项目的贡献浓度,叠加(减去)区域削减污染源以及其他在建、拟建项目污染源环境影响,并叠加环境质量现状。

浓度计算方法见如下公式:

$$C_{\text{叠加}(x,y,t)} = C_{\text{本项目}(x,y,t)} - C_{\text{区域削减}(x,y,t)} + C_{\text{拟在建}(x,y,t)} + C_{\text{现状}(x,y,t)} \qquad (6-5)$$

式中：$C_{\text{叠加}(x,y,t)}$ 为在 t 时刻,预测点 (x,y) 叠加各污染源及现状浓度后的环境质量浓度,

$\mu g/m^3$；$C_{本项目(x,y,t)}$ 为在 t 时刻，本项目对预测点 (x,y) 的贡献浓度，$\mu g/m^3$；$C_{区域削减(x,y,t)}$ 为在 t 时刻，区域削减污染源对预测点 (x,y) 的贡献浓度，$\mu g/m^3$；$C_{现状(x,y,t)}$ 为在 t 时刻，预测点 (x,y) 的环境质量现状浓度，$\mu g/m^3$，各预测点环境质量现状浓度按式（6-2）或式（6-3）计算；$C_{拟在建(x,y,t)}$ 为在 t 时刻，其他在建、拟建项目污染源对预测点 (x,y) 的贡献浓度，$\mu g/m^3$。

其中本项目预测的贡献浓度除新增污染源环境影响外，还应减去"以新带老"污染源的环境影响，计算方法见如下公式：

$$C_{本项目(x,y,t)}=C_{新增(x,y,t)}-C_{以新带老(x,y,t)} \tag{6-6}$$

式中：$C_{新增(x,y,t)}$ 为在 t 时刻，本项目新增污染源对预测点 (x,y) 的贡献浓度，$\mu g/m^3$；$C_{以新带老(x,y,t)}$ 为在 t 时刻，"以新带老"污染源对预测点 (x,y) 的贡献浓度，$\mu g/m^3$。

2）不达标区环境影响叠加

对于不达标区的环境影响评价，应在各预测点上叠加达标规划中达标年的目标浓度，分析达标规划年的保证率日平均质量浓度和年平均质量浓度的达标情况。叠加方法可以用达标规划方案中的污染源清单参与影响预测，也可直接用达标规划模拟的浓度场进行叠加计算。计算方法见如下公式：

$$C_{叠加(x,y,t)}=C_{本项目(x,y,t)}-C_{区域削减(x,y,t)}+C_{拟在建(x,y,t)}+C_{规划(x,y,t)} \tag{6-7}$$

式中：$C_{规划(x,y,t)}$ 为在 t 时刻，预测点 (x,y) 的达标规划年目标浓度，$\mu g/m^3$。

（2）保证率日平均质量浓度

对于保证率日平均质量浓度，首先按公式（6-6）和公式（6-7）的方法计算叠加后预测点上的日平均质量浓度，然后对该预测点所有日平均质量浓度从小到大进行排序，根据各污染物日平均质量浓度的保证率（p），计算排在 p 百分位数的第 m 个序数，序数 m 对应的日平均质量浓度即为保证率日平均浓度 C_m。其中序数 m 计算方法见如下公式：

$$m=1+(n-1)p \tag{6-8}$$

式中：p 为该污染物日平均质量浓度的保证率，按 HJ 663 规定的对应污染物年评价中 24 h 平均百分位数取值，%；n 为 1 个日历年内单个预测点上的日平均质量浓度的所有数据个数；m 为百分位数 p 对应的序数（第 m 个），向上取整数。

7. 区域环境质量变化评价

区域环境质量变化，以评价基准年为计算周期，统计各网格点的短期浓度或长期浓度的最大值，所有最大浓度超过环境质量标准的网格，即为该污染物浓度超标范围。超标网格的面积之和即为该污染物的浓度超标面积。当无法获得不达标区规划达标年的区域污染源清单或预测浓度场时，也可评价区域环境质量的整体变化情况。实施区域削减方案后预测范围的年平均质量浓度变化率 k 按下式计算：

$$k=\frac{\bar{C}_{本项目(a)}-\bar{C}_{区域削减(a)}}{\bar{C}_{区域削减(a)}}\times 100\% \tag{6-9}$$

当 $k \leqslant -20\%$ 时，可判定项目建设后区域环境质量得到整体改善。式（6-9）中：k 为预测范围年平均质量浓度变化率，%；$\bar{C}_{本项目(a)}$ 为本项目对所有网格点的年平均质量浓度贡献值的算术平均值，$\mu g/m^3$；$\bar{C}_{区域削减(a)}$ 为区域削减污染源对所有网格点的年平均质量浓度贡献值的算术平均值，$\mu g/m^3$。

8. 大气环境防护距离确定

大气环境防护距离，采用进一步预测模型模拟评价基准年内，本项目所有污染源（改建、扩建项目应包括全厂现有污染源)对厂界外主要污染物的短期贡献浓度分布。厂界外预测网格分辨率不应超过 50 m。在底图上标注从厂界起所有超过环境质量短期浓度标准值的网格区域,以自厂界起至超标区域的最远垂直距离作为大气环境防护距离。

9. 污染控制措施有效性分析与方案比选

达标区建设项目选择大气污染治理设施、预防措施或多方案比选时,应综合考虑成本和治理效果,选择最佳可行技术方案,保证大气污染物能够达标排放,并使环境影响可以接受。

不达标区建设项目选择大气污染治理设施、预防措施或多方案比选时,应优先考虑治理效果,结合达标规划和替代源削减方案的实施情况,在只考虑环境因素的前提下选择最优技术方案,保证大气污染物达到最低排放强度和排放浓度,并使环境影响可以接受。

10. 污染物排放量核算

污染物排放量核算包括本项目的新增污染源及改建、扩建污染源(若有)。

根据最终确定的污染治理设施、预防措施及排污方案,确定本项目所有新增及改建、扩建污染源大气排污节点、排放污染物、污染治理设施与预防措施以及大气排放口基本情况。

本项目各排放口排放大气污染物的核算排放浓度、排放速率及污染物年排放量,应为通过环境影响评价,并且环境影响评价结论为可接受时对应的各项排放参数。

本项目大气污染物年排放量包括项目各有组织排放源和无组织排放源在正常排放条件下的预测排放量之和。污染物年排放量按如下公式计算:

$$E_{年排放} = \frac{1}{1\,000}\sum_{i=1}^{n}(M_{i有组织}\ H_{i有组织}) + \frac{1}{1\,000}\sum_{j=1}^{m}(M_{j无组织}\ H_{j无组织}) \qquad (6-10)$$

式中:$E_{年排放}$ 为项目年排放量,t/a;$M_{i有组织}$ 为第 i 个有组织排放源排放速率,kg/h;$H_{i有组织}$ 为第 i 个有组织排放源年有效排放小时数;$M_{j无组织}$ 为第 j 个无组织排放源排放速率,kg/h;$H_{j无组织}$ 为第 j 个无组织排放源全年有效排放小时数。

本项目各排放口非正常排放量核算,应结合项目非正常排放条件下预测的评价环境空气保护目标和网格点主要污染物的 1 h 最大浓度贡献值及占标率,优先提出相应的污染控制与减缓措施。当出现 1 h 平均质量浓度贡献值超过环境质量标准时,应提出减少污染排放直至停止生产的相应措施。明确列出发生非正常排放的污染源、非正常排放原因、排放污染物、非正常排放浓度与排放速率、单次持续时间、年发生频次及应对措施等。

11. 大气环境影响评价结果

大气环境影响评价结果的表达和内容要求如下:

① 基本信息底图。包含项目所在区域相关地理信息的底图,至少应包括评价范围内的环境功能区划、环境空气保护目标、项目位置、监测点位,以及图例、比例尺、基准年风频玫瑰图等要素。

② 项目基本信息图。在基本信息底图上标示项目边界、总平面布置、大气排放口位置等信息。

③ 达标评价结果表。列表给出各环境空气保护目标及网格最大浓度点主要污染物现状浓度、贡献浓度、叠加现状浓度后保证率日平均质量浓度和年平均质量浓度、占标率、是否达标等评价结果。

④ 网格浓度分布图。包括叠加现状浓度后主要污染物保证率日平均质量浓度分布图和年平均质量浓度分布图。网格浓度分布图的图例间距一般按相应标准值的 5%～100% 进行

设置。如果某种污染物环境空气质量超标,还需在评价报告及浓度分布图上标示超标范围与超标面积,以及与环境空气保护目标的相对位置关系等。

⑤ 大气环境防护区域图。在项目基本信息图上沿出现超标的厂界外延按确定的大气环境防护距离所包括的范围,作为本项目的大气环境防护区域。大气环境防护区域应包含自厂界起连续的超标范围。

⑥ 污染治理设施、预防措施及方案比选结果表。列表对比不同污染控制措施及排放方案对环境的影响,评价不同方案的优劣。

⑦ 污染物排放量核算表。包括有组织及无组织排放量、大气污染物年排放量、非正常排放量等。

一级评价应包括①~⑦的内容,二级评价一般应包括①、②及⑦的内容。

6.2.6　大气环境监测与计划

一级评价项目按 HJ 819 的要求,提出项目在生产运行阶段的污染源监测计划和环境质量监测计划。二级评价项目按 HJ 819 的要求,提出项目在生产运行阶段的污染源监测计划。三级评价项目可参照 HJ 819 的要求,并适当简化环境监测计划。

污染源监测计划,按照 HJ 819、HJ 942、各行业排污单位自行监测技术指南及排污许可证申请与核发技术规范执行。污染源监测计划应明确监测点位、监测指标、监测频次、执行排放标准。

环境质量监测计划,应筛选出按要求计算的项目排放污染物 $P_i \geqslant 1\%$ 的其他污染物作为环境质量监测因子。环境质量监测点位一般在项目厂界或大气环境防护距离(若有)外侧设置 1~2 个监测点。各监测因子的环境质量每年至少监测一次。新建 10 km 及以上的城市快速路、主干路等城市道路项目,应在道路沿线设置至少 1 个路边交通自动连续监测点,监测项目包括道路交通源排放的基本污染物。环境质量监测采样方法、监测分析方法、监测质量保证与质量控制等应符合所执行的环境质量标准、HJ 819、HJ 942 的相关要求。

6.2.7　大气环境影响评价结论与建议

1. 大气环境影响评价结论

达标区域的建设项目,当同时满足以下条件时,认为其环境影响可以接受:

① 新增污染源正常排放下污染物短期浓度贡献值的最大浓度占标率≤100%。

② 新增污染源正常排放下污染物年均浓度贡献值的最大浓度占标率≤30%(其中一类区≤10%)。

③ 项目环境影响符合环境功能区划。叠加现状浓度、区域削减污染源以及在建、拟建项目的环境影响后,主要污染物的保证率日平均质量浓度和年平均质量浓度均符合环境质量标准;对于项目排放的主要污染物仅有短期浓度限值的,叠加后的短期浓度符合环境质量标准。

不达标区域的建设项目,当同时满足以下条件时,认为其环境影响可以接受:

① 达标规划未包含的新增污染源建设项目,需另有替代源的削减方案。

② 新增污染源正常排放下污染物短期浓度贡献值的最大浓度占标率≤100%。

③ 新增污染源正常排放下污染物年均浓度贡献值的最大浓度占标率≤30%(其中一类区≤10%)。

④ 项目环境影响符合环境功能区划或满足区域环境质量改善目标。现状浓度超标的污

染物评价,叠加达标年目标浓度、区域削减污染源以及在建、拟建项目的环境影响后,污染物的保证率日平均质量浓度和年平均质量浓度均符合环境质量标准或满足达标规划确定的区域环境质量改善目标,或按公式(6-9)计算的预测范围内年平均质量浓度变化率 $k \leqslant -20\%$;对于现状达标的污染物评价,叠加后污染物浓度符合环境质量标准;对于项目排放的主要污染物仅有短期浓度限值的,叠加后的短期浓度符合环境质量标准。

区域规划的环境影响评价,当主要污染物的保证率日平均质量浓度和年平均质量浓度均符合环境质量标准,对于主要污染物仅有短期浓度限值的,叠加后的短期浓度符合环境质量标准时,则认为区域规划环境影响可以接受。

2. 污染控制措施可行性及方案比选结果

大气污染治理设施与预防措施必须保证污染源排放以及控制措施均符合排放标准的有关规定,满足经济、技术可行性。

从项目选址选线、污染源的排放强度与排放方式、污染控制措施技术与经济可行性等方面,结合区域环境质量现状及区域削减方案、项目正常排放及非正常排放下大气环境影响预测结果,综合评价治理设施、预防措施及排放方案的优劣,并对存在的问题(如果有)提出解决方案。经对解决方案进行进一步预测和评价比选后,给出大气污染控制措施可行性建议及最终的推荐方案。

3. 大气环境防护距离

根据大气环境防护距离计算结果,并结合厂区平面布置图,确定项目大气环境防护区域。若大气环境防护区域内存在长期居住的人群,应给出相应优化调整项目选址、布局或搬迁的建议。项目大气环境防护区域之外,大气环境影响评价结论应符合大气环境影响评价结论规定的要求。

4. 污染物排放量核算结果

环境影响评价结论是环境影响可接受的,根据环境影响评价审批内容和排污许可证申请与核发所需表格要求,明确给出污染物排放量核算结果表。

评价项目完成后污染物排放总量控制指标能否满足环境管理要求,并明确总量控制指标的来源和替代源的削减方案。

5. 大气环境影响评价自查表

大气环境影响评价完成后,应对大气环境影响评价主要内容与结论进行自查。建设项目大气环境影响评价自查表的内容包括:评价等级与范围、评价因子(说明 $SO_2 + NO_x$ 排放量、基本污染物、其他污染物,是否包括二次 PM2.5)、评价标准、现状评价(说明环境功能区、评价基准年、环境空气质量现状调查数据来源)、污染源调查(包括本项目正常排放源、本项目非正常排放源、现有污染源、拟替代的污染源和其他在建拟建项目污染源)、大气环境影响预测与评价(说明预测模型、预测范围、预测因子、正常排放短期浓度贡献值、正常排放年均浓度贡献值、非正常排放 1 h 浓度贡献值、保证率日平均浓度和年平均浓度叠加值、区域环境质量的整体变化情况等)、环境监测计划(包括污染源监测和环境质量监测)、评价结论(说明环境影响、大气环境防护距离和污染源年排放量)。

6.2.8　大气环境影响评价基本内容与图表

1. 附图要求

大气环境影响评价附图包括以下内容：

① 地形图,应标示地形高程、项目位置、评价范围、主要环境保护目标、比例尺、图例、指北针等。

② 监测点位图,在基础底图上叠加环境质量现状监测点位分布,并明确标示国家监测站点、地方监测站点和现状。

③ 污染源调查,包括矩形面源示意图、多边形面源示意图、近圆形面源示意图、体源划分图。

④ 土地利用图,应明确标示土地利用类型、项目位置、环境空气保护目标、评价范围、图例、比例尺、风玫瑰图等。

⑤ 大气环境影响预测结果图,在基础底图上绘制各污染物保证率日平均质量浓度分布图,年平均质量浓度分布图,或短期平均质量浓度分布图。

⑥ 大气环境防护区域图,在项目基本信息图上绘制最终确定的大气环境防护区域,并标示大气环境防护距离预测网格,厂界污染物贡献浓度,超标区域、敏感点分布等信息。

2. 附表要求

大气环境影响评价附表包括以下内容：

① 评价因子和评价标准表、估算模型参数表、主要污染源估算模型计算结果表。

② 环境空气保护目标调查表、区域空气质量现状评价表(包括各评价因子的浓度、标准及达标判定结果等)、基本污染物环境质量现状(包括监测点位、污染物、评价标准、现状浓度及达标判定等)、其他污染物环境质量现状表(包括其他污染物的监测点位、监测因子、监测时段及监测结果等内容)。

③ 点源参数调查清单(包括排气筒底部中心坐标及排气筒底部的海拔高度、排气筒几何高度及排气筒出口内径、烟气流速、排气筒出口处烟气温度、各主要污染物排放速率、排放工况、年排放小时数等)、矩形面源参数调查清单(包括初始点坐标、面源的长度、面源的宽度、与正北方向逆时针的夹角、面源的海拔高度和有效排放高度、各主要污染物排放速率、排放工况、年排放小时数等)、多边形面源参数调查清单(包括多边形面源的顶点数或边数以及各顶点坐标、面源的海拔高度和有效排放高度、各主要污染物排放速率、排放工况、年排放小时数等)、圆形/近圆形面源参数调查清单(包括中心点坐标、近圆形半径、近圆形顶点数或边数、面源的海拔高度和有效排放高度、各主要污染物排放速率、排放工况、年排放小时数等)、体源参数调查清单(包括体源中心点坐标及体源所在位置的海拔高度、体源有效高度、体源排放速率、排放工况、年排放小时数、体源的边长、初始横向扩散参数及初始垂直扩散参数)、线源参数调查清单(包括线源几何尺寸、线源宽度、距地面高度、有效排放高度、街道街谷高度、各种车型的污染物排放速率、平均车速、各时段车流量、车型比例等)、火炬源参数调查清单(包括火炬底部中心坐标及火炬底部的海拔高度、火炬等效内径、火炬的等效高度、火炬等效烟气排放速度、排气筒出口处的烟气温度、火炬源排放速率、排放工况、年排放小时数等)、烟塔合一排放源参数调查清单(包括冷却塔底部中心坐标及排气筒底部的海拔高度、冷却塔高度及冷却塔出口内径、冷却塔出口烟气流速、冷却塔出口烟气温度、烟气中液态水含量、烟气相对湿度、各主要污染物排放

速率、排放工况、年排放小时数等)、城市道路交通流量及污染物排放量(包括不同路段交通流量及污染物排放量)、机场源参数调查清单(包括飞行阶段、面源起点坐标、有效排放高度、面源宽度、面源长度、与正北向夹角、污染物排放速率等)、污染源周期性排放系数表、非正常排放参数表、拟被替代源基本情况表。

④ 观测气象数据信息表、模拟气象数据信息表、地形数据(包括数据来源、数据时间、格式、范围、分辨率等)、项目贡献质量浓度预测结果表、叠加后环境质量浓度预测结果表、年平均质量浓度增量预测结果表、区域规划环境影响预测结果表、污染治理设施与预防措施方案比选结果表。

⑤ 大气污染物有组织排放量核算表、大气污染物无组织排放量核算表、大气污染物年排放量核算表、污染源非正常排放量核算表、自行监测计划表。

3. 基本附件要求

基本附件要求如下:

① 估算模型相关文件(电子版),包括输入文件、控制文件和输出文件等;

② 环境质量现状监测报告(扫描件);

③ 气象、地形原始数据文件(电子版);

④ 进一步预测模型相关文件(电子版),包括输入文件、控制文件和输出文件等,附件中应说明各文件意义及原始数据来源。

6.3　环境影响评价技术导则　地表水环境

6.3.1　概　述

1. 基本任务

地表水环境影响评价,是在调查和分析评价范围地表水环境质量现状与水环境保护目标的基础上,预测和评价建设项目对地表水环境质量、水环境功能区、水功能区、水环境保护目标及水环境控制单元的影响范围与影响程度,提出相应的环境保护措施和环境管理与监测计划,明确给出地表水环境影响是否可接受的结论。

2. 基本要求

地表水环境影响主要包括水污染影响与水文要素影响。根据其主要影响,建设项目的地表水环境影响评价划分为水污染影响型、水文要素影响型以及两者兼有的复合影响型。

地表水环境影响评价应按评价等级开展相应的评价工作。建设项目评价等级分为三级。复合影响型建设项目的评价工作,应按类别分别确定评价等级并开展评价工作。

建设项目排放水污染物应符合国家或地方水污染物排放标准要求,同时应满足受纳水体环境质量管理要求,并与排污许可管理制度相关要求衔接。水文要素影响型建设项目,还应满足生态流量的相关要求。

3. 工作程序

地表水环境影响评价的工作程序一般分为三个阶段。

第一阶段,研究有关文件,进行工程方案和环境影响的初步分析,开展区域环境状况的初步调查,明确水环境功能区或水功能区管理要求,识别主要环境影响,确定评价类别。根据不同评价类别进一步筛选评价因子,确定评价等级与评价范围,明确评价标准、评价重点和水环境保护目标。

第二阶段,根据评价类别、评价等级及评价范围等,开展与地表水环境影响评价相关的污染源、水环境质量现状、水文水资源与水环境保护目标调查与评价,必要时开展补充监测;选择适合的预测模型,开展地表水环境影响预测评价,分析与评价建设项目对地表水环境质量、水文要素及水环境保护目标的影响范围与程度,在此基础上核算建设项目的污染源排放量、生态流量等。

第三阶段,根据建设项目地表水环境影响预测与评价的结果,制定地表水环境保护措施,开展地表水环境保护措施的有效性评价,编制地表水环境监测计划,给出建设项目污染物排放清单和地表水环境影响评价的结论,完成环境影响评价文件的编写。

6.3.2 地表水环境影响评价等级与评价范围

1. 建设项目地表水环境影响因素识别

地表水环境影响因素识别应分析建设项目建设阶段、生产运行阶段和服务期满后(可根据项目情况选择,下同)各阶段对地表水环境质量、水文要素的影响行为。

2. 水污染型建设项目和水文要素影响型建设项目地表水环境影响因子筛选

按照污染源源强核算技术指南,开展建设项目污染源与水污染因子识别。结合建设项目所在水环境控制单元或区域水环境质量现状,筛选出水环境现状调查评价与影响预测评价的因子。行业污染物排放标准中涉及的水污染物应作为评价因子;在车间或车间处理设施排放口排放的第一类污染物应作为评价因子;水温应作为评价因子;面源污染所含的主要污染物应作为评价因子;建设项目排放的,且为建设项目所在控制单元的水质超标因子或潜在污染因子(指近 3 年来水质浓度值呈上升趋势的水质因子),应作为评价因子。

水文要素影响型建设项目评价因子,应根据建设项目对地表水体水文要素影响的特征确定。河流、湖泊及水库主要评价水面面积、水量、水温、径流过程、水位、水深、流速、水面宽、冲淤变化等因子,湖泊和水库需要重点关注湖底水域面积或蓄水量及水力停留时间等因子。感潮河段、入海河口及近岸海域主要评价流量、流向、潮区界、潮流界、纳潮量、水位、流速、水面宽、水深、冲淤变化等因子。

建设项目可能导致受纳水体富营养化的,评价因子还应包括与富营养化有关的因子(如总磷、总氮、叶绿素 a、高锰酸盐指数和透明度等。其中,叶绿素 a 为必须评价的因子)。

3. 建设项目地表水环境影响评价等级确定依据

建设项目地表水环境影响评价等级按照影响类型、排放方式、排放量或影响情况、受纳水体环境质量现状、水环境保护目标等综合确定。

4. 水污染型建设项目地表水环境影响评价等级确定方法

水污染影响型建设项目根据排放方式和废水排放量划分评价等级,见表 6-6。直接排放建设项目评价等级分为一级、二级和三级 A,根据废水排放量、水污染物污染当量数确定。间接排放建设项目评价等级为三级 B。

表 6-6　水污染影响型建设项目评价等级判定

评价等级	判定依据	
	排放方式	废水排放量 Q /(m³·d⁻¹)；水污染物当量数 W（无量纲）
一级	直接排放	$Q \geqslant 20\,000$ 或 $W \geqslant 600\,000$
二级	直接排放	其他
三级 A	直接排放	$Q < 200$ 且 $W < 6\,000$
三级 B	间接排放	—

表 6-6 说明如下：

① 水污染物当量数等于该污染物的年排放量除以该污染物的污染当量值，计算排放污染物的污染物当量数，应区分第一类水污染物和其他类水污染物，统计第一类污染物当量数总和，然后与其他类污染物按照污染物当量数从大到小排序，取最大当量数作为建设项目评价等级确定的依据。

② 废水排放量按行业排放标准中规定的废水种类统计，没有相关行业排放标准要求的通过工程分析合理确定，应统计含热量大的冷却水的排放量，可不统计间接冷却水、循环水以及其他含污染物极少的清净下水的排放量。

③ 厂区存在堆积物（露天堆放的原料、燃料、废渣等以及垃圾堆放场）、降尘污染的，应将初期雨污水纳入废水排放量，相应的主要污染物纳入水污染当量计算。

④ 建设项目直接排放第一类污染物的，其评价等级为一级；建设项目直接排放的污染物为受纳水体超标因子的，评价等级不低于二级。

⑤ 直接排放受纳水体影响范围涉及饮用水水源保护区、饮用水取水口、重点保护与珍稀水生生物的栖息地、重要水生生物的自然产卵场等保护目标时，评价等级不低于二级。

⑥ 建设项目向河流、湖库排放温排水引起受纳水体水温变化超过水环境质量标准要求，且评价范围有水温敏感目标的，评价等级为一级。

⑦ 建设项目利用海水作为调节温度介质，排水量 ≥ 5 000 000 m³/d，评价等级为一级；排水量 < 5 000 000 m³/d，评价等级为二级。

⑧ 仅涉及清净下水排放的，如其排放水质满足受纳水体水环境质量标准要求的，评价等级为三级 A。

⑨ 依托现有排放口，且对外环境未新增排放污染物的直接排放建设项目，评价等级参照间接排放，定为三级 B。

⑩ 建设项目生产工艺中有废水产生，但作为回水利用，不排放到外环境的，按三级 B 评价。

5. 水文要素影响型建设项目地表水环境影响评价等级确定方法

水文要素影响型建设项目评价等级划分，根据水温、径流及受影响地表水域三类水文要素的影响程度进行判定，见表 6-7。

表6-7　水文要素影响型建设项目评价等级判定

评价等级	水温		径流		受影响地表水域			
	年径流量与总库容百分比 α / %	兴利库容与年径流量百分比 β / %	取水量多年平均流量百分比 γ / %		工程垂直投影面积及外扩范围 A_1/km²;工程扰动水底面积 A_2/km²;过水断面宽度占用比例或占用水域面积比例 R / %			工程垂直影面积及外范围 A_1/km²;工程扰动底面积 A_2/ km²
					河　流	湖　库		入海河口、近岸海域
一级	$\alpha \leqslant 10$,或稳定分层	$\beta \geqslant 20$,或完全年调节与多年调节	$\gamma \geqslant 30$		$A_1 \geqslant 0.3$ 或 $A_2 \geqslant 1.5$ 或 $R \geqslant 10$	$A_1 \geqslant 0.3$ 或 $A_2 \geqslant 1.5$ 或 $R \geqslant 20$		$A_1 \geqslant 0.5$ 或 $A_2 \geqslant 3$
二级	$20 > \alpha > 10$,或不稳定分层	$20 > \beta > 2$,或季调节与不完全年调节	$30 > \gamma > 10$		$0.3 > A_1 > 0.05$ 或 $1.5 > A_2 > 0.2$ 或 $10 > R > 5$	$0.3 > A_1 > 0.05$ 或 $1.5 > A_2 > 0.2$ 或 $20 > R > 5$		$0.5 > A_1 > 0.15$ 或 $3 > A_2 > 0.5$
三级	$\alpha \geqslant 20$,或混合型	$\beta \leqslant 2$,或无调节	$\gamma \leqslant 10$		$A_1 \leqslant 0.05$ 或 $A_2 \leqslant 0.2$ 或 $R \leqslant 5$	$A_1 \leqslant 0.05$ 或 $A_2 \leqslant 0.2$ 或 $R \leqslant 5$		$A_1 \leqslant 0.15$ 或 $A_2 \leqslant 0.5$

表6-7说明如下:

① 影响范围涉及饮用水水源保护区、重点保护与珍稀水生生物的栖息地、重要水生生物的自然产卵场、自然保护区等保护目标,评价等级应不低于二级。

② 跨流域调水、引水式电站、可能受到河流感潮河段影响,评价等级不低于二级。

③ 造成入海河口(湾口)宽度束窄(束窄尺度达到原宽度的5%以上),评价等级应不低于二级。

④ 对不透水的单方向建筑尺度较长的水工建筑物(如防波堤、导流堤等),其与潮流或水流主流向切线垂直方向投影长度大于2 km时,评价等级应不低于二级。

⑤ 允许在一类海域建设的项目,评价等级为一级。

⑥ 同时存在多个水文要素影响的建设项目,分别判定各水文要素影响评价等级,并取其中最高等级作为水文要素影响型建设项目评价等级。

6. 水污染影响型建设项目评价范围

建设项目地表水环境影响评价范围指建设项目整体实施后可能对地表水环境造成的影响范围。评价范围应以平面图的方式表示,并明确起、止位置等控制点坐标。水污染影响型建设项目评价范围,根据评价等级、工程特点、影响方式及程度、地表水环境质量管理要求等确定。

(1)一级、二级及三级A评价范围

一级、二级及三级A,其评价范围应符合以下要求:

① 应根据主要污染物迁移转化状况,至少需覆盖建设项目污染影响所及水域。

② 受纳水体为河流时,应满足覆盖对照断面、控制断面与消减断面等关心断面的要求。

③ 受纳水体为湖泊、水库时,一级评价,评价范围宜不小于以入湖(库)排放口为中心、半径为5 km的扇形区域;二级评价,评价范围宜不小于以入湖(库)排放口为中心、半径为3 km

的扇形区域;三级 A 评价,评价范围宜不小于以入湖(库)排放口为中心、半径为 1 km 的扇形区域。

④ 受纳水体为入海河口和近岸海域时,评价范围按照 GB/T 19485 执行。

⑤ 影响范围涉及水环境保护目标的,评价范围至少应扩大到水环境保护目标内受到影响的水域。

⑥ 同一建设项目有两个及两个以上废水排放口,或排入不同地表水体时,按各排放口及所排入地表水体分别确定评价范围;有叠加影响的,叠加影响水域应作为重点评价范围。

(2) 三级 B 评价范围

三级 B,其评价范围应符合以下要求:

① 应满足其依托污水处理设施环境可行性分析的要求。

② 涉及地表水环境风险的,应覆盖环境风险影响范围所及的水环境保护目标水域。

7. 水文要素影响型建设项目评价范围

水文要素影响型建设项目评价范围,根据评价等级、水文要素影响类别、影响及恢复程度确定,评价范围应符合以下要求:

① 水温要素影响评价范围为建设项目形成水温分层水域,以及下游未恢复到天然(或建设项目建设前)水温的水域。

② 径流要素影响评价范围为水体天然性状发生变化的水域,以及下游增减水影响水域。

③ 地表水域影响评价范围为相对建设项目建设前日均或潮均流速及水深、或高(累积频率 5%)低(累积频率 90%)水位(潮位)变化幅度超过±5%的水域。

④ 建设项目影响范围涉及水环境保护目标的,评价范围至少应扩大到水环境保护目标内受影响的水域。

⑤ 存在多类水文要素影响的建设项目,应分别确定各水文要素影响评价范围,取各水文要素评价范围的外包线作为水文要素的评价范围。

8. 评价时期

建设项目地表水环境影响评价时期根据受影响地表水体类型、评价等级等确定,见表 6-8。

表 6-8　评价时期确定表

受影响地表 水体类型	评价等级		
	一级	二级	水污染影响型(三级 A)/ 水文要素影响型(三级)
河流、湖库	丰水期、平水期、枯水期; 至少丰水期和枯水期	丰水期和枯水期; 至少枯水期	至少枯水期
入海河口 (感潮河段)	河流:丰水期、平水期和枯水期;河口:春季、夏季和秋季;至少丰水期和枯水期,春季和秋季	河流:丰水期和枯水期;河口:春、秋 2 个季节;至少枯水期或 1 个季节	至少枯水期或 1 个季节
近岸海域	春季、夏季和秋季; 至少春、秋 2 个季节	春季或秋季;至少 1 个季节	至少 1 次调查

表 6-8 说明如下:

① 感潮河段、入海河口、近岸海域在丰、枯水期(或春、夏、秋、冬四季)均应选择大潮期或小潮期中一个潮期开展评价(无特殊要求时,可不考虑一个潮期内高潮期、低潮期的差别)。选择原则为:依据调查监测海域的环境特征,以影响范围较大或影响程度较重为目标,定性判别和选择大潮期或小潮期作为调查潮期。

② 冰封期较长且作为生活饮用水与食品加工用水的水源或有渔业用水需求的水域,应将冰封期纳入评价时期。

③ 具有季节性排水特点的建设项目,根据建设项目排水期对应的水期或季节确定评价时期。

④ 水文要素影响型建设项目对评价范围内的水生生物生长、繁殖与洄游有明显影响的时期,需将对应的时期作为评价时期。

⑤ 复合影响型建设项目分别确定评价时期,按照覆盖所有评价时期的原则综合确定。

三级 B 评价,可不考虑评价时期。

9. 水环境保护目标

依据环境影响因素识别结果,调查评价范围内水环境保护目标,确定主要水环境保护目标。应在地图中标注各水环境保护目标的地理位置、四至范围,并列表给出水环境保护目标内主要保护对象和保护要求,以及与建设项目占地区域的相对距离、坐标、高差,与排放口的相对距离、坐标等信息,同时说明与建设项目的水力联系。

10. 环境影响评价标准的确定

建设项目地表水环境影响评价标准,应根据评价范围内水环境质量管理要求和相关污染物排放标准的规定,确定各评价因子适用的水环境质量标准与相应的污染物排放标准。

根据 GB 3097、GB 3838、GB 5084、GB 11607、GB 18421、GB 18668 及相应的地方标准,结合受纳水体水环境功能区或水功能区、近岸海域环境功能区、水环境保护目标、生态流量等水环境质量管理要求,确定地表水环境质量评价标准。

根据现行国家和地方排放标准的相关规定,结合项目所属行业、地理位置,确定建设项目污染物排放评价标准。对于间接排放建设项目,若建设项目与污水处理厂在满足排放标准允许范围内,签订了纳管协议和排放浓度限值,并报相关生态环境部门备案,可将此浓度限值作为污染物排放评价的依据。

未划定水环境功能区或水功能区、近岸海域环境功能区的水域,或未明确水环境质量标准的评价因子,由地方人民政府生态环境保护主管部门确认应执行的环境质量要求;在国家及地方污染物排放标准中未包括的评价因子,由地方人民政府生态环境保护主管部门确认应执行的污染物排放要求。

6.3.3 地表水环境现状调查与评价

1. 总体要求

地表水环境现状调查与评价应按照 HJ 2.1 的要求,遵循问题导向与管理目标导向统筹、流域(区域)与评价水域兼顾、水质水量协调、常规监测数据利用与补充监测互补、水环境现状与变化分析结合的原则。应满足建立污染源与受纳水体水质响应关系的需求,符合地表水环境影响预测的要求。工业园区规划环评的地表水环境现状调查与评价可依据本标准执行,流域规划环评参照执行，其他规划环评根据规划特性与地表水环境评价要求，参考执行或选择相应的技术规范。

2. 调查范围

地表水环境的现状调查范围应覆盖评价范围，应以平面图方式表示，并明确起、止断面的位置及涉及范围。

对于水污染影响型建设项目，除覆盖评价范围外，受纳水体为河流时，在不受回水影响的河流段，排放口上游调查范围宜不小于 500 m，受回水影响河段的上游调查范围原则上与下游调查的河段长度相等；受纳水体为湖库时，以排放口为圆心，调查半径在评价范围基础上外延20%～50%。

对于水文要素影响型建设项目，受影响水体为河流、湖库时，除覆盖评价范围外，一级、二级评价时，还应包括库区及支流回水影响区、坝下至下一个梯级或河口、受水区、退水影响区。

对于水污染影响型建设项目，建设项目排放污染物中包括氮、磷或有毒污染物且受纳水体为湖泊、水库时，一级评价的调查范围应包括整个湖泊、水库，二级、三级 A 评价时，调查范围应包括排放口所在水环境功能区、水功能区或湖(库)湾区。

受纳或受影响水体为入海河口及近岸海域时，调查范围依据 GB/T 19485 要求执行。

3. 调查因子与调查时期

地表水环境现状调查因子根据评价范围水环境质量管理要求、建设项目水污染物排放特点与水环境影响预测评价要求等综合分析确定。调查因子应不少于评价因子。

调查时期和评价时期一致。

4. 调查内容与方法

地表水环境现状调查内容包括建设项目及区域水污染源调查、受纳或受影响水体水环境质量现状调查、区域水资源与开发利用状况、水文情势与相关水文特征值调查，以及水环境保护目标、水环境功能区或水功能区、近岸海域环境功能区及其相关的水环境质量管理要求等调查。涉及涉水工程的，还应调查涉水工程运行规则和调度情况。

调查方法主要采用资料收集、现场监测、无人机或卫星遥感遥测等方法。

5. 水污染型建设项目污染源调查

水污染型建设项目污染源调查主要包括：

① 建设项目污染源调查应在工程分析基础上，确定水污染物的排放量及进入受纳水体的污染负荷量。

② 区域水污染源调查。详细调查与建设项目排放污染物同类的、或有关联关系的已建项目、在建项目、拟建项目(已批复环境影响评价文件，下同)等污染源。一级评价，以收集利用已建项目的排污许可证登记数据、环评及环保验收数据及既有实测数据为主，并辅以现场调查及现场监测；二级评价，主要收集利用已建项目的排污许可证登记数据、环评及环保验收数据及既有实测数据，必要时补充现场监测；水污染影响型三级 A 评价与水文要素影响型三级评价，主要收集利用与建设项目排放口的空间位置和所排污染物的性质关系密切的污染源资料，可不进行现场调查及现场监测；水污染影响型三级 B 评价，可不开展区域污染源调查，主要调查依托污水处理设施的日处理能力、处理工艺、设计进水水质、处理后的废水稳定达标排放情况，同时应调查依托污水处理设施执行的排放标准是否涵盖建设项目排放的有毒有害的特征水污染物。

③ 一级、二级评价,建设项目直接导致受纳水体内源污染变化,或存在与建设项目排放污染物同类的且内源污染影响受纳水体水环境质量,应开展内源污染调查,必要时应开展底泥污染补充监测。

④ 具有已审批入河排放口的主要污染物种类及其排放浓度和总量数据,以及国家或地方发布的入河排放口数据的,可不对入河排放口汇水区域的污染源开展调查。

⑤ 面污染源调查主要采用收集利用既有数据资料的调查方法,可不进行实测。

⑥ 建设项目的污染物排放指标需要等量替代或减量替代时,还应对替代项目开展污染源调查。

6. 水环境质量现状调查要求

水环境质量现状调查要求,应根据不同评价等级对应的评价时期要求开展水环境质量现状调查,优先采用国务院生态环境保护主管部门统一发布的水环境状况信息。当现有资料不能满足要求时,应按照不同等级对应的评价时期要求开展现状监测。水污染影响型建设项目一级、二级评价时,应调查受纳水体近 3 年的水环境质量数据,分析其变化趋势。应主要采用国家及地方人民政府颁布的各相关名录中的统计资料,调查水环境保护目标。

7. 水资源现状调查要求

水文要素影响型建设项目一级、二级评价时,应开展建设项目所在流域、区域的水资源与开发利用状况调查。

8. 水文情势调查要求

应尽量收集临近水文站既有水文年鉴资料和其他相关的有效水文观测资料。当上述资料不足时,应进行现场水文调查与水文测量,水文调查与水文测量宜与水质调查同步。

水文调查与水文测量宜在枯水期进行。必要时,可根据水环境影响预测需要、生态环境保护要求,在其他时期(丰水期、平水期、冰封期等)进行。

水文测量的内容应满足拟采用的水环境影响预测模型对水文参数的要求。在采用水环境数学模型时,应根据所选用的预测模型需输入的水文特征值及环境水力学参数决定水文测量内容;在采用物理模型法模拟水环境影响时,水文测量应提供模型制作及模型试验所需的水文特征值及环境水力学参数。

水污染影响型建设项目开展与水质调查同步进行的水文测量,原则上可只在一个时期(水期)内进行。当水文测量的时间、频次、断面与水质调查不完全相同时,应保证满足水环境影响预测所需的水文特征值及环境水力学参数的要求。

9. 地表水补充监测

(1) 补充监测要求

① 应对收集资料进行复核整理,分析资料的可靠性、一致性和代表性,针对资料的不足,制定必要的补充监测方案,确定补充监测时期、内容及范围。

② 需要开展多个断面或点位补充监测的,应在大致相同的时段内开展同步监测。需要同时开展水质与水文补充监测的,应按照水质水量协调统一的要求开展同步监测,测量的时间、频次和断面应保证满足水环境影响预测的要求。

③ 应选择符合监测项目对应环境质量标准或参考标准所推荐的监测方法,并在监测报告中注明。水质采样与水质分析应遵循相关的环境监测技术规范。水文调查与水文测量的方法可参照 GB 50179、GB/T 12763、GB/T 14914 的相关规定执行。河流及湖库底泥调查参照

HJ/T 91 执行,入海河口、近岸海域沉积物调查参照 GB 17378、HJ 442 执行。

（2）补充监测内容

① 应在常规监测断面的基础上,重点针对对照断面、控制断面以及环境保护目标所在水域的监测断面开展水质补充监测。

② 建设项目需要确定生态流量时,应结合主要生态保护对象敏感用水时段进行调查分析,针对性开展必要的生态流量与径流过程监测等。

③ 当调查的水下地形数据不能满足水环境影响预测要求时,应开展水下地形补充测绘。

监测布点与采样频次要求见《环境影响评价技术导则 地表水环境》附录 C。底泥污染调查与评价的监测点位布设应能够反映底泥污染物空间分布特征的要求,根据底泥分布区域、分布深度、扰动区域、扰动深度、扰动时间等设置。

10. 地表水环境现状评价内容

根据建设项目水环境影响特点和水环境质量管理要求,选择以下全部或部分内容开展评价:

① 水环境功能区或水功能区、近岸海域环境功能区水质达标状况。评价建设项目评价范围内水环境功能区或水功能区、近岸海域环境功能区各评价时期的水质状况与变化特征,给出水环境功能区或水功能区、近岸海域环境功能区达标评价结论,明确水环境功能区或水功能区、近岸海域环境功能区水质超标因子、超标程度,分析超标原因。

② 水环境控制单元或断面水质达标状况。评价建设项目所在控制单元或断面各评价时期的水质现状与时空变化特征,评价控制单元或断面的水质达标状况,明确控制单元或断面的水质超标因子、超标程度,分析超标原因。

③ 水环境保护目标质量状况。评价涉及水环境保护目标水域各评价时期的水质状况与变化特征,明确水质超标因子、超标程度,分析超标原因。

④ 对照断面、控制断面等代表性断面的水质状况。评价对照断面水质状况,分析对照断面水质水量变化特征,给出水环境影响预测的设计水文条件;评价控制断面水质现状、达标状况,分析控制断面来水水质水量状况,识别上游来水不利组合状况,分析不利条件下的水质达标问题。评价其他监测断面的水质状况,根据断面所在水域的水环境保护目标水质要求,评价水质达标状况与超标因子。

⑤ 底泥污染评价。评价底泥污染项目及污染程度,识别超标因子,结合底泥处置排放去向,评价退水水质与超标情况。

⑥ 水资源与开发利用程度及其水文情势评价。根据建设项目水文要素影响特点,评价所在流域（区域）水资源与开发利用程度、生态流量满足程度、水域岸线空间占用状况等。

⑦ 水环境质量回顾评价。结合历史监测数据与国家及地方生态环境保护主管部门公开发布的环境状况信息,评价建设项目所在水环境控制单元或断面、水环境功能区或水功能区、近岸海域环境功能区的水质变化趋势,评价主要超标因子变化状况,分析建设项目所在区域或水域的水质问题,从水污染、水文要素等方面,综合分析水环境质量现状问题的原因,明确与建设项目排污影响的关系。

⑧ 流域（区域）水资源（包括水能资源）与开发利用总体状况、生态流量管理要求与现状满足程度、建设项目占用水域空间的水流状况与河湖演变状况。

⑨ 依托污水处理设施稳定达标排放评价。评价建设项目依托的污水处理设施稳定达标状况,分析建设项目依托污水处理设施环境可行性。

11. 地表水水质达标状况评价方法

水环境功能区或水功能区、近岸海域环境功能区及水环境控制单元或断面水质达标状况评价方法,参考国家或地方政府相关部门制定的水环境质量评价技术规范、水体达标方案编制指南、水功能区水质达标评价技术规范等。

6.3.4 地表水环境影响预测

1. 总体要求

一级、二级、水污染影响型三级 A 与水文要素影响型三级评价应定量预测建设项目水环境影响,水污染影响型三级 B 评价可不进行水环境影响预测。影响预测应考虑评价范围内已建、在建和拟建项目中,与建设项目排放同类(种)污染物、对相同水文要素产生的叠加影响。建设项目分期规划实施的,应估算规划水平年进入评价范围的污染负荷,预测分析规划水平年评价范围内地表水环境质量变化趋势。

2. 预测因子、范围和预测时期

地表水环境影响预测因子应根据评价因子确定,重点选择与建设项目水环境影响关系密切的因子。预测范围应覆盖评价范围,并根据受影响地表水体水文要素与水质特点合理拓展。

水环境影响预测的时期应满足不同评价等级的评价时期要求。水污染影响型建设项目,水体自净能力最不利以及水质状况相对较差的不利时期、水环境现状补充监测时期应作为重点预测时期;水文要素影响型建设项目,以水质状况相对较差或对评价范围内水生生物影响最大的不利时期为重点预测时期。

3. 预测情景与预测内容

(1) 预测情景

根据建设项目特点分别选择建设期、生产运行期和服务期满后三个阶段进行预测。生产运行期应预测正常排放、非正常排放两种工况对水环境的影响,如建设项目具有充足的调节容量,可只预测正常排放对水环境的影响。应对建设项目污染控制和减缓措施方案进行水环境影响模拟预测。对受纳水体环境质量不达标区域,应考虑区(流)域环境质量改善目标要求情景下的模拟预测。

(2) 预测内容

预测分析内容根据影响类型、预测因子、预测情景、预测范围地表水体类别、所选用的预测模型及评价要求确定。

水污染影响型建设项目预测内容主要包括:

① 各关心断面(控制断面、取水口、污染源排放核算断面等)水质预测因子的浓度及变化。

② 到达水环境保护目标处的污染物浓度。

③ 各污染物最大影响范围。

④ 湖泊、水库及半封闭海湾等,还需关注富营养化状况与水华、赤潮等。

⑤ 排放口混合区范围。

水文要素影响型建设项目预测内容主要包括:

① 河流、湖泊及水库的水文情势预测分析,包括水域形态、径流条件、水力条件以及冲淤变化等内容,具体包括水面面积、水量、水温、径流过程、水位、水深、流速、水面宽、冲淤变化等,

湖泊和水库需要重点关注湖库水域面积或蓄水量及水力停留时间等因子。

② 感潮河段、入海河口及近岸海域水动力条件预测分析主要包括流量、流向、潮区界、潮流界、纳潮量、水位、流速、水面宽、水深、冲淤变化等因子。

4. 河流数学模型和湖库数学模型的适用条件

地表水环境影响预测模型包括数学模型和物理模型。地表水环境影响预测宜选用数学模型。数学模型包括面源污染负荷估算模型、水动力模型、水质(包括水温及富营养化)模型等,可根据地表水环境影响预测的需要选择。

(1)面源污染负荷估算模型

根据污染源类型分别选择适用的污染源负荷估算或模拟方法,预测污染源排放量与入河量。面源污染负荷预测可根据评价要求与数据条件,采用源强系数法、水文分析法以及面源模型法等,有条件的地方可以综合采用多种方法进行比对分析确定,各方法适用条件如下:

① 源强系数法。当评价区域有可采用的源强产生、流失及入河系数等面源污染负荷估算参数时,可采用源强系数法。

② 水文分析法。当评价区域具备一定数量的同步水质水量监测资料时,可基于基流分割确定暴雨径流污染物浓度、基流污染物浓度,采用通量法估算面源的负荷量。

③ 面源模型法。面源模型选择应结合污染特点、模型适用条件、基础资料等综合确定。

(2)水动力模型及水质模型

按照时间可分为稳态模型与非稳态模型,按照空间可分为零维、一维(包括纵向一维及垂向一维,纵向一维包括河网模型)、二维(包括平面二维及立面二维)以及三维模型,按照是否需要采用数值离散方法可分为解析解模型与数值解模型。水动力模型及水质模型的选取根据建设项目的污染源特性、受纳水体类型、水力学特征、水环境特点及评价等级等要求,选取适宜的预测模型。各地表水体适用的数学模型选择要求如下:

① 河流数学模型。河流数学模型选择要求见表 6-9。在模拟河流顺直、水流均匀且排污稳定时,可以采用解析解。

表 6-9 河流数学模型适用条件

模型分类	模型空间分类						模型时间分类	
	零维模型	纵向一维模型	河网模型	平面二维	立面二维	三维模型	稳 态	非稳态
适用条件	水域基本均匀混合	沿程横断面均匀混合	多条河道相互连通,使得水流运动和污染物交换相互影响的河网地区	垂向均匀混合	垂向分层特征明显	垂向及平面分布差异明显	水流恒定、排污稳定	水流不恒定,或排污不稳定

② 湖库数学模型。湖库数学模型选择要求见表 6-10。在模拟湖库水域形态规则、水流均匀且排污稳定时,可以采用解析解模型。

表 6-10 湖库数学模型适用条件

模型分类	模型空间分类						模型时间分类	
	零维模型	纵向一维模型	平面二维	垂向一维	立面二维	三维模型	稳 态	非稳态
适用条件	水流交换作用较充分、污染物质分布基本均匀	污染物在断面上均匀混合的河道型水库	浅水湖库,垂向分层不明显	深水湖库,水平分布差异不明显,存在垂向分层	深水湖库,横向分布差异不明显,存在垂向分层	垂向及平面分布差异明显	流场恒定、源强稳定	流场不恒定或源强不稳定

③ 感潮河段、入海河口数学模型。污染物在断面上均匀混合的感潮河段、入海河口,可采用纵向一维非恒定数学模型,感潮河网区宜采用一维河网数学模型。浅水感潮河段和入海河口宜采用平面二维非恒定数学模型。如果感潮河段、入海河口的下边界难以确定,宜采用一、二维连接数学模型。

④ 近岸海域数学模型。近岸海域宜采用平面二维非恒定模型。如果评价海域的水流和水质分布在垂向上存在较大的差异(如排放口附近水域),宜采用三维数学模型。

5. 模型概化

当选用解析解方法进行水环境影响预测时,可对预测水域进行合理的概化。

(1) 河流水域概化

河流水域概化要求如下:预测河段及代表性断面的宽深比≥20 时,可视为矩形河段;河段弯曲系数＞1.3 时,可视为弯曲河段,其余可概化为平直河段;对于河流水文特征值、水质急剧变化的河段,应分段概化,并分别进行水环境影响预测;河网应分段概化,分别进行水环境影响预测。

(2) 湖库水域概化

根据湖库的入流条件、水力停留时间、水质及水温分布等情况,分别概化为稳定分层型、混合型和不稳定分层型。

(3) 受人工控制的河流概化

根据涉水工程(如水利水电工程)的运行调度方案及蓄水、泄流情况,分别视其为水库或河流进行水环境影响预测。

(4) 入海河口、近岸海域概化

入海河口、近岸海域,可将潮区界作为感潮河段的边界。采用解析解方法进行水环境影响预测时,可按潮周平均、高潮平均和低潮平均三种情况,概化为稳态进行预测。预测近岸海域可溶性物质水质分布时,可只考虑潮汐作用;预测密度小于海水的不可溶物质时,应考虑潮汐、波浪及风的作用。注入近岸海域的小型河流可视为点源,可忽略其对近岸海域流场的影响。

6. 地表水环境影响模型预测基础数据要求

(1) 水文、气象、水下地形等基础数据

水文、气象、水下地形等基础数据原则上应与工程设计保持一致,采用其他数据时,应说明数据来源、有效性及数据预处理情况。获取的基础数据应能够支持模型参数率定、模型验证的基本需求。

① 水文数据。水文数据应采用水文站点实测数据或根据站点实测数据进行推算,数据精

度应与模拟预测结果精度要求匹配。河流、湖库建设项目水文数据时间精度,应根据建设项目调控影响的时空特征,分析典型时段的水文情势与过程变化影响,涉及日调度影响的,时间精度宜不小于小时平均。感潮河段、入海河口及近岸海域建设项目,应考虑盐度对污染物运移扩散的影响,一级评价时间精度不得低于 1 h。

② 气象数据。气象数据应根据模拟范围内或附近的常规气象监测站点数据进行合理确定。气象数据应采用多年平均气象资料或典型年实测气象资料数据。气象数据指标应包括气温、相对湿度、日照时数、降雨量、云量、风向、风速等。

③ 水下地形数据。采用数值解模型时,原则上应采用最新的现有或补充测绘成果,水下地形数据精度原则上应与工程设计保持一致。建设项目实施后可能导致河道地形改变的,如疏浚及堤防建设以及水底泥沙淤积造成的库底、河底高程发生的变化,应考虑地形变化的影响。

④ 涉水工程资料。包括预测范围内的已建、在建及拟建涉水工程,其取水量或工程调度情况、运行规则应与国家或地方发布的统计数据、环评及环保验收数据保持一致。

（2）一致性及可靠性分析

对评价范围调查收集的水文资料(流速、流量、水位、蓄水量等)、水质资料、排放口资料(污水排放量与水质浓度)、支流资料(支流水量与水质浓度)、取水口资料(取水量、取水方式、水质数据)、污染源资料(排污量、排污去向与排放方式、污染物种类及排放浓度)等进行数据一致性分析。应明确模型采用基础数据的来源,保证基础数据的可靠性。

（3）其　他

建设项目所在水环境控制单元若有国家生态环境部门发布的标准化土壤及土地利用数据、地形数据、环境水力学特征参数的,影响预测模拟时应优先使用标准化数据。

7. 地表水环境影响模型预测初始条件

地表水环境影响模型预测初始条件(水文、水质、水温等)设定应满足所选用数学模型的基本要求,需合理确定初始条件,控制预测结果不受初始条件的影响。当初始条件对计算结果的影响在短时间内无法有效消除时,应延长模拟计算的初始时间,必要时应开展初始条件敏感性分析。

8. 地表水环境影响模型预测边界条件

设计水文条件确定地表水环境影响模型预测边界条件。

（1）河流、湖库设计水文条件

河流不利枯水条件宜采用 90% 保证率最枯月流量或近 10 年最枯月平均流量;流向不定的河网地区和潮汐河段,宜采用 90% 保证率流速为零时的低水位相应水量作为不利枯水水量;湖库不利枯水条件应采用近 10 年最低月平均水位或 90% 保证率最枯月平均水位相应的蓄水量,水库也可采用死库容相应的蓄水量。其他水期的设计水量则应根据水环境影响预测需求确定;受人工调控的河段,可采用最小下泄流量或河道内生态流量作为设计流量;根据设计流量,采用水力学、水文学等方法确定水位、流速、河宽、水深等其他水力学数据。

（2）入海河口、近岸海域设计水文条件

感潮河段、入海河口的上游水文边界条件参照河流、湖库设计水文条件的要求确定;下游水位边界的确定,应选择对应时段潮周期作为基本水文条件进行计算,可取用保证率为 10%、50% 和 90% 潮差,或上游计算流量条件下相应的实测潮位过程;近岸海域的潮位边界条件界

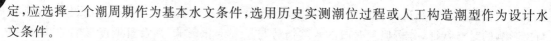

定,应选择一个潮周期作为基本水文条件,选用历史实测潮位过程或人工构造潮型作为设计水文条件。

河流、湖库设计水文条件的计算可按 SL 278 的规定执行。

9. 地表水环境影响模型预测污染负荷的确定

根据预测情景,确定各情景下建设项目排放的污染负荷量,应包括建设项目所有排放口(涉及一类污染物的车间或车间处理设施排放口、企业总排口、雨水排放口、温排水排放口等)的污染物源强。

地表水环境影响模型预测污染负荷应覆盖预测范围内的所有与建设项目排放污染物相关的污染源,或污染源负荷占预测范围总污染负荷的比例超过 95%。

规划水平年污染源负荷预测要求如下:

① 点源及面源污染源负荷预测要求。应包括已建、在建及拟建项目的污染物排放,综合考虑区域经济社会发展及水污染防治规划、区(流)域环境质量改善目标要求,按照点源、面源分别确定预测范围内的污染源的排放量与入河量。

② 内源负荷预测要求。内源负荷估算可采用释放系数法,必要时可采用释放动力学模型方法。内源释放系数可采用静水、动水试验进行测定或者参考类似工程资料确定;水环境影响敏感且资料缺乏区域需开展静水试验、动水试验确定释放系数;类比时需结合施工工艺、沉积物类型、水动力等因素进行修正。

10. 模型参数确定与模型验证要求

水动力及水质模型参数包括水文及水力学参数、水质(包括水温及富营养化)参数等。其中水文及水力学参数包括流量、流速、坡度、糙率等;水质参数包括污染物综合衰减系数、扩散系数、耗氧系数、复氧系数、蒸发散热系数等。

模型参数确定可采用类比、经验公式、实验室测定、物理模型试验、现场实测及模型率定等,可以采用多类方法比对确定模型参数。当采用数值解模型时,宜采用模型率定法核定模型参数。

在模型参数确定的基础上,通过模型计算结果与实测数据进行比较分析,验证模型的适用性与误差及精度。选择模型率定法确定模型参数的,模型验证应采用与模型参数率定不同组实测资料数据进行。

应对模型参数确定与模型验证的过程和结果进行分析说明,并以河宽、水深、流速、流量以及主要预测因子的模拟结果作为分析依据,当采用二维或三维模型时,应开展流场分析。模型验证应分析模拟结果与实测结果的拟合情况,阐明模型参数率定取值的合理性。

11. 地表水环境影响预测点位设置

地表水环境影响预测点位,应将常规监测点、补充监测点、水环境保护目标、水质水量突变处及控制断面等作为预测重点。当需要预测排放口所在水域形成的混合区范围时,应适当加密预测点位。

12. 模型结果合理性分析

模型计算成果的内容、精度和深度应满足环境影响评价要求。采用数值解模型进行影响预测时,应说明模型时间步长、空间步长设定的合理性,在必要的情况下应对模拟结果开展质量或热量守恒分析。应对模型计算的关键影响区域和重要影响时段的流场、流速分布、水质(水温)等模拟结果进行分析,并给出相关图件。区域水环境影响较大的建设项目,宜采用不同模型进行比对分析。

6.3.5　地表水环境影响评价

1. 评价内容

一级、二级、水污染影响型三级 A 及水文要素影响型三级评价。主要评价内容包括：水污染控制和水环境影响减缓措施有效性评价；水环境影响评价。

水污染影响型三级 B 评价。主要评价内容包括：水污染控制和水环境影响减缓措施有效性评价；依托污水处理设施的环境可行性评价。

2. 评价要求

（1）水污染控制和水环境影响减缓措施有效性评价

水污染控制和水环境影响减缓措施有效性评价应满足以下要求：

① 污染控制措施及各类排放口排放浓度限值等应满足国家和地方相关排放标准及符合有关标准规定的排水协议关于水污染物排放的条款要求。

② 水动力影响、生态流量、水温影响减缓措施应满足水环境保护目标的要求。

③ 涉及面源污染的，应满足国家和地方有关面源污染控制治理要求。

④ 受纳水体环境质量达标区的建设项目选择废水处理措施或多方案比选时，应满足行业污染防治可行技术指南要求，确保废水稳定达标排放且环境影响可以接受。

⑤ 受纳水体环境质量不达标区的建设项目选择废水处理措施或多方案比选时，应满足区（流）域水环境质量限期达标规划和替代源的削减方案要求、区（流）域环境质量改善目标要求及行业污染防治可行技术指南中最佳可行技术要求，确保废水污染物达到最低排放强度和排放浓度，且环境影响可以接受。

（2）水环境影响评价

水环境影响评价应满足以下要求：

① 排放口所在水域形成的混合区，应限制在达标控制（考核）断面以外水域，且不得与已有排放口形成的混合区叠加，混合区外水域应满足水环境功能区或水功能区的水质目标要求。

② 水环境功能区或水功能区、近岸海域环境功能区水质达标。说明建设项目对评价范围内的水环境功能区或水功能区、近岸海域环境功能区的水质影响特征，分析水环境功能区或水功能区、近岸海域环境功能区水质变化状况，在考虑叠加影响的情况下，评价建设项目建成以后各预测时期水环境功能区或水功能区、近岸海域环境功能区达标状况。涉及富营养化问题的，还应评价水温、水文要素、营养盐等变化特征与趋势，分析判断富营养化演变趋势。

③ 满足水环境保护目标水域水环境质量要求。评价水环境保护目标水域各预测时期的水质（包括水温）变化特征、影响程度与达标状况。

④ 水环境控制单元或断面水质达标。说明建设项目污染排放或水文要素变化对所在控制单元各预测时期的水质影响特征，在考虑叠加影响的情况下，分析水环境控制单元或断面的水质变化状况，评价建设项目建成以后水环境控制单元或断面在各预测时期下的水质达标状况。

⑤ 满足重点水污染物排放总量控制指标要求，重点行业建设项目，主要污染物排放满足等量或减量替代要求。

⑥ 满足区（流）域水环境质量改善目标要求。

⑦ 水文要素影响型建设项目同时应包括水文情势变化评价、主要水文特征值影响评价、生态流量符合性评价。

⑧ 对于新设或调整入河(湖库、近岸海域)排放口的建设项目,应包括排放口设置的环境合理性评价。

⑨ 满足生态保护红线、水环境质量底线、资源利用上线和环境准入清单管理要求。

（3）依托污水处理设施的环境可行性评价

依托污水处理设施的环境可行性评价,主要从污水处理设施的日处理能力、处理工艺、设计进水水质、处理后的废水稳定达标排放情况及排放标准是否涵盖建设项目排放的有毒有害的特征水污染物等方面开展评价,满足依托的环境可行性要求。

3. 污染源排放量核算

污染源排放量核算的一般要求如下:

① 污染源排放量是新(改、扩)建项目申请污染物排放许可的依据。

② 对改建、扩建项目,除应核算新增源的污染物排放量外,还应核算项目建成后全厂的污染物排放量,污染源排放量为污染物的年排放量。

③ 建设项目在批复的区域或水环境控制单元达标方案的许可排放量分配方案中有规定的,按规定执行。

④ 污染源排放量核算,应在满足水环境影响评价要求前提下进行核算。

⑤ 规划环评污染源排放量核算与分配应遵循水陆统筹、河海兼顾、满足三线一单(生态保护红线、环境质量底线、资源利用上线、环境准入清单)约束要求的原则,综合考虑水环境质量改善目标要求、水环境功能区或水功能区、近岸海域环境功能区管理要求、经济社会发展、行业排污绩效等因素,确保发展不超载,底线不突破。

4. 直接排放建设项目污染源排放量核算

直接排放建设项目污染源排放量核算,根据建设项目达标排放的地表水环境影响、污染源源强核算技术指南及排污许可申请与核发技术规范进行核算,并从严要求。直接排放建设项目污染源排放量核算应在满足水环境影响评价要求的基础上,遵循以下原则要求:

① 污染源排放量的核算水体为有水环境功能要求的水体。

② 建设项目排放的污染物属于现状水质不达标的,包括本项目在内的区(流)域污染源排放量应调减至满足区(流)域水环境质量改善目标要求。

③ 当受纳水体为河流时,不受回水影响的河段,建设项目污染源排放量核算断面位于排放口下游,与排放口的距离应小于 2 km;受回水影响河段,应在排放口的上下游设置建设项目污染源排放量核算断面,与排放口的距离应小于 1 km。建设项目污染源排放量核算断面应根据区间水环境保护目标位置、水环境功能区或水功能区及控制单元断面等情况调整。当排放口污染物进入受纳水体在断面混合不均匀时,应以污染源排放量核算断面污染物最大浓度作为评价依据。

④ 当受纳水体为湖库时,建设项目污染源排放量核算点位应布置在以排放口为中心、半径不超过 50 m 的扇形水域内,且扇形面积占湖库面积比例不超过 5%,核算点位应不少于 3 个。建设项目污染源排放量核算点应根据区间水环境保护目标位置、水环境功能区或水功能区及控制单元断面等情况调整。

⑤ 遵循地表水环境质量底线要求,主要污染物(化学需氧量、氨氮、总磷、总氮)需预留必

要的安全余量。安全余量可按地表水环境质量标准、受纳水体环境敏感性等确定：受纳水体为 GB 3838 Ⅲ 类水域，以及涉及水环境保护目标的水域，安全余量按照不低于建设项目污染源排放量核算断面（点位）处环境质量标准的 10％确定（安全余量≥环境质量标准×10％）；受纳水体水环境质量标准为 GB 3838 Ⅳ、Ⅴ类水域，安全余量按照不低于建设项目污染源排放量核算断面（点位）环境质量标准的 8％确定（安全余量≥环境质量标准×8％）；地方如有更严格的环境管理要求，按地方要求执行。

⑥ 当受纳水体为近岸海域时，参照 GB 18486 执行。

按照上述要求预测评价范围的水质状况，如预测的水质因子满足地表水环境质量管理及安全余量要求，污染源排放量即为水污染控制措施有效性评价确定的排污量。如果不满足地表水环境质量管理及安全余量要求，则进一步根据水质目标核算污染源排放量。

5. 生态流量的确定

根据河流、湖库生态环境保护目标的流量（水位）及过程需求确定生态流量（水位）。河流应确定生态流量，湖库应确定生态水位。

根据河流、湖库的形态、水文特征及生物重要生境分布，选取代表性的控制断面综合分析、评价河流和湖库的生态环境状况、主要生态环境问题等。生态流量控制断面或点位选择应结合重要生境、重要环境保护对象等保护目标的分布、水文站网分布以及重要水利工程位置等统筹考虑。

依据评价范围内各水环境保护目标的生态环境需水确定生态流量，生态环境需水的计算方法可参考有关标准规定执行。

6. 河流、湖库生态环境需水要求

(1) 河流生态环境需水要求

河流生态环境需水包括水生生态需水、水环境需水、湿地需水、景观需水、河口压咸需水等。应根据河流生态环境保护目标要求，选择合适方法计算河流生态环境需水及其过程，符合以下要求：

① 水生生态需水计算中，应采用水力学法、生态水力学法、水文学法等方法计算水生生态流量。水生生态流量最少采用两种方法计算，基于不同计算方法成果对比分析，合理选择水生生态流量成果；鱼类繁殖期的水生生态需水宜采用生境分析法计算，确定繁殖期所需的水文过程，并取外包线作为计算成果，鱼类繁殖期所需水文过程应与天然水文过程相似。水生生态需水应为水生生态流量与鱼类繁殖期所需水文过程的外包线。

② 水环境需水应根据水环境功能区或水功能区确定控制断面水质目标，结合计算范围内的河段特征和控制断面与概化后污染源的位置关系，采用数学模型方法计算水环境需水。

③ 湿地需水应综合考虑湿地水文特征和生态保护目标需水特征，综合不同方法合理确定湿地需水。河岸植被需水量采用单位面积用水量法、潜水蒸发法、间接计算法、彭曼公式法等方法计算；河道内湿地补给水量采用水量平衡法计算。保护目标在繁育生长关键期对水文过程有特殊需求时，应计算湿地关键期需水量及过程。

④ 景观需水应综合考虑水文特征和景观保护目标要求，确定景观需水。

⑤ 河口压咸需水应根据调查成果，确定河口类型，可采用《环境影响评价技术导则 地表水环境》附录 E 中的相关数学模型计算河口压咸需水。

⑥ 其他需水应根据评价区域实际情况进行计算，主要包括冲沙需水、河道蒸发和渗漏需

水等。对于多泥沙河流,需考虑河流冲沙需水计算。

(2) 湖库生态环境需水要求

① 湖库生态环境需水包括维持湖库生态水位的生态环境需水及入(出)湖河流生态环境需水。湖库生态环境需水可采用最小值、年内不同时段值和全年值表示。

② 湖库生态环境需水计算中,可采用不同频率最枯月平均值法或近 10 年最枯月平均水位法确定湖库生态环境需水最小值。年内不同时段值应根据湖库生态环境保护目标所对应的生态环境功能,分别计算各项生态环境功能敏感水期要求的需水量。维持湖库形态功能的水量,可采用湖库形态分析法计算。维持生物栖息地功能的需水量,可采用生物空间法计算。

③ 入(出)湖库河流的生态环境需水应根据河流生态环境需水计算确定,计算成果应与湖库生态水位计算成果相协调。

(3) 河流、湖库生态流量综合分析与确定

河流应根据水生生态需水、水环境需水、湿地需水、景观需水、河口压咸需水和其他需水等计算成果,考虑各项需水的外包关系和叠加关系,综合分析需水目标要求,确定生态流量。湖库应根据湖库生态环境需水确定最低生态水位及不同时段内的水位。应根据国家或地方政府批复的综合规划、水资源规划、水环境保护规划等成果中相关的生态流量控制等要求,综合分析生态流量成果的合理性。

6.3.6　水环境保护措施与监测计划

1. 一般要求

在建设项目污染控制治理措施与废水排放满足排放标准与环境管理要求的基础上,针对建设项目实施可能造成地表水环境不利影响的阶段、范围和程度,提出预防、治理、控制、补偿等环保措施或替代方案等内容,并制定监测计划。

水环境保护对策措施的论证应包括水环境保护措施的内容、规模及工艺、相应投资、实施计划,所采取措施的预期效果、达标可行性、经济技术可行性及可靠性分析等内容。

对水文要素影响型建设项目,应提出减缓水文情势影响,保障生态需水的环保措施。

2. 水环境保护措施

对建设项目可能产生的水污染物,需通过优化生产工艺和强化水资源的循环利用,提出减少污水产生量与排放量的环保措施,并对污水处理方案进行技术经济及环保论证比选,明确污水处理设施的位置、规模、处理工艺、主要构筑物或设备、处理效率;采取的污水处理方案要实现达标排放,满足总量控制指标要求,并对排放口设置及排放方式进行环保论证。

达标区建设项目选择废水处理措施或多方案比选时,应综合考虑成本和治理效果,选择可行技术方案。

不达标区建设项目选择废水处理措施或多方案比选时,应优先考虑治理效果,结合区(流)域水环境质量改善目标、替代源的削减方案实施情况,确保废水污染物达到最低排放强度和排放浓度。

对水文要素影响型建设项目,应考虑保护水域生境及水生态系统的水文条件以及生态环境用水的基本需求,提出优化运行调度方案或下泄流量及过程,并明确相应的泄放保障措施与监控方案。

对于建设项目引起的水温变化可能对农业、渔业生产或鱼类繁殖与生长等产生不利影响,

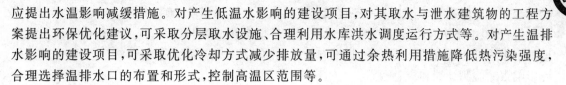

应提出水温影响减缓措施。对产生低温水影响的建设项目,对其取水与泄水建筑物的工程方案提出环保优化建议,可采取分层取水设施、合理利用水库洪水调度运行方式等。对产生温排水影响的建设项目,可采取优化冷却方式减少排放量,可通过余热利用措施降低热污染强度,合理选择温排水口的布置和形式,控制高温区范围等。

3. 监测计划

按建设项目建设期、生产运行期、服务期满后等不同阶段,针对不同工况、不同地表水环境影响的特点,根据 HJ 819、HJ/T 92,相应的污染源源强核算技术指南和自行监测技术指南,提出水污染源的监测计划,包括监测点位、监测因子、监测频次、监测数据采集与处理、分析方法等。明确自行监测计划内容,提出应向社会公开的信息内容。

地表水环境质量监测计划,包括监测断面或点位位置(经纬度)、监测因子、监测频次、监测数据采集与处理、分析方法等。明确自行监测计划内容,提出应向社会公开的信息内容。

监测因子需与评价因子相协调。地表水环境质量监测断面或点位设置需与水环境现状监测、水环境影响预测的断面或点位相协调,并应强化其代表性、合理性。

建设项目排放口应根据污染物排放特点、相关规定设置监测系统,排放口附近有重要水环境功能区或水功能区及特殊用水需求时,应对排放口下游控制断面进行定期监测。

对下泄流量有泄放要求的建设项目,在闸坝下游应设置生态流量监测系统。

6.3.7　水环境影响评价结论

水环境影响评价结论,根据水污染控制和水环境影响减缓措施有效性评价、地表水环境影响评价结论,明确给出地表水环境影响是否可接受的结论。

达标区的建设项目环境影响评价,同时满足水污染控制和水环境影响减缓措施有效性评价、水环境影响评价的情况下,认为地表水环境影响可以接受,否则认为地表水环境影响不可接受。不达标区的建设项目环境影响评价,在考虑区(流)域环境质量改善目标要求、削减替代源的基础上,同时满足水污染控制和水环境影响减缓措施有效性评价、水环境影响评价的情况下,认为地表水环境影响可以接受,否则认为地表水环境影响不可接受。

水环境影响评价结论,应明确给出污染源排放量核算结果,填写建设项目污染物排放信息表。新建项目的污染物排放指标需要等量替代或减量替代时,还应明确给出替代项目的基本信息,主要包括项目名称、排污许可证编号、污染物排放量等。有生态流量控制要求的,根据水环境保护管理要求,明确给出生态流量控制节点及控制目标。

6.4　环境影响评价技术导则　地下水环境

6.4.1　概　述

地下水环境影响评价应对建设项目在建设期、运营期和服务期满后对地下水水质可能造成的直接影响进行分析、预测和评估,提出预防、保护或者减轻不良影响的对策和措施,制定地下水环境影响跟踪监测计划,为建设项目地下水环境保护提供科学依据。

根据建设项目对地下水环境影响的程度,结合《建设项目环境影响评价分类管理名录》,将建设项目分为四类。Ⅰ类、Ⅱ类、Ⅲ类建设项目的地下水环境影响评价应执行本标准,Ⅳ类建设项目不开展地下水环境影响评价。

地下水环境影响评价基本任务包括：识别地下水环境影响,确定地下水环境影响评价工作等级;开展地下水环境现状调查,完成地下水环境现状监测与评价;预测和评价建设项目对地下水水质可能造成的直接影响,提出有针对性的地下水污染防控措施与对策,制定地下水环境影响跟踪监测计划和应急预案。

地下水环境影响评价工作可划分为准备阶段、现状调查与评价阶段、影响预测与评价阶段和结论阶段。各阶段主要工作内容包括：

① 准备阶段。搜集和分析有关国家和地方地下水环境保护的法律、法规、政策、标准及相关规划等资料;了解建设项目工程概况,进行初步工程分析,识别建设项目对地下水环境可能产生的直接影响;开展现场踏勘工作,识别地下水环境敏感程度;确定评价工作等级、评价范围、评价重点。

② 现状调查与评价阶段。开展现场调查、勘探、地下水监测、取样、分析、室内外试验和室内资料分析等工作,进行现状评价。

③ 影响预测与评价阶段。进行地下水环境影响预测,依据国家、地方有关地下水环境的法规及标准,评价建设项目对地下水环境的直接影响。

④ 结论阶段。综合分析各阶段成果,提出地下水环境保护措施与防控措施,制定地下水环境影响跟踪监测计划,完成地下水环境影响评价。

6.4.2 地下水环境影响识别

1. 基本要求

地下水环境影响的识别应在初步工程分析和确定地下水环境保护目标的基础上进行,根据建设项目建设期、运营期和服务期满后三个阶段的工程特征,识别其"正常状况"和"非正常状况"下的地下水环境影响。

对于随着生产运行时间推移对地下水环境影响有可能加剧的建设项目,还应按运营期的变化特征分为初期、中期和后期分别进行环境影响识别。

2. 识别方法

根据《环境影响评价技术导则 地下水环境》附录A的行业分类表,识别建设项目所属的行业类别。根据建设项目的地下水环境敏感特征,识别建设项目的地下水环境敏感程度。

3. 识别内容

地下水环境影响识别内容包括：

① 识别可能造成地下水污染的装置和设施(位置、规模、材质等)及建设项目在建设期、运营期、服务期满后可能的地下水污染途径。

② 识别建设项目可能导致地下水污染的特征因子。特征因子应根据建设项目污废水成分(可参照 HJ/T 2.3)、液体物料成分、固废浸出液成分等确定。

6.4.3 地下水环境影响评价工作分级

1. 评价工作等级划分依据

① 根据《环境影响评价技术导则 地下水环境》附录A确定建设项目所属的地下水环境影响评价项目类别。

② 建设项目的地下水环境敏感程度可分为敏感、较敏感、不敏感三级,分级原则见表6-11。

表 6 - 11　地下水环境敏感程度分级表

敏感程度	地下水环境敏感特征
敏感	集中式饮用水水源(包括已建成的在用、备用、应急水源,在建和规划的饮用水水源)准保护区;除集中式饮用水水源以外的国家或地方政府设定的与地下水环境相关的其他保护区,如热水、矿泉水、温泉等特殊地下水资源保护区
较敏感	集中式饮用水水源(包括已建成的在用、备用、应急水源,在建和规划的饮用水水源)准保护区以外的补给径流区;未划定准保护区的集中式饮用水水源,其保护区以外的补给径流区;分散式饮用水水源地;特殊地下水资源(如矿泉水、温泉等)保护区以外的分布区等其他未列入上述敏感分级的环境敏感区*
不敏感	上述地区之外的其他地区

*"环境敏感区"是指《建设项目环境影响评价分类管理名录》中所界定的涉及地下水的环境敏感区。

2. 建设项目评价工作等级

建设项目地下水环境影响评价工作等级划分见表 6 - 12。

表 6 - 12　评价工作等级分级表

环境敏感程度＼项目类别	Ⅰ类项目	Ⅱ类项目	Ⅲ类项目
敏感	一	一	二
较敏感	一	二	三
不敏感	二	三	三

对于利用废弃盐岩矿井洞穴或人工专制盐岩洞穴、废弃矿井巷道加水幕系统、人工硬岩洞库加水幕系统、地质条件较好的含水层储油、枯竭的油气层储油等形式的地下储油库,危险废物填埋场,应进行一级评价,不按表 6 - 12 划分评价工作等级。

当同一建设项目涉及两个或两个以上场地时,各场地应分别判定评价工作等级,并按相应等级开展评价工作。

线性工程根据所涉地下水环境敏感程度和主要站场位置(如输油站、泵站、加油站、机务段、服务站等)进行分段判定评价等级,并按相应等级分别开展评价工作。

6.4.4　地下水环境影响评价技术要求

1. 原则性要求

地下水环境影响评价应充分利用已有资料和数据,当已有资料和数据不能满足评价要求时,应开展相应评价等级要求的补充调查,必要时进行勘察试验。

2. 一级评价要求

① 详细掌握调查评价区环境水文地质条件,主要包括含(隔)水层结构及分布特征、地下水补径排条件、地下水流场、地下水动态变化特征、各含水层之间以及地表水与地下水之间的水力联系等,详细掌握调查评价区内地下水开发利用现状与规划。

② 开展地下水环境现状监测,详细掌握调查评价区地下水环境质量现状和地下水动态监测信息,进行地下水环境现状评价。

③ 基本查清场地环境水文地质条件,有针对性地开展现场勘察试验,确定场地包气带特

征及其防污性能。

④ 采用数值法进行地下水环境影响预测,对于不宜概化为等效多孔介质的地区,可根据自身特点选择适宜的预测方法。

⑤ 预测评价应结合相应环保措施,针对可能的污染情景,预测污染物运移趋势,评价建设项目对地下水环境保护目标的影响。

⑥ 根据预测评价结果和场地包气带特征及其防污性能,提出切实可行的地下水环境保护措施与地下水环境影响跟踪监测计划,制定应急预案。

⑦ 一级评价要求场地环境水文地质资料的调查精度应不低于 1∶10 000 比例尺,评价区的环境水文地质资料的调查精度应不低于 1∶50 000 比例尺。

3. 二级评价要求

① 基本掌握调查评价区的环境水文地质条件,主要包括含(隔)水层结构及其分布特征、地下水补径排条件、地下水流场等。了解调查评价区地下水开发利用现状与规划。

② 开展地下水环境现状监测,基本掌握调查评价区地下水环境质量现状,进行地下水环境现状评价。

③ 根据场地环境水文地质条件的掌握情况,有针对性地补充必要的现场勘察试验。

④ 根据建设项目特征、水文地质条件及资料掌握情况,选择采用数值法或解析法进行影响预测,预测污染物运移趋势和对地下水环境保护目标的影响。

⑤ 提出切实可行的环境保护措施与地下水环境影响跟踪监测计划。

⑥ 二级评价环境水文地质资料的调查精度要求能够清晰反映建设项目与环境敏感区、地下水环境保护目标的位置关系,并根据建设项目特点和水文地质条件复杂程度确定调查精度,建议一般以不低于 1∶50 000 比例尺为宜。

4. 三级评价要求

① 了解调查评价区和场地环境水文地质条件。
② 基本掌握调查评价区的地下水补径排条件和地下水环境质量现状。
③ 采用解析法或类比分析法进行地下水影响分析与评价。
④ 提出切实可行的环境保护措施与地下水环境影响跟踪监测计划。

6.4.5 地下水环境现状调查与评价

1. 调查与评价原则

① 地下水环境现状调查与评价工作应遵循资料搜集与现场调查相结合、项目所在场地调查(勘察)与类比考察相结合、现状监测与长期动态资料分析相结合的原则。

② 地下水环境现状调查与评价工作的深度应满足相应的工作级别要求。当现有资料不能满足要求时,应通过组织现场监测或环境水文地质勘察与试验等方法获取。

③ 对于一、二级评价的改、扩建类建设项目,应开展现有工业场地的包气带污染现状调查。

④ 对于长输油品、化学品管线等线性工程,调查评价工作应重点针对场站、服务站等可能对地下水产生污染的地区开展。

2. 调查评价范围

（1）基本要求

地下水环境现状调查评价范围应包括与建设项目相关的地下水环境保护目标，以能说明地下水环境的现状，反映调查评价区地下水基本流场特征，满足地下水环境影响预测和评价为基本原则。

污染场地修复工程项目的地下水环境影响现状调查参照 HJ 25.1 执行。

（2）调查评价范围确定

建设项目（除线性工程外）地下水环境影响现状调查评价范围可采用公式计算法、查表法和自定义法确定。

当建设项目所在地水文地质条件相对简单，且所掌握的资料能够满足公式计算法的要求时，应采用公式计算法确定（参照 HJ/T 338）；当不满足公式计算法的要求时，可采用查表法确定。当计算或查表范围超出所处水文地质单元边界时，应以所处水文地质单元边界为宜。

① 公式计算法

$$L = \frac{\alpha KIT}{n_e} \qquad (6-11)$$

式中：L 为下游迁移距离，m；α 为变化系数，$\alpha \geqslant 1$，一般取 2；K 为渗透系数，m/d；I 为水力坡度，无量纲；T 为质点迁移天数，取值不小于 5 000 d；n_e 为有效孔隙度，无量纲。

采用公式计算法时应包含重要的地下水环境保护目标，所得的调查评价范围如图 6-2 所示。

② 查表法参照表 6-13。

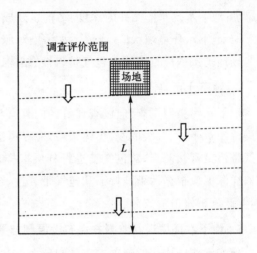

注：虚线表示等水位线；空心箭头表示地下水流向；
场地上游距离根据评价需求确定，场地两侧小于 $L/2$。

图 6-2　调查评价范围示意图

表 6-13　地下水环境现状调查评价范围参照表

评价等级	调查评价面积/km²	备　注
一级	≥20	应包括重要的地下水环境保护目标，必要时适当扩大范围
二级	6～20	
三级	≤6	

③ 自定义法可根据建设项目所在地水文地质条件自行确定，需说明理由。

线性工程应以工程边界两侧向外延伸 200 m 作为调查评价范围；穿越饮用水源准保护区时，调查评价范围应至少包含水源保护区；线性工程站场的调查评价范围确定参照非线性工程。

3. 水文地质条件调查

在充分收集资料的基础上，根据建设项目特点和水文地质条件复杂程度，开展调查工作，主要内容包括：

① 气象、水文、土壤及植被状况。

② 地层岩性、地质构造、地貌特征及矿产资源。

③ 包气带岩性、结构、厚度、分布及垂向渗透系数等。

④ 含水层岩性、分布、结构、厚度、埋藏条件、渗透性、富水程度等,以及隔水层(弱透水层)的岩性、厚度、渗透性等。

⑤ 地下水类型、地下水补径排条件。

⑥ 地下水水位、水质、水温及地下水化学类型。

⑦ 泉的成因类型,出露位置、形成条件及泉水流量、水质、水温,开发利用情况。

⑧ 集中供水水源地和水源井的分布情况(包括开采层的成井密度、水井结构、深度以及开采历史)。

⑨ 地下水现状监测井的深度、结构以及成井历史、使用功能。

⑩ 地下水环境现状值(或地下水污染对照值)。

场地范围内应重点调查包气带岩性、结构、厚度、分布及垂向渗透系数等。

4. 地下水污染源调查

地下水污染源调查,应调查评价区内具有与建设项目产生或排放同种特征因子的地下水污染源。对于一、二级的改、扩建项目,应在可能造成地下水污染的主要装置或设施附近开展包气带污染现状调查,对包气带进行分层取样,一般在 0～20 cm 埋深范围内取一个样品,其他取样深度应根据污染源特征和包气带岩性、结构特征等确定,并说明理由。样品进行浸溶试验,测试分析浸溶液成分。

5. 地下水环境现状监测井点布设原则与要求

地下水环境现状监测点采用控制性布点与功能性布点相结合的布设原则。监测点应主要布设在建设项目场地、周围环境敏感点、地下水污染源以及对于确定边界条件有控制意义的地点。当现有监测点不能满足监测位置和监测深度要求时,应布设新的地下水现状监测井,现状监测井的布设应兼顾地下水环境影响跟踪监测计划。

监测层位应包括潜水含水层、可能受建设项目影响且具有饮用水开发利用价值的含水层。一般情况下,地下水水位监测点数宜大于相应评价级别地下水水质监测点数的 2 倍。管道型岩溶区等水文地质条件复杂的地区,地下水现状监测点应视情况确定,并说明布设理由。

地下水水质监测点布设的具体要求如下:

① 监测点布设应尽可能靠近建设项目场地或主体工程,监测点数应根据评价等级和水文地质条件确定。

② 一级评价项目潜水含水层的水质监测点应不少于 7 个,可能受建设项目影响且具有饮用水开发利用价值的含水层 3～5 个。原则上建设项目场地上游和两侧的地下水水质监测点均不得少于 1 个,建设项目场地及其下游影响区的地下水水质监测点不得少于 3 个。

③ 二级评价项目潜水含水层的水质监测点应不少于 5 个,可能受建设项目影响且具有饮用水开发利用价值的含水层 2～4 个。原则上建设项目场地上游和两侧的地下水水质监测点均不得少于 1 个,建设项目场地及其下游影响区的地下水水质监测点不得少于 2 个。

④ 三级评价项目潜水含水层水质监测点应不少于 3 个,可能受建设项目影响且具有饮用

水开发利用价值的含水层 1～2 个。原则上建设项目场地上游及下游影响区的地下水水质监测点各不得少于 1 个。

在包气带厚度超过 100 m 的评价区或监测井较难布置的基岩山区,地下水质监测点数无法满足上述要求时,可视情况调整数量,并说明调整理由。一般情况下,该类地区一、二级评价项目至少设置 3 个监测点,三级评价项目根据需要设置一定数量的监测点。

6. 环境水文地质勘察与试验

环境水文地质勘察与试验是在充分收集已有资料和地下水环境现状调查的基础上,针对需要进一步查明的地下水含水层特征和为获取预测评价中必要的水文地质参数而进行的工作。

除一级评价应进行必要的环境水文地质勘察与试验外,对环境水文地质条件复杂且资料缺少的地区,二级、三级评价也应在区域水文地质调查的基础上对场地进行必要的水文地质勘察。环境水文地质勘察可采用钻探、物探和水土化学分析以及室内外测试、试验等手段开展。环境水文地质试验项目通常有抽水试验、注水试验、渗水试验、浸溶试验及土柱淋滤试验等,在评价工作过程中可根据评价等级和资料掌握情况选用。

7. 地下水水质样品采集与现场测定

地下水水质样品应采用自动式采样泵或人工活塞闭合式与敞口式定深采样器进行采集。样品采集前,应先测量井孔地下水水位(或地下水位埋深)并做好记录,然后采用潜水泵或离心泵对采样井(孔)进行全井孔清洗,抽汲的水量不得小于 3 倍的井筒水(量)体积。

地下水水质样品的管理、分析化验和质量控制按照 HJ/T 164 执行。pH、Eh、DO、水温等不稳定项目应在现场测定。

8. 地下水环境现状监测频率要求

(1) 水位监测频率要求

① 评价等级为一级的建设项目,若掌握近 3 年内至少一个连续水文年的枯、平、丰水期地下水位动态监测资料,评价期内至少开展一期地下水水位监测;若无上述资料,依据表 6-14 开展水位监测。

② 评价等级为二级的建设项目,若掌握近 3 年内至少一个连续水文年的枯、丰水期地下水位动态监测资料,评价期可不再开展现状地下水位监测;若无上述资料,依据表 6-14 开展水位监测。

③ 评价等级为三级的建设项目,若掌握近 3 年内至少一期的监测资料,评价期内可不再进行现状水位监测;若无上述资料,依据表 6-14 开展水位监测。

(2) 基本水质因子的水质监测频率要求

基本水质因子的水质监测频率应参照表 6-14,若掌握近 3 年至少一期水质监测数据,基本水质因子可在评价期补充开展一期现状监测;特征因子在评价期内需至少开展一期现状值监测。

在包气带厚度超过 100 m 的评价区或监测井较难布置的基岩山区,若掌握近 3 年内至少一期的监测资料,评价期内可不进行现状水位、水质监测;若无上述资料,至少开展一期现状水位、水质监测。

表 6 – 14 地下水环境现状监测频率参照表

频次 分布区 \ 评价等级	水位监测频率			水质监测频率		
	一级	二级	三级	一级	二级	三级
山前冲(洪)积	枯平丰	枯丰	一期	枯丰	枯	一期
滨海(含填海区)	二期	一期	一期	一期	一期	一期
其他平原区	枯丰	一期	一期	枯	一期	一期
黄土地区	枯平丰	一期	一期	二期	一期	一期
沙漠地区	枯丰	一期	一期	一期	一期	一期
丘陵山区	枯丰	一期	一期	一期	一期	一期
岩溶裂隙	枯丰	一期	一期	枯丰	一期	一期
岩溶管道	二期	一期	一期	二期	一期	一期

注:"二期"的间隔有明显水位变化,其变化幅度接近年内变幅。

9. 地下水水质现状监测因子及评价内容

(1)地下水水质现状监测因子

① 检测分析地下水环境中 K^+、Na^+、Ca^{2+}、Mg^{2+}、CO_3^{2-}、HCO_3^-、Cl^-、SO_4^{2-} 的浓度。

② 地下水水质现状监测因子原则上应包括两类:一类是基本水质因子,另一类为特征因子。基本水质因子以 pH、氨氮、硝酸盐、亚硝酸盐、挥发性酚类、氰化物、砷、汞、铬(六价)、总硬度、铅、氟、镉、铁、锰、溶解性总固体、高锰酸盐指数、硫酸盐、氯化物、总大肠菌群、细菌总数等及背景值超标的水质因子为基础,可根据区域地下水类型、污染源状况适当调整。特征因子根据建设项目污/废水成分(可参照 HJ/T 2.3)、液体物料成分、固废浸出液成分等确定的识别结果确定,可根据区域地下水化学类型、污染源状况适当调整。

(2)地下水水质现状评价

GB/T 14848 和有关法规及当地的环保要求是地下水环境现状评价的基本依据。对属于 GB/T 14848 水质指标的评价因子,应按其规定的水质分类标准值进行评价;对不属于 GB/T 14848 水质指标的评价因子,可参照国家(行业、地方)相关标准(如 GB 3838、GB 5749、DZ/T 0290 等)进行评价。现状监测结果应进行统计分析,给出最大值、最小值、均值、标准差、检出率和超标率等。

地下水水质现状评价应采用标准指数法。标准指数>1,表明该水质因子已超标,标准指数越大,超标越严重。标准指数计算公式分为以下两种情况:

① 对于评价标准为定值的水质因子,其标准指数计算方法见如下公式:

$$P_i = \frac{C_i}{C_{si}} \qquad (6-12)$$

式中:P_i 为第 i 个水质因子的标准指数,无量纲;C_i 为第 i 个水质因子的监测浓度值,mg/L;C_{si} 为第 i 个水质因子的标准浓度值,mg/L。

② 对于评价标准为区间值的水质因子(如 pH 值),其标准指数计算方法见如下公式:

$$P_{pH} = \frac{7.0 - pH}{7.0 - pH_{sd}}, \quad pH \leqslant 7 \qquad (6-13)$$

$$P_{pH} = \frac{pH - 7.0}{pH_{sd} - 7.0}, \quad pH \leqslant 7 \qquad (6-14)$$

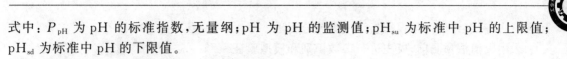

式中：P_{pH} 为 pH 的标准指数，无量纲；pH 为 pH 的监测值；pH_{su} 为标准中 pH 的上限值；pH_{sd} 为标准中 pH 的下限值。

6.4.6　地下水环境影响预测

1. 预测原则与预测范围

（1）预测原则

建设项目地下水环境影响预测应遵循 HJ 2.1 中确定的原则。考虑到地下水环境污染的复杂性、隐蔽性和难恢复性，还应遵循保护优先、预防为主的原则，预测应为评价各方案的环境安全和环境保护措施的合理性提供依据。

预测的范围、时段、内容和方法均应根据评价工作等级、工程特征及环境特征，结合当地环境功能和环保要求确定，应预测建设项目对地下水水质产生的直接影响，重点预测对地下水环境保护目标的影响。

在结合地下水污染防控措施的基础上，对工程设计方案或可行性研究报告推荐的选址（选线）方案可能引起的地下水环境影响进行预测。

（2）预测范围

地下水环境影响预测范围一般与调查评价范围一致。预测层位应以潜水含水层或污染物直接进入的含水层为主，兼顾与其水力联系密切且具有饮用水开发利用价值的含水层。当建设项目场地天然包气带垂向渗透系数小于 1×10^{-6} cm/s 或厚度超过 100 m 时，预测范围应扩展至包气带。

2. 预测时段及情景设置

（1）预测时段

地下水环境影响预测时段应选取可能产生地下水污染的关键时段，至少包括污染发生后100 天、1 000 天，服务年限或能反映特征因子迁移规律的其他重要的时间节点。

（2）情景设置

一般情况下，建设项目须对正常状况和非正常状况的情景分别进行预测。已依据 GB 16889、GB 18597、GB 18598、GB 18599、GB/T 50934 设计地下水污染防渗措施的建设项目，可不进行正常状况情景下的预测。

3. 预测因子

地下水环境预测因子应包括：根据识别出的特征因子，按照重金属、持久性有机污染物和其他类别进行分类，并对每一类别中的各项因子采用标准指数法进行排序，分别取标准指数最大的因子作为预测因子；现有工程已经产生的且改、扩建后将继续产生的特征因子，改、扩建后新增加的特征因子；污染场地已查明的主要污染物；国家或地方要求控制的污染物。

4. 预测方法

建设项目地下水环境影响预测方法包括数学模型法和类比分析法。其中，数学模型法包括数值法、解析法等。常用的地下水预测数学模型参见《环境影响评价技术导则 地下水环境》附录 D。

预测方法的选取应根据建设项目工程特征、水文地质条件及资料掌握程度来确定，当数值方法不适用时，可用解析法或其他方法预测。一般情况下，一级评价应采用数值法，不宜概化为等效多孔介质的地区除外；二级评价中水文地质条件复杂且适宜采用数值法时，建议优先采用数值法;三级评价可采用解析法或类比分析法。

采用数值法预测前,应先进行参数识别和模型验证。

采用解析模型预测污染物在含水层中的扩散时,一般应满足以下条件:污染物的排放对地下水流场没有明显的影响;评价区内含水层的基本参数(如渗透系数、有效孔隙度等)不变或变化很小。

采用类比分析法时,应给出类比条件。类比分析对象与拟预测对象之间应满足以下要求:二者的环境水文地质条件、水动力场条件相似;二者的工程类型、规模及特征因子对地下水环境的影响具有相似性。

地下水环境影响预测过程中,当采用非推荐模式进行预测评价时,须明确所采用模式的适用条件,给出模型中的各参数物理意义及参数取值,并尽可能采用本导则中的相关模式进行验证。

5. 预测源强

地下水环境影响预测源强的确定应充分结合工程分析。正常状况下,预测源强应结合建设项目工程分析和相关设计规范确定,如 GB 50141、GB 50268 等。非正常状况下,预测源强可根据工艺设备或地下水环境保护措施因系统老化或腐蚀程度等设定。

6. 预测模型概化

① 水文地质条件概化。根据调查评价区和场地环境水文地质条件,对边界性质、介质特征、水流特征和补径排等条件进行概化。

② 污染源概化。污染源概化包括排放形式与排放规律的概化。根据污染源的具体情况,排放形式可以概化为点源、线源、面源;排放规律可以简化为连续恒定排放或非连续恒定排放以及瞬时排放。

③ 水文地质参数初始值的确定。预测所需的包气带垂向渗透系数、含水层渗透系数、给水度等参数初始值的获取,应以收集评价范围内已有水文地质资料为主,不满足预测要求时需通过现场试验获取。

7. 预测内容

地下水环境影响预测内容包括:

① 给出特征因子不同时段的影响范围、程度,最大迁移距离。

② 给出预测期内场地边界或地下水环境保护目标处特征因子随时间的变化规律。

③ 当建设项目场地天然包气带垂向渗透系数小于 1×10^{-6} cm/s 或厚度超过 100 m 时,须考虑包气带阻滞作用,预测特征因子在包气带中迁移。

④ 污染场地修复治理工程项目应给出污染物变化趋势或污染控制的范围。

6.4.7 地下水环境影响评价

1. 原则与方法

(1) 评价原则

地下水环境影响评价应以地下水环境现状调查和地下水环境影响预测结果为依据,对建设项目各实施阶段(建设期、运营期及服务期满后)不同环节及不同污染防控措施下的地下水环境影响进行评价。地下水环境影响预测未包括环境质量现状值时,应叠加环境质量现状值后再进行评价。应评价建设项目对地下水水质的直接影响,重点评价建设项目对地下水环境保护目标的影响。

（2）评价方法

采用标准指数法对建设项目地下水水质影响进行评价。对属于 GB/T 14848 水质指标的评价因子,应按其规定的水质分类标准值进行评价;对不属于 GB/T 14848 水质指标的评价因子,可参照国家(行业、地方)相关标准的水质标准值(如 GB 3838、GB 5749、DZ/T 0290 等)进行评价。

2. 评价结论

评价建设项目对地下水水质影响时,可采用以下判据评价水质能否满足标准的要求。

① 以下情况应得出可以满足标准要求的结论:建设项目各个不同阶段,除场界内小范围以外地区,均能满足 GB/T 14848 或国家(业、地方)相关标准要求的;在建设项目实施的某个阶段,有个别评价因子出现较大范围超标,但采取环保措施后,可满足 GB/T 14848 或国家(行业、地方)相关标准要求的。

② 以下情况应得出不能满足标准要求的结论:新建项目排放的主要污染物,改、扩建项目已经排放的及将要排放的主要污染物在评价范围内地下水中已经超标的;环保措施在技术上不可行,或在经济上明显不合理的。

6.4.8　地下水环境保护措施与对策

1. 基本要求

地下水环境保护措施与对策应符合《中华人民共和国水污染防治法》和《中华人民共和国环境影响评价法》的相关规定,按照"源头控制、分区防控、污染监控、应急响应",重点突出饮用水水质安全的原则确定。

地下水环境环保对策措施建议应根据建设项目特点、调查评价区和场地环境水文地质条件,在建设项目可行性研究提出的污染防控对策的基础上,根据环境影响预测与评价结果,提出需要增加或完善的地下水环境保护措施和对策。改、扩建项目应针对现有工程引起的地下水污染问题,提出"以新带老"的对策和措施,有效减轻污染程度或控制污染范围,防止地下水污染加剧。给出各项地下水环境保护措施与对策的实施效果,列表给出初步估算各措施的投资概算,并分析其技术、经济可行性。

提出合理、可行、操作性强的地下水污染防控的环境管理体系,包括地下水环境跟踪监测方案和定期信息公开等。

2. 建设项目污染防控对策

（1）源头控制措施

源头控制措施主要包括提出各类废物循环利用的具体方案,减少污染物的排放量;提出工艺、管道、设备、污水储存及处理构筑物应采取的污染控制措施,将污染物跑、冒、滴、漏降到最低限度。

（2）分区防控措施

结合地下水环境影响评价结果,对工程设计或可行性研究报告提出的地下水污染防控方案提出优化调整的建议,给出不同分区的具体防渗技术要求。一般情况下,应以水平防渗为主,防控措施应满足以下要求:

① 已颁布污染控制国家标准或防渗技术规范的行业,水平防渗技术要求按照相应标准或

环境模拟与评价(第2版)

规范执行,如 GB 16889、GB 18597、GB 18598、GB 18599、GB/T 50934 等。

② 未颁布相关标准的行业,根据预测结果和场地包气带特征及其防污性能,提出防渗技术要求;或根据建设项目场地天然包气带防污性能、污染控制难易程度和污染物特性,参照表 6-15 提出防渗技术要求。其中污染控制难易程度分级和天然包气带防污性能分级分别参照表 6-16 和表 6-17 进行相关等级的确定。

表 6-15 地下水污染防渗分区参照表

防渗分区	天然包气带防污性能	污染控制难易程度	污染物类型	防渗技术要求
重点防渗区	弱	难	重金属、持久性有机物污染物	等效黏土防渗层 Mb≥6.0 m,$K≤1×10^{-7}$ cm/s;或参照 GB 18598 执行
	中-强	难		
	弱	易		
一般防渗区	弱	易-难	其他类型	等效黏土防渗层 Mb≥1.5 m,$K≤1×10^{-7}$ cm/s;或参照 GB 16889 执行
	中-强	难		
	中	易	重金属、持久性有机物污染物	
	强	易		
简单防渗区	中-强	易	其他类型	一般地面硬化

表 6-16 污染控制难易程度分级参照表

污染控制难易程度	主要特征
难	对地下水环境有污染的物料或污染物泄漏后,不能及时发现和处理
易	对地下水环境有污染的物料或污染物泄漏后,可及时发现和处理

表 6-17 天然包气带防污性能分级参照表

分 级	包气带岩土的渗透性能
强	岩(土)层单层厚度 Mb≥1.0 m,渗透系数 $K≤1×10^{-6}$ cm/s,且分布连续、稳定
中	岩(土)层单层厚度 0.5 m≤Mb<1.0 m,渗透系数 $K≤1×10^{-6}$ cm/s,且分布连续、稳定; 岩(土)层单层厚度 Mb≥1.0 m,渗透系数 $1×10^{-6}$ cm/s$<K≤1×10^{-4}$ cm/s,且分布连续、稳定
弱	岩(土)层不满足上述"强"和"中"条件

对难以采取水平防渗的场地,可采用垂向防渗为主,局部水平防渗为辅的防控措施。

根据非正常状况下的预测评价结果,在建设项目服务年限内个别评价因子超标范围超出厂界时,应提出优化总图布置的建议或地基处理方案。

3. 地下水环境监测与管理

(1) 建立地下水环境监测管理体系

地下水环境监测管理体系的建立,包括制定地下水环境影响跟踪监测计划、建立地下水环境影响跟踪监测制度、配备先进的监测仪器和设备,以便及时发现问题,采取措施。

跟踪监测计划应根据环境水文地质条件和建设项目特点设置跟踪监测点,跟踪监测点应明确与建设项目的位置关系,给出点位、坐标、井深、井结构、监测层位、监测因子及监测频率等相关参数。

跟踪监测点数量要求如下：

① 一、二级评价的建设项目，一般不少于 3 个，应至少在建设项目场地，上、下游各布设 1 个。一级评价的建设项目，应在建设项目总图布置基础之上，结合预测评价结果和应急响应时间要求，在重点污染风险源处增设监测点。

② 三级评价的建设项目，一般不少于 1 个，应至少在建设项目场地下游布置 1 个。

明确跟踪监测点的基本功能，如背景值监测点、地下水环境影响跟踪监测点、污染扩散监测点等，必要时，明确跟踪监测点兼具的污染控制功能。根据环境管理对监测工作的需要，提出有关监测机构、人员及装备的建议。

（2）制定地下水环境跟踪监测与信息公开计划

地下水环境跟踪监测报告的内容一般应包括：

①建设项目所在场地及其影响区地下水环境跟踪监测数据，排放污染物的种类、数量、浓度。

②生产设备、管廊或管线、储存与运输装置、污染物储存与处理装置、事故应急装置等设施的运行状况、跑冒滴漏记录、维护记录。

信息公开计划应至少包括建设项目特征因子的地下水环境监测值。

6.4.9 地下水环境影响评价结论

地下水环境影响评价结论包括以下内容：

① 环境水文地质现状。概述调查评价区及场地环境水文地质条件和地下水环境现状。

② 地下水环境影响。根据地下水环境影响预测评价结果，给出建设项目对地下水环境和保护目标的直接影响。

③ 地下水环境污染防控措施。根据地下水环境影响评价结论，提出建设项目地下水污染防控措施的优化调整建议或方案。

④ 地下水环境影响评价结论。结合环境水文地质条件、地下水环境影响、地下水环境污染防控措施、建设项目总平面布置的合理性等方面进行综合评价，明确给出建设项目地下水环境影响是否可接受的结论。

6.5 环境影响评价技术导则 声环境

6.5.1 概 述

环境噪声，指在工业生产、建筑施工、交通运输和社会生活中所产生的干扰周围生活环境的声音（频率在 20~20 000 Hz 的可听声范围内）。敏感目标，指医院、学校、机关、科研单位、住宅、自然保护区等对噪声敏感的建筑物或区域。

贡献值，由建设项目自身声源在预测点产生的声级。背景值，不含建设项目自身声源影响的环境声级。预测值，预测点的贡献值和背景值按能量叠加方法计算得到的声级。

6.5.2 总 则

1. 基本任务

声环境影响评价，通过评价建设项目实施引起的声环境质量的变化和外界噪声对需要安静建设项目的影响程度,提出合理可行的防治措施,把噪声污染降低到允许水平;从声环境影响角度评价建设项目实施的可行性,为建设项目优化选址、选线、合理布局以及城市规划提供科学依据。

2. 评价类别

声环境影响评价,按评价对象划分,可分为建设项目声源对外环境的环境影响评价和外环境声源对需要安静建设项目的环境影响评价。

声环境影响评价,按声源种类划分,可分为固定声源和流动声源的环境影响评价。固定声源的环境影响评价,主要指工业(工矿企业和事业单位)和交通运输(包括航空、铁路、城市轨道交通、公路、水运等)固定声源的环境影响评价。流动声源的环境影响评价,主要指在城市道路、公路、铁路、城市轨道交通上行驶的车辆以及从事航空和水运等运输工具,在行驶过程中产生的噪声环境影响评价。

停车场、调车场、施工期施工设备、运行期物料运输、装卸设备等,按照定义,可分别划分为固定声源或流动声源。

建设项目既拥有固定声源,又拥有流动声源时,应分别进行噪声环境影响评价;同一敏感点既受到固定声源影响,又受到流动声源影响时,应进行叠加环境影响评价。

3. 评价量

(1) 声环境质量评价量

根据 GB 3096,声环境功能区的环境质量评价量为昼间等效声级(L_d)、夜间等效声级(L_n),突发噪声的评价量为最大 A 声级(L_{max})。

根据 GB 9660,机场周围区域受飞机通过(起飞、降落、低空飞越)噪声环境影响的评价量为计权等效连续感觉噪声级(L_{WECPN})。

(2) 声源源强表达量

声源源强表达量包括:A 声功率级(L_{Aw}),或中心频率为 63~8 000 Hz 8 个倍频带的声功率级(L_w);距离声源 r 处的 A 声级[$L_A(r)$],或中心频率为 63~8 000 Hz 8 个倍频带的声压级[$L_p(r)$];有效感觉噪声级(L_{EPN})。

(3) 厂界、场界、边界噪声评价量

根据 GB 12348、GB 12523,工业企业厂界、建筑施工场界噪声评价量为昼间等效声级(L_d)、夜间等效声级(L_n)、室内噪声倍频带声压级,频发、偶发噪声的评价量为最大 A 声级(L_{max})。

根据 GB 12525、GB 14227,铁路边界、城市轨道交通车站站台噪声评价量为昼间等效声级(L_d)、夜间等效声级(L_n)。

根据 GB 22337,社会生活噪声源边界噪声评价量为昼间等效声级(L_d)、夜间等效声级(L_n)、室内噪声倍频带声压级,非稳态噪声的评价量为最大 A 声级(L_{max})。

4. 评价时段

根据建设项目实施过程中噪声的影响特点,可按施工期和运行期分别开展声环境影响评价。运行期声源为固定声源时,固定声源投产运行后作为环境影响评价时段;运行期声源为流动声源时,将工程预测的代表性时段(一般分为运行近期、中期、远期)分别作为环境影响评价时段。

6.5.3 声环境影响评价工作等级与评价范围

1. 评价工作等级

（1）划分的依据

声环境影响评价工作等级划分依据包括：建设项目所在区域的声环境功能区类别；建设项目建设前后所在区域的声环境质量变化程度；受建设项目影响人口的数量。

（2）评价等级划分

声环境影响评价工作等级一般分为三级。一级为详细评价，二级为一般性评价，三级为简要评价。

① 一级评价：评价范围内有适用于 GB 3096 规定的 0 类声环境功能区域，以及对噪声有特别限制要求的保护区等敏感目标，或建设项目建设前后评价范围内敏感目标噪声级增高量达 5 dB(A)以上[不含 5 dB(A)]，或受影响人口数量显著增多时，按一级评价。

② 二级评价：建设项目所处的声环境功能区为 GB 3096 规定的 1 类、2 类地区，或建设项目建设前后评价范围内敏感目标噪声级增高量达 3～5 dB(A)[含 5 dB(A)]，或受噪声影响人口数量增加较多时，按二级评价。

③ 三级评价：建设项目所处的声环境功能区为 GB 3096 规定的 3 类、4 类地区，或建设项目建设前后评价范围内敏感目标噪声级增高量在 3 dB(A)以下[不含 3 dB(A)]，且受影响人口数量变化不大时，按三级评价。

在确定评价工作等级时，如建设项目符合两个以上级别的划分原则，按较高级别的评价等级评价。

2. 评价范围和基本要求

（1）评价范围

声环境影响评价范围依据评价工作等级确定。

对于以固定声源为主的建设项目（如工厂、港口、施工工地、铁路站场等），满足一级评价的要求，一般以建设项目边界向外 200 m 为评价范围；二级、三级评价范围可根据建设项目所在区域和相邻区域的声环境功能区类别及敏感目标等实际情况适当缩小；如依据建设项目声源计算得到的贡献值到 200 m 处，仍不能满足相应功能区标准值时，应将评价范围扩大到满足标准值的距离。

对于城市道路、公路、铁路、城市轨道交通地上线路和水运线路等建设项目：满足一级评价的要求，一般以道路中心线外两侧 200 m 以内为评价范围；二级、三级评价范围可根据建设项目所在区域和相邻区域的声环境功能区类别及敏感目标等实际情况适当缩小；如依据建设项目声源计算得到的贡献值到 200 m 处，仍不能满足相应功能区标准值时，应将评价范围扩大到满足标准值的距离。

机场周围飞机噪声评价范围应根据飞行量计算到 L_{WECPN} 为 70 dB 的区域。满足一级评价的要求，一般以主要航迹离跑道两端各 5～12 km、侧向各 1～2 km 的范围为评价范围；二级、三级评价范围可根据建设项目所处区域的声环境功能区类别及敏感目标等实际情况适当缩小。

（2）一级评价的基本要求

① 在工程分析中，给出建设项目对环境有影响的主要声源的数量、位置和声源源强，并在

标有比例尺的图中标识固定声源的具体位置或流动声源的路线、跑道等位置。在缺少声源源强的相关资料时,应通过类比测量取得,并给出类比测量的条件。

② 评价范围内具有代表性的敏感目标的声环境质量现状需要实测。对实测结果进行评价,并分析现状声源的构成及其对敏感目标的影响。

③ 噪声预测应覆盖全部敏感目标,给出各敏感目标的预测值及厂界(或场界、边界)噪声值。固定声源评价、机场周围飞机噪声评价、流动声源经过城镇建成区和规划区路段的评价应绘制等声级线图,当敏感目标高于(含)三层建筑时,还应绘制垂直方向的等声级线图。给出建设项目建成后不同类别的声环境功能区内受影响的人口分布、噪声超标的范围和程度。

④ 当工程预测的不同代表性时段噪声级可能发生变化的建设项目时,应分别预测其不同时段的噪声级。

⑤ 对工程可行性研究和评价中提出的不同选址(选线)和建设布局方案,应根据不同方案噪声影响人口的数量和噪声影响的程度进行比选,并从声环境保护角度提出最终的推荐方案。

⑥ 针对建设项目的工程特点和所在区域的环境特征提出噪声防治措施,并进行经济、技术可行性论证,明确防治措施的最终降噪效果和达标分析。

(3) 二级评价的基本要求

① 在工程分析中,给出建设项目对环境有影响的主要声源的数量、位置和声源源强,并在标有比例尺的图中标识固定声源的具体位置或流动声源的路线、跑道等位置。在缺少声源源强的相关资料时,应通过类比测量取得,并给出类比测量的条件。

② 评价范围内具有代表性的敏感目标的声环境质量现状以实测为主,可适当利用评价范围内已有的声环境质量监测资料,并对声环境质量现状进行评价。

③ 噪声预测应覆盖全部敏感目标,给出各敏感目标的预测值及厂界(或场界、边界)噪声值,根据评价需要绘制等声级线图。给出建设项目建成后不同类别的声环境功能区内受影响的人口分布、噪声超标的范围和程度。

④ 当工程预测的不同代表性时段噪声级可能发生变化的建设项目时,应分别预测其不同时段的噪声级。

⑤ 从声环境保护角度对工程可行性研究和评价中提出的不同选址(选线)和建设布局方案的环境合理性进行分析。

⑥ 针对建设项目的工程特点和所在区域的环境特征提出噪声防治措施,并进行经济、技术可行性论证,给出防治措施的最终降噪效果和达标分析。

(4) 三级评价的基本要求

① 在工程分析中,给出建设项目对环境有影响的主要声源的数量、位置和声源源强,并在标有比例尺的图中标识固定声源的具体位置或流动声源的路线、跑道等位置。在缺少声源源强的相关资料时,应通过类比测量取得,并给出类比测量的条件。

② 重点调查评价范围内主要敏感目标的声环境质量现状,可利用评价范围内已有的声环境质量监测资料,若无现状监测资料时应进行实测,并对声环境质量现状进行评价。

③ 噪声预测应给出建设项目建成后各敏感目标的预测值及厂界(或场界、边界)噪声值,分析敏感目标受影响的范围和程度。

④ 针对建设项目的工程特点和所在区域的环境特征提出噪声防治措施,并进行达标分析。

6.5.4　声环境现状调查与评价

1．主要调查内容

声环境现状主要调查内容包括影响声波传播的环境要素、声环境功能区划、敏感目标和现状声源。

① 影响声波传播的环境要素。调查建设项目所在区域的主要气象特征,包括年平均风速和主导风向,年平均气温,年平均相对湿度等。收集评价范围内 1：（2 000～50 000）地理地形图,说明评价范围内声源和敏感目标之间的地貌特征、地形高差及影响声波传播的环境要素。

② 声环境功能区划。调查评价范围内不同区域的声环境功能区划情况,调查各声环境功能区的声环境质量现状。

③ 敏感目标。调查评价范围内的敏感目标的名称、规模、人口的分布等情况,并以图、表相结合的方式说明敏感目标与建设项目的关系(如方位、距离、高差等)。

④ 现状声源。建设项目所在区域的声环境功能区的声环境质量现状超过相应标准要求或噪声值相对较高时,需对区域内的主要声源的名称、数量、位置、影响的噪声级等相关情况进行调查。有厂界(或场界、边界)噪声的改、扩建项目,应说明现有建设项目厂界(或场界、边界)噪声的超标、达标情况及超标原因。

2．布点原则

声环境现状监测布点应覆盖整个评价范围,包括厂界(或场界、边界)和敏感目标。当敏感目标高于(含)三层建筑时,还应选取有代表性的不同楼层设置测点。

评价范围内没有明显的声源(如工业噪声、交通运输噪声、建设施工噪声、社会生活噪声等),且声级较低时,可选择有代表性的区域布设测点。

评价范围内有明显的声源,并对敏感目标的声环境质量有影响,或建设项目为改、扩建工程,应根据声源种类采取不同的监测布点原则：

① 当声源为固定声源时,现状测点应重点布设在可能既受到现有声源影响,又受到建设项目声源影响的敏感目标处,以及有代表性的敏感目标处;为满足预测需要,也可在距离现有声源不同距离处设衰减测点。

② 当声源为流动声源,且呈现线声源特点时,现状测点位置选取应兼顾敏感目标的分布状况、工程特点及线声源噪声影响随距离衰减的特点,布设在具有代表性的敏感目标处。为满足预测需要,也可选取若干线声源的垂线,在垂线上距声源不同距离处布设监测点。其余敏感目标的现状声级可通过具有代表性的敏感目标实测噪声的验证并结合计算求得。

③ 对于改、扩建机场工程,测点一般布设在主要敏感目标处,测点数量可根据机场飞行量及周围敏感目标情况确定,现有单条跑道、二条跑道或三条跑道的机场可分别布设 3～9 个、9～14 个或 12～18 个飞机噪声测点,跑道增多可进一步增加测点。其余敏感目标的现状飞机噪声声级可通过测点飞机噪声声级的验证和计算求得。

3．监测执行的标准

声环境现状监测应执行以下标准：

● 声环境质量监测执行 GB 3096；

● 机场周围飞机噪声测量执行 GB/T 9661；

- 工业企业厂界环境噪声测量执行 GB 12348;
- 社会生活环境噪声测量执行 GB 22337;
- 建筑施工场界噪声测量执行 GB/T 12524;
- 铁路边界噪声测量执行 GB 12525;
- 城市轨道交通车站站台噪声测量执行 GB 14227。

4. 声环境现状评价主要内容

声环境现状评价,应以图、表结合的方式给出评价范围内的声环境功能区及其划分情况,以及现有敏感目标的分布情况。分析评价范围内现有主要声源种类、数量及相应的噪声级、噪声特性等,明确主要声源分布,评价厂界(或场界、边界)超、达标情况。分别评价不同类别的声环境功能区内各敏感目标的超、达标情况,说明其受到现有主要声源的影响状况。给出不同类别的声环境功能区噪声超标范围内的人口数及分布情况。

6.5.5　声环境影响预测

声环境影响预测,一般采用声源的倍频带声功率级,A 声功率级或靠近声源某一位置的倍频带声压级,A 声级来预测计算距声源不同距离的声级。声环境影响预测范围应与评价范围相同。建设项目厂界(或场界、边界)和评价范围内的敏感目标应作为预测点。

1. 预测需要的基础资料

(1) 声源资料

建设项目的声源资料主要包括:声源种类、数量、空间位置、噪声级、频率特性、发声持续时间和对敏感目标的作用时间段等。

(2) 影响声波传播的各类参量

影响声波传播的各类参量应通过资料收集和现场调查取得,各类参量如下:

① 建设项目所处区域的年平均风速和主导风向,年平均气温,年平均相对湿度。

② 声源和预测点间的地形、高差。

③ 声源和预测点间障碍物(如建筑物、围墙等;若声源位于室内,还包括门、窗等)的位置及长、宽、高等数据。

④ 声源和预测点间树林、灌木等的分布情况,地面覆盖情况(如草地、水面、水泥地面、土质地面等)。

2. 声源源强数据获得的途径及要求

声源源强数据获得的途径包括类比测量法和引用已有的数据。引用类似的噪声源噪声级数据,必须是公开发表的、经过专家鉴定并且是按有关标准测量得到的数据,报告书应当指明被引用数据的来源。

3. 声级的计算

声级的计算包括建设项目声源在预测点产生的等效声级贡献值 L_{eqg}、预测点的预测等效声级 L_{eq} 和机场飞机噪声计权等效连续感觉噪声级。

(1) 建设项目声源在预测点的等效声级贡献值

建设项目声源在预测点产生的等效声级贡献值(L_{eqg})计算公式如下:

$$L_{eqg} = 10\lg\left(\frac{1}{T}\sum_i t_i 10^{0.1L_{Ai}}\right) \tag{6-15}$$

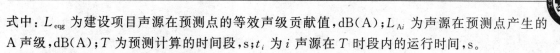

式中：L_{eqg} 为建设项目声源在预测点的等效声级贡献值，dB(A)；L_{Ai} 为声源在预测点产生的 A 声级，dB(A)；T 为预测计算的时间段，s；t_i 为 i 声源在 T 时段内的运行时间，s。

（2）预测点的预测等效声级

预测点的预测等效声级（L_{eq}）计算公式如下：

$$L_{eq} = 10\lg(10^{0.1L_{eqg}} + 10^{0.1L_{eqb}}) \qquad (6-16)$$

式中：L_{eqg} 为建设项目声源在预测点的等效声级贡献值，dB(A)；L_{eqb} 为预测点的背景值，dB(A)。

（3）机场飞机噪声计权等效连续感觉噪声级

机场飞机噪声计权等效连续感觉噪声级计算公式如下：

$$L_{WECPN} = \overline{L_{EPN}} + 10\lg(N_1 + 3N_2 + 10N_3) - 39.4 \qquad (6-17)$$

式中：N_1 为 7：00—19：00 对某个预测点声环境产生噪声影响的飞行架次；N_2 为 19：00—22：00 对某个预测点声环境产生噪声影响的飞行架次；N_3 为 22：00—7：00 对某个预测点声环境产生噪声影响的飞行架次；$\overline{L_{EPN}}$ 为 N 次飞行有效感觉噪声级能量平均值（$N = N_1 + N_2 + N_3$），dB。

$\overline{L_{EPN}}$ 的计算公式如下：

$$\overline{L_{EPN}} = 10\lg\left(\frac{1}{N_1 + N_2 + N_3} \sum_i \sum_j 10^{0.1L_{EPNij}}\right) \qquad (6-18)$$

式中：L_{EPNij} 为 j 航路第 i 架次飞机在预测点产生的有效感觉噪声级，dB。

4. 简化声源的条件和方法

在环境影响评价中，可根据预测点和声源之间的距离 r，根据声源发出声波的波阵面，将声源划分为点声源、线声源、面声源后进行预测。

点声源，以球面波形式辐射声波的声源，辐射声波的声压幅值与声波传播距离（r）成反比。任何形状的声源，只要声波波长远远大于声源几何尺寸，该声源可视为点声源。线声源，以柱面波形式辐射声波的声源，辐射声波的声压幅值与声波传播距离的平方根成反比。面声源，以平面波形式辐射声波的声源，辐射声波的声压幅值不随传播距离改变（不考虑空气吸收）。在预测前需根据声源与预测点之间空间分布形式，将声源简化成三类声源，即点声源、线声源和面声源。

当声波波长远远大于声源几何尺寸，或声源中心到预测点之间的距离超过声源最大几何尺寸的 2 倍时，可将该声源近似为点声源。当许多点声源连续分布在一条直线上时，可认为该声源是线状声源；对于一长度为 L_0 的有限长线声源，在线声源垂直平分线上距线声源的距离为 r，如果 $r > L_0$，该有限长线声源可近似为点声源；如果 $r < L_0/3$，该有限长线声源可近似为无限长线声源。对于一长方形有限大面声源（长度为 b，高度为 a，并 $a > b$），在该声源中心轴线上距声源中心距离为 r，如果 $r < a/\pi$，该声源可近似为面声源；当 $a/\pi < r < b/\pi$ 时，该声源可近似为线声源；当 $r > b/\pi$ 时，该声源可近似为点声源。

5. 户外声传播声级衰减的主要因素

户外声传播衰减包括几何发散引起的衰减（包括反射体引起的修正）、屏障屏蔽引起的衰减、地面效应引起的衰减、大气吸收引起的衰减、绿化林带以及气象条件引起的附加衰减等。

在环境影响评价中，应根据声源声功率级或靠近声源某一参考位置处的已知声级（如实测得到的）、户外声传播衰减，计算距离声源较远处的预测点的声级。在已知距离无指向性点声

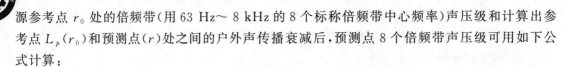

源参考点 r_0 处的倍频带(用 63 Hz~ 8 kHz 的 8 个标称倍频带中心频率)声压级和计算出参考点 $L_p(r_0)$ 和预测点(r)处之间的户外声传播衰减后,预测点 8 个倍频带声压级可用如下公式计算:

$$L_p(r) = L_p(r_0) - (A_{div} + A_{atm} + A_{bar} + A_{gr} + A_{misc}) \quad (6-19)$$

预测点的 A 声级,在只考虑几何发散衰减时,可用如下公式计算:

$$L_A(r) = L_A(r_0) - A_{div} \quad (6-20)$$

式中: $L_p(r_0)$ 为预测点(r)处,第 i 倍频带声压级,dB; A_{div}、A_{atm}、A_{gr}、A_{bar}、A_{misc} 分别为几何发散、大气吸收、地面效应、屏障屏蔽、其他多方面效应引起的衰减。

6. 简化声源的几何发散衰减规律

(1) 点声源的几何发散衰减

① 无指向性点声源几何发散衰减的基本公式:

$$L_p(r) = L_p(r_0) - 20\lg(r/r_0) \quad (6-21)$$

式(6-21)中第二项表示了点声源的几何发散衰减:

$$A_{div} = 20\lg(r/r_0) \quad (6-22)$$

如果已知点声源的倍频带声功率级 L_W 或 A 声功率级(L_{AW}),且声源处于自由声场,则式(6-21)等效为

$$L_p(r) = L_W - 20\lg r - 11 \quad (6-23)$$

$$L_A(r) = L_{AW} - 20\lg r - 11 \quad (6-24)$$

如果声源处于半自由声场,则式(6-21)等效为

$$L_p(r) = L_W - 20\lg r - 8 \quad (6-25)$$

$$L_A(r) = L_{AW} - 20\lg r - 8 \quad (6-26)$$

② 具有指向性点声源几何发散衰减的计算公式:声源在自由空间中辐射声波时,其强度分布的一个主要特性是指向性。例如,喇叭发声,其喇叭正前方声音大,而侧面或背面就小。

对于自由空间的点声源,其在某一 θ 方向上距离 r 处的倍频带声压级 $[L_p(r)_\theta]$ 为

$$L_p(r)_\theta = L_W - 20\lg r - D_{I_\theta} - 11 \quad (6-27)$$

式中: D_{I_θ} 为 θ 方向上的指向性指数, $D_{I_\theta} = 10\lg R_\theta$, R_θ 为指向性因数, $R_\theta = \dfrac{I_\theta}{I}$; I 为所有方向上的平均声强,W/m²; I_θ 为某一 θ 方向上的声强,W/m²。

按式(6-21)计算具有指向性点声源几何发散衰减时,式(6-21)中的 $L_p(r)$ 与 $L_p(r_0)$ 必须是在同一方向上的倍频带声压级。

(2) 线声源的几何发散衰减

① 无限长线声源。无限长线声源几何发散衰减的基本公式如下:

$$L_p(r) = L_p(r_0) - 10\lg(r/r_0) \quad (6-28)$$

式(6-28)中第二项表示了无限长线声源的几何发散衰减:

$$A_{div} = 10\lg(r/r_0) \quad (6-29)$$

② 有限长线声源。如图 6-3 所示,设线声源长度为 l_0,单位长度线声源辐射的倍频带声功率级为 L_W。

当 $r > l_0$ 且 $r_0 > l_0$ 时,即有限长线声源的远场,有限长线声源可当作点声源处理。计算公式为

$$L_p(r) = L_p(r_0) - 20\lg\left(\frac{r}{r_0}\right)$$

$$(6-30)$$

当 $r < l_0/3$ 且 $r_0 < l_0/3$ 时,即在近场区,有限长线声源可当作无限长线声源处理。计算公式为

$$L_p(r) = L_p(r_0) - 10\lg\left(\frac{r}{r_0}\right)$$

$$(6-31)$$

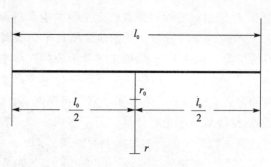

图 6-3　有限长线声源

当 $l_0/3 < r < l_0$ 且 $l_0/3 < r_0 < l_0$ 时,计算公式为

$$L_p(r) = L_p(r_0) - 15\lg\left(\frac{r}{r_0}\right) \qquad (6-32)$$

（3）面声源的几何发散衰减

一个大型机器设备的振动表面,车间透声的墙壁,均可以认为是面声源。如果已知面声源单位面积的声功率为 W,各面积元噪声的位相是随机的,面声源可看作由无数点声源连续分布组合而成,其合成声级可按能量叠加法求出。

图 6-4 给出了长方形面声源中心轴线上的声衰减曲线。当预测点和面声源中心距离 r 处于以下条件时,可按下述方法近似计算:$r < a/\pi$ 时,几乎不衰减($A_{\text{div}} \approx 0$);当 $a/\pi < r < b/\pi$ 时,距离加倍衰减 3 dB 左右,类似线声源衰减特性$[A_{\text{div}} \approx 10\lg(r/r_0)]$;当 $r > b/\pi$ 时,距离加倍衰减趋近于 6 dB,类似点声源衰减特性 $[A_{\text{div}} \approx 20\lg(r/r_0)]$。其中面声源的 $b > a$。图中虚线为实际衰减量。

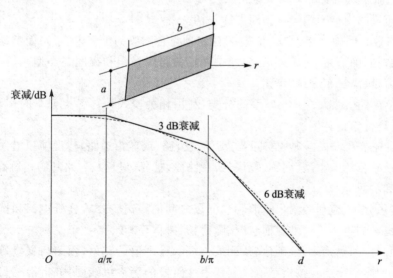

图 6-4　长方形面声源中心轴线上的衰减特性

7. 典型建设项目噪声影响预测参数和预测内容

（1）工业噪声预测

固定声源分析包括以下内容:

① 主要声源的确定。分析建设项目的设备类型、型号、数量,并结合设备类型、设备和工

程边界、敏感目标的相对位置确定工程的主要声源。

② 声源的空间分布。依据建设项目平面布置图、设备清单及声源源强等资料,标明主要声源的位置。建立坐标系,确定主要声源的三维坐标。

③ 声源的分类。将主要声源划分为室内声源和室外声源两类。确定室外声源的源强和运行的时间及时间段。当有多个室外声源时,为简化计算,可视情况将数个声源组合为声源组团,然后按等效声源进行计算。对于室内声源,需分析围护结构的尺寸及使用的建筑材料,确定室内声源源强和运行的时间及时间段。

④ 编制主要声源汇总表。以表格形式给出主要声源的分类、名称、型号、数量、坐标位置等;声功率级或某一距离处的倍频带声压级、A声级。

声波传播途径分析应列表给出主要声源和敏感目标的坐标或相互间的距离、高差,分析主要声源和敏感目标之间声波的传播路径,给出影响声波传播的地面状况、障碍物、树林等。

工业噪声预测内容,应根据不同评价工作等级的基本要求,选择以下工作内容分别进行预测,给出相应的预测结果:

① 厂界(或场界、边界)噪声预测。预测厂界噪声,给出厂界噪声的最大值及位置。

② 敏感目标噪声预测。预测敏感目标的贡献值、预测值、预测值与现状噪声值的差值,敏感目标所处声环境功能区的声环境质量变化,敏感目标所受噪声影响的程度,确定噪声影响的范围,并说明受影响人口分布情况。当敏感目标高于(含)三层建筑时,还应预测有代表性的不同楼层所受的噪声影响。

③ 绘制等声级线图,说明噪声超标的范围和程度。

④ 根据厂界(场界、边界)和敏感目标受影响的状况,明确影响厂界(场界、边界)和周围声环境功能区声环境质量的主要声源,分析厂界和敏感目标的超标原因。

(2) 公路、城市道路交通运输噪声预测

公路、城市道路交通运输噪声预测参数包括:

① 工程参数。明确公路(或城市道路)建设项目各路段的工程内容,路面的结构、材料、坡度、标高等参数;明确公路(或城市道路)建设项目各路段昼间和夜间各类型车辆的比例、昼夜比例、平均车流量、高峰车流量、车速。

② 声源参数。按照大、中、小车型的分类,利用相关模式计算各类型车的声源源强,也可通过类比测量进行修正。

③ 敏感目标参数。根据现场实际调查,给出公路(或城市道路)建设项目沿线敏感目标的分布情况,各敏感目标的类型、名称、规模、所在路段、桩号(里程)、与路基的相对高差及建筑物的结构、朝向和层数等。

声传播途径分析,应列表给出声源和预测点之间的距离、高差,分析声源和预测点之间的传播路径,给出影响声波传播的地面状况、障碍物、树林等。

预测各预测点的贡献值、预测值、预测值与现状噪声值的差值,预测高层建筑有代表性的不同楼层所受的噪声影响。按贡献值绘制代表性路段的等声级线图,分析敏感目标所受噪声影响的程度,确定噪声影响的范围,并说明受影响人口分布情况。给出满足相应声环境功能区标准要求的距离。依据评价工作等级要求,给出相应的预测结果。

(3) 铁路、城市轨道交通噪声预测

铁路、城市轨道交通噪声预测参数包括:

① 工程参数。明确铁路(或城市轨道交通)建设项目各路段的工程内容,分段给出线路的

技术参数,包括线路形式、轨道和道床结构等。

② 车辆参数。铁路列车可分为旅客列车、货物列车、动车组三大类,牵引类型主要有内燃牵引、电力牵引两大类;城市轨道交通可按车型进行分类。分段给出各类型列车昼间和夜间的开行对数、编组情况及运行速度等参数。

③ 声源源强参数。不同类型(或不同运行状况下)列车的声源源强,可参照国家相关部门的规定确定,无相关规定的应根据工程特点通过类比监测确定。

④ 敏感目标参数。根据现场实际调查,给出铁路(或城市轨道交通)建设项目沿线敏感目标的分布情况,各敏感目标的类型、名称、规模、所在路段、桩号(里程)、与路基的相对高差及建筑物的结构、朝向和层数等。视情况给出铁路边界范围内的敏感目标情况。

声传播途径分析。应列表给出声源和预测点间的距离、高差,分析声源和预测点之间的传播路径,给出影响声波传播的地面状况、障碍物、树林等。

预测各预测点的贡献值、预测值、预测值与现状噪声值的差值,预测高层建筑有代表性的不同楼层所受的噪声影响。按贡献值绘制代表性路段的等声级线图,分析敏感目标所受噪声影响的程度,确定噪声影响的范围,并说明受影响人口分布情况。给出满足相应声环境功能区标准要求的距离。依据评价工作等级要求,给出相应的预测结果。

(4) 机场飞机噪声预测

机场飞机噪声预测参数包括:

① 工程参数。机场跑道参数,包括跑道的长度、宽度、坐标、坡度、数量、间距、方位及海拔高度。飞行参数,包括机场年日平均飞行架次;机场不同跑道和不同航向的飞机起降架次,机型比例,昼间、傍晚、夜间的飞行架次比例;飞行程序——起飞、降落、转弯的地面航迹;爬升、下滑的垂直剖面。

② 声源参数。利用国际民航组织和飞机生产厂家提供的资料,获取不同型号发动机飞机的功率-距离-噪声特性曲线,或按国际民航组织规定的监测方法进行实际测量。

③ 气象参数。机场的年平均风速、年平均温度、年平均湿度、年平均气压。

④ 地面参数。分析飞机噪声影响范围内的地面状况(坚实地面、疏松地面、混合地面)。

根据 GB 9660 的规定,预测的评价量为 L_{WECPN}。计权等效连续感觉噪声级(L_{WECPN})等值线应预测到 70 dB。

预测内容包括:在 1∶50 000 或 1∶10 000 地形图上给出计权等效连续感觉噪声级(L_{WECPN})为 70 dB、75 dB、80 dB、85 dB、90 dB 的等声级线图。同时给出评价范围内敏感目标的计权等效连续感觉噪声级(L_{WECPN})。给出不同声级范围内的面积、户数、人口。依据评价工作等级要求,给出相应的预测结果。

改扩建项目应进行飞机噪声现状监测值和预测模式计算值符合性的验证,给出误差范围。

(5) 施工场地、调车场、停车场等噪声预测

施工场地、调车场、停车场等噪声预测参数包括:

① 工程参数。给出施工场地、调车场、停车场等的范围。

② 声源参数。根据工程特点,确定声源的种类。对于固定声源,给出主要设备名称、型号、数量、声源源强、运行方式和运行时间。对于流动声源,给出主要设备型号、数量、声源源强、运行方式、运行时间、移动范围和路径。

根据声源种类的不同,分别分析预测内容及要求。

根据建设项目工程的特点,分别预测固定声源和流动声源对场界(或边界)、敏感目标的噪

声贡献值,进行叠加后作为最终的噪声贡献值。根据评价工作等级要求,给出相应的预测结果。

以上典型建设项目噪声影响预测计算,依据声源的特征,从《环境影响评价技术导则 声环境》附录 A 中选择相应的模式。

6.5.6 声环境影响评价

评价标准的确定,应根据声源的类别和建设项目所处的声环境功能区等确定声环境影响评价标准,没有划分声环境功能区的区域由地方环境保护部门参照 GB 3096 和 GB/T 15190 的规定划定声环境功能区。

声环境影响评价的主要内容包括:

① 评价方法和评价量。根据噪声预测结果和环境噪声评价标准,评价建设项目在施工、运行期噪声的影响程度、影响范围,给出边界(厂界、场界)及敏感目标的达标分析。

进行边界噪声评价时,新建建设项目以工程噪声贡献值作为评价量;改扩建建设项目以工程噪声贡献值与受到现有工程影响的边界噪声值叠加后的预测值作为评价量。

进行敏感目标噪声环境影响评价时,以敏感目标所受的噪声贡献值与背景噪声值叠加后的预测值作为评价量。

② 影响范围、影响程度分析。给出评价范围内不同声级范围覆盖下的面积,主要建筑物类型、名称、数量及位置,影响的户数、人口数。

③ 噪声超标原因分析。分析建设项目边界(厂界、场界)及敏感目标噪声超标的原因,明确引起超标的主要声源。对于通过城镇建成区和规划区的路段,还应分析建设项目与敏感目标间的距离是否符合城市规划部门提出的防噪声距离的要求。

④ 对策建议。分析建设项目的选址(选线)、规划布局和设备选型等的合理性,评价噪声防治对策的适用性和防治效果,提出需要增加的噪声防治对策、噪声污染管理、噪声监测及跟踪评价等方面的建议,并进行技术、经济可行性论证。

6.5.7 噪声污染防治对策

1. 噪声防治措施的一般要求

工业(工矿企业和事业单位)建设项目噪声防治措施应针对建设项目投产后噪声影响的最大预测值制定,以满足厂界(场界、边界)和厂界外敏感目标(或声环境功能区)的达标要求。交通运输类建设项目(如公路、铁路、城市轨道交通、机场项目等)的噪声防治措施应针对建设项目不同代表性时段的噪声影响预测值分期制定,以满足声环境功能区及敏感目标功能要求。其中,铁路建设项目的噪声防治措施还应同时满足铁路边界噪声排放标准要求。

2. 防治途径

(1)规划防治对策

主要指从建设项目的选址(选线)、规划布局、总图布置和设备布局等方面进行调整,提出减少噪声影响的建议。如采用"闹静分开"和"合理布局"的设计原则,使高噪声设备尽可能远离噪声敏感区;建议建设项目重新选址(选线)或提出城乡规划中有关防止噪声的建议等。

(2)技术防治措施

① 声源上降低噪声的措施。主要包括改进机械设计,如在设计和制造过程中选用发声小

的材料来制造机件,改进设备结构和形状、改进传动装置以及选用已有的低噪声设备等;采取声学控制措施,如对声源采用消声、隔声、隔振和减振等措施;维持设备处于良好的运转状态;改革工艺、设施结构和操作方法等。

② 噪声传播途径上降低噪声措施。主要包括在噪声传播途径上增设吸声、声屏障等措施;利用自然地形物(如利用位于声源和噪声敏感区之间的山丘、土坡、地堑、围墙等)降低噪声;将声源设置于地下或半地下的室内等;合理布局声源,使声源远离敏感目标等。

③ 敏感目标自身防护措施。主要包括受声者自身增设吸声、隔声等措施;合理布局噪声敏感区中的建筑物功能和合理调整建筑物平面布局。

（3）管理措施

主要包括提出环境噪声管理方案(如制定合理的施工方案、优化飞行程序等),制定噪声监测方案,提出降噪减噪设施的运行使用、维护保养等方面的管理要求,提出跟踪评价要求等。

3. 典型建设项目噪声防治措施

（1）工业（工矿企业和事业单位）噪声防治措施

工业(工矿企业和事业单位)噪声防治措施,应从选址、总图布置、声源、声传播途径及敏感目标自身防护等方面分别给出噪声防治的具体方案。主要包括:选址的优化方案及其原因分析,总图布置调整的具体内容及其降噪效果(包括边界和敏感目标);给出各主要声源的降噪措施、效果和投资;设置声屏障和对敏感建筑物进行噪声防护等的措施方案、降噪效果及投资,并进行经济、技术可行性论证;在符合《城乡规划法》中规定的可对城乡规划进行修改的前提下,提出厂界(或场界、边界)与敏感建筑物之间的规划调整建议;提出噪声监测计划等对策建议。

（2）公路、城市道路交通噪声防治措施

公路、城市道路交通噪声防治措施,应通过不同选线方案的声环境影响预测结果,分析敏感目标受影响的程度,提出优化的选线方案建议;根据工程与环境特征,给出局部线路调整、敏感目标搬迁、邻路建筑物使用功能变更、改善道路结构和路面材料、设置声屏障和对敏感建筑物进行噪声防护等具体的措施方案及其降噪效果,并进行经济、技术可行性论证;在符合《城乡规划法》中规定的可对城乡规划进行修改的前提下,提出城镇规划区段线路与敏感建筑物之间的规划调整建议;给出车辆行驶规定及噪声监测计划等对策建议。

（3）铁路、城市轨道噪声防治措施

铁路、城市轨道噪声防治措施,应通过不同选线方案声环境影响预测结果,分析敏感目标受影响的程度,提出优化的选线方案建议;根据工程与环境特征,给出局部线路和站场调整,敏感目标搬迁或功能置换,轨道、列车、路基(桥梁)、道床的优选,列车运行方式、运行速度、鸣笛方式的调整,设置声屏障和对敏感建筑物进行噪声防护等具体的措施方案及其降噪效果,并进行经济、技术可行性论证;在符合《城乡规划法》中明确的可对城乡规划进行修改的前提下,提出城镇规划区段铁路(或城市轨道交通)与敏感建筑物之间的规划调整建议;给出列车行驶规定及噪声监测计划等对策建议。

（4）机场噪声防治措施

机场噪声防治措施,应通过不同机场位置、跑道方位、飞行程序方案的声环境影响预测结果,分析敏感目标受影响的程度,提出优化的机场位置、跑道方位、飞行程序方案建议;根据工程与环境特征,给出机型优选,昼间、傍晚、夜间飞行架次比例的调整,对敏感建筑物进行噪声防护或使用功能变更、拆迁等具体的措施方案及其降噪效果,并进行经济、技术可行性论证;在符合《城乡规划法》中明确的可对城乡规划进行修改的前提下,提出机场噪声影响范围内的规划调整建议;给出飞机噪声监测计划等对策建议。

6.6 环境影响评价技术导则 生态影响

6.6.1 概 述

生态影响(ecological impact),是指经济社会活动对生态系统及其生物因子、非生物因子所产生的任何有害的或有益的作用,影响可划分为不利影响和有利影响,直接影响、间接影响和累积影响,可逆影响和不可逆影响。其中,直接生态影响是经济社会活动所导致的不可避免的、与该活动同时同地发生的生态影响;间接生态影响是经济社会活动及其直接生态影响所诱发的、与该活动不在同一地点或不在同一时间发生的生态影响;累积生态影响是经济社会活动各个组成部分之间或者该活动与其他相关活动(包括过去、现在、未来)之间造成生态影响的相互叠加。

特殊生态敏感区(special ecological sensitive region),是指具有极重要的生态服务功能,生态系统极为脆弱或已有较为严重的生态问题,如遭到占用、损失或破坏后所造成的生态影响后果严重且难以预防、生态功能难以恢复和替代的区域,包括自然保护区、世界文化和自然遗产地等。

重要生态敏感区(important ecological sensitive region),是指具有相对重要的生态服务功能或生态系统较为脆弱,如遭到占用、损失或破坏后所造成的生态影响后果较严重,但可以通过一定措施加以预防、恢复和替代的区域,包括风景名胜区、森林公园、地质公园、重要湿地、原始天然林、珍稀濒危野生动植物天然集中分布区、重要水生生物的自然产卵场及索饵场、越冬场和洄游通道、天然渔场等。

6.6.2 总 则

1. 生态影响评价的原则

① 坚持重点与全面相结合的原则。既要突出评价项目所涉及的重点区域、关键时段和主导生态因子,又要从整体上兼顾评价项目所涉及的生态系统和生态因子在不同时空等级尺度上结构与功能的完整性。

② 坚持预防与恢复相结合的原则。预防优先,恢复补偿为辅。恢复、补偿等措施必须与项目所在地的生态功能区划的要求相适应。

③ 坚持定量与定性相结合的原则。生态影响评价应尽量采用定量方法进行描述和分析,当现有科学方法不能满足定量需要或因其他原因无法实现定量测定时,生态影响评价可通过定性或类比的方法进行描述和分析。

2. 生态影响评价工作等级的划分与调整原则

依据影响区域的生态敏感性和评价项目的工程占地(含水域)范围,包括永久占地和临时占地,将生态影响评价工作等级划分为一级、二级和三级,如表6-18所列。位于原厂界(或永久用地)范围内的工业类改扩建项目,可做生态影响分析。

表 6 - 18　生态影响评价工作等级划分表

影响区域生态敏感性	工程占地(含水域)范围		
	面积≥20 km² 或 长度≥100 km	面积 2～20 km² 或 长度 50～100 km	面积≤2 km² 或 长度≤50 km
特殊生态敏感区	一级	一级	一级
重要生态敏感区	一级	二级	三级
一般区域	二级	三级	三级

当工程占地(含水域)范围的面积或长度分别属于两个不同评价工作等级时,原则上应按其中较高的评价工作等级进行评价。改扩建工程的工程占地范围以新增占地(含水域)面积或长度计算。在矿山开采可能导致矿区土地利用类型明显改变,或拦河闸坝建设可能明显改变水文情势等情况下,评价工作等级应上调一级。

3. 生态影响评价工作范围

生态影响评价应能够充分体现生态完整性,涵盖评价项目全部活动的直接影响区域和间接影响区域。评价工作范围应依据评价项目对生态因子的影响方式、影响程度及生态因子之间的相互影响和相互依存关系确定。可综合考虑评价项目与项目区的气候过程、水文过程、生物过程等生物地球化学循环过程的相互作用关系,以评价项目影响区域所涉及的完整气候单元、水文单元、生态单元、地理单元界限为参照边界。

4. 生态影响判定

生态影响判定依据包括:

① 国家、行业和地方已颁布的资源环境保护等相关法规、政策、标准、规划和区划等确定的目标、措施与要求。

② 科学研究判定的生态效应或评价项目实际的生态监测、模拟结果。

③ 评价项目所在地区及相似区域生态背景值或本底值。

④ 已有性质、规模以及区域生态敏感性相似项目的实际生态影响类比。

⑤ 相关领域专家、管理部门及公众的咨询意见。

6.6.3　生态影响评价工程分析

工程分析内容应包括:项目所处的地理位置、工程的规划依据和规划环评依据、工程类型、项目组成、占地规模、总平面及现场布置、施工方式、施工时序、运行方式、替代方案、工程总投资与环保投资、设计方案中的生态保护措施等。工程分析时段应涵盖勘察期、施工期、运营期和退役期,以施工期和运营期为调查分析的重点。

根据评价项目自身特点、区域的生态特点以及评价项目与影响区域生态系统的相互关系,确定工程分析的重点,分析生态影响的源及其强度。主要内容应包括:可能产生重大生态影响的工程行为;与特殊生态敏感区和重要生态敏感区有关的工程行为;可能产生间接、累积生态影响的工程行为;可能造成重大资源占用和配置的工程行为。

6.6.4 生态现状调查与评价

1. 生态现状调查要求

生态现状调查是生态现状评价、影响预测的基础和依据,调查的内容和指标应能反映评价工作范围内的生态背景特征和现存的主要生态问题。在有敏感生态保护目标(包括特殊生态敏感区和重要生态敏感区)或其他特别保护要求对象时,应做专题调查。生态现状调查应在收集资料基础上开展现场工作,生态现状调查的范围应不小于评价工作的范围。

一级评价应给出采样地样方实测、遥感等方法测定的生物量、物种多样性等数据,给出主要生物物种名录、受保护的野生动植物物种等调查资料;二级评价的生物量和物种多样性调查可依据已有资料推断,或实测一定数量的、具有代表性的样方予以验证;三级评价可充分借鉴已有资料进行说明。

2. 生态背景调查方法

生态现状调查方法包括资料收集法、现场勘察法、专家和公众咨询法、生态监测法、遥感调查法、海洋生态调查方法、水库渔业资源调查方法等。

① 资料收集法,即收集现有的能反映生态现状或生态背景的资料,从表现形式上分为文字资料和图形资料,从时间上可分为历史资料和现状资料,从收集行业类别上可分为农、林、牧、渔和环境保护部门,从资料性质上可分为环境影响报告书、有关污染源调查、生态保护规划规定、生态功能区划、生态敏感目标的基本情况以及其他生态调查材料等。使用资料收集法时,应保证资料的现时性,引用资料必须建立在现场校验的基础上。

② 现场勘察应遵循整体与重点相结合的原则,在综合考虑主导生态因子结构与功能的完整性的同时,突出重点区域和关键时段的调查,并通过对影响区域的实际踏勘,核实收集资料的准确性,以获取实际资料和数据。

③ 专家和公众咨询法是对现场勘察的有益补充。通过咨询有关专家,收集评价工作范围内的公众、社会团体和相关管理部门对项目影响的意见,发现现场踏勘中遗漏的生态问题。专家和公众咨询应与资料收集和现场勘察同步开展。

④ 当资料收集、现场勘察、专家和公众咨询提供的数据无法满足评价的定量需要,或项目可能产生潜在的或长期累积效应时,可考虑选用生态监测法。生态监测应根据监测因子的生态学特点和干扰活动的特点确定监测位置和频次,有代表性地布点。生态监测方法与技术要求须符合国家现行的有关生态监测规范和监测标准分析方法;对于生态系统生产力的调查,必要时需现场采样、实验室测定。

⑤ 当涉及区域范围较大或主导生态因子的空间等级尺度较大,通过人力踏勘较为困难或难以完成评价时,可采用遥感调查法。遥感调查过程中必须辅助必要的现场勘察工作。

⑥ 海洋生态调查方法见 GB/T 12763.9,水库渔业资源调查方法见 SL 167。

3. 生态背景调查内容

根据生态影响的空间和时间尺度特点,调查影响区域内涉及的生态系统类型、结构、功能和过程,以及相关的非生物因子特征(如气候、土壤、地形地貌、水文及水文地质等),重点调查受保护的珍稀濒危物种、关键种、土著种、建群种和特有种,天然的重要经济物种等。如涉及国家级和省级保护物种、珍稀濒危物种和地方特有物种时,应逐个或逐类说明其类型、分布、保护级别、保护状况等;如涉及特殊生态敏感区和重要生态敏感区时,应逐个说明其类型、等级、分布、保护对象、功能区划、保护要求等。

4. 主要生态问题调查内容

调查影响区域内已经存在的制约本区域可持续发展的主要生态问题,如水土流失、沙漠化、石漠化、盐渍化、自然灾害、生物入侵和污染危害等,指出其类型、成因、空间分布、发生特点等。

5. 生态现状评价内容

生态现状评价内容包括:

① 在阐明生态系统现状的基础上,分析影响区域内生态系统状况的主要原因。评价生态系统的结构与功能状况(如水源涵养、防风固沙、生物多样性保护等主导生态功能)、生态系统面临的压力和存在的问题、生态系统的总体变化趋势等。

② 分析和评价受影响区域内动、植物等生态因子的现状组成、分布;当评价区域涉及受保护的敏感物种时,应重点分析该敏感物种的生态学特征;当评价区域涉及特殊生态敏感区或重要生态敏感区时,应分析其生态现状、保护现状和存在的问题等。

6.6.5　生态影响预测与评价

1. 生态影响预测与评价内容

生态影响预测与评价内容应与现状评价内容相对应,依据区域生态保护的需要和受影响生态系统的主导生态功能选择评价预测指标。主要包括:

① 评价工作范围内涉及的生态系统及其主要生态因子的影响评价。通过分析影响作用的方式、范围、强度和持续时间来判别生态系统受影响的范围、强度和持续时间;预测生态系统组成和服务功能的变化趋势,重点关注其中的不利影响、不可逆影响和累积生态影响。

② 敏感生态保护目标的影响评价应在明确保护目标的性质、特点、法律地位和保护要求的情况下,分析评价项目的影响途径、影响方式和影响程度,预测潜在的后果。

③ 预测评价项目对区域现存主要生态问题的影响趋势。

2. 生态影响预测与评价方法

生态影响预测与评价方法应根据评价对象的生态学特性,在调查、判定该区主要的、辅助的生态功能以及完成功能必需的生态过程的基础上,分别采用定量分析与定性分析相结合的方法进行预测与评价。常用的方法包括列表清单法、图形叠置法、生态机理分析法、景观生态学法、指数法与综合指数法、类比分析法、系统分析法和生物多样性评价等。

(1)列表清单法

列表清单法,是将拟实施的开发建设活动的影响因素与可能受影响的环境因子分别列在同一张表格的行与列内,逐点进行分析,并逐条阐明影响的性质、强度等,由此分析开发建设活动的生态影响。该方法的特点是简单明了、针对性强,主要用于开发建设活动对生态因子的影响分析、生态保护措施的筛选、物种或栖息地重要性或优先度比选。

(2)图形叠置法

图形叠置法,是把两个以上的生态信息叠合到一张图上,构成复合图,用以表示生态变化的方向和程度。本方法的特点是直观、形象,简单明了。图形叠置法有指标法和3S叠图法两种基本制作手段。

① 指标法制作手段:确定评价区域范围;进行生态调查,收集评价工作范围与周边地区

自然环境、动植物等的信息，同时收集社会经济和环境污染及环境质量信息；进行影响识别并筛选拟评价因子，其中包括识别和分析主要生态问题；研究拟评价生态系统或生态因子的地域分异特点与规律，对拟评价的生态系统、生态因子或生态问题建立表征其特性的指标体系，并通过定性分析或定量方法对指标赋值或分级，再依据指标值进行区域划分；将上述区划信息绘制在生态图上。

② 3S叠图法制作手段：选用地形图，或正式出版的地理地图，或经过精校正的遥感影像作为工作底图，在底图上描绘主要生态因子信息，如植被覆盖、动物分布、河流水系、土地利用和特别保护目标等，进行影响识别与筛选评价因子，运用3S技术，分析评价因子的不同影响性质、类型和程度，将影响因子图和底图叠加，得到生态影响评价图。该法主要用于区域生态质量评价和影响评价、具有区域性影响的特大型建设项目评价（如大型水利枢纽工程、新能源基地建设、矿业开发项目等）以及土地利用开发和农业开发。

（3）生态机理分析法

生态机理分析，是根据建设项目的特点和受其影响的动植物生物学特征，依照生态学原理分析、预测工程生态影响的方法。

生态机理分析法的工作步骤如下：调查环境背景现状并搜集工程组成和建设等有关资料；调查植物和动物分布，动物栖息地和迁徙路线；根据调查结果分别对植物或动物种群、群落和生态系统进行分析，描述其分布特点、结构特征和演化等级；识别有无珍稀濒危物种及重要经济、历史、景观和科研价值的物种；监测项目建成后该地区动物、植物生长环境的变化；根据项目建成后的环境（水、气、土和生命组分）变化，对照无开发项目条件下动物、植物或生态系统演替趋势，预测项目对动物和植物个体、种群和群落的影响，并预测生态系统演替方向。

评价过程需要根据实际情况进行相应的生物模拟试验，如环境条件、生物习性模拟试验、生物毒理学试验、实地种植或放养试验等；或进行数学模拟，如种群增长模型的应用。该方法需与生物学、地理学、水文学、数学及其他多学科合作评价，才能得出较为客观的结果。

（4）景观生态学法

景观生态学法是通过研究某一区域、一定时段内的生态系统类群的格局、特点、综合资源状况等自然规律，以及人为干预下的演替趋势，揭示人类活动在改变生物与环境方面的作用的方法。景观生态学对生态质量状况的评判是通过两个方面进行的，一是空间结构分析，二是功能与稳定性分析。

空间结构分析基于景观是高于生态系统的自然系统，是一个清晰的和可度量的单位。景观由斑块、基质和廊道组成，其中基质是景观的背景地块，是景观中一种可以控制环境质量的组分。因此，基质的判定是空间结构分析的重要内容。判定基质有三个标准，即相对面积大、连通程度高、有动态控制功能。基质的判定多借用传统生态学中计算植被重要值的方法。决定某一斑块类型在景观中的优势，也称优势度值（D_o）。优势度值由密度（R_d）、频率（R_f）和景观比例（L_p）三个参数计算得出。其数学表达式如下：

$$R_d = \frac{斑块\ i\ 的数目}{斑块总数} \times 100\% \qquad (6-33)$$

$$R_f = \frac{斑块\ i\ 出现的样方数}{总样方数} \times 100\% \qquad (6-34)$$

$$L_p = \frac{斑块\ i\ 的面积}{样地总面积} \times 100\% \qquad (6-35)$$

$$D_\circ = 0.5 \times [0.5 \times (R_d + R_f) + L_p] \times 100\% \qquad (6-36)$$

上述分析同时反映自然组分在区域生态系统中的数量和分布,因此能较准确地表示生态系统的整体性。

景观的功能和稳定性分析包括以下四个方面内容:

① 生物恢复力分析:分析景观基本元素的再生能力或高亚稳定性元素能否占主导地位。

② 异质性分析:基质为绿地时,由于异质化程度高的基质很容易维护它的基质地位,从而达到增强景观稳定性的作用。

③ 种群源的持久性和可达性分析:分析动植物物种能否持久保持能量流、养分流,分析物种流可否顺利地从一种景观元素迁移到另一种元素,从而增强共生性。

④ 景观组织的开放性分析:分析景观组织与周边生境的交流渠道是否畅通。开放性强的景观组织可以增强抵抗力和恢复力。景观生态学方法既可以用于生态现状评价,也可以用于生境变化预测,目前是国内外生态影响评价学术领域中较先进的方法。

（5）指数法与综合指数法

指数法,是利用同度量因素的相对值表明因素变化状况的方法,是建设项目环境影响评价中规定的评价方法,指数法同样可将其拓展而用于生态影响评价中。单因子指数法简明扼要,且符合人们所熟悉的环境污染影响评价思路,难点在于需明确建立表征生态质量的标准体系,且难以赋权和准确定量。

综合指数法,是从确定同度量因素出发,把不能直接对比的事物变成能够同度量的方法。指数法可用于生态因子单因子质量评价、生态多因子综合质量评价和生态系统功能评价。

（6）类比分析法

类比分析法,是一种比较常用的定性和半定量评价方法,一般有生态整体类比、生态因子类比和生态问题类比等。该法根据已有的开发建设活动(项目、工程)对生态系统产生的影响,分析或预测拟进行的开发建设活动(项目、工程)可能产生的影响。选择好类比对象(类比项目)是进行类比分析或预测评价的基础,也是该法成败的关键。

类比对象的选择条件是:工程性质、工艺和规模与拟建项目基本相当,生态因子(地理、地质、气候、生物因素等)相似,项目建成已有一定时间,所产生的影响已基本全部显现。类比对象确定后,则需选择和确定类比因子及指标,并对类比对象开展调查与评价,再分析拟建项目与类比对象的差异。根据类比对象与拟建项目的比较,做出类比分析结论。

类比分析法的应用:生态影响识别和评价因子筛选;以原始生态系统作为参照,可评价目标生态系统的质量;进行生态影响的定性分析与评价;进行某一个或几个生态因子的影响评价;预测生态问题的发生与发展趋势及其危害;确定环保目标并寻求最有效、可行的生态保护措施。

（7）系统分析法

系统分析法,是指把要解决的问题作为一个系统,对系统要素进行综合分析,找出解决问题的可行方案的咨询方法。具体步骤包括:限定问题、确定目标、调查研究、收集数据、提出备选方案和评价标准、备选方案评估和提出最可行方案。

系统分析法因其能妥善地解决一些多目标动态性问题,目前已广泛应用于各行各业,尤其在进行区域开发或解决优化方案选择问题时,系统分析法显示出其他方法所不能达到的效果。在生态系统质量评价中使用系统分析的具体方法有专家咨询法、层次分析法、模糊综合评判法、综合排序法、系统动力学、灰色关联等方法,原则上都适用于生态影响评价。

（8）生物多样性评价方法

生物多样性评价，是指通过实地调查，分析生态系统和生物种的历史变迁、现状和存在主要问题的方法，评价目的是有效保护生物多样性。

生物多样性通常用香农-威纳指数（Shannon-Wiener Index）表征：

$$H = -\sum_{i=1}^{s} P_i \ln P_i \tag{6-37}$$

式中：H 为样品的多样性指数；S 为种数；P_i 为样品中属于第 i 种的个体比例，若样品总个体数为 N，第 i 种个体数为 n_i，则 $P_i = n_i/N$。

海洋生物资源影响评价技术方法参见 SC/T 9110 以及其他推荐的生态影响评价和预测适用方法；水生生物资源影响评价技术方法，可适当参照该技术规程及其他推荐的适用方法进行；土壤侵蚀预测方法参见 GB 4043。

6.6.6 生态影响的防护、恢复、补偿及替代方案

1. 生态影响的防护、恢复与补偿原则

生态影响的防护、恢复与补偿，应按照避让、减缓、补偿和重建的次序提出生态影响防护与恢复的措施；所采取措施的效果应有利修复和增强区域生态功能。凡涉及不可替代、极具价值、极敏感、被破坏后很难恢复的敏感生态保护目标（如特殊生态敏感区、珍稀濒危物种）时，必须提出可靠的避让措施或生境替代方案。涉及采取措施后可恢复或修复的生态目标时，也应尽可能提出避让措施；否则，应制定恢复、修复和补偿措施。各项生态保护措施应按项目实施阶段分别提出，并提出实施时限和估算经费。

2. 替代方案

替代方案主要指项目中的选线、选址替代方案，项目的组成和内容替代方案，工艺和生产技术的替代方案，施工和运营方案的替代方案、生态保护措施的替代方案。评价应对替代方案进行生态可行性论证，优先选择生态影响最小的替代方案，最终选定的方案至少应该是生态保护可行的方案。

3. 生态保护措施

生态保护措施应包括保护对象和目标，内容、规模及工艺，实施空间和时序，保障措施和预期效果分析，绘制生态保护措施平面布置示意图和典型措施设施工艺图。估算或概算环境保护投资。对可能具有重大、敏感生态影响的建设项目，区域、流域开发项目，应提出长期的生态监测计划、科技支撑方案，明确监测因子、方法、频次等。明确施工期和运营期管理原则与技术要求。可提出环境保护工程分标与招投标原则，施工期工程环境监理，环境保护阶段验收和总体验收、环境影响后评价等环保管理技术方案。

6.6.7 生态影响评价图件规范与要求

1. 一般原则

生态影响评价图件是指以图形、图像的形式对生态影响评价有关空间内容的描述、表达或定量分析。生态影响评价图件是生态影响评价报告的必要组成内容，是评价的主要依据和成果的重要表示形式，是指导生态保护措施设计的重要依据。

生态影响评价工作中表达地理空间信息的地图，应遵循有效、实用、规范的原则，根据评价工

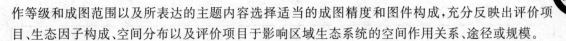

作等级和成图范围以及所表达的主题内容选择适当的成图精度和图件构成,充分反映出评价项目、生态因子构成、空间分布以及评价项目于影响区域生态系统的空间作用关系、途径或规模。

2. 图件构成

根据评价项目自身特点、评价工作等级以及区域生态敏感性不同,生态影响评价图件由基本图件和推荐图件构成。

基本图件是指根据生态影响评价工作等级不同,各级生态影响评价工作需提供的必要图件,内容包括:项目区域地理位置图、工程平面图、土地利用现状图、地表水系图、植被类型图、特殊生态敏感区和重要生态敏感区空间分布图、主要评价因子的评价成果和预测图、生态监测布点图、典型生态保护措施平面布置示意图。当评价项目涉及特殊生态敏感区域和重要生态敏感区时,必须提供能反映生态敏感特征的专题图,如保护物种空间分布图;当开展生态监测工作时,必须提供相应的生态监测点位图。

推荐图件是在现有技术条件下可以图形图像形式表达的、有助于阐明生态影响评价结果的选作图件,内容包括:当评价工作范围内涉及山岭重丘时,可提供地形地貌图、土壤类型图和土壤侵蚀分布图;当评价工作范围内涉及河流、湖泊等地表水时,可提供水环境功能区划图;当涉及地下水时,可提供水文地质图件等;当评价工作范围涉及海洋和海岸时,可提供海域岸线图、海洋功能区划图,根据评价需要选做海洋渔业资源分布图、主要经济鱼类产卵场分布图、滩涂分布现状图;当评价工作范围内已有土地利用规划时,可提供已有土地利用规划图和生态功能分区图;当评价工作范围内涉及地表塌陷时,可提供塌陷等值线图;此外,可根据评价工作范围内涉及的不同生态系统类型,选作动植物资源分布图、珍稀濒危物种分布图、基本农田分布图、绿化布置图、荒漠化土地分布图等。

3. 图件制作规范与要求

生态影响评价图件制作基础数据来源包括:已有图件资料、采样、实验、地面勘测和遥感信息等。

图件基础数据来源应满足生态影响评价的时效要求,选择与评价基准时段相匹配的数据源。当图件主题内容无显著变化时,制图数据源的时效要求可在无显著变化期内适当放宽,但必须经过现场勘验校核。

生态影响评价制图的工作精度一般不低于工程可行性研究制图精度,成图精度应满足生态影响判别和生态保护措施的实施。

生态影响评价成图应能准确、清晰地反映评价主题内容,成图比例不应低于表 6 - 19 的要求(项目区域地理位置图除外)。当成图范围过大时,可采用点线面相结合的方式,分幅成图;当涉及敏感生态保护目标时,应分幅单独成图,以提高成图精度。

表 6 - 19　生态影响评价图件成图比例规范要求

成图范围		成图比例尺		
		一级评价	二级评价	三级评价
面积	≥100 km²	≥1 : 100 000	≥1 : 100 000	≥1 : 250 000
	20～100 km²	≥1 : 50 000	≥1 : 50 000	≥1 : 100 000
	2～≤20 km²	≥1 : 10 000	≥1 : 10 000	≥1 : 25 000
	≤2 km²	≥1 : 5 000	≥1 : 5 000	≥1 : 10 000

成图范围		成图比例尺		
		一级评价	二级评价	三级评价
长度	≥100 km	≥1：250 000	≥1：250 000	≥1：250 000
	50～100 km	≥1：100 000	≥1：100 000	≥1：250 000
	10～≤50 km	≥1：50 000	≥1：100 000	≥1：100 000
	≤10 km	≥1：10 000	≥1：10 000	≥1：50 000

生态影响评价图件应符合专题地图制图的整饬规范要求,成图应包括图名、比例尺、方向标/经纬度、图例、注记、制图数据源(调查数据、实验数据、遥感信息源或其他)、成图时间等要素。

6.7 规划环境影响评价技术导则　总纲

6.7.1 概　述

规划环境影响评价技术导则体系由《规划环境影响评价技术导则 总纲》,综合性规划和专项规划的环境影响评价技术导则、技术规范构成。综合性规划和专项规划的环境影响评价技术导则应根据《规划环境影响评价技术导则 总纲》,并参照各环境要素导则制(修)定;综合性规划和专项规划的环境影响评价技术规范应根据技术导则制(修)定。

《规划环境影响评价技术导则 总纲》适用于国务院有关部门、设区的市级以上地方人民政府及其有关部门组织编制的土地利用的有关规划,区域、流域、海域的建设、开发利用规划,以及工业、农业、畜牧业、林业、能源、水利、交通、城市建设、旅游、自然资源开发的有关专项规划的环境影响评价。国务院有关部门、设区的市级以上地方人民政府及其有关部门组织编制的其他类型的规划、县级人民政府编制的规划进行环境影响评价时,可参照执行。

6.7.2 规划环境影响评价的目的

规划环境影响评价,为规划决策提供所需的资源与环境信息,识别制约规划实施的主要资源(如土地资源、水资源、能源、矿产资源、旅游资源、生物资源、景观资源和海洋资源等)和环境要素(如水环境、大气环境、土壤环境、海洋环境、声环境和生态环境),确定环境目标,构建评价指标体系,分析、预测与评价规划实施可能对区域、流域、海域生态系统产生的整体影响,对环境和人群健康产生的长远影响,论证规划方案的环境合理性和对可持续发展的影响,论证规划实施后环境目标和指标的可达性,形成规划优化调整建议,提出环境保护对策、措施和跟踪评价方案,协调规划实施的经济效益、社会效益与环境效益之间以及当前利益与长远利益之间的关系,为规划和环境管理提供决策依据。

通过规划环境影响评价,确定环境目标,保护环境敏感区和重点生态功能区,保持生态系统完整性。

环境目标,指为保护和改善环境而设定的、拟在相应规划期限内达到的环境质量、生态功能和其他与环境保护相关的目标和要求,是规划应满足的环境保护要求,是开展规划环境影响评价的依据。

环境敏感区,指依法设立的各级各类自然、文化保护地,以及对某类污染因子或生态影响特别敏感的区域,主要包括:自然保护区、世界文化和重点生态功能区,保持自然遗产地、饮用水水源保护区、风景名胜区、森林公园、地质公园、水产种质资源保护区、海洋特别保护区、基本农田保护区、基本草原、水土流失重点预防区和重点治理区、沙化土地封禁保护区;重要湿地、天然林、天然渔场、珍稀濒危(或地方特有)野生动植物天然集中分布区,重要陆生动物迁徙通道、繁育和越冬场所、栖息和觅食区域,重要水生动物的自然产卵场及索饵场、越冬场和洄游通道,封闭及半封闭海域,资源性缺水地区,富营养化水域,江河源头区、重要水源涵养区,江河洪水调蓄区,防风固沙;以居住、医疗卫生、文化教育、科研、行政办公等为主要功能的区域,文物保护单位,具有特殊历史、文化、科学、民族意义的保护地。

　　重点生态功能区,指生态系统脆弱或生态功能重要,资源环境承载能力较低,不具备大规模高强度工业化城镇化开发的条件,必须把增强生态产品生产能力作为首要任务,从而应该限制进行大规模高强度工业化、城镇化开发的地区。

　　生态系统完整性,反映生态系统在外来干扰下维持自然状态、稳定性和自组织能力的程度。应从生态系统组成、结构(如连通性、破碎度等)与功能(如系统提供的各种产品、服务)三个方面进行评价。

　　规划具有不确定性,应考虑累积环境影响,并进行跟踪评价。

　　规划的不确定性,指规划编制及实施过程中可能导致环境影响预测结果和评价结论发生变化的因素。主要来源于两个方面:一是规划方案本身在某些内容上不全面、不具体或不明确;二是规划编制时设定的某些资源环境基础条件,在规划实施过程中发生的能够预期的变化。

　　累积环境影响,指评价的规划及与其相关的开发活动在规划周期和一定范围内对资源与环境造成的叠加的、复合的、协同的影响。

　　跟踪评价,指规划编制机关在规划的实施过程中,对规划已经和正在造成的环境影响进行监测、分析和评价的过程,用以检验规划环境影响评价的准确性以及不良环境影响减缓措施的有效性,并根据评价结果,采取减缓不良环境影响的改进措施,或者对正在实施的规划方案进行修订,甚至终止其实施。是应对规划不确定性的有效手段之一。

6.7.3　规划环境影响评价的原则、范围和工作流程

1. 规划环境影响评价原则

规划环境影响评价遵循以下原则:

　　① 全程互动原则,评价应在规划纲要编制阶段(或规划启动阶段)介入,并与规划方案的研究和规划的编制、修改、完善全过程互动。

　　② 一致性原则,评价的重点内容和专题设置应与规划对环境影响的性质、程度和范围相一致,应与规划涉及领域和区域的环境管理要求相适应。

　　③ 整体性原则,评价应统筹考虑各种资源与环境要素及其相互关系,重点分析规划实施对生态系统产生的整体影响和综合效应。

　　④ 层次性原则,评价的内容与深度应充分考虑规划的属性和层级,并依据不同属性、不同层级规划的决策需求,提出相应的宏观决策建议以及具体的环境管理要求。

　　⑤ 科学性原则,评价选择的基础资料和数据应真实、有代表性,选择的评价方法应简单、适用,评价的结论应科学、可信。

2. 规划环境影响评价范围

按照规划实施的时间跨度和可能影响的空间尺度确定评价范围。评价范围在时间跨度上,一般应包括整个规划周期。对于中、长期规划,可以规划的近期为评价的重点时段;必要时,也可根据规划方案的建设时序选择评价的重点时段。评价范围在空间跨度上,一般应包括规划区域、规划实施影响的周边地域,特别应将规划实施可能影响的环境敏感区、重点生态功能区等重要区域整体纳入评价范围。确定规划环境影响评价的空间范围一般应同时考虑三个方面的因素:一是规划的环境影响可能达到的地域范围;二是自然地理单元、气候单元、水文单元、生态单元等的完整性;三是行政边界或已有的管理区界(如自然保护区界、饮用水水源保护区界等)。

3. 规划环境影响评价工作流程

在规划纲要编制阶段,通过对规划可能涉及内容的分析,收集与规划相关的法律、法规、环境政策和产业政策,对规划区域进行现场踏勘,收集有关基础数据,初步调查环境敏感区域的有关情况,识别规划实施的主要环境影响,分析提出规划实施的资源和环境制约因素,反馈给规划编制机关。同时确定规划环境影响评价方案。

在规划的研究阶段,评价可随着规划的不断深入,及时对不同规划方案实施的资源、环境、生态影响进行分析、预测和评估,综合论证不同规划方案的合理性,提出优化调整建议,反馈给规划编制机关,供其在不同规划方案的比选中参考与利用。

在规划的编制阶段,应针对环境影响评价推荐的环境可行的规划方案,从战略和政策层面提出环境影响减缓措施。如果规划未采纳环境影响评价推荐的方案,还应重点对规划方案提出必要的优化调整建议。编制环境影响跟踪评价方案,提出环境管理要求,反馈给规划编制机关。如果规划选择的方案资源环境无法承载、可能造成重大不良环境影响且无法提出切实可行的预防或减轻对策和措施,以及对可能产生的不良环境影响的程度或范围尚无法做出科学判断时,应提出放弃规划方案的建议,反馈给规划编制机关。

在规划上报审批前,应完成规划环境影响报告书(规划环境影响篇章或说明)的编写与审查,并提交给规划编制机关。

6.7.4 规划环境影响评价的方法

规划环境影响评价常用方法见表 6-20。

表 6-20 规划环境影响评价的常用方法

评价环节	可采用的主要方式和方法
规划分析	核查表、叠图分析、矩阵分析、专家咨询(如智暴法、德尔斐法等)、情景分析、类比分析、系统分析、博弈论
环境现状调查与评价	现状调查:资料收集、现场踏勘、环境监测、生态调查、问卷调查、访谈、座谈会等。环境要素的调查方式和监测方法可参照 HJ 2.2、HJ/T 2.3、HJ 2.4、HJ 19、HJ 610、HJ 623 及有关监测规范执行。现状分析与评价:专家咨询、指数法(单指数、综合指数)、类比分析、叠图分析、灰色系统分析法、生态学分析法(生态系统健康评价法、生物多样性评价法、生态机理分析法、生态系统服务功能评价方法、生态环境敏感性评价方法、景观生态学法等)
环境影响识别与评价指标确定	核查表、矩阵分析、网络分析、系统流图、叠图分析、灰色系统分析法、层次分析、情景分析、专家咨询、类比分析、压力-状态-响应分析

评价环节	可采用的主要方式和方法
规划开发强度估算	专家咨询、情景分析、负荷分析(估算单位国内生产总值物耗、能耗和污染物排放量等)、趋势分析、弹性系数法、类比分析、对比分析、投入产出分析、供需平衡分析
环境要素影响预测与评价	类比分析、对比分析、负荷分析(估算单位国内生产总值物耗、能耗和污染物排放量等)、弹性系数法、趋势分析、系统动力学法、投入产出分析、供需平衡分析、数值模拟、环境经济学分析(影子价格、支付意愿、费用效益分析等)、综合指数法、生态学分析法、灰色系统分析法、叠图分析、情景分析、相关性分析、剂量-反应关系评价
环境风险评价	灰色系统分析法、模糊数学法、数值模拟、风险概率统计、事件树分析、生态学分析法、类比分析
累积影响评价	矩阵分析、网络分析、系统流图、叠图分析、情景分析、数值模拟、生态学分析法、灰色系统分析法、类比分析
资源与环境承载力评估	情景分析、类比分析、供需平衡分析、系统动力学法、生态学分析法

6.7.5　规划分析

规划分析应包括规划概述、规划的协调性分析和不确定性分析等。通过对多个规划方案具体内容的解析和初步评估,从规划与资源节约、环境保护等各项要求相协调的角度,筛选出备选的规划方案,并对其进行不确定性分析,给出可能导致环境影响预测结果和评价结论发生变化的不同情景,为后续的环境影响分析、预测与评价提供基础。

1. 规划概述

规划概述简要介绍规划编制的背景和定位,梳理并详细说明规划的空间范围和空间布局,规划的近期和中期、远期目标,发展规模,结构(如产业结构、能源结构、资源利用结构等),建设时序,配套设施安排等可能对环境造成影响的规划内容,介绍规划的环保设施建设以及生态保护等内容。如规划包含具体建设项目时,应明确其建设性质、内容、规模、地点等。其中,规划的范围、布局等应给出相应的图、表。规划概述分析给出规划实施所依托的资源与环境条件。

2. 规划协调性分析

规划协调性分析包括以下内容:

① 分析规划在所属规划体系(如土地利用规划体系、流域规划体系、城乡规划体系等)中的位置,给出规划的层级(如国家级、省级、市级或县级)、规划的功能属性(如综合性规划、专项规划、专项规划中的指导性规划)、规划的时间属性(如首轮规划、调整规划;短期规划、中期规划、长期规划)。

② 筛选出与本规划相关的主要环境保护法律法规、环境经济与技术政策、资源利用和产业政策,并分析本规划与其相关要求的符合性。筛选时应充分考虑相关政策、法规的效力和时效性。

③ 分析规划目标、规模、布局等各规划要素与上层位规划的符合性,重点分析规划之间在资源保护与利用、环境保护、生态保护要求等方面的冲突和矛盾。

④ 分析规划与国家级、省级主体功能区规划在功能定位、开发原则和环境政策要求等方面的符合性。通过叠图等方法详细对比规划布局与区域主体功能区规划、生态功能区划、环境

功能区划和环境敏感区之间的关系,分析规划在空间准入方面的符合性。

⑤ 筛选出在评价范围内与本规划所依托的资源和环境条件相同的同层位规划,并在考虑累积环境影响的基础上,逐项分析规划要素与同层位规划在环境目标、资源利用、环境容量与承载力等方面的一致性和协调性,重点分析规划与同层位的环境保护、生态建设、资源保护与利用等规划之间的冲突和矛盾。

⑥ 分析规划方案的规模、布局、结构、建设时序等与规划发展目标、定位的协调性。

⑦ 通过上述协调性分析,从多个规划方案中筛选出与各项要求较为协调的规划方案作为备选方案,或综合规划协调性分析结果,提出与环保法规、各项要求相符合的规划调整方案作为备选方案。

3. 规划的不确定性分析

规划的不确定性分析主要包括规划基础条件的不确定性分析、规划具体方案的不确定性分析及规划不确定性的应对分析三个方面。

① 规划基础条件的不确定性分析:重点分析规划实施所依托的资源、环境条件可能发生的变化,如水资源分配方案、土地资源使用方案、污染物排放总量分配方案等,论证规划各项内容顺利实施的可能性与必要条件,分析规划方案可能发生的变化或调整情况。

② 规划具体方案的不确定性分析:从准确有效预测、评价规划实施的环境影响的角度,分析规划方案中需要具备但没有具备、应该明确但没有明确的内容,分析规划产业结构、规模、布局及建设时序等方面可能存在的变化情况。

③ 规划不确定性的应对分析:针对规划基础条件、具体方案两方面不确定性的分析结果,筛选可能出现的各种情况,设置针对规划环境影响预测的多个情景,分析和预测不同情景下的环境影响程度和环境目标的可达性,为推荐环境可行的规划方案提供依据。

6.7.6 现状调查与评价

通过调查与评价,掌握评价范围内主要资源的赋存和利用状况,评价生态状况、环境质量的总体水平和变化趋势,辨析制约规划实施的主要资源和环境要素。

现状调查与评价一般包括自然环境状况、社会经济概况、资源赋存与利用状况、环境质量和生态状况等内容。实际工作中应遵循以点带面、点面结合、突出重点的原则,从现状调查内容、现状分析与评价中选择可以反映规划环境影响特点和区域环境目标要求的具体内容。

现状调查可充分收集和利用已有的历史(一般为一个规划周期,或更长时间段)和现状资料。资料应能够反映整个评价区域的社会、经济和生态环境的特征,能够说明各项调查内容的现状和发展趋势,并注明资料的来源及其有效性;对于收集采用的环境监测数据,应给出监测点位分布图、监测时段及监测频次等,说明采用数据的代表性。当评价范围内有需要特别保护的环境敏感区时,需有专项调查资料。当已有资料不能满足评价要求,特别是需要评价规划方案中包含的具体建设项目的环境影响时,应进行补充调查和现状监测。对于尚未进行环境功能区或生态功能区划分的区域,可按照 GB/T 15190、HJ/T 14、HJ/T 82 或《生态功能区划暂行规程》中规定的原则与方法,先划定功能区,再进行现状评价。

1. 现状调查内容

(1) 自然地理状况调查内容

主要包括地形地貌,河流、湖泊(水库)、海湾的水文状况,环境水文地质状况,气候与气象特征等。

（2）社会经济概况调查内容

一般包括评价范围内的人口规模、分布、结构（包括性别、年龄等）和增长状况，人群健康（包括地方病等）状况，农业与耕地（含人均），经济规模与增长率、人均收入水平，交通运输结构、空间布局及运量情况等。重点关注评价区域的产业结构、主导产业及其布局、重大基础设施布局及建设情况等，并附相应图件。

（3）环保基础设施建设及运行情况调查内容

一般包括评价范围内的污水处理设施规模、分布、处理能力和处理工艺，以及服务范围和服务年限；清洁能源利用及大气污染综合治理情况；区域噪声污染控制情况；固体废物处理与处置方式及危险废物安全处置情况（包括规模、分布、处理能力、处理工艺、服务范围和服务年限等）；现有生态保护工程建设及实施效果；已发生的环境风险事故情况等。

（4）资源赋存与利用状况调查

包括主要用地类型、面积及其分布、利用状况，区域水土流失现状，并附土地利用现状图；水资源总量、时空分布及开发利用强度（包括地表水和地下水），饮用水水源保护区分布、保护范围，其他水资源利用状况（如海水、雨水、污水及中水等），并附有关的水系图及水文地质相关图件或说明；能源生产和消费总量、结构及弹性系数，能源利用效率等情况；矿产资源类型与储量、生产和消费总量、资源利用效率等，并附矿产资源分布图；旅游资源和景观资源的地理位置、范围和主要保护对象、保护要求，开发利用状况等，并附相关图件；海域面积及其利用状况，岸线资源及其利用状况，并附相关图件；重要生物资源（如林地资源、草地资源、渔业资源）和其他对区域经济社会有重要意义的资源的地理位置、范围及其开发利用状况，并附相关图件。

（5）环境质量与生态状况调查

环境质量与生态状况调查主要包括：

① 水（包括地表水和地下水）功能区划、海洋功能区划、近岸海域环境功能区划、保护目标及各功能区水质达标情况，主要水污染因子和特征污染因子、主要水污染物排放总量及其控制目标、地表水控制断面位置及达标情况、主要水污染源分布和污染贡献率（包括工业、农业和生活污染源）、单位国内生产总值废水及主要水污染物排放量，并附水功能区划图、控制断面位置图、海洋功能区划图、近岸海域环境功能区划图、主要水污染源排放口分布图和现状监测点位图。

② 大气环境功能区划、保护目标及各功能区环境空气质量达标情况，主要大气污染因子和特征污染因子、主要大气污染物排放总量及其控制目标、主要大气污染源分布和污染贡献率（包括工业、农业和生活污染源）、单位国内生产总值主要大气污染物排放量，并附大气环境功能区划图、重点污染源分布图和现状监测点位图。

③ 声环境功能区划、保护目标及各功能区声环境质量达标情况，并附声环境功能区划图和现状监测点位图。

④ 主要土壤类型及其分布，土壤肥力与使用情况，土壤污染的主要来源，土壤环境质量现状，并附土壤类型分布图。

⑤ 生态系统的类型（森林、草原、荒漠、冻原、湿地、水域、海洋、农田、城镇等）及其结构、功能和过程；植物区系与主要植被类型，特有、狭域、珍稀、濒危野生动植物的种类、分布和生境状况，生态功能区划与保护目标要求，生态管控红线等；主要生态问题的类型、成因、空间分布、发生特点等；附生态功能区划图、重点生态功能区划图及野生动植物分布图等。

⑥ 固体废物(一般工业固体废物、一般农业固体废物、危险废物、生活垃圾)产生量及单位国内生产总值固体废物产生量,危险废物的产生量、产生源分布等。

⑦ 调查环境敏感区的类型、分布、范围、敏感性(或保护级别)、主要保护对象及相关环境保护要求等,并附相关图件。

2. 现状分析与评价

(1)资源利用现状评价

根据评价范围内各类资源的供需状况和利用效率等,分析区域资源利用和保护中存在的问题。

(2)环境与生态现状评价

按照环境功能区划的要求,评价区域水环境质量、大气环境质量、土壤环境质量、声环境质量现状和变化趋势,分析影响其质量的主要污染因子和特征污染因子及其来源;评价区域环保设施的建设与运营情况,分析区域水环境(包括地表水、地下水、海水)保护、主要环境敏感区保护、固体废物处置等方面存在的问题及原因,以及目前需解决的主要环境问题。

根据生态功能区划的要求,评价区域生态系统的组成、结构与功能状况,分析生态系统面临的压力和存在的问题,生态系统的变化趋势和变化的主要原因。评价生态系统的完整性和敏感性。当评价区面积较大且生态系统状况差异也较大时,应进行生态环境敏感性分级、分区,并附相应的图表。当评价区域涉及受保护的敏感物种时,应分析该敏感物种的生态学特征;当评价区域涉及生态敏感区时,应分析其生态现状、保护现状和存在的问题等。明确目前区域生态保护和建设方面存在的主要问题。

分析评价区域已发生的环境风险事故的类型、原因及造成的环境危害和损失,分析区域环境风险防范方面存在的问题。

分性别、年龄段分析评价区域的人群健康状况和存在的问题。

(3)主要行业经济和污染贡献率分析

分析评价区域主要行业的经济贡献率、资源消耗率(该行业的资源消耗量占资源消耗总量之比)和污染贡献率(该行业的污染物排放量占污染物排放总量之比),并与国内先进水平、国际先进水平进行对比分析,评价区域主要行业的资源、环境效益水平。

(4)环境影响回顾性评价

结合区域发展的历史或上一轮规划的实施情况,对区域生态系统的变化趋势和环境质量的变化情况进行分析与评价,重点分析评价区域存在的主要生态、环境问题和人群健康状况与现有的开发模式、规划布局、产业结构、产业规模和资源利用效率等方面的关系。提出本次规划应关注的资源、环境、生态问题,以及解决问题的途径,并为本次规划的环境影响预测提供类比资料和数据。

基于上述现状评价和规划分析结果,结合环境影响回顾与环境变化趋势分析结论,重点分析评价区域环境现状和环境质量、生态功能与环境保护目标间的差距,明确提出规划实施的资源与环境制约因素。

6.7.7　环境影响识别与评价指标体系构建

按照一致性、整体性和层次性原则,识别规划实施可能影响的资源与环境要素,建立规划要素与资源、环境要素之间的关系,初步判断影响的性质、范围和程度,确定评价重点。并根据环境目标,结合现状调查与评价的结果,以及确定的评价重点,建立评价的指标体系。

1．环境影响识别

重点从规划的目标、规模、布局、结构、建设时序及规划包含的具体建设项目等方面，全面识别规划要素对资源和环境造成影响的途径与方式，以及影响的性质、范围和程度。如果规划分为近期、中期、远期或其他时段，还应识别不同时段的影响。

识别规划实施的有利影响或不良影响，重点识别可能造成的重大不良环境影响，包括直接影响、间接影响、短期影响、长期影响，各种可能发生的区域性、综合性、累积性的环境影响或环境风险。

对于某些有可能产生具有难降解、易生物蓄积、长期接触对人体和生物产生危害作用的重金属污染物、无机和有机污染物、放射性污染物、微生物等的规划，还应识别规划实施产生的污染物与人体接触的途径、方式（如经皮肤、口或鼻腔等）以及可能造成的人群健康影响。

对资源、环境要素的重大不良影响，可从规划实施是否导致区域环境功能变化、资源与环境利用严重冲突、人群健康状况发生显著变化三个方面进行分析与判断：

① 导致区域环境功能变化的重大不良环境影响，主要包括规划实施使环境敏感区、重点生态功能区等重要区域的组成、结构、功能发生显著不良变化或导致其功能丧失，或使评价范围内的环境质量显著下降（环境质量降级）或导致功能区主要功能丧失。

② 导致资源、环境利用严重冲突的重大不良环境影响，主要包括规划实施与规划范围内或相邻区域内的其他资源开发利用规划和环境保护规划等产生的显著冲突，规划实施导致的环境变化对规划范围内或相关区域内的特殊宗教、民族或传统生产、生活方式产生的显著不良影响，规划实施可能导致的跨行政区、跨流域以及跨国界的显著不良影响。

③ 导致人群健康状况发生显著变化的重大不良环境影响，主要包括规划实施导致具有难降解、易生物蓄积、长期接触对人体和生物产生危害作用的重金属污染物、无机和有机污染物、放射性污染物、微生物等在水、大气和土壤环境介质中显著增加，对农牧渔产品的污染风险显著增加，规划实施导致人居生态环境发生显著不良变化。

通过环境影响识别，以图、表等形式，建立规划要素与资源、环境要素之间的动态响应关系，给出各规划要素对资源、环境要素的影响途径，从中筛选出受规划影响大、范围广的资源、环境要素，作为分析、预测与评价的重点内容。

2．环境目标和评价指标的确定

环境目标是开展规划环境影响评价的依据。规划在不同规划时段应满足的环境目标可根据国家和区域确定的可持续发展战略、环境保护的政策与法规、资源利用的政策与法规、产业政策、上层位规划，规划区域、规划实施直接影响的周边地域的生态功能区划和环境保护规划、生态建设规划确定的目标，环境保护行政主管部门以及区域、行业的其他环境保护管理要求确定。

评价指标是量化了的环境目标，一般首先将环境目标分解成环境质量、生态保护、资源利用、社会与经济环境等评价主题，再筛选确定表征评价主题的具体评价指标，并将现状调查与评价中确定的规划实施的资源与环境制约因素作为评价指标筛选的重点。

评价指标的选取应能体现国家发展战略和环境保护战略、政策、法规的要求，体现规划的行业特点及其主要环境影响特征，符合评价区域生态、环境特征，体现社会发展对环境质量和生态功能不断提高的要求，并易于统计、比较和量化。评价指标值的确定应符合相关产业政策、环境保护政策、法规和标准中规定的限值要求，如国内政策、法规和标准中没有的指标值也可参考国际标准确定;对于不易量化的指标可经过专家论证,给出半定量的指标值或定性说明。

6.7.8 规划环境影响预测与评价

1. 基本要求

规划环境影响预测与评价基本要求包括:

① 系统分析规划实施全过程对可能受影响的所有资源、环境要素的影响类型和途径,针对环境影响识别确定的评价重点内容和各项具体评价指标,按照规划不确定性分析给出的不同发展情景,进行同等深度的影响预测与评价,明确给出规划实施对评价区域资源、环境要素的影响性质、程度和范围,为提出评价推荐的环境可行的规划方案和优化调整建议提供支撑。

② 环境影响预测与评价一般包括规划开发强度的分析,水环境(包括地表水、地下水、海水)、大气环境、土壤环境、声环境的影响,对生态系统完整性及景观生态格局的影响,对环境敏感区和重点生态功能区的影响,资源与环境承载能力的评估等内容。

③ 环境影响预测应充分考虑规划的层级和属性,依据不同层级和属性规划的决策需求,采用定性、半定量、定量相结合的方式进行。对环境质量影响较大、与节能减排关系密切的工业、能源、城市建设、区域建设与开发利用、自然资源开发等专项规划,应进行定量或半定量环境影响预测与评价。对于资源和水环境、大气环境、土壤环境、海洋环境、声环境指标的预测与评价,一般应采用定量的方式进行。

2. 环境影响预测与评价的内容

(1) 规划开发强度分析

规划开发强度分析,通过规划要素的深入分析,选择与规划方案性质、发展目标等相近的国内外同类型已实施规划进行类比分析(如区域已开发,可采用环境影响回顾性分析的资料),依据现状调查与评价的结果,同时考虑科技进步和能源替代等因素,结合不确定性分析设置的不同发展情景,采用负荷分析、投入产出分析等方法,估算关键性资源的需求量和污染物(包括影响人群健康的特定污染物)的排放量。

规划开发强度分析,应选择与规划方案和规划所在区域生态系统(组成、结构、功能等)相近的已实施规划进行类比分析,依据生态现状调查与评价的结果,同时考虑生态系统自我调节和生态修复等因素,结合不确定性分析设置的不同发展情景,采用专家咨询、趋势分析等方法,估算规划实施的生态影响范围和持续时间,以及主要生态因子的变化量(如生物量、植被覆盖率、珍稀濒危和特有物种生境损失量、水土流失量、斑块优势度等)。

(2) 对环境要素的影响预测与评价

规划对水环境的影响,应预测不同发展情景下规划实施产生的水污染物对受纳水体稀释扩散能力、水质、水体富营养化和河口咸水入侵等的影响;对地下水水质、流场和水位的影响;对海域水动力条件、水环境质量的影响。明确影响的范围与程度或变化趋势,评价规划实施后受纳水体的环境质量能否满足相应功能区的要求,并绘制相应的预测与评价图件。

规划对大气环境的影响,应预测不同发展情景规划实施产生的大气污染物对环境敏感区和评价范围内大气环境的影响范围与程度或变化趋势,在叠加环境现状本底值的基础上,分析规划实施后区域环境空气质量能否满足相应功能区的要求,并绘制相应的预测与评价图件。

声环境影响预测与评价按照 HJ 2.4 中关于规划环境影响评价声环境影响评价要求执行。

规划对土壤环境的影响,应预测不同发展情景下规划实施产生的污染物对区域土壤环境影响的范围与程度或变化趋势,评价规划实施后土壤环境质量能否满足相应标准的要求,进而分析对区域农作物、动植物等造成的潜在影响,并绘制相应的预测与评价图件。

规划对生态环境的影响,应预测不同发展情景对区域生物多样性(主要是物种多样性和生境多样性)、生态系统连通性、破碎度及功能等的影响性质与程度,评价规划实施对生态系统完整性及景观生态格局的影响,明确评价区域主要生态问题(如生态功能退化、生物多样性丧失等)的变化趋势,分析规划是否符合有关生态红线的管控要求。对规划区域进行了生态敏感性分区的,还应评价规划实施对不同区域的影响后果,以及规划布局的生态适宜性。

预测不同发展情景对自然保护区、饮用水水源保护区、风景名胜区、基本农田保护区、居住区、文化教育区域等环境敏感区、重点生态功能区和重点环境保护目标的影响,评价其是否符合相应的保护要求。

对于某些有可能产生具有难降解、易生物蓄积、长期接触对人体和生物产生危害作用的重金属污染物、无机和有机污染物、放射性污染物、微生物等的规划,根据这些特定污染物的环境影响预测结果及其可能与人体接触的途径与方式,分析可能受影响的人群范围、数量和敏感人群所占的比例,开展人群健康影响状况分析。鼓励通过剂量-反应关系模型和暴露评价模型,定量预测规划实施对区域人群健康的影响。

对于规划实施可能产生重大环境风险源的,应进行危险源、事故概率、规划区域与环境敏感区及环境保护目标相对位置关系等方面的分析,开展环境风险评价;对于规划范围涉及生态脆弱区域或重点生态功能区的,应开展生态风险评价。

对于工业、能源、自然资源开发等专项规划和开发区、工业园区等区域开发类规划,应进行清洁生产分析,重点评价产业发展的单位国内生产总值或单位产品的能源、资源利用效率和污染物排放强度、固体废物综合利用率等的清洁生产水平;对于区域建设和开发利用规划,以及工业、农业、畜牧业、林业、能源、自然资源开发的专项规划,需要进行循环经济分析,重点评价污染物综合利用途径与方式的有效性和合理性。

(3) 累积环境影响预测与分析

识别和判定规划实施可能发生累积环境影响的条件、方式和途径,预测和分析规划实施与其他相关规划在时间和空间上累积的资源、环境、生态影响。

(4) 资源与环境承载力评估

评估资源(水资源、土地资源、能源、矿产等)与环境承载能力的现状及利用水平,在充分考虑累积环境影响的情况下,动态分析不同规划时段可供规划实施利用的资源量、环境容量及总量控制指标,重点判定区域资源与环境对规划实施的支撑能力,重点判定规划实施是否导致生态系统主导功能发生显著不良变化或丧失。

6.7.9　规划方案综合论证和优化调整建议

依据环境影响识别后建立的规划要素与资源、环境要素之间的动态响应关系,综合各种资源与环境要素的影响预测和分析、评价结果,论证规划的目标、规模、布局、结构等规划要素的合理性以及环境目标的可达性,动态判定不同规划时段,不同发展情景下规划实施有无重大资源、生态、环境制约因素,详细说明制约的程度、范围、方式等,进而提出规划方案的优化调整建议和评价推荐的规划方案。

规划方案的综合论证包括环境合理性论证和可持续发展论证两部分内容。其中,前者侧重于从规划实施对资源、环境整体影响的角度,论证各规划要素的合理性;后者则侧重于从规划实施对区域经济、社会与环境效益贡献,以及协调当前利益与长远利益之间关系的角度,论证规划方案的合理性。

1. 规划方案的环境合理性论证

① 基于区域发展与环境保护的综合要求,结合规划协调性分析结论,论证规划目标与发展定位的合理性。

② 基于资源与环境承载力评估结论,结合区域节能减排和总量控制等要求,论证规划规模的环境合理性。

③ 基于规划与重点生态功能区、环境功能区划、环境敏感区的空间位置关系,对环境保护目标和环境敏感区的影响程度,结合环境风险评价的结论,论证规划布局的环境合理性。

④ 基于区域环境管理和循环经济发展要求,以及清洁生产水平的评价结果,重点结合规划重点产业的环境准入条件,论证规划能源结构、产业结构的环境合理性。

⑤ 基于规划实施环境影响评价结果,重点结合环境保护措施的经济技术可行性,论证环境保护目标与评价指标的可达性。

2. 规划方案的可持续发展论证

从保障区域、流域可持续发展的角度,论证规划实施能否使其消耗(或占用)资源的市场供求状况有所改善,能否解决区域、流域经济发展的资源瓶颈;论证规划实施能否使其所依赖的生态系统保持稳定,能否使生态服务功能逐步提高;论证规划实施能否使其所依赖的环境状况整体改善。

综合分析规划方案的先进性和科学性,论证规划方案与国家全面协调可持续发展战略的符合性,可能带来的直接和间接的社会、经济、生态环境效益,对区域经济结构的调整与优化的贡献程度,以及对区域社会发展和社会公平的促进性等。

3. 不同类型规划方案综合论证重点

进行综合论证时,可针对不同类型和不同层级规划的环境影响特点,突出论证重点。

① 对资源、能源消耗量大、污染物排放量高的行业规划,重点从区域资源、环境对规划的支撑能力、规划实施对敏感环境保护目标与节能减排目标的影响程度、清洁生产水平、人群健康影响状况等方面,论述规划确定的发展规模、布局(及选址)和产业结构的合理性。

② 对土地利用的有关规划和区域、流域、海域的建设、开发利用规划,以及农业、畜牧业、林业、能源、水利、旅游、自然资源开发专项规划,重点从规划实施对生态系统及环境敏感区组成、结构、功能所造成的影响,以及潜在的生态风险,论述规划方案的合理性。

③ 对公路、铁路、航运等交通类规划,重点从规划实施对生态系统组成、结构、功能所造成的影响、规划布局与评价区域生态功能区划、景观生态格局之间的协调性,以及规划的能源利用和资源占用效率等方面,论述交通设施结构、布局等的合理性。

④ 对于开发区及产业园区等规划,重点从区域资源、环境对规划实施的支撑能力、规划的清洁生产与循环经济水平、规划实施可能造成的事故性环境风险与人群健康影响状况等方面,综合论述规划选址及各规划要素的合理性。

⑤ 城市规划、国民经济与社会发展规划等综合类规划,重点从区域资源、环境及城市基础设施对规划实施的支撑能力能否满足可持续发展要求、改善人居环境质量、优化城市景观生态格局、促进两型社会建设和生态文明建设等方面,综合论述规划方案的合理性。

4. 规划方案的优化调整建议

根据规划方案的环境合理性和可持续发展论证结果,对规划要素提出明确的优化调整建议,特别是出现以下情形时:

① 规划的目标、发展定位与国家级、省级主体功能区规划要求不符。

② 规划的布局和规划包含的具体建设项目选址、选线与主体功能区规划、生态功能区划、环境敏感区的保护要求发生严重冲突。

③ 规划本身或规划包含的具体建设项目属于国家明令禁止的产业类型或不符合国家产业政策、环境保护政策(包括环境保护相关规划、节能减排和总量控制要求等)。

④ 规划方案中配套建设的生态保护和污染防治措施实施后,区域的资源、环境承载力仍无法支撑规划的实施,或仍可能造成重大的生态破坏和环境污染。

⑤ 规划方案中有依据现有知识水平和技术条件,无法或难以对其产生的不良环境影响的程度或者范围作出科学、准确判断的内容。

规划的优化调整建议应全面、具体、可操作。如对规划规模(或布局、结构、建设时序等)提出了调整建议,应明确给出调整后的规划规模(或布局、结构、建设时序等),并保证调整后的规划方案实施后资源与环境承载力可以支撑。

将优化调整后的规划方案,作为评价推荐的规划方案。

6.7.10　环境影响减缓对策和措施

规划的环境影响减缓对策和措施是对规划方案中配套建设的环境污染防治、生态保护和提高资源能源利用效率措施进行评估后,针对环境影响评价推荐的规划方案实施后所产生的不良环境影响,提出的政策、管理或者技术等方面的建议。环境影响减缓对策和措施应具有可操作性,能够解决或缓解规划所在区域已存在的主要环境问题,并使环境目标在相应的规划期限内可以实现。

环境影响减缓对策和措施包括影响预防、影响最小化及对造成的影响进行全面修复补救等三方面的内容:

① 预防对策和措施可从建立健全环境管理体系、建议发布的管理规章和制度、划定禁止和限制开发区域、设定环境准入条件、建立环境风险防范与应急预案等方面提出。

② 影响最小化对策和措施可从环境保护基础设施和污染控制设施建设方案、清洁生产和循环经济实施方案等方面提出。

③ 修复补救措施主要包括生态修复与建设、生态补偿、环境治理、清洁能源与资源替代等措施。

如规划方案中包含有具体的建设项目,还应针对建设项目所属行业特点及其环境影响特征,提出建设项目环境影响评价的重点内容和基本要求,并依据本规划环境影响评价的主要评价结论提出相应的环境准入(包括选址或选线、规模、清洁生产水平、节能减排、总量控制和生态保护要求等)、污染防治措施建设和环境管理等要求。同时,在充分考虑规划编制时设定的某些资源、环境基础条件随区域发展发生变化的情况下,提出建设项目环境影响评价内容的具体简化建议。

6.7.11　规划环境影响跟踪评价

对于可能产生重大环境影响的规划,在编制规划环境影响评价文件时,应拟定跟踪评价方案,对规划的不确定性提出管理要求,对规划实施全过程产生的实际资源、环境、生态影响进行跟踪监测。

跟踪评价取得的数据、资料和评价结果应能够为规划的调整及下一轮规划的编制提供参考,同时为规划实施区域的建设项目管理提供依据。

跟踪评价方案一般包括评价的时段、主要评价内容、资金来源、管理机构设置及其职责定位等。其中,主要评价内容包括:对规划实施全过程中已经或正在造成的影响提出监控要求,明确需要进行监控的资源、环境要素及其具体的评价指标,提出实际产生的环境影响与环境影响评价文件预测结果之间的比较分析和评估的主要内容;对规划实施中所采取的预防或者减轻不良环境影响的对策和措施提出分析和评价的具体要求,明确评价对策和措施有效性的方式、方法和技术路线;明确公众对规划实施区域环境与生态影响的意见和对策建议的调查方案;提出跟踪评价结论的内容要求(环境目标的落实情况等)。

6.7.12 规划环境影响评价结论

在规划环境影响评价结论中应明确给出:

① 评价区域的生态系统完整性和敏感性、环境质量现状和变化趋势,资源利用现状,明确对规划实施具有重大制约的资源、环境要素。

② 规划实施可能造成的主要生态、环境影响预测结果和风险评价结论;对水、土地、生物资源和能源等的需求情况。

③ 规划方案的综合论证结论,主要包括规划的协调性分析结论,规划方案的环境合理性和可持续发展论证结论,环境保护目标与评价指标的可达性评价结论,规划要素的优化调整建议等。

④ 规划的环境影响减缓对策和措施,主要包括环境管理体系构建方案、环境准入条件、环境风险防范与应急预案的构建方案、生态建设和补偿方案、规划包含的具体建设项目环境影响评价的重点内容和要求等。

⑤ 跟踪评价方案,跟踪评价的主要内容和要求。

⑥ 公众参与意见和建议处理情况,不采纳意见的理由说明。

6.7.13 规划环境影响评价文件编制要求

1. 规划环境影响报告书内容

规划环境影响报告书主要包括以下内容:

① 总则。概述任务由来,说明与规划编制全程互动的有关情况及其所起的作用。明确评价依据、评价目的与原则、评价范围(附图)及评价重点;附图、列表说明主体功能区规划,生态功能区划,环境功能区划及其执行的环境标准对评价区域的具体要求,说明评价区域内的主要环境保护目标和环境敏感区的分布情况及其保护要求等。

② 规划分析。概述规划编制的背景,明确规划的层级和属性,解析并说明规划的发展目标、定位、规模、布局、结构、时序,以及规划包含的具体建设项目的建设计划等规划内容;进行规划与政策法规、上层位规划在资源保护与利用、环境保护、生态建设要求等方面的符合性分析,与同层位规划在环境目标、资源利用、环境容量及承载力等方面的协调性分析,给出分析结论,重点明确规划之间的冲突与矛盾;进行规划的不确定性分析,给出规划环境影响预测的不同情景。

③ 环境现状调查与评价。概述环境现状调查情况。阐明评价区自然地理状况、社会经济概况、资源赋存与利用状况、环境质量和生态状况等,评价区域资源利用和保护中存在的问题,分析规划布局与主体功能区规划、生态功能区划、环境功能区划和环境敏感区、重点生态功能区之间的关系,评价区域环境质量状况,分析区域生态系统的组成、结构与功能状况、变化趋势和存在的主要问题,评价区域环境风险防范和人群健康状况,分析评价区主要行业经济和污染贡献率。对已开发区域进行环境影响回顾性评价,明确现有开发状况与区域主要环境问题间的关系。明确提出规划实施的资源与环境制约因素。

④ 环境影响识别与评价指标体系构建。识别规划实施可能影响的资源与环境要素及其范围和程度,建立规划要素与资源、环境要素之间的动态响应关系。论述评价区域环境质量、生态保护和其他与环境保护相关的目标和要求,确定不同规划时段的环境目标,建立评价指标体系,给出具体的评价指标值。

⑤ 环境影响预测与评价。说明资源、环境影响预测的方法,包括预测模式和参数选取等。估算不同发展情景对关键性资源的需求量和污染物的排放量,给出生态影响范围和持续时间,主要生态因子的变化量。预测与评价不同发展情景下区域环境质量能否满足相应功能区的要求,对区域生态系统完整性所造成的影响,对主要环境敏感区和重点生态功能区等环境保护目标的影响性质与程度。根据不同类型规划及其环境影响特点,开展人群健康影响状况评价、事故性环境风险和生态风险分析、清洁生产水平和循环经济分析。预测和分析规划实施与其他相关规划在时间和空间上的累积环境影响。评价区域资源与环境承载能力对规划实施的支撑状况。

⑥ 规划方案综合论证和优化调整建议。综合各种资源与环境要素的影响预测和分析、评价结果,分别论述规划的目标、规模、布局、结构等规划要素的环境合理性,以及环境目标的可达性和规划对区域可持续发展的影响。明确规划方案的优化调整建议,并给出评价推荐的规划方案。

⑦ 环境影响减缓措施。详细给出针对不良环境影响的预防、最小化及对造成的影响进行全面修复补救的对策和措施,论述对策和措施的实施效果。如规划方案中包含有具体的建设项目,还应给出重大建设项目环境影响评价的重点内容和基本要求(包括简化建议)、环境准入条件和管理要求等。

⑧ 环境影响跟踪评价。详细说明拟定的跟踪评价方案,论述跟踪评价的具体内容和要求。

⑨ 公众参与。说明公众参与的方式、内容及公众参与意见和建议的处理情况,重点说明不采纳的理由。

⑩ 评价结论。归纳总结评价工作成果,明确规划方案的合理性和可行性。

⑪ 附必要的表征规划发展目标、规模、布局、结构、建设时序以及表征规划涉及的资源与环境的图、表和文件,给出环境现状调查范围、监测点位分布等图件。

2. 规划环境影响篇章(或说明)内容

规划环境影响篇章(或说明)应包括以下主要内容:

① 环境影响分析依据。重点明确与规划相关的法律法规、环境经济与技术政策、产业政策和环境标准。

② 环境现状评价。明确主体功能区规划、生态功能区划、环境功能区划对评价区域的要求,说明环境敏感区和重点生态功能区等环境保护目标的分布情况及其保护要求;评述资源利

用和保护中存在的问题,评述区域环境质量状况,评述生态系统的组成、结构与功能状况、变化趋势和存在的主要问题,评价区域环境风险防范和人群健康状况,明确提出规划实施的资源与环境制约因素。

③ 环境影响分析、预测与评价。根据规划的层级和属性,分析规划与相关政策、法规、上层位规划在资源利用、环境保护要求等方面的符合性。评价不同发展情景下区域环境质量能否满足相应功能区的要求,对区域生态系统完整性所造成的影响,对主要环境敏感区和重点生态功能区等环境保护目标的影响性质与程度。根据不同类型规划及其环境影响特点,开展人群健康影响状况分析、事故性环境风险和生态风险分析、清洁生产水平和循环经济分析。评价区域资源与环境承载能力对规划实施的支撑状况,以及环境目标的可达性。给出规划方案的环境合理性和可持续发展综合论证结果。

④ 环境影响减缓措施。详细说明针对不良环境影响的预防、减缓(最小化)及对造成的影响进行全面修复补救的对策和措施。如规划方案中包含有具体的建设项目,还应给出重大建设项目环境影响评价要求、环境准入条件和管理要求等。给出跟踪评价方案,明确跟踪评价的具体内容和要求。

⑤ 根据评价需要,在篇章(或说明)中附必要的图、表。

6.8 建设项目环境风险评价技术导则

6.8.1 概 述

环境风险是指突发性事故对环境造成的危害程度及可能性。环境风险评价采用《建设项目环境风险评价技术导则》,其适用于涉及有毒有害和易燃易爆危险物质生产、使用、储存(包括使用管线输运)的建设项目可能发生的突发性事故(不包括人为破坏及自然灾害引发的事故)的环境风险评价,不适用于生态风险评价及核与辐射类建设项目的环境风险评价。对于有特定行业环境风险评价技术规范要求的建设项目,该标准规定的一般性原则适用。相关规划类环境影响评价中的环境风险评价可参考该标准。

6.8.2 总 则

1. 评价工作程序

建设项目环境风险评价工作程序见图 6-5。

2. 评价工作等级

环境风险评价工作等级划分为一级、二级、三级。根据建设项目涉及的物质及工艺系统危险性和所在地的环境敏感性确定环境风险潜势,按照表 6-21 确定评价工作等级。环境风险潜势为Ⅳ及以上,进行一级评价;风险潜势为Ⅲ,进行二级评价;风险潜势为Ⅱ,进行三级评价;风险潜势为Ⅰ,可开展简单分析。

表 6-21 评价工作等级划分

环境风险潜势	Ⅳ、Ⅳ+	Ⅲ	Ⅱ	Ⅰ
评价工作等级	一	二	三	简单分析

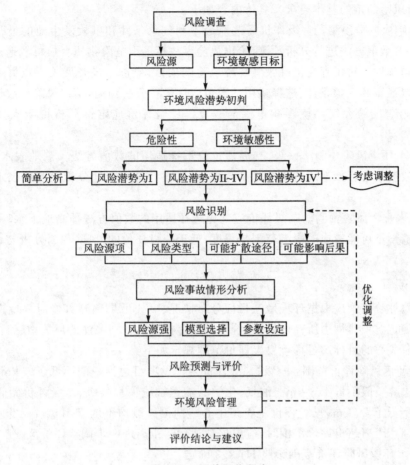

图6-5　评价工作程序

环境风险简单分析的基本内容包括：

① 评价依据。风险调查、风险潜势初判、评价等级。

② 环境敏感目标概况。建设项目周围主要环境敏感目标分布情况。

③ 环境风险识别。主要危险物质及分布情况，可能影响环境的途径。

④ 环境风险分析。按环境要素分别说明危害后果。

⑤ 环境风险防范措施及应急要求。从风险源、环境影响途径、环境敏感目标等方面分析应采取的风险防范措施和应急措施。

⑥ 分析结论。说明建设项目环境风险防范措施的有效性。

3. 评价工作内容

环境风险评价基本内容包括风险调查、环境风险潜势初判、风险识别、风险事故情形分析、风险预测与评价、环境风险管理等。环境风险评价基于风险调查，分析建设项目物质及工艺系统危险性和环境敏感性，进行风险潜势的判断，确定风险评价等级。风险识别及风险事故情形分析应明确危险物质在生产系统中的主要分布，筛选具有代表性的风险事故情形，合理设定事故源项。环境风险评价提出环境风险管理对策，明确环境风险防范措施及突发环境事件应急预案编制要求，综合环境风险评价过程，给出评价结论与建议。

各环境要素按确定的评价工作等级分别开展预测评价，分析说明环境风险危害范围与程

度,提出环境风险防范的基本要求。具体内容如下:

① 大气环境风险预测。一级评价需选取最不利气象条件和事故发生地的最常见气象条件,选择适用的数值方法进行分析预测,给出风险事故情形下危险物质释放可能造成的大气环境影响范围与程度。对于存在极高大气环境风险的项目,应进一步开展关心点概率分析。二级评价需选取最不利气象条件,选择适用的数值方法进行分析预测,给出风险事故情形下危险物质释放可能造成的大气环境影响范围与程度。三级评价应定性分析说明大气环境影响后果。

② 地表水环境风险预测。一级、二级评价应选择适用的数值方法预测地表水环境风险,给出风险事故情形下可能造成的影响范围与程度;三级评价应定性分析说明地表水环境影响后果。

③ 地下水环境风险预测。一级评价应优先选择适用的数值方法预测地下水环境风险,给出风险事故情形下可能造成的影响范围与程度;低于一级评价的,风险预测分析与评价要求参照 HJ 610 执行。

4. 评价范围

环境风险评价范围应根据环境敏感目标分布情况、事故后果预测可能对环境产生危害的范围等综合确定。项目周边所在区域,评价范围外存在需要特别关注的环境敏感目标,评价范围需延伸至所关心的目标。各环境要素评价范围规定如下:

① 大气环境风险评价范围:一级、二级评价距建设项目边界一般不低于 5 km;三级评价距建设项目边界一般不低于 3 km。油气、化学品输送管线项目一级、二级评价距管道中心线两侧一般均不低于 200 m;三级评价距管道中心线两侧一般均不低于 100 m。当大气毒性终点浓度预测到达距离超出评价范围时,应根据预测到达距离进一步调整评价范围。

② 地表水环境风险评价范围参照 HJ 2.3 确定。

③ 地下水环境风险评价范围参照 HJ 610 确定。

6.8.3 风险调查

1. 建设项目风险源调查

风险源是指存在物质或能量意外释放,并可能产生环境危害的源。危险物质是指具有易燃易爆、有毒有害等特性,会对环境造成危害的物质。危险单元是由一个或多个风险源构成的具有相对独立功能的单元,事故状况下应可实现与其他功能单元的分割。

建设项目风险源调查,包括调查建设项目危险物质数量和分布情况、生产工艺特点,收集危险物质安全技术说明书(MSDS)等基础资料。

2. 环境敏感目标调查

环境敏感目标调查,应根据危险物质可能的影响途径,明确环境敏感目标,给出环境敏感目标区位分布图,列表明确调查对象、属性、相对方位及距离等信息。

6.8.4 环境风险潜势初判

1. 环境风险潜势划分

环境风险潜势是对建设项目潜在环境危害程度的概化分析表达,是基于建设项目涉及的物质和工艺系统危险性及其所在地环境敏感程度的综合表征。

建设项目环境风险潜势划分为Ⅰ、Ⅱ、Ⅲ、Ⅳ/Ⅳ＋级。

根据建设项目涉及的物质和工艺系统的危险性及其所在地的环境敏感程度,结合事故情形下环境影响途径,对建设项目潜在环境危害程度进行概化分析,按照表6-22确定环境风险潜势。

表 6-22　建设项目环境风险潜势划分

环境敏感程度（E）	危险物质及工艺系统危险性（P）			
	极高危害（P1）	高度危害（P2）	中度危害（P3）	轻度危害（P4）
环境高度敏感区（E1）	Ⅳ＋	Ⅳ	Ⅲ	Ⅲ
环境中度敏感区（E2）	Ⅳ	Ⅲ	Ⅲ	Ⅱ
环境低度敏感区（E3）	Ⅲ	Ⅲ	Ⅱ	Ⅰ

注：Ⅳ＋为极高环境风险。

2. 危险物质及工艺系统危险性

（1）危险物质数量与临界量比值

分析建设项目生产、使用、储存过程中涉及的有毒有害、易燃易爆物质,参见《建设项目环境风险评价技术导则》附录B的"重点关注的危险物质及临界量"确定危险物质的临界量。计算所涉及的每种危险物质在厂界内的最大存在总量与其临界量的比值 Q。在不同厂区的同一种物质,按其在厂界内的最大存在总量计算。对于长输管线项目,按照两个截断阀室之间管段危险物质最大存在总量计算。当只涉及一种危险物质时,计算该物质的总量与其临界量比值 Q；当存在多种危险物质时,按下式计算物质总量与其临界量比值 Q：

$$Q = \frac{q_1}{Q_1} + \frac{q_2}{Q_2} + \cdots + \frac{q_n}{Q_n} \tag{6-38}$$

式中：$q_1, q_2, \cdots, q_n$ 为每种危险物质的最大存在总量,t；$Q_1, Q_2, \cdots, Q_n$ 为每种危险物质的临界量,t。当 $Q<1$ 时,该项目环境风险潜势为Ⅰ。当 $Q \geqslant 1$ 时,将 Q 值划分为 $1 \leqslant Q < 10$、$10 \leqslant Q < 100$ 和 $Q \geqslant 100$。

（2）行业及生产工艺

分析项目所属行业及生产工艺特点,按照表6-23评估行业及生产工艺情况。具有多套工艺单元的项目,对每套生产工艺分别评分并求和。将 M 划分为 $M>20$、$10<M \leqslant 20$、$5<M \leqslant 10$ 和 $M=5$,分别以 M1、M2、M3 和 M4 表示。

表 6-23　行业及生产工艺

行　业	评估依据	M 值
石化、化工、医药、轻工、化纤、有色冶炼等	涉及光气及光气化工艺、电解工艺（氯碱）、氯化工艺、硝化工艺、合成氨工艺、裂解（裂化）工艺、氟化工艺、加氢工艺、重氮化工艺、氧化工艺、过氧化工艺、胺基化工艺、磺化工艺、聚合工艺、烷基化工艺、新型煤化工工艺、电石生产工艺、偶氮化工艺	10/套
	无机酸制酸工艺、焦化工艺	5/套
	其他高温或高压,且涉及危险物质的工艺过程[①]、危险物质储存罐区	5/套（罐区）
管道、港口/码头等	涉及危险物质管道运输项目、港口/码头等	10

行 业	评估依据	M 值
石油天然气	石油、天然气、页岩气开采(含净化),气库(不含加气站的气库),油库(不含加气站的油库),油气管线[②](不含城镇燃气管线)	10
其他	涉及危险物质使用、储存的项目	5

① 高温指工艺温度≥300 ℃,高压指压力容器的设计压力 P≥10.0 MPa;② 长输管道运输项目应按站场、管线分段进行评价。

（3）危险物质及工艺系统危险性分级

危险物质及工艺系统危险性(P)的分级,通过定量分析危险物质数量与临界量的比值(Q)和所属行业及生产工艺特点(M1、M2、M3、M4),按照表 6 - 24 确定危险物质及工艺系统危险性等级,分别以 P1、P2、P3、P4 表示。

表 6 - 24　危险物质及工艺系统危险性等级判断

危险物质数量与临界量比值 Q	行业及生产工艺			
	M1	M2	M3	M4
Q≥100	P1	P1	P2	P3
10≤Q<100	P1	P2	P3	P4
1≤Q<10	P2	P3	P4	P4

3. 环境敏感程度

分析危险物质在事故情形下的环境影响途径,如大气、地表水、地下水等,对建设项目各要素环境敏感程度(E)等级进行判断。

（1）大气环境

依据环境敏感目标环境敏感性及人口密度划分环境风险受体的敏感性,大气环境共分为三种类型:E1 为环境高度敏感区,E2 为环境中度敏感区,E3 为环境低度敏感区。大气环境敏感程度分级原则见表 6 - 25。

表 6 - 25　大气环境敏感程度分级

分　级	大气环境敏感性
E1	周边 5 km 范围内居住区、医疗卫生、文化教育、科研、行政办公等机构人口总数大于 5 万人,或其他需要特殊保护区域;或周边 500 m 范围内人口总数大于 1 000 人;油气、化学品输送管线管段周边 200 m 范围内,每千米管段人口数大于 200 人
E2	周边 5 km 范围内居住区、医疗卫生、文化教育、科研、行政办公等机构人口总数大于 1 万人,小于 5 万人;或周边 500 m 范围内人口总数大于 500 人,小于 1 000 人;油气、化学品输送管线管段周边 200 m 范围内,每千米管段人口数大于 100 人,小于 200 人
E3	周边 5 km 范围内居住区、医疗卫生、文化教育、科研、行政办公等机构人口总数小于 1 万人;或周边 500 m 范围内人口总数小于 500 人;油气、化学品输送管线管段周边 200 m 范围内,每千米管段人口小于 100 人

（2）地表水环境

依据事故情况下危险物质泄漏到水体的排放点受纳地表水体功能敏感性,与下游环境敏感目标情况,地表水环境共分为三种类型:E1 为环境高度敏感区,E2 为环境中度敏感区,E3

为环境低度敏感区。地表水环境敏感程度分级原则见表 6-26。地表水功能敏感性分区和环境敏感目标分级分别见表 6-27 和表 6-28。

表 6-26 地表水环境敏感程度分级

环境敏感目标	地表水功能敏感性		
	F1	F2	F3
S1	E1	E1	E2
S2	E1	E2	E3
S3	E1	E2	E3

表 6-27 地表水功能敏感性分区

敏感性	地表水环境敏感特征
敏感 F1	排放点进入地表水水域环境功能为Ⅱ类及以上，或海水水质分类第一类； 或以发生事故时，危险物质泄漏到水体的排放点算起，排放进入受纳河流最大流速时，24 h 流经范围内涉跨国界的
较敏感 F2	排放点进入地表水水域环境功能为Ⅲ类，或海水水质分类第二类； 或以发生事故时，危险物质泄漏到水体的排放点算起，排放进入受纳河流最大流速时，24 h 流经范围内涉跨省界的
低敏感 F3	上述地区之外的其他地区

表 6-28 环境敏感目标分级

分级	环境敏感目标
S1	发生事故时，危险物质泄漏到内陆水体的排放点下游（顺水流向）10 km 范围内、近岸海域一个潮周期水质点可能达到的最大水平距离的两倍范围内，有如下一类或多类环境风险受体：集中式地表水饮用水水源保护区（包括一级保护区、二级保护区及准保护区）；农村及分散式饮用水水源保护区；自然保护区；重要湿地；珍稀濒危野生动植物天然集中分布区；重要水生生物的自然产卵场及索饵场、越冬场和洄游通道；世界文化和自然遗产地；红树林、珊瑚礁等滨海湿地生态系统；珍稀濒危海洋生物的天然集中分布区；海洋特别保护区；海上自然保护区；盐场保护区；海水浴场；海洋自然历史遗迹；风景名胜区；或其他特殊重要保护区域
S2	发生事故时，危险物质泄漏到内陆水体的排放点下游（顺水流向）10 km 范围内、近岸海域一个潮周期水质点可能达到的最大水平距离的两倍范围内，有如下一类或多类环境风险受体的：水产养殖区；天然渔场；森林公园；地质公园；海滨风景游览区；具有重要经济价值的海洋生物生存区域
S3	排放点下游（顺水流向）10 km 范围、近岸海域一个潮周期水质点可能达到的最大水平距离的两倍范围内无上述类型 1 和类型 2 包括的敏感保护目标

（3）地下水环境

依据地下水功能敏感性与包气带防污性能，地下水环境共分为三种类型：E1 为环境高度敏感区，E2 为环境中度敏感区，E3 为环境低度敏感区，地下水环境敏感程度分级原则见表 6-29。地下水功能敏感性分区和包气带防污性能分级分别见表 6-30 和表 6-31。当同一建设项目涉及两个 G 分区或 D 分级及以上时，取相对高值。

表 6-29　地下水环境敏感程度分级

包气带防污性能	地下水功能敏感性		
	G1	G2	G3
D1	E1	E1	E2
D2	E1	E2	E3
D3	E2	E3	E3

表 6-30　地下水功能敏感性分区

敏感性	地下水环境敏感特征
敏感 G1	集中式饮用水水源(包括已建成的在用、备用、应急水源,在建和规划的饮用水水源)准保护区;除集中式饮用水水源以外的国家或地方政府设定的与地下水环境相关的其他保护区,如热水、矿泉水、温泉等特殊地下水资源保护区
较敏感 G2	集中式饮用水水源(包括已建成的在用、备用、应急水源,在建和规划的饮用水水源)准保护区以外的补给径流区;未划定准保护区的集中式饮用水水源,其保护区以外的补给径流区;分散式饮用水水源地;特殊地下水资源(如热水、矿泉水、温泉等)保护区以外的分布区等其他未列入上述敏感分级的环境敏感区
不敏感 G3	上述地区之外的其他地区

注:"环境敏感区"是指《建设项目环境影响评价分类管理目录》中所界定的涉及地下水的环境敏感区。

表 6-31　包气带防污性能分级

分　级	包气带岩土的渗透性能
D3	Mb≥1.0 m,$K \leq 1.0 \times 10^{-6}$ cm/s,且分布连续、稳定
D2	0.5 m≤Mb<1.0 m,$K \leq 1.0 \times 10^{-6}$ cm/s,且分布连续、稳定; Mb≥1.0 m,1.0×10^{-6} cm/s<$K \leq 1.0 \times 10^{-4}$ cm/s,且分布连续、稳定
D1	岩(土)层不满足上述 D2 和 D3 条件

注:Mb 表示岩土层单层厚度。K 表示渗透系数。

6.8.5　风险识别

1. 风险识别内容

风险识别内容包括:

① 物质危险性识别,包括主要原辅材料、燃料、中间产品、副产品、最终产品、污染物、火灾和爆炸伴生/次生物等。

② 生产系统危险性识别,包括主要生产装置、储运设施、公用工程和辅助生产设施,以及环境保护设施等。

③ 危险物质向环境转移的途径识别,包括分析危险物质特性及可能的环境风险类型,识别危险物质影响环境的途径,分析可能影响的环境敏感目标。

2. 风险识别方法

风险识别,应根据危险物质泄漏、火灾、爆炸等突发性事故可能造成的环境风险类型,收集和准备建设项目工程资料,周边环境资料,国内外同行业、同类型事故统计分析及典型事故案例资料。对已建工程应收集环境管理制度,操作和维护手册,突发环境事件应急预案,应急培训、演练记录,历史突发环境事件及生产安全事故调查资料,设备失效统计数据等。

物质危险性识别,按照《建设项目环境风险评价技术导则》附录 B 的"重点关注的危险物质及临界量"识别出的危险物质,以图表的方式给出其易燃易爆、有毒有害危险特性,明确危险物质的分布。

生产系统危险性识别,按工艺流程和平面布置功能区划,结合物质危险性识别,以图表的方式给出危险单元划分结果及单元内危险物质的最大存在量;按生产工艺流程分析危险单元内潜在的风险源。按危险单元分析风险源的危险性、存在条件和转化为事故的触发因素。采用定性或定量分析方法筛选确定重点风险源。

环境风险类型包括危险物质泄漏,以及火灾、爆炸等引发的伴生/次生污染物排放。根据物质及生产系统危险性识别结果,分析环境风险类型、危险物质向环境转移的可能途径和影响方式。

3. 风险识别结果

在风险识别的基础上,图示危险单元分布。给出建设项目环境风险识别汇总,包括危险单元、风险源、主要危险物质、环境风险类型、环境影响途径、可能受影响的环境敏感目标等,说明风险源的主要参数。

6.8.6　风险事故情形分析

1. 风险事故情形设定

风险事故情形设定的内容,是在风险识别的基础上,选择对环境影响较大并具有代表性的事故类型,设定风险事故情形。风险事故情形设定内容应包括环境风险类型、风险源、危险单元、危险物质和影响途径等。

风险事故情形设定原则如下:

① 同一种危险物质可能有多种环境风险类型。风险事故情形应包括危险物质泄漏,以及火灾、爆炸等引发的伴生/次生污染物排放情形。对不同环境要素产生影响的风险事故情形,应分别进行设定。

② 对于火灾、爆炸事故,需将事故中未完全燃烧的危险物质在高温下迅速挥发释放至大气,以及燃烧过程中产生的伴生/次生污染物对环境的影响作为风险事故情形设定的内容。

③ 设定的风险事故情形发生可能性应处于合理的区间,并与经济技术发展水平相适应。一般而言,发生频率小于 10^{-6}/年的事件是极小概率事件,可作为代表性事故情形中最大可信事故设定的参考。最大可信事故是基于经验统计分析,在一定可能性区间内发生的事故中,造成环境危害最严重的事故。

④ 风险事故情形设定的不确定性与筛选。由于事故触发因素具有不确定性,因此事故情形的设定并不能包含全部可能的环境风险,但通过具有代表性的事故情形分析可为风险管理提供科学依据。事故情形的设定应在环境风险识别的基础上筛选,设定的事故情形应具有危险物质、环境危害、影响途径等方面的代表性。

2. 源项分析

(1) 泄漏频率

容器、管道、泵体、压缩机、装卸臂和装卸软管的泄漏和破裂频率,可参考《建设项目环境风险评价技术导则》附录 E 推荐的方法确定,也可采用事故树、事件树分析法或类比法等确定。

(2) 源　强

源项分析应基于风险事故情形的设定,合理估算源强。事故源强是为事故后果预测提供分析模拟情形。事故源强设定可采用计算法和经验估算法。计算法适用于以腐蚀或应力作用等引起的泄漏型为主的事故;经验估算法适用于以火灾、爆炸等突发性事故伴生/次生的污染物释放。

① 物质泄漏量的计算。液体、气体和两相流泄漏速率的计算参见《建设项目环境风险评价技术导则》附录 F 推荐的方法。泄漏时间应结合建设项目探测和隔离系统的设计原则确定。一般情况下,设置紧急隔离系统的单元,泄漏时间可设定为 10 min;未设置紧急隔离系统的单元,泄漏时间可设定为 30 min。泄漏液体的蒸发速率计算可采用《建设项目环境风险评价技术导则》附录 F 推荐的方法。蒸发时间应结合物质特性、气象条件、工况等综合考虑,一般情况下,可按 15～30 min 计;泄漏物质形成的液池面积以不超过泄漏单元的围堰(或堤)内面积计。

② 经验法估算物质释放量。火灾、爆炸事故在高温下迅速挥发释放至大气的未完全燃烧危险物质,以及在燃烧过程中产生的伴生/次生污染物,可参照《建设项目环境风险评价技术导则》附录 F 采用经验法估算释放量。

③ 其他估算方法。装卸事故,泄漏量按装卸物质流速和管径及失控时间计算,失控时间一般可按 5～30 min 计。油气长输管线泄漏事故,按管道截面 100% 断裂估算泄漏量,应考虑截断阀启动前、后的泄漏量。截断阀启动前,泄漏量按实际工况确定;截断阀启动后,泄漏量以管道泄压至与环境压力平衡所需要时间计。水体污染事故源强应结合污染物释放量、消防用水量及雨水量等因素综合确定。

源强参数的确定:根据风险事故情形确定事故源参数(如泄漏点高度、温度、压力、泄漏液体蒸发面积等)、释放/泄漏速率、释放/泄漏时间、释放/泄漏量、泄漏液体蒸发量等,给出源强汇总。

6.8.7　环境风险预测与评价

1. 环境风险预测

(1) 有毒有害物质在大气中的扩散

预测有毒有害物质在大气中的扩散时,应区分重质气体与轻质气体,选择合适的大气风险预测模型。

环境风险预测范围是预测物质浓度达到评价标准时的最大影响范围,通常由预测模型计算获取。预测范围一般不超过 10 km。计算点分特殊计算点和一般计算点。特殊计算点指大气环境敏感目标等关心点;一般计算点指下风向不同距离点,其设置应具有一定分辨率,距离风险源 500 m 范围内可设置 10～50 m 间距,大于 500 m 范围内可设置 50～100 m 间距。

根据大气风险预测模型的需要,需调查泄漏设备类型、尺寸、操作参数(压力、温度等)、泄漏物质理化特性(摩尔质量、沸点、临界温度、临界压力、比热容比、气体比定压热容、液体比定压热容、液体密度、汽化热等）和气象参数。

选取大气毒性终点浓度值为预测评价标准。大气毒性终点浓度是指人员短期暴露可能会导致出现健康影响或死亡的大气污染物浓度，用于判断周边环境风险影响程度。大气毒性终点浓度值选取参见《建设项目环境风险评价技术导则》附录 H，分为 1、2 级。其中，1 级为当大气中危险物质浓度低于该限值时，绝大多数人员暴露 1 h 不会对生命造成威胁；当超过该限值时，有可能对人群造成生命威胁。2 级为当大气中危险物质浓度低于该限值时，暴露 1 h 一般不会对人体造成不可逆的伤害，或出现的症状一般不会损伤该个体采取有效防护措施的能力。

环境风险预测结果应给出下风向不同距离处有毒有害物质的最大浓度，以及预测浓度达到不同毒性终点浓度的最大影响范围；给出各关心点的有毒有害物质浓度随时间变化情况，以及关心点的预测浓度超过评价标准时对应的时刻和持续时间。对于存在极高大气环境风险的建设项目，应开展关心点概率分析，即有毒有害气体（物质）剂量负荷对个体的大气伤害概率、关心点处气象条件的频率、事故发生概率的乘积，以反映关心点处人员在无防护措施条件下受到伤害的可能性。

（2）有毒有害物质在地表水、地下水环境中的运移扩散

有毒有害物质进入水环境包括事故直接导致和事故处理处置过程间接导致的情况，一般为瞬时排放源和有限时段内排放的源。

预测有毒有害物质在地表水环境中的运移扩散，应根据风险识别结果，有毒有害物质进入水体的方式、水体类别及特征，以及有毒有害物质的溶解性，选择适用的预测模型。对于油品类泄漏事故，流场计算按 HJ 2.3 中的相关要求，选取适用的预测模型，溢油漂移扩散过程按 GB/T 19485 中的溢油粒子模型进行溢油轨迹预测；其他事故，地表水风险预测模型及参数参照 HJ 2.3。根据风险事故情形对水环境的影响特点，预测结果应给出有毒有害物质进入地表水体最远超标距离及时间；给出有毒有害物质经排放通道到达下游（按水流方向）环境敏感目标处的到达时间、超标时间、超标持续时间及最大浓度，对于在水体中漂移类物质，应给出漂移轨迹。

预测有毒有害物质在地下水环境中的运移扩散，应根据水体分类及预测点水体功能要求，按照 GB 3838、GB 5749、GB 3097 或 GB/T 14848 选取终点浓度；对于未列入上述标准，但确需进行分析预测的物质，其终点浓度值选取可参照 HJ 2.3、HJ 610；对于难以获取终点浓度值的物质，可按质点运移到达判定。预测结果应给出有毒有害物质进入地下水体到达下游厂区边界和环境敏感目标处的到达时间、超标时间、标持续时间及最大浓度。

2. 环境风险评价

环境风险评价，应结合各要素风险预测，分析说明建设项目环境风险的危害范围与程度。大气环境风险的影响范围和程度由大气毒性终点浓度确定，明确影响范围内的人口分布情况；地表水、地下水对照功能区质量标准浓度（或参考浓度）进行分析，明确对下游环境敏感目标的影响情况。环境风险可采用后分析、概率分析等方法开展定性或定量评价，以避免急性损害为重点，确定环境风险防范的基本要求。

6.8.8　环境风险管理

1. 环境风险管理目标

环境风险管理目标是采用最低合理可行原则管控环境风险。采取的环境风险防范措施应

与社会经济技术发展水平相适应,运用科学的技术手段和管理方法,对环境风险进行有效的预防、监控、响应。

2. 环境风险防范措施

大气环境风险防范应结合风险源状况明确环境风险的防范、减缓措施,提出环境风险监控要求,并结合环境风险预测分析结果、区域交通道路和安置场所位置等,提出事故状态下人员的疏散通道及安置等应急建议。

事故废水环境风险防范应明确"单元—厂区—园区/区域"的环境风险防控体系要求,设置事故废水收集(尽可能以非动力自流方式)和应急储存设施,以满足事故状态下收集泄漏物料、污染消防水和污染雨水的需要,明确并图示防止事故废水进入外环境的控制、封堵系统。应急储存设施应根据发生事故的设备容量、事故时消防用水量及可能进入应急储存设施的雨水量等因素综合确定。应急储存设施内的事故废水,应及时进行有效处置,做到回用或达标排放。结合环境风险预测分析结果,提出实施监控和启动相应的园区/区域突发环境事件应急预案的建议要求。

地下水环境风险防范应重点采取源头控制和分区防渗措施,加强地下水环境的监控、预警,提出事故应急减缓措施。

针对主要风险源,提出设立风险监控及应急监测系统,实现事故预警和快速应急监测、跟踪,提出应急物资、人员等的管理要求。

对于改建、扩建和技术改造项目,应分析依托企业现有环境风险防范措施的有效性,提出完善意见和建议。

环境风险防范措施应纳入环保投资和建设项目竣工环境保护验收内容。

考虑到事故触发具有不确定性,厂内环境风险防控系统应纳入园区/区域环境风险防控体系,明确风险防控设施、管理的衔接要求。极端事故风险防控及应急处置应结合所在园区/区域环境风险防控体系统筹考虑,按分级响应要求及时启动园区/区域环境风险防范措施,实现厂内与园区/区域环境风险防控设施及管理有效联动,有效防控环境风险。

3. 突发环境事件应急预案编制要求

按照国家、地方和相关部门要求,提出企业突发环境事件应急预案编制或完善的原则要求,包括预案适用范围、环境事件分类与分级、组织机构与职责、监控和预警、应急响应、应急保障、善后处置、预案管理与演练等内容。明确企业、园区/区域、地方政府环境风险应急体系,企业突发环境事件应急预案应体现分级响应、区域联动的原则,与地方政府突发环境事件应急预案相衔接,明确分级响应程序。

6.8.9 环境风险评价结论与建议

环境风险评价结论应简要说明主要危险物质、危险单元及其分布,明确项目危险因素,提出优化平面布局、调整危险物质存在量及危险性控制的建议;简要说明项目所在区域环境敏感目标及其特点,根据预测分析结果,明确突发性事故可能造成环境影响的区域和涉及的环境敏感目标,提出保护措施及要求;结合区域环境条件和园区/区域环境风险防控要求,明确建设项目环境风险防控体系,重点说明防止危险物质进入环境及进入环境后的控制、消减、监测等措施,提出优化调整风险防范措施建议及突发环境事件应急预案原则要求;综合环境风险评价专题的工作过程,明确给出建设项目环境风险是否可防控的结论。

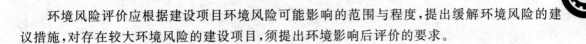

环境风险评价应根据建设项目环境风险可能影响的范围与程度,提出缓解环境风险的建议措施,对存在较大环境风险的建设项目,须提出环境影响后评价的要求。

6.9　建设项目竣工环境保护验收技术规范　生态影响类

6.9.1　概　述

《建设项目竣工环境保护验收技术规范　生态影响类》适用于交通运输(公路、铁路、城市道路和轨道交通、港口和航运、管道运输等)、水利水电、石油和天然气开采、矿山采选、电力生产(风力发电)、农业、林业、牧业、渔业、旅游等行业和海洋、海岸带开发、高压输变电线路等主要对生态造成影响的建设项目,以及区域、流域开发项目竣工环境保护验收调查工作。其他项目涉及生态影响的可参照执行。

6.9.2　总　则

1. 验收调查工作程序

验收调查工作分为准备、初步调查、编制实施方案、详细调查、编制调查报告五个阶段:

① 准备阶段。收集、分析工程有关的文件和资料,了解工程概况和项目建设区域的基本生态特征,明确环境影响评价文件和环境影响评价审批文件有关要求,制定初步调查工作方案。

② 初步调查阶段。核查工程设计、建设变更情况及环境敏感目标变化情况,初步掌握环境影响评价文件和环境影响评价审批文件要求的环境保护措施落实情况、与主体工程配套的污染防治设施完成及运行情况和生态保护措施执行情况,获取相应的影像资料。

③ 编制实施方案阶段。确定验收调查标准、范围、重点及采用的技术方法,编制验收调查实施方案文本。

④ 详细调查阶段。调查工程建设期和运行期造成的实际环境影响,详细核查环境影响评价文件及初步设计文件提出的环境保护措施落实情况、运行情况、有效性和环境影响评价审批文件有关要求的执行情况。

⑤ 编制调查报告阶段。对项目建设造成的实际环境影响、环境保护措施的落实情况进行论证分析,针对尚未达到环境保护验收要求的各类环境保护问题,提出整改与补救措施,明确验收调查结论,编制验收调查报告文本。

2. 验收调查时段和范围

根据工程建设过程,验收调查时段一般分为工程前期、施工期、试运行期三个时段。

验收调查范围原则上与环境影响评价文件的评价范围一致;当工程实际建设内容发生变更或环境影响评价文件未能全面反映出项目建设的实际生态影响和其他环境影响时,根据工程实际变更和实际环境影响情况,结合现场踏勘对调查范围进行适当调整。

3. 验收调查标准及指标

验收调查工作原则上采用建设项目环境影响评价阶段经生态环境主管部门确认的环境保护标准与环境保护设施工艺指标进行验收,对已修订新颁布的环境保护标准应提出验收后按新标准进行达标考核的建议;环境影响评价文件和环境影响评价审批文件中没有明确规定的,可按法律、法规、部门规章的规定,参考国家、地方或发达国家环境保护标准;现阶段暂时没有环境保护标准的,可按实际调查情况给出结果。生态背景或本底值,以项目所在地及区域生态背景值或本底值作为参照指标,如重要生态敏感目标分布、重要生物物种和资源的分布、植被覆盖率与生物量、土壤背景值、水土流失本底值等。

生态验收调查指标包括建设项目涉及的指标和建设项目环境影响指标。

建设项目涉及的指标包括工程基本特征、占地(永久占地和临时占地)数量、土石方量、防护工程量、绿化工程量等。对于不同行业的生态影响类建设项目的环境影响之间的差异,建设项目环境影响指标可针对项目的具体影响对象筛选,也可按照环境影响评价文件、环境影响评价审批文件及设计文件中提出的指标开展调查工作。其中:

① 具体的生态指标包括野生动植物生境现状、种类、分布、数量、优势物种、国家或地方重点保护物种和地方特有物种的种类与分布等;土壤类型、理化性质、性状与质量、受外环境影响(淋溶、侵蚀)状况、污染水平及水土流失状况等;水资源量与水资源的分配(包括生态用水量)、水生生态因子;生态保护、恢复、补偿、重建措施等。

② 生态敏感目标是指调查范围内的生态敏感目标,包括环境影响评价文件中规定的保护目标、环境影响评价审批文件中要求的保护目标,及建设项目实际工程情况发生变更或环境影响评价文件未能全面反映出的建设项目实际影响或新增的生态敏感对象。具体见表 6-32。

表 6-32   生态敏感目标一览表

生态敏感目标	主要内容
需特殊保护地区	国家法律、法规、行政规章及规划确定的或经县级以上人民政府批准的需要特殊保护的地区,如饮用水水源保护区、自然保护区、风景名胜区、生态功能保护区、基本农田保护区、水土流失重点防治区、森林公园、地质公园、世界遗产地、国家重点文物保护单位、历史文化保护地等,以及有特殊价值的生物物种资源分布区域
生态敏感与脆弱区	沙尘暴源区、石漠化区、荒漠中的绿洲、严重缺水地区、珍稀动植物栖息地或特殊生态系统、天然林、热带雨林、红树林、珊瑚礁、鱼虾产卵场、重要湿地和天然渔场等
社会关注区	具有历史、文化、科学、民族意义的保护地等

4. 验收调查运行工况要求

对于公路、铁路、轨道交通等线性工程以及港口项目,验收调查应在工况稳定、生产负荷达到近期预测生产能力(或交通量)75%以上的情况下进行;如果短期内生产能力(或交通量)确实无法达到设计能力 75%或以上的,验收调查应在主体工程运行稳定、环境保护设施运行正常的条件下进行,注明实际调查工况,并按环境影响评价文件近期的设计能力(或交通量)对主要环境要素进行影响分析。生产能力达不到设计能力 75%时,可以通过调整工况达到设计能力 75%以上再进行验收调查。国家、地方环境保护标准对建设项目运行工况另有规定的按相应标准规定执行。

对于水利水电项目、输变电工程、油气开发工程(含集输管线)、矿山采选,可按其行业特征执行,在工程正常运行的情况下即可开展验收调查工作。

对分期建设、分期投入生产的建设项目,应分阶段开展验收调查工作,如水利、水电项目分期蓄水、发电等。

6.9.3　验收调查技术要求

1. 环境敏感目标调查

环境敏感目标调查,根据表 6-32 所界定的生态敏感目标,调查其地理位置、规模、与工程的相对位置关系、所处环境功能区及保护内容等,附图、列表予以说明,并注明实际环境敏感目标与环境影响评价文件中的变化情况及变化原因。

2. 工程调查

工程调查内容包括:

① 工程建设过程。应说明建设项目立项时间和审批部门,初步设计完成及批复时间,环境影响评价文件完成及审批时间,工程开工建设时间,环境保护设施设计单位、施工单位和工程环境监理单位,投入试运行时间等。

② 工程概况。应明确建设项目所处的地理位置、项目组成、工程规模、工程量、主要经济或技术指标(可列表)、主要生产工艺及流程、工程总投资与环境保护投资(环境保护投资应列表分类详细列出)、工程运行状况等。工程建设过程中发生变更时,应重点说明其具体变更内容及有关情况。

③ 提供适当比例的工程地理位置图和工程平面图(线性工程给出线路走向示意图),明确比例尺,工程平面布置图(或线路走向示意图)中应标注主要工程设施和环境敏感目标。

3. 环境保护措施

环境保护措施落实情况调查包括:

① 概括描述工程在设计、施工、运行阶段针对生态影响、污染影响和社会影响所采取的环境保护措施,并对环境影响评价文件及环境影响评价审批文件所提各项环境保护措施的落实情况一一予以核实、说明。

② 给出环境影响评价、设计和实际采取的生态保护和污染防治措施对照、变化情况,并对变化情况予以必要的说明;对无法全面落实的措施,应说明实际情况并提出后续实施、改进的建议。

③ 生态影响的环境保护措施主要是针对生态敏感目标(水生、陆生)的保护措施,包括植被的保护与恢复措施、野生动物保护措施(如野生动物通道)、水环境保护措施、生态用水泄水建筑物及运行方案、低温水缓解工程措施、鱼类保护设施与措施、水土流失防治措施、土壤质量保护和占地恢复措施、自然保护区、风景名胜区、生态功能保护区等生态敏感目标的保护措施、生态监测措施等。

④ 污染影响的环境保护措施主要是指针对水、气、声、固体废物、电磁、振动等各类污染源所采取的保护措施。

⑤ 社会影响的环境保护措施主要包括移民安置、文物保护等方面所采取的保护措施。

4. 生态影响调查

(1)调查内容

根据建设项目的特点设置调查内容,一般包括:

① 工程沿线生态状况,珍稀动植物和水生生物的种类、保护级别和分布状况、鱼类三场分布等。

② 工程占地情况调查,包括临时占地、永久占地,列表说明占地位置、用途、类型、面积、取

弃土量(取弃土场)及生态恢复情况等。

③ 工程影响区域内水土流失现状、成因、类型,所采取的水土保持、绿化及措施的实施效果等。

④ 工程影响区域内自然保护区、风景名胜区、饮用水源保护区、生态功能保护区、基本农田保护区、水土流失重点防治区、森林公园、地质公园、世界遗产地等生态敏感目标和人文景观的分布状况,明确其与工程影响范围的相对位置关系、保护区级别、保护物种及保护范围等。提供适当比例的保护区位置图,注明工程相对位置、保护区位置和边界。

⑤ 工程影响区域内植被类型、数量、覆盖率的变化情况。

⑥ 工程影响区域内不良地质地段分布状况及工程采取的防护措施。

⑦ 工程影响区域内水利设施、农业灌溉系统分布状况及工程采取的保护措施。

⑧ 建设项目建设及运行改变周围水系情况时,应做水文情势调查,必要时须进行水生生态调查。

⑨ 如需进行植物样方、水生生态、土壤调查,应明确调查范围、位置、因子、频次,并提供调查点位图。

⑩ 上述内容可根据实际情况进行适当增减。

(2)调查方法

生态影响调查方法包括:

① 文件资料调查。查阅工程有关协议、合同等文件,了解工程施工期产生的生态影响,调查工程建设占用土地(耕地、林地、自然保护区等)或水利设施等产生的生态影响及采取的相应生态补偿措施。

② 现场勘察。通过现场勘察核实文件资料的准确性,了解项目建设区域的生态背景,评估生态影响的范围和程度,核查生态保护与恢复措施的落实情况;现场勘察范围应全面覆盖项目建设所涉及的区域,勘察区域与勘察对象应基本能覆盖建设项目所涉及区域的 80% 以上。对于建设项目涉及的范围较大、无法全部覆盖的,可根据随机性和典型性的原则,选择有代表性的区域与对象进行重点现场勘察。应重点核查实际工程内容及方案设计变更情况,环境敏感目标基本情况及变更情况,实际工程内容及方案设计变更造成的环境影响变化情况,环境影响评价制度及其他环境保护规章制度执行情况,环境影响评价文件及环境影响评价审批文件中提出的主要环境影响,环境质量和主要污染因子达标情况,环境保护设计文件、环境影响评价文件及环境影响评价审批文件中提出的环境保护措施落实情况及其效果、污染物排放总量控制要求落实情况、环境风险防范与应急措施落实情况及有效性,工程施工期和试运行期实际存在的及公众反映强烈的环境问题,验证环境影响评价文件对污染因子达标情况的预测结果,工程环境保护投资情况。为了定量了解项目建设前后对周围生态所产生的影响,必要时需进行植物样方调查或水生生态影响调查。若环境影响评价文件未进行此部分调查而工程的影响又较为突出、需定量时,需设置此部分调查内容;原则上与环境影响评价文件中的调查内容、位置、因子相一致;工程变更影响位置发生变化时,除在影响范围内选点进行调查外,还应在未影响区选择对照点进行调查。

③ 公众意见调查。可以定性了解建设项目在不同时期存在的环境影响,发现工程前期和施工期曾经存在的及目前可能遗留的环境问题,有助于明确和分析运行期公众关心的环境问题,为改进已有环境保护措施和提出补救措施提供依据。

④ 遥感调查。适用于涉及范围区域较大、人力勘察较为困难或难以到达的建设项目。遥

感调查一般需以下内容：卫星遥感资料、地形图等基础资料，通过卫星遥感技术或 GPS 定位等技术获取专题数据；数据处理与分析；成果生成。

（3）调查结果

调查结果分析包括：

① 自然生态影响调查结果。根据工程建设前后影响区域内重要野生生物（包括陆生和水生）生存环境及生物量的变化情况，结合工程采取的保护措施，分析工程建设对动植物生存的影响；调查与环境影响评价文件中预测值的符合程度及减免、补偿措施的落实情况。分析建设项目建设及运营造成的地貌影响及保护措施。分析工程建设对自然保护区、风景名胜区、人文景观等生态敏感目标的影响，并提供工程与环境敏感目标的相对位置关系图，必要时提供图片辅助说明调查结果。

② 农业生态影响调查结果。与环境影响评价文件对比，列表说明工程实际占地和变化情况，包括基本农田和耕地，明确占地性质、占地位置、占地面积、用途、采取的恢复措施和恢复效果，必要时采用图片进行说明。说明工程影响区域内对水利设施、农业灌溉系统采取的保护措施。分析采取工程、植物、节约用地、保护和管理措施后，对区域内农业生态的影响。

③ 水土流失影响调查结果。列表说明工程土石方量调运情况，占地位置、原土地类型、采取的生态恢复措施和恢复效果，采取的护坡、排水、防洪、绿化工程等。调查工程对影响区域内河流、水利设施的影响，包括与工程的相对位置关系、工程施工方式、采取的保护措施。调查采取工程、植物和管理措施后，保护水土资源的情况。根据建设项目建设前水土流失原始状况，对工程施工扰动原地貌、损坏土地和植被、弃渣、损坏水土保持设施和造成水土流失的类型、分布、流失总量及危害的情况进行分析。若建设项目水土保持验收工作已结束，可适当参考其验收结果。必要时辅以图表进行说明。

④ 监测结果。统计监测数据，与原有生态数据或相关标准对比，明确环境变化情况，并分析发生变化的原因。分析工程建设前后对环境敏感目标的影响程度。

⑤ 措施有效性分析及补救措施与建议。从自然生态影响、生态敏感目标影响、农业生态影响、水土流失影响等方面分析采取的生态保护措施的有效性。分析指标包括生物量、特殊生境条件、特有物种的增减量、景观效果、水土流失率等；评述生态保护措施对生态结构与功能的保护（保护性质与程度）、生态功能补偿的可达性、预期的可恢复程度等。根据上述分析结果，对存在的问题分析原因，并从保护、恢复、补偿、建设等方面提出具有操作性的补救措施和建议。对短期内难以显现的预期生态影响，应提出跟踪监测要求及回顾性评价建议，并制定监测计划。

5．水环境影响调查和监测

（1）调查内容

根据建设项目的特点设置调查内容，一般包括：

① 与本工程相关的国家与地方水污染控制的环境保护政策、规定和要求。

② 水环境敏感目标及分布。

③ 列表说明建设项目各设施的用水情况、污水排放及处理情况。

④ 调查影响范围内地表水和地下水的分布、功能、使用情况及与本工程的关系，列表说明。

⑤ 调查项目试运行期水环境风险事故应急机制及设施落实情况。

⑥ 附以必要的图表。

（2）监测内容

一般可仅进行排放口达标监测,但石油和天然气开采、矿山采选等行业的建设项目必要时需进行废水处理设施的效率监测和地下水影响监测,水利水电、港口(航道)项目则应考虑水环境质量、底泥(质)监测,必要时水利水电项目还需考虑水温、水文情势、过饱气体等的监测。

6. 大气环境影响调查和监测

（1）调查内容

根据建设项目的特点设置调查内容,一般包括:

① 与本工程相关的国家与地方大气污染控制的环境保护政策、规定和要求。

② 工程影响范围内大气环境敏感目标及分布,列表说明目标名称、位置、规模。

③ 工程试运行以来的废气排放情况,列表说明废气产生源、排放量、排放特征等。

④ 适当收集工程所在区域功能区划、气象资料等。

⑤ 附以必要的图表。

（2）监测内容

一般可仅考虑进行有组织排放源和无组织排放源监测,但石油和天然气开采、矿山采选、港口、航运等行业的建设项目必要时需进行废气处理设施效果监测;另外,在环境影响评价文件或环境影响评价审批文件中有特殊要求的情况下,或工程影响范围内有需特别保护的环境敏感目标,或有工程试运行期引起纠纷的环境敏感目标的情况下,需进行环境空气质量监测。

7. 声环境影响调查和监测

（1）调查内容

根据建设项目的特点设置调查内容,一般包括:

① 国家和地方与本工程相关的噪声污染防治的环境保护政策、规定和要求。

② 工程所在区域环境影响评价时和现状声环境功能区划资料。

③ 工程影响范围内声环境敏感目标的分布、与工程相对位置关系(包括方位、距离、高差)、规模、建设年代、受影响范围,列表予以说明。

④ 工程试运行以来的噪声情况(源强种类、声场特征、声级范围等)。

⑤ 附以必要的图表。

（2）监测内容

公路、铁路、城市道路和轨道交通等工程应综合考虑不同路段车流量差别、敏感目标与工程的相对位置关系(高差、距离、垂直分布等)、环境影响评价文件中监测点的预测结果,选择有代表性的典型点位进行环境质量监测(包括敏感目标监测、衰减断面监测、昼夜连续监测),并对已采取噪声防治措施的敏感目标进行降噪效果监测。具有明显边界(厂界)的建设项目,应按有关标准要求设置边界(厂界)噪声监测点位。

8. 固体废物影响调查和监测

（1）调查内容

① 工程污染类固体废物处置相关的政策、规定和要求。

② 核查工程建设期和试运行期产生的固体废物的种类、属性、主要来源及排放量,并将危险固体废物、清库、清淤废物列为调查重点。

③ 调查固体废物的处置方式,危险固体废物填埋区防渗措施应作为重点。

（2）监测内容

石油和天然气开采行业如果采用填埋方式处置危险固体废物和Ⅱ类一般固体废物，必要时须进行地下水监测。

6.10　环境影响评价技术导则　土壤环境

6.10.1　概　述

土壤环境是指受自然或人为因素作用的，由矿物质、有机质、水、空气、生物有机体等组成的陆地表面疏松综合体，包括陆地表层能够生长植物的土壤层和污染物能够影响的松散层等。《环境影响评价技术导则　土壤环境》适用于化工、冶金、矿山采掘、农林、水利等可能对土壤环境产生影响的建设项目土壤环境影响评价，不适用于核与辐射建设项目的土壤环境影响评价。

土壤环境影响评价应对建设项目建设期、运营期和服务期满后（可根据项目情况选择）对土壤理化特性可能造成的影响进行分析、预测和评估，提出预防或者减轻不良影响的措施和对策，建设项目土壤环境保护提供科学依据。

6.10.2　土壤环境影响评价任务

土壤环境影响评价基本任务包括：

① 根据建设项目对土壤环境可能产生的影响，将土壤环境影响类型划分为生态影响型与污染影响型，其中土壤环境生态影响重点指土壤环境的盐化、酸化、碱化等。

② 根据行业特征、工艺特点或规模大小等将建设项目类别分为Ⅰ类、Ⅱ类、Ⅲ类、Ⅳ类，其中Ⅳ类建设项目可不开展土壤环境影响评价；自身为敏感目标的建设项目，可根据需要仅对土壤环境现状进行调查。

③ 土壤环境影响评价应按本标准划分的评价工作等级开展工作，识别建设项目土壤环境影响类型、影响途径、影响源及影响因子，确定土壤环境影响评价工作等级；开展土壤环境现状调查，完成土壤环境现状监测与评价；预测与评价建设项目对土壤环境可能造成的影响，提出相应的防控措施与对策。涉及两个或两个以上场地或地区的建设项目应分别开展评价工作。涉及土壤环境生态影响型与污染影响型两种影响类型的应分别开展评价工作。

土壤环境影响评价工作可划分为准备阶段、现状调查与评价阶段、预测分析与评价阶段和结论阶段。各阶段主要工作内容如下：

① 准备阶段。收集分析国家和地方土壤环境相关的法律、法规、政策、标准及规划等资料；了解建设项目工程概况，结合工程分析，识别建设项目对土壤环境可能造成的影响类型，分析可能造成土壤环境影响的主要途径；开展现场踏勘工作，识别土壤环境敏感目标；确定评价等级、范围与内容。

② 现状调查与评价阶段。采用相应标准与方法，开展现场调查、取样、监测和数据分析与处理等工作，进行土壤环境现状评价。

③ 预测分析与评价阶段。依据本标准制定的或经论证有效的方法，预测分析与评价建设项目对土壤环境可能造成的影响。

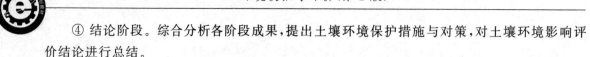

④ 结论阶段。综合分析各阶段成果,提出土壤环境保护措施与对策,对土壤环境影响评价结论进行总结。

6.10.3 土壤环境影响识别

1. 基本要求

在工程分析结果的基础上,结合土壤环境敏感目标,根据建设项目建设期、运营期和服务期满后(可根据项目情况选择)三个阶段的具体特征,识别土壤环境影响类型与影响途径;对于运营期内土壤环境影响源可能发生变化的建设项目,还应按其变化特征分阶段进行环境影响识别。

2. 识别内容

(1) 土壤环境影响评价项目类别识别

识别土壤环境影响类型属于生态影响型还是污染影响型。土壤环境生态影响是指由于人为因素引起土壤环境特征变化导致其生态功能变化的过程或状态。土壤环境污染影响是指因人为因素导致某种物质进入土壤环境,引起土壤物理、化学、生物等方面特性的改变,导致土壤质量恶化的过程或状态。

(2) 建设项目土壤环境影响源及影响因子识别

识别建设项目土壤环境影响类型与影响途径、影响源与影响因子,初步分析可能影响的范围,具体识别内容见表6-33～表6-35。

表 6-33 建设项目土壤环境影响类型与影响途径表

不同时段	污染影响型				生态影响型			
	大气沉降	地面漫流	垂直入渗	其 他	盐 化	碱 化	酸 化	其 他
建设期								
运营期								
服务期满后								

注:在可能产生的土壤环境影响类型处打"√",列表未涵盖的可自行设计。

表 6-34 污染影响型建设项目土壤环境影响源及影响因子识别表

污染源	工艺流程/节点	污染途径	全部污染物指标	特征因子	备 注

注:污染途径分为大气沉降、地面漫流、垂直入渗、其他。全部污染物指标根据工程分析结果填写。备注应描述污染源特征,如连续、间断、正常、事故等;涉及大气沉降途径的,应识别建设项目周边的土壤环境敏感目标。

表 6-35 生态影响型建设项目土壤环境影响途径识别表

影响结果	影响途径	具体指标	土壤环境敏感目标
盐化/酸化/碱化/其他	物质输入/运移		
	水位变化		

另外,根据 GB/T 21010 识别建设项目及周边的土地利用类型,分析建设项目可能影响的土壤环境敏感目标,提供土地利用类型图,并在图中标出敏感目标。土壤环境敏感目标是指可

能受人为活动影响的、与土壤环境相关的敏感区或对象。

6.10.4 土壤环境影响评价工作分级

土壤环境影响评价工作等级划分为一级、二级、三级。

1. 生态影响型项目工作等级划分依据

建设项目所在地土壤环境敏感程度分为敏感、较敏感、不敏感,判别依据见表6-36;同一建设项目涉及两个或两个以上场地或地区,应分别判定其敏感程度;产生两种或两种以上生态影响后果的,敏感程度按相对最高级别判定。

表6-36 生态影响型敏感程度分级表

敏感程度	判别依据		
	盐 化	酸 化	碱 化
敏感	建设项目所在地干燥度>2.5且常年地下水位平均埋深<1.5 m的地势平坦区域;或土壤含盐量>4 g/kg的区域	pH≤4.5	pH≥9.0
较敏感	建设项目所在地干燥度>2.5且常年地下水位平均埋深≥1.5 m的,或1.8<干燥度≤2.5且常年地下水位平均埋深<1.8 m的地势平坦区域;建设项目所在地干燥度>2.5或常年地下水位平均埋深<1.5 m的平原区;或2 g/kg<土壤含盐量≤4 g/kg的区域	4.5<pH≤5.5	8.5≤pH<9.0
不敏感	其他	5.5<pH<8.5	

注:"建设项目所在地干燥度"是指采用E601观测的多年平均水面蒸发量与降水量的比值,即蒸降比值。

根据土壤环境影响评价项目类别与土壤环境敏感程度分级结果,划分土壤环境影响评价工作等级,见表6-37。

表6-37 生态影响型评价工作等级划分表

项目类别 / 评价工作等级 / 敏感程度	Ⅰ类	Ⅱ类	Ⅲ类
敏感	一级	二级	三级
较敏感	二级	二级	三级
不敏感	二级	三级	—

注:"—"表示可不开展土壤环境影响评价工作。

2. 污染影响型项目工作等级划分依据

将建设项目占地规模分为大型(≥50 hm²)、中型(5～50 hm²)、小型(≤5 hm²),建设项目占地主要为永久占地。

建设项目所在地周边的土壤环境敏感程度分为敏感、较敏感、不敏感,判别依据见表6-38。

表 6 - 38　污染影响型敏感程度分级表

敏感程度	判别依据
敏感	建设项目周边存在耕地、园地、牧草地、饮用水水源地或居民区、学校、医院、疗养院、养老院等土壤环境敏感目标的
较敏感	建设项目周边存在其他土壤环境敏感目标的
不敏感	其他情况

根据土壤环境影响评价项目类别、占地规模与敏感程度划分评价工作等级,详见表 6 - 39。

表 6 - 39　污染影响型评价工作等级划分表

评价工作等级 / 敏感程度 \ 占地规模	Ⅰ类			Ⅱ类			Ⅲ类		
	大	中	小	大	中	小	大	中	小
敏感	一级	一级	一级	二级	二级	二级	三级	三级	三级
较敏感	一级	一级	二级	二级	二级	三级	三级	三级	—
不敏感	一级	二级	二级	二级	三级	三级	三级	—	—

注:"—"表示可不开展土壤环境影响评价工作。

建设项目同时涉及土壤环境生态影响型与污染影响型时,应分别判定评价工作等级,并按相应等级分别开展评价工作。当同一建设项目涉及两个或两个以上场地时,各场地应分别判定评价工作等级,并按相应等级分别开展评价工作。线性工程重点针对主要站场位置(如输油站、泵站、阀室、加油站、维修场所等)分段判定评价等级,并按相应等级分别开展评价工作。

6.10.5　土壤环境现状调查与评价

1. 基本原则与要求

土壤环境现状调查与评价工作应遵循资料收集与现场调查相结合、资料分析与现状监测相结合的原则。土壤环境现状调查与评价工作的深度应满足相应的工作级别要求,当现有资料不能满足要求时,应通过组织现场调查、监测等方法获取。建设项目同时涉及土壤环境生态影响型与污染影响型时,应分别按相应评价工作等级要求开展土壤环境现状调查,可根据建设项目特征适当调整、优化调查内容。工业园区内的建设项目,应重点在建设项目占地范围内开展现状调查工作,并兼顾其可能影响的园区外围土壤环境敏感目标。

2. 调查评价范围

调查评价范围应包括建设项目可能影响的范围,能满足土壤环境影响预测和评价要求;改、扩建类建设项目的现状调查评价范围还应兼顾现有工程可能影响的范围。建设项目(除线性工程外)土壤环境影响现状调查评价范围可根据建设项目影响类型、污染途径、气象条件、地形地貌、水文地质条件等确定并说明,或参考表 6 - 40 确定。

表 6 – 40　现状调查范围

评价工作等级	影响类型	调查范围①	
		占地②范围内	占地范围外
一级	生态影响型	全部	5 km 范围内
	污染影响型		1 km 范围内
二级	生态影响型		2 km 范围内
	污染影响型		0.2 km 范围内
三级	生态影响型		1 km 范围内
	污染影响型		0.05 km 范围内

注：① 涉及大气沉降途径影响的，可根据主导风向下风向的最大落地浓度点适当调整。② 矿山类项目指开采区与各场地的占地；改、扩建类的指现有工程与拟建工程的占地。

建设项目同时涉及土壤环境生态影响与污染影响时，应各自确定调查评价范围。危险品、化学品或石油等输送管线应以工程边界两侧向外延伸 0.2 km 作为调查评价范围。

3. 资料收集的内容与要求

根据建设项目特点、可能产生的环境影响和当地环境特征，有针对性收集调查评价范围内的相关资料，主要包括以下内容：

① 土地利用现状图、土地利用规划图、土壤类型分布图。

② 气象资料、地形地貌特征资料、水文及水文地质资料等。

③ 土地利用历史情况。

④ 与建设项目土壤环境影响评价相关的其他资料。

4. 土壤理化特性调查内容

在充分收集资料的基础上，根据土壤环境影响类型、建设项目特征与评价需要，有针对性地选择土壤理化特性调查内容，主要包括土体构型、土壤结构、土壤质地、阳离子交换量、氧化还原电位、饱和导水率、土壤容重、孔隙度等；土壤环境生态影响型建设项目还应调查植被、地下水位埋深、地下水溶解性总固体等。

评价工作等级为一级的建设项目，应给出带标尺的土壤剖面照片及其景观照片，根据土壤分层情况描述土壤的理化特性。

5. 影响源调查

应调查与建设项目产生同种特征因子或造成相同土壤环境影响后果的影响源。改、扩建的污染影响型建设项目，其评价工作等级为一级、二级的，应对现有工程的土壤环境保护措施情况进行调查，并重点调查主要装置或设施附近的土壤污染现状。

6. 现状监测

建设项目土壤环境现状监测应根据建设项目的影响类型、影响途径，有针对性地开展监测工作，了解或掌握调查评价范围内土壤环境现状。

（1）布点原则

土壤环境现状监测点布设应根据建设项目土壤环境影响类型、评价工作等级、土地利用类型确定，采用均布性与代表性相结合的原则，充分反映建设项目调查评价范围内的土壤环境现状，可根据实际情况优化调整。调查评价范围内的每种土壤类型应至少设置 1 个表层样监测点,应尽量设置在未受人为污染或相对未受污染的区域。

生态影响型建设项目应根据建设项目所在地的地形特征、地面径流方向设置表层样监测点。涉及入渗途径影响的,主要产污装置区应设置柱状样监测点,采样深度需至装置底部与土壤接触面以下的,根据可能影响的深度适当调整。涉及大气沉降影响的,应在占地范围外主导风向的上、下风向各设置 1 个表层样监测点,可在最大落地浓度点增设表层样监测点。涉及地面漫流途径影响的,应结合地形地貌,在占地范围外的上、下游各设置 1 个表层样监测点。线性工程应重点在站场位置(如输油站、泵站、阀室、加油站及维修场所等)设置监测点,涉及危险品、化学品或石油等输送管线的,应根据评价范围内土壤环境敏感目标或厂区内的平面布局情况确定监测点布设位置。

评价工作等级为一级、二级的改、扩建项目,应在现有工程厂界外可能产生影响的土壤环境敏感目标处设置监测点。涉及大气沉降影响的改、扩建项目,可在主导风向下风向适当增加监测点位,以反映降尘对土壤环境的影响。

建设项目占地范围及其可能影响区域的土壤环境已存在污染风险的,应结合用地历史资料和现状调查情况,在可能受影响最重的区域布设监测点;取样深度根据其可能影响的情况确定。建设项目现状监测点设置应兼顾土壤环境影响跟踪监测计划。

(2)现状监测点数量要求

建设项目各评价工作等级的监测点数不少于表 6-41 要求。

表 6-41　现状监测布点类型与数量

评价工作等级		占地范围内	占地范围外
一级	生态影响型	5 个表层样点[①]	6 个表层样点
	污染影响型	5 个柱状样点[②],2 个表层样点	4 个表层样点
二级	生态影响型	3 个表层样点	4 个表层样点
	污染影响型	3 个柱状样点,1 个表层样点	2 个表层样点
三级	生态影响型	1 个表层样点	2 个表层样点
	污染影响型	3 个表层样点	无现状监测布点类型与数量的要求

注:①表层样应在 0~0.2 m 取样。②柱状样通常在 0~0.5 m、0.5~1.5 m、1.5~3 m 分别取样,3 m 下每 3 m 取 1 个样,可根据基础埋深、土体构型适当调整。

生态影响型建设项目可优化调整占地范围内、外监测点数量,保持总数不变;占地范围超过 5 000 hm² 的,每增加 1 000 hm² 增加 1 个监测点。污染影响型建设项目占地范围超过 100 hm² 的,每增加 20 hm² 增加 1 个监测点。

(3)现状监测取样方法

表层样监测点及土壤剖面的土壤监测取样方法一般参照 HJ/T 166 执行,柱状样监测点和污染影响型改、扩建项目的土壤监测取样方法还可参照 HJ 25.1、HJ 25.2 执行。

(4)现状监测因子

土壤环境现状监测因子分为基本因子和建设项目的特征因子。

基本因子为 GB 15618、GB 36600 中规定的基本项目,分别根据调查评价范围内的土地利用类型选取。评价工作等级为一级的建设项目,应至少开展 1 次现状监测;评价工作等级为二级、三级的建设项目,若掌握近 3 年至少 1 次的监测数据,可不再进行现状监测;引用监测数据应说明数据有效性。

特征因子为建设项目产生的特有因子,应至少开展 1 次现状监测。

既是特征因子又是基本因子的,按特征因子对待。

7. 现状评价

（1）评价标准

根据调查评价范围内的土地利用类型,分别选取 GB 15618、GB 36600 等标准中的筛选值进行评价,土地利用类型无相应标准的可只给出现状监测值。评价因子在 GB 15618、GB 36600 等标准中未规定的,可参照行业、地方或国外相关标准进行评价,无可参照标准的可只给出现状监测值。土壤盐化、酸化、碱化等的分级标准参见表 6-42 和表 6-43。

表 6-42　土壤盐化分级标准

分级	土壤含盐量(SSC)/(g·kg⁻¹)	
	滨海、半湿润和半干旱地区	干旱、半荒漠和荒漠地区
未盐化	SSC<1	SSC<2
轻度盐化	1≤SSC<2	2≤SSC<3
中度盐化	2≤SSC<4	3≤SSC<5
重度盐化	4≤SSC<6	5≤SSC<10
极重度盐化	SSC≥6	SSC≥10

注:根据区域自然背景状况适当调整。

表 6-43　土壤酸化、碱化分级标准

土壤 pH 值	土壤酸化、碱化强度	土壤 pH 值	土壤酸化、碱化强度
pH<3.5	极重度酸化	8.5≤pH<9.0	轻度碱化
3.5≤pH<4.0	重度酸化	9.0≤pH<9.5	中度碱化
4.0≤pH<4.5	中度酸化	9.5≤pH<10.0	重度碱化
4.5≤pH<5.5	轻度酸化	pH≥10.0	极重度碱化
5.5≤pH<8.5	无酸化或碱化		

注:土壤酸化、碱化强度指受人为影响后呈现的土壤 pH 值,可根据区域自然背景状况适当调整。

（2）评价方法

土壤环境质量现状评价应采用标准指数法,并进行统计分析,给出样本数量、最大值、最小值、均值、标准差、检出率、超标率和最大超标倍数等。

对照表 6-42 和表 6-43 给出各监测点位土壤盐化、酸化、碱化的级别,统计样本数量、最大值、最小值和均值,并评价均值对应的级别。

6.10.6　土壤环境影响预测与评价

1. 基本原则与要求

土壤环境影响预测与评价,应根据影响识别结果与评价工作等级,结合当地土地利用规划确定影响预测的范围、时段、内容和方法。选择适宜的预测方法,预测评价建设项目各实施阶段不同环节与不同环境影响防控措施下的土壤环境影响,给出预测因子的影响范围与程度,明确建设项目对土壤环境的影响结果。应重点预测评价建设项目对占地范围外土壤环境敏感目标的累积影响,并根据建设项目特征兼顾对占地范围内的影响预测。土壤环境影响分析可定性或半定量地说明建设项目对土壤环境产生的影响及趋势。建设项目导致土壤潜育化、沼泽化、潴育化和土地沙漠化等影响的,可根据土壤环境特征,结合建设项目特点,分析土壤环境可能受到影响的范围和程度。

土壤环境影响预测评价范围一般与现状调查评价范围一致,根据建设项目土壤环境影响识别结果,确定重点预测时段,在影响识别的基础上,根据建设项目特征设定预测情景。

污染影响型建设项目应根据环境影响识别出的特征因子选取关键预测因子。可能造成土壤盐化、酸化、碱化影响的建设项目,分别选取土壤盐分含量、pH 值等作为预测因子。

2. 预测与评价方法

土壤环境影响评价标准采用 GB 15618、GB 36600,或《环境影响评价技术导则 土壤环境》附录 D 和附录 F。

土壤环境影响预测与评价方法应根据建设项目土壤环境影响类型与评价工作等级确定。可能引起土壤盐化、酸化、碱化等影响的建设项目,其评价工作等级为一级、二级的,预测方法可参见《环境影响评价技术导则 土壤环境》附录 E、附录 F 或进行类比分析。

污染影响型建设项目,其评价工作等级为一级、二级的,预测方法可参见《环境影响评价技术导则 土壤环境》附录 E 或进行类比分析;占地范围内还应根据土体构型、土壤质地、饱和导水率等分析其可能影响的深度。评价工作等级为三级的建设项目,可采用定性描述或类比分析法进行预测。

3. 预测评价结论

(1) 土壤环境影响可接受

以下情况可得出建设项目土壤环境影响可接受的结论:

① 建设项目各不同阶段,土壤环境敏感目标处且占地范围内各评价因子均满足 GB 15618、GB 36600,以及《环境影响评价技术导则 土壤环境》附录 D 和附录 F 中相关标准要求的。

② 生态影响型建设项目各不同阶段,出现或加重土壤盐化、酸化、碱化等问题,但采取防控措施后,可满足相关标准要求的。

③ 污染影响型建设项目各不同阶段,土壤环境敏感目标处或占地范围内有个别点位、层位或评价因子出现超标,但采取必要措施后,可满足 GB 15618、GB 36600 或其他土壤污染防治相关管理规定的。

(2) 土壤环境影响不可接受

以下情况不能得出建设项目土壤环境影响可接受的结论:

① 生态影响型建设项目:土壤盐化、酸化、碱化等对预测评价范围内土壤原有生态功能造成重大不可逆影响的。

② 污染影响型建设项目各不同阶段,土壤环境敏感目标处或占地范围内多个点位、层位或评价因子出现超标,采取必要措施后,仍无法满足 GB 15618、GB 36600 或其他土壤污染防治相关管理规定的。

6.10.7 土壤环境保护措施与对策

1. 基本要求

土壤环境保护措施与对策应包括:保护的对象、目标、措施的内容、设施的规模及工艺、实施部位和时间、实施的保证措施、预期效果的分析等,在此基础上估算(概算)环境保护投资,并编制环境保护措施布置图。

在建设项目可行性研究提出的影响防控对策基础上,结合建设项目特点、调查评价范围内的土壤环境质量现状,根据环境影响预测与评价结果,提出合理、可行、操作性强的土壤环境影响防控措施。

改、扩建项目应针对现有工程引起的土壤环境影响问题,提出"以新带老"措施,有效减轻影响程度或控制影响范围,防止土壤环境影响加剧。

涉及取土的建设项目,所取土壤应满足占地范围对应的土壤环境相关标准要求,并说明其来源;弃土应按照固体废物相关规定进行处理处置,确保不产生二次污染。

2. 建设项目环境保护措施

(1)土壤环境质量现状保障措施

对于建设项目占地范围内的土壤环境质量存在点位超标的,应依据土壤污染防治相关管理办法、规定和标准,采取有关土壤污染防治措施。

(2)源头控制措施

生态影响型建设项目应结合项目的生态影响特征、按照生态系统功能优化的理念、坚持高效适用的原则提出源头防控措施。

污染影响型建设项目应针对关键污染源、污染物的迁移途径提出源头控制措施,并与HJ2.2、HJ 2.3、HJ 19、HJ 169、HJ 610 等标准要求相协调。

(3)过程防控措施

建设项目根据行业特点与占地范围内的土壤特性,按照相关技术要求采取过程阻断、污染物削减和分区防控措施。

对于生态影响型项目,涉及酸化、碱化影响的可采取相应措施调节土壤 pH 值,以减轻土壤酸化、碱化的程度;涉及盐化影响的,可采取排水排盐或降低地下水位等措施,以减轻土壤盐化的程度。

对于污染影响型项目,涉及大气沉降影响的,占地范围内应采取绿化措施,以种植具有较强吸附能力的植物为主;涉及地面漫流影响的,应根据建设项目所在地的地形特点优化地面布局,必要时设置地面硬化、围堰或围墙,以防止土壤环境污染;涉及入渗途径影响的,应根据相关标准规范要求,对设备设施采取相应的防渗措施,以防止土壤环境污染。

3. 土壤环境跟踪监测

土壤环境跟踪监测措施包括制定跟踪监测计划和建立跟踪监测制度,以便及时发现问题,采取措施。

土壤环境跟踪监测计划应明确监测点位、监测指标、监测频次以及执行标准等。监测点位应布设在重点影响区和土壤环境敏感目标附近,监测指标应选择建设项目特征因子。评价工作等级为:一级的建设项目一般每 3 年内开展 1 次监测工作,二级的建设项目每 5 年内开展 1 次监测工作,三级的建设项目必要时可开展跟踪监测。生态影响型建设项目跟踪监测应尽量在农作物收割后开展。

监测计划应包括向社会公开的信息内容。

6.10.8　土壤环境评价结论

填写土壤环境影响评价自查表,概括建设项目的土壤环境现状、预测评价结果、防控措施及跟踪监测计划等内容,从土壤环境影响的角度,总结项目建设的可行性。

思考题

1. 简述环境影响评价原则和工作程序。
2. 简述建设项目环境影响评价技术导则体系构成。
3. 简述环境影响报告书(表)的编制要求。
4. 如何进行环境影响因素识别及评价因子筛选?
5. 如何确定环境影响评价工作等级和范围?
6. 简述工程分析的基本要求、内容及方法。
7. 简述环境现状调查与评价的基本要求。
8. 简述环境影响预测与评价的基本要求。
9. 简述环境保护措施可行性论证、环境经济损益分析、环境管理与监测的要求。
10. 简述环境影响评价结论内容。
11. 简述大气污染物分类方式。
12. 如何进行大气环境影响因素识别及评价因子筛选?
13. 如何确定大气环境影响评价标准、评价范围和评价等级?
14. 简述环境空气保护目标调查内容。
15. 简述环境空气质量现状调查内容和数据来源,以及现状补充监测的要求。
16. 简述项目所在区域环境空气质量达标判断方法。
17. 简述各大气污染物环境质量现状评价内容。
18. 环境空气保护目标和网格点环境质量浓度如何计算?
19. 简述不同等级评价项目大气污染源调查内容、污染源数据来源与要求。
20. 简述大气环境影响预测范围确定和预测模型选取原则。
21. 简述大气环境影响预测方法。
22. 简述评价项目在大气环境质量达标区和不达标区的预测与评价内容。
23. 简述区域规划大气环境预测与评价内容。
24. 简述不同评价对象或排放方案的大气环境影响预测内容和评价要求。
25. 简述大气环境影响叠加方法。
26. 简述保证率日平均质量浓度计算方法。
27. 简述区域大气环境质量变化评价方法。
28. 如何确定大气环境防护距离?
29. 简述大气污染控制措施有效性分析与方案比选内容。
30. 简述大气污染物排放量核算内容和方法。
31. 简述大气环境影响评价结果表达的图表与内容要求。
32. 简述大气污染源和环境质量监测计划的要求和内容。
33. 简述大气环境影响评价结论与建议的内容与要求。
34. 简述大气环境影响评价基本内容与图表要求。
35. 简述地表水环境影响评价的基本任务和工作程序。
36. 简述建设项目地表水环境影响因素识别与评价等级确定的依据。

37. 简述水污染型建设项目和水文要素影响型建设项目地表水环境影响因子筛选、评价等级和评价范围的确定。

38. 简述建设项目地表水环境影响评价时期和评价标准的确定。

39. 如何确定水环境保护目标？

40. 简述地表水环境现状调查与评价的总体要求。

41. 如何确定地表水环境现状调查的范围、因子、时期、内容和方法？

42. 简述不同评价等级水污染型建设项目污染源调查要求。

43. 简述水环境质量现状、水资源现状和水文情势调查的要求。

44. 简述地表水补充监测的要求、内容、监测布点与采样频率。

45. 简述地表水环境现状评价内容和水质达标状况评价方法。

46. 简述建设项目地表水环境影响预测的总体要求、预测因子、范围、预测时期。

47. 简述建设项目地表水环境影响预测情景和预测内容。

48. 简述河流数学模型和湖库数学模型的适用条件。

49. 简述地表水环境影响预测常用数学模型及模型概化。

50. 简述地表水环境影响预测的基础数据要求。

51. 简述地表水环境影响模型预测的初始条件和边界条件。

52. 如何确定地表水环境影响模型预测污染负荷？

53. 简述地表水环境影响模型参数确定与模型验证要求。

54. 简述地表水环境影响预测点位设置要求。

55. 简述地表水环境影响模型预测结果的合理性分析。

56. 简述不同评价等级建设项目的地表水环境影响评价内容。

57. 简述地表水环境影响评价要求。

58. 简述水污染源排放量核算的一般要求。

59. 简述直接排放建设项目水污染源排放量核算。

60. 如何确定生态流量？简述河流、湖库生态流量的计算、综合分析与确定。

61. 简述地表水环境保护措施与监测计划的一般要求和内容。

62. 简述地表水环境影响评价结论的内容与要求。

63. 简述地下水环境影响评价的一般性原则和基本任务。

64. 简述地下水环境影响评价的工作程序和各阶段主要工作内容。

65. 简述建设项目地下水环境影响识别的基本要求、方法和内容。

66. 简述地下水环境敏感程度分级要求。

67. 如何划分地下水环境影响评价工作等级？简述不同评价工作等级评价要求。

68. 简述建设项目地下水环境现状调查与评价的原则和范围确定的方法与要求。

69. 简述水文地质条件调查的主要内容。

70. 简述地下水污染源调查的内容与要求。

71. 简述地下水环境现状监测井点布设原则与要求。

72. 简述环境水文地质勘察与试验的内容。

73. 简述地下水水质样品采集与现场测定的方法要求。

74. 简述不同评价工作等级地下水环境现状监测频率的要求。

75. 简述地下水水质现状监测因子及评价内容。

76. 简述地下水环境影响预测的原则、范围、时段的划分及情景设置。

77. 简述建设项目地下水环境影响预测因子的选取要求。

78. 简述不同评价工作等级应采用的地下水环境影响预测方法及其适用条件。

79. 简述地下水环境影响预测源强的确定方法。

80. 简述地下水环境影响预测模型概化。

81. 简述地下水环境影响的预测内容。

82. 简述建设项目地下水环境影响评价的原则与方法、评价结论的判定要求。

83. 简述地下水环境保护措施与对策的基本要求。

84. 简述建设项目地下水污染防控对策的内容及要求。

85. 简述地下水环境监测与管理的内容及要求。

86. 简述地下水环境影响评价结论的内容。

87. 简述声环境影响评价的基本任务。

88. 简述声环境影响评价类别、评价时段划分原则。

89. 简述声环境质量评价量、声源源强表达量、厂界(场界、边界)噪声评价量及应用条件。

90. 简述声环境影响评价工作等级的划分原则。

91. 简述各等级声环境影响评价工作的基本要求和评价范围的确定原则。

92. 简述声环境现状调查的主要内容,以及不同条件下声环境现状监测布点原则。

93. 简述声环境现状监测标准,以及声环境现状评价的主要内容。

94. 简述声环境影响预测范围和预测点的确定原则。

95. 简述声环境影响预测需要的基础资料、声源源强数据获得的途径及要求。

96. 简述飞机噪声计权等效连续感觉噪声级计算有关参量含义。

97. 简述简化声源的条件和方法。

98. 简述引起户外声传播声级衰减的主要因素,分析简化声源几何发散衰减规律。

99. 简述不同运行时间声源噪声的叠加方法。

100. 简述典型建设项目噪声影响预测参数、预测内容及预测模式中相关参量的含义。

101. 简述声环境影响评价的主要内容。

102. 简述制定噪声防治措施要求,以及噪声污染的规划防治对策和技术防治措施。

103. 简述典型建设项目的噪声污染防治措施。

104. 简述生态影响评价的原则、生态影响评价工作等级的划分与调整原则。

105. 简述生态影响评价工作范围的确定原则、生态影响判定的依据。

106. 简述生态影响评价工程分析的内容、涵盖时段和重点。

107. 简述不同评价工作等级生态现状调查的要求。

108. 简述生态背景调查的方法和内容,以及主要生态问题调查的内容。

109. 简述生态影响评价图件规范和要求。

110. 简述生态影响预测与评价的内容和方法。

111. 简述生态影响的防护、恢复与补偿原则。

112. 简述替代方案的类型及基本要求。

113. 简述生态保护措施应包括的基本内容。

114. 简述规划环境影响评价技术导则的体系构成。

115. 简述规划环境影响评价的目的和原则。

116. 简述规划环境影响评价范围的确定原则、评价工作流程和评价方法。

117. 简述规划分析的基本要求以及规划概述的内容与要求。

118. 如何进行规划分析？简述规划协调性分析、规划不确定性分析的内容与要求。

119. 简述现状调查、分析与评价要求，分析其制约因素。

120. 简述环境调查与评价的方式和方法。

121. 简述环境影响识别与评价指标体系构建的基本要求。

122. 简述环境影响识别、重大不良环境影响判别的原则。

123. 简述规划环境影响预测与评价的基本要求、内容、方式和方法。

124. 简述规划方案环境合理性论证和可持续发展论证的要求。

125. 简述不同类型规划方案综合论证的重点。

126. 应对规划方案提出明确优化调整建议的主要情形。

127. 简述规划环境影响减缓对策和措施的基本要求和内容。

128. 简述对规划方案内具体建设项目的评价内容要求。

129. 简述跟踪评价的要求及评价内容。

130. 简述规划环境影响评价结论的内容，概括环境影响报告书和规划环境影响篇章（或说明）应包括的主要内容。

131. 简述环境风险评价的工作程序和工作内容。

132. 简述环境风险评价工作等级划分的原则、评价范围的确定原则。

133. 简述建设项目风险源和环境敏感目标调查的内容。

134. 简述环境风险潜势划分的方法。

135. 简述危险物质及工艺系统危险性和环境敏感程度的分级确定原则。

136. 简述风险识别的内容、方法和结果。

137. 简述风险事故情形设定的内容与原则。

138. 简述源项分析和确定事故源强的方法。

139. 简述风险预测和环境风险评价的内容。

140. 简述环境风险管理目标和防范措施，以及突发环境事件应急预案编制要求。

141. 简述环境风险评价结论与建议的内容。

142. 简述验收调查的工作程序、验收调查时段和范围。

143. 简述验收调查标准和指标及运行工况要求。

144. 简述环境敏感目标调查和工程调查的内容及要求。

145. 简述环境保护措施落实情况调查的内容及要求。

146. 简述生态影响调查的内容、方法及调查结果分析的主要内容。

147. 简述水环境、大气环境、声环境及固体废物影响调查、监测内容。

148. 简述土壤环境影响评价的一般性原则、基本任务、工作程序。

149. 简述土壤环境影响评价各阶段主要工作内容。

150. 简述土壤环境影响识别的基本要求和识别内容。

151. 简述土壤环境影响评价工作的等级划分和划分依据。

152. 简述土壤环境现状调查与评价的基本原则与要求。

153. 简述建设项目土壤环境影响现状调查的评价范围，以及资料收集的内容与要求。

154. 简述土壤理化特性和影响源的调查内容与要求。

155. 简述土壤环境现状监测的布点原则、现状监测点数量要求、取样方法、监测因子和频次要求。

156. 简述土壤环境现状评价标准和评价方法。

157. 简述土壤环境预测与评价的基本原则、要求、评价标准和评价方法。

158. 简述预测评价范围、时段、情景设置、预测因子确定的原则，以及评价结论要求。

159. 简述土壤环境保护措施与对策的基本要求。

160. 简述土壤环境跟踪监测的内容。

161. 简述土壤环境影响评价结论内容的要求。

162. 名词解释：点声源、线声源、面声源、环境噪声、敏感目标、背景值、贡献值、生态影响、生态敏感区、环境目标、环境敏感区、重点生态功能区、生态系统完整性、规划不确定性、累积环境影响、跟踪评价、环境风险、环境风险潜势、风险源、危险物质、危险单元、最大可信事故、大气毒性终点浓度、土壤环境、土壤环境生态影响、土壤环境污染影响、土壤环境敏感目标。

第7章 案例分析

7.1 概　述

环境影响评价案例分析,综合了环境影响评价相关法律法规、技术导则与标准、技术方法,主要内容包括:

① 相关法律法规的运用和政策、规划的符合性分析。建设项目环境影响评价中采用的相关法律法规的适用性分析;建设项目与环境政策的符合性分析;建设项目与主体功能区规划、环境保护规划和环境功能区划的符合性分析;规划环境影响评价文件与审查意见对建设项目的约束性分析。

② 项目分析。分析建设项目施工期和运营期环境影响的因素和途径,识别产污环节、污染因子和污染物特性,核算物耗、水耗、能耗和主要污染物源强;分析计算改扩建及异地搬迁工程污染物排放量变化;评价污染物达标排放情况;分析废物处理处置合理性。

③ 环境现状调查与评价。判定评价范围内环境敏感区;制定环境现状调查与监测方案;分析环境现状调查资料、监测数据的代表性和有效性;评价环境质量现状。

④ 环境影响识别、预测与评价。识别环境影响因素与筛选评价因子;选用评价标准;确定评价工作等级和评价范围;确定环境要素评价专题的主要内容;选择、运用预测模式与评价方法;预测和评价环境影响(含非正常工况)。

⑤ 环境风险评价。识别重大危险源并描述可能发生的环境风险事故;提出减缓和消除事故环境影响的措施。

⑥ 环境保护措施分析。分析污染控制措施的技术经济可行性;分析生态影响防护、恢复与补偿措施的技术经济可行性;制订环境管理与监测计划。

⑦ 环境可行性分析。分析不同工程方案(选址、规模、工艺等)环境比选的合理性;论证建设项目环境可行性分析的完整性;判断环境影响评价结论的正确性。

⑧ 建设项目竣工环境保护验收调查。检查建设项目污染防治设施和生态保护措施的落实情况与经批准的环境影响评价文件及其审批文件的相符性;检查环境保护措施的有效性和污染防治设施运行的效果;判断环境保护补救措施的合理性;确定建设项目竣工环境保护验收调查的重点;判断建设项目竣工环境保护验收调查结论的正确性。

⑨ 规划环境影响评价。分析规划的环境协调性;判断规划实施后影响环境的主要因素及可能产生的主要环境问题;分析环境影响减缓措施的合理性和有效性;综合论证规划的环境合理性并提出规划优化调整建议;结合规划环境影响评价工作成果提出对规划所包含的建设项目环境影响评价的指导意见。

7.2 规划环境影响评价

案例1 煤矿矿区规划环评

【素材】

某矿区位于内蒙古,矿区煤炭资源分布面积广,煤层赋存稳定,是适宜露天和井工开采的特大型煤田,是我国重要的能源基地。矿区东西长 40 km,南北宽 35 km,规划面积 960 km²,均衡生产服务年限为 100 年。境界内地质储量 19 669 Mt,主采煤层平均厚度 10.65 m,其中露天开采储量 14 160 Mt,井工开采储量 5 509 Mt,另外还有后备区 1 070 Mt,暂未利用储量 1 703 Mt。为合理开发煤炭资源,拟定该矿区开发规划,包括井田划分方案,煤炭洗选及加工转化规划,矿区地面设施规划(矿井及选煤厂、附属企业、铁路专用线、瓦斯电厂、煤矸石综合利用电厂等),矿区给排水规划和环境保护规划等。

目前,该矿区内已有一座露天矿在生产。区内有一条河流过,矿区地处中纬度的西风带,属半干旱大陆性气候,草原面积占 97.3%,森林覆盖率 1.23%。多年来,由于干旱、大风和过度放牧等因素的影响,保护区的生态环境十分恶劣,沙化、退化草场所占比例扩展到 64%。特别是近几年来,由于连续遭受干旱、沙尘暴等自然灾害,有的地方连续两年寸草不生。水资源短缺,地下水补给主要靠大气降水和地表水渗入。

【问题及参考答案】

1. 列出该规划环评的主要保护目标。

根据矿区周边的自然环境特征、人文特点和环境功能要求,该区环境保护目标为矿区生态环境、区域地表水环境、区域地下水环境、环境空气、声环境、社会环境、固体废物、资源与能源。使之满足相应的功能区划,矿区与区域社会持续协调发展,固体废物最小量化、减量化及资源化,资源与能源消耗总量实现减量化,更多地使用可再生资源和能源,并根据单项工程的具体进度确定各环境要素在不同阶段的保护目标。

2. 列出该规划环评的主要评价内容。

主要评价内容包括:总则,规划分析,规划区域环境现状调查与评价,环境影响识别与评价指标体系,环境影响预测与评价,环境容量与污染物总量控制,规划方案综合论证和优化调整建议,环境影响减缓措施,环境影响跟踪评价,公众参与,环境管理和监测计划。

3. 列出该评价的重点。

(1) 在区域自然环境资源现状调查和环境质量评价的基础上,对开发区环境现状、环境承载能力、环境影响进行分析,识别制约该地区经济发展的主要环境因素,提出对策和措施。

(2) 根据矿区发展目标和方案,识别规划区的开发活动可能带来的主要环境影响以及可能制约开发区发展的环境因素,并提出对策和措施。

(3) 从环境保护角度论证规划项目建设,包括能源开发,资源综合利用,污染集中治理设施的规模、工艺、布局的合理性。

(4) 对拟议的规划建设项目(包括土地利用规划、环境功能区划、产业结构与布局、发展规模、基础设施建设、环保设施建设等)进行环境影响分析和综合论证,提出完善规划的建议和对策。

（5）提出大气污染物总量控制方案。

（6）制定区域环境保护宏观战略规划和区域环境保护与生态建设规划。

将评价要素中的生态环境、水环境和环境保护对策作为本次评价工作的重点。

4. 矿区内河流已无环境容量,应如何利用污废水?

尽量做到废水零排放,疏干水要求资源化利用;生活污水经过处理后回用于各生产环节;实在用不完的疏干水和生活污水就近送往其他需水项目供利用;根据该区域自然环境的特点,采用人工或天然氧化塘处理污废水,满足相关标准后进行回用。

5. 应从哪几方面进行矿区总体规划的合理性论证?

（1）矿区规划的资源可行性。

（2）矿区规划与城市总体规划的合理布局分析。

（3）总体规划主体项目与国家产业政策一致性分析。

（4）经济与社会环境协调性分析。

案例 2　工业园规划环评项目

【素材】

A 市拟在该市西北方向 10 km 处建设规划面积为 5 500 亩的"向日葵工业园",它是经 A 市所在的 B 省人民政府批准的省级开发区。该工业园区以绿色食品加工、轻纺服装、机械电子、新型建材与电子加工行业为主导产业。工业园区规划布局:北部为轻纺服装、新型建材企业的厂房区;南部主要为产业服务区板块,含工业园管理区、公共服务设施、商业金融、医疗卫生、居住用地等;东部规划为绿色食品加工、电子行业加工区板块。根据工业园规划,入园各企业均自建燃煤锅炉进行供热。图 7 - 1 所示为向日葵工业园园区规划图。

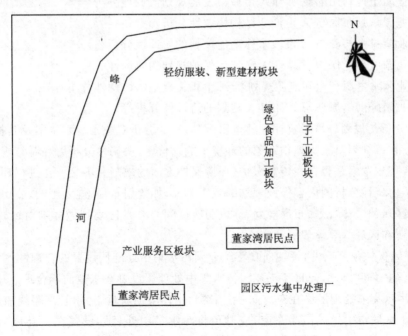

图 7 - 1　向日葵工业园园区规划图

向日葵工业园西北方向 2 km 处为峰河,该河无划定饮用水水源保护区及游泳区。峰河为 A

市城区排水及向日葵工业园排水最终受纳水体。峰河全长 656 km,集水面积为 45 220 km²,河段弯曲系数为 0.68,平均比降为 0.3‰。峰河 A 市段每年高水位期在 7—8 月,低水位期在 12 月到翌年 2 月,常年径流量平均 $3.95×10^{10}$ m³,最高径流量 $6.54×10^{10}$ m³,最低径流量 $1.80×10^{10}$ m³;枯水期段平均流量为 270 m³/s。

根据工业园规划内容,向日葵工业园东南向拟建设园区污水集中处理厂,处理规模为 $2.5×10^4$ t/d。该工业园所在区域属典型的北亚热带大陆性季风气候,四季分明,光照充足,雨量充沛。A 市的城市主导风向为 ES。园区周边目前有少量分散的董家湾居民点。主要植被为高大茂密的落叶阔叶林和常绿针叶林,其树种主要为水杉、池杉、椿、槐、杨、油茶、南茶、柑橘、乌桕、板栗、梨、柿、桑等。农作物有水稻、小麦、油菜、棉花、芝麻等。

向日葵工业园主要环境敏感目标如表 7-1 所列。

表 7-1 向日葵工业园主要环境敏感目标

保护对象	性 质	位置关系
A 市市区	行政、商贸、文化教育、集中居住区域	工业园区东南 10 km
峰河	地表水Ⅲ类水体	紧邻工业园东南侧,为 A 市城市污水及工业园排水最终水体
工业园区周边	董家湾居民点(非集中)	工业园区周边

【问题及参考答案】

1. 在工业园规划与城市发展规划协调性分析中,应包括哪些主要内容?

在工业园规划与城市发展规划协调分析中,应包括的主要内容有以下几个方面:

(1)工业园土地利用的规划与 A 市城市发展规划协调性分析。

(2)工业园规划布局与 A 市产业结构协调性分析。

(3)工业园排水与峰河 A 市段水体功能区划的协调性分析。

(4)工业园区环境保护规划与 A 市环境保护规划的协调性分析。

(5)工业园水资源利用和能源规划与 A 市相关规划的协调性分析等。

(6)工业园区供热规划与 A 市相关规划的协调性分析等。

协调性分析是规划环境影响评价的重要部分,它的分析对象是规划草案及其相关政策、法规、规划等。在以规划草案为评估对象的环境影响评价中,协调性分析解释制订规划草案的政策背景,检查规划草案是否存在资源保护、环境保护方面的缺陷和不足。在进行环境影响评价时,规划环境协调性分析的内容涉及规划的各个方面,如规划布局、规划影响、公用配套等。将开发区所在区域的总体规划、布局规划、环境功能区划与开发区规划做详细对比,分析开发区规划是否与所在区域的总体规划相容。

2. 从环境保护角度出发,评述向日葵工业园污水集中处理厂设置的合理性。

从环境保护角度出发,向日葵工业园污水集中处理厂设置在东南向不合理。理由如下:

(1)将污水集中处理厂设在东南向,距离纳污水体峰河较远,污水管网路线铺设较长。

(2)A 市的城市主导风向为东南,应避免将污水集中处理厂设置在主导风向的上风向。若将污水处理厂布置在园区西北向,就可避免污水处理厂恶臭气体对工业园区及家湾居民点的影响。

3. 若在工业园里设一个电镀基地,那么在本环评报告书中还应该增加哪些内容?

若在工业园里建设一个电镀基地,则在本环评报告书中还应该增加下列内容:

(1) 电镀基地与工业园布局规划的协调性分析。

(2) 对电镀基地在工业园的选址合理性进行分析。

(3) 电镀基地必须单独建设污水处理设施,提高污水的回用率及重复使用率,并且加强污水管网防渗防漏措施等方面的分析。

(4) 处理后的电镀废水对向日葵工业园集中污水处理厂的废水接纳能力及水质的冲击影响分析。

(5) 提出对电镀基地生产产生的酸性气体(主要为酸电解除锈工艺中产生的硫酸酸雾、镀铬时产生的铬酸雾、中和工段挥发的 HCl)的控制减缓措施。

(6) 对电镀基地周边土壤重金属本底进行监测。

(7) 提出对电镀基地污泥的安全处置措施。

(8) 对工业园区设置卫生防护距离可行性的分析。

4. 请根据题目提供的素材提出向日葵工业园规划布局调整建议。

向日葵工业园规划布局调整建议如下:

(1) 建议污水处理厂的位置布置在园区的西北向。

(2) 工业园供热企业不能自建燃煤锅炉,应该由工业园采用集中供热,建设供热电厂,并使用天然气、柴油等清洁能源。

(3) 尽量将产生污染较大的企业布置在工业园以北的地块,将污染较小的企业布置在工业园以东的地块。

(4) 将位于污水集中处理厂下风向处的董家湾居民搬迁,避免其受污水处理厂臭气的影响。

(5) 建材等污染大的行业设置足够的卫生防护距离和绿化带,必要时可对企业厂区总图布置进行调整,避免或减缓企业排污对董家湾居民生活或其他对环境条件要求较高的企业产生影响。

(6) 污水处理厂处理后的中水考虑回用。

7.3 污染型建设项目

案例 1 化学原料药生产项目

【素材】

某原料药生产项目选址在某市化工园区,该化工园区地处平原地区,主要规划为化工和医药工业区,属于环境功能二类区。北面距市区最近距离约 20 km,西面和北面约 5 km 处各有一个村庄,东面距离海岸线最近距离 3.5 km。区内污水进入城镇集中二级污水处理厂,处理达标后排往某河道,该河道执行地表水Ⅵ类水体功能。

项目符合国家产业政策,生产吡虫啉、多菌灵等原药药物。项目建设内容主要包括:生产车间一座,冷却水循环系统,消防水池,供排水系统,供电系统,废水处理站,锅炉烟气处理设施等。项目废水排放量 90 吨/天,属酸性有机废水,并含有一些难降解毒性物质等;排放的特征废气污染物包括:氯化氢、氯气、丙烯醛、丙烯腈等;项目排放的固体废物主要是工艺中的釜残和废中间产物等。

【问题及参考答案】

1. 项目可能产生的主要环境影响因素和可能导致的环境问题是什么?

建设项目对环境的影响主要取决于两个方面,一方面是建设项目的工程特点,另一方面是项目所在地的环境特征。污染影响型建设项目环境影响识别一般采用列表清单和矩阵法。两者的基本原理一致:首先分析项目产生哪些污染物(废水、废气、噪声、固体废物等)或影响因子(生态等),这些污染物或影响因子的强度如何、去向如何,再分析相应的环境要素(大气环境、水环境、声环境、土壤、地下水环境及生态环境等)的影响及程度。

该项目为医药原料药项目,污染排放比较复杂。大气污染物排放包括锅炉烟气和工艺废气(氯化氢、氯气、丙烯醛、丙烯腈等),如控制治理不当,有可能影响环境空气质量或造成异味影响;废水中有机物、氨氮、总磷浓度高,呈酸性,水质复杂,毒性大,如不达标排放,会给地表水带来严重污染;固体废物多属于危险废物,处置不当会对土壤、地下水、地表水和环境空气产生严重影响。项目噪声源不大,可控制到厂界,对外环境影响不大。项目使用较多危险化学品,一旦发生事故,会有大量有毒气体泄露和事故废水排放,存在环境风险。

作为医药原料药类项目,不可忽视异味影响和环境风险。环境风险包括危险物质和重大危险源识别,调查并列出制药建设项目原辅材料、产品及中间产品的易燃、易爆、有毒物理化学性质,主要包括:闪点($^{\circ}$C)、沸点($^{\circ}$C)、自燃点($^{\circ}$C)、爆炸极限(%(V))、半数致死量(LD_{50})(mg/kg)、半数致死浓度(LC_{50})(mg/m^3)、立即威胁生命与健康浓度(IDLH)(mg/m^3)、车间空气中有害物质的最高允许浓度(MAC)(mg/m^3)。按照《危险化学品重大危险源辨识》(GB 18218—2018)和《建设项目环境风险评价技术导则》(HJ/T 169—2018),对制药建设项目进行工艺单元划分,判断各工艺单元是否属重大危险源。根据重大危险源识别和同类装置环境风险事故调查结果,确定制药建设项目的最大可信事故。重点确定大气环境风险最大可信事故源项,对于泄漏事故应包括:事故设备、设备正常工况的操作参数、事故工况描述、污染物泄漏速率、泄漏时间、蒸发速率、源项高度。预测最不利气象条件下,环境空气中污染物浓度超过 LC_{50}、IDLH、MAC 范围,对受影响人口数量进行分析。

2. 项目排水系统、废水处理设施应采取哪些应急措施避免事故废水对地表水的重大环境影响?

如果在污水处理设施出现故障或事故情况下直接排放,会对水体造成严重影响。在发生火灾等事故状态下,消防废水也会含有酸和一些有机物,且浓度较高。因此,应该确保项目污水装置的处理能力、保障调节池的容量,设置监控池或根据消防水量的预测,设立功能和容量满足要求的消防水收集系统和事故应急水池。各清水、污水、雨水管网的最终排放口与外部水体间应安装切断设施和切换到事故应急水池的设施,储罐区应设置围堰等。

医药类项目与化工项目有着相似之处,都使用大量的化学药品,多为有毒有害或易燃易爆物质,事故隐患评价应该包含在环境影响评价之中。事故废水对环境的影响和防范措施在实际环评工作中已经成为重点,可根据《环境风险排查技术重点》的有关内容回答。主要把握事故废水(尤其是消防废水)中含有哪些有毒有害物质,其排放后会造成何种程度的影响,事故废水向外环境排放的切断措施、收集措施和处理处置措施。

减缓和消除事故环境影响的措施,主要应从最大可信事故一旦发生对环境的危害后果最低来考虑,一般应从事前和事后两方面考虑。事前主要考虑选址避开环境敏感目标,如人口保护区、重点保护的水域等,并制定事故风险防范措施;事后主要考虑应急预案,不仅要以避免人

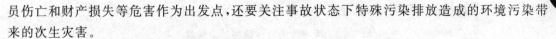

员伤亡和财产损失等危害作为出发点,还要关注事故状态下特殊污染排放造成的环境污染带来的次生灾害。

3. 如何分析该项目选址的合理性?

选址是制约化工项目环评审批的重要因素。根据生态环境部相关要求,化工石化等可能引发环境风险的项目必须在依法设立、环保基础设施齐全并经规划环评的产业园区内布设。项目应符合园区产业政策、环境准入条件、规划环评等相关要求。从分析论证该项目与国家、地方相关政策及规划、规划环评的相符性入手,以保护环境和环境敏感区为目标,经过技术经济论证,提出的环保治理措施能确保项目投运后环境功能区达标。

4. 如何开展区域大气环境现状调查?

化工类建设项目主要集中在工业园区,因此应充分利用各项可用的有效数据,包括园区例行监测、规划环评及部分已有项目数据。

(1) 基本污染物环境质量现状数据。优先采用国家或地方生态环境主管部门公开发布的评价基准年环境质量公告或环境质量报告中的数据或结论;采用评价范围内国家或地方环境空气质量监测网中评价基准年连续 1 年的监测数据,或采用生态环境主管部门公开发布的环境空气质量现状数据;评价范围内没有环境空气质量监测网数据或公开发布的环境空气质量现状数据的,可选择符合 HJ 664 规定,并且与评价范围地理位置邻近,地形、气候条件相近的环境空气质量城市点或区域点监测数据。

(2) 其他污染物环境质量现状数据。优先采用评价范围内国家或地方环境空气质量监测网中评价基准年连续 1 年的监测数据。评价范围内没有环境空气质量监测网数据或公开发布的环境空气质量现状数据的,可收集评价范围内近 3 年与项目排放的其他污染物有关的历史监测资料。

(3) 补充监测。在没有以上相关监测数据或监测数据不能满足规定的评价要求时,应按要求进行补充监测。监测时段的确定,根据监测因子的污染特征,选择污染较重的季节进行现状监测。补充监测应至少取得 7 天有效数据;对于部分无法进行连续监测的其他污染物,可监测其一次空气质量浓度,监测时次应满足所用评价标准的取值时间要求。监测布点,以近 20 年统计的当地主导风向为轴向,在厂址及主导风向下风向 5 km 范围内设置 1~2 个监测点。如需在一类区进行补充监测,监测点应设置在不受人为活动影响的区域。

5. 该项目环境影响报告书应设置哪些专题?

应设置的专题:总则,规划分析,环境现状调查与评价,环境影响识别与评价指标体系构建,环境影响预测与评价,规划方案综合论证和优化调整建议,环境影响减缓措施,公众参与,评价结论。

案例 2　钢铁公司扩建改造项目

【素材】

某公司进行扩建改造工程,将阳极铜产量由 15 万吨/年提高到 21 万吨/年,其中 19 万吨/年阳极铜生产阴极铜,2 万吨/年阳极铜作为产品直接外销;阴极铜产量由 15 万吨/年提高到 19 万吨/年;硫酸(折算至 100% 硫酸)产量由 49.5 万吨/年提高到 63.4 万吨/年。

改扩建工程内容包括闪速炉熔炼工序、贫化电炉及渣水淬工序、吹炼工序、电解精炼工序、硫酸工序五个工序的改扩建。

改扩建工程完成后,生产过程中的废气主要来源于干燥尾气、环保集烟烟气、阳极炉烟气、硫酸脱硫尾气四个高架排放源,主要污染物排放情况见表7-2。

表7-2 污染源主要污染物排放情况

污染源	烟囱尺寸		烟气出口温度/℃	烟气量/$(mg^3 \cdot h^{-1})$	烟尘质量浓度/$(mg \cdot m^{-3})$	SO_2 质量浓度/$(mg \cdot m^{-3})$
	H/m	ϕ/mm				
干燥尾气	120	2 000	60	91 988	84	777
环保集烟烟气	120	3 000	66	94 200	100	714
阳极炉烟气	70	2 200	350	91 799	—	662
硫酸脱硫尾气	90	1 800	40	187 926.8	—	285

项目冶炼过程中产生水淬渣、转炉渣;污酸、酸性废水处理过程中产生砷渣、石膏、中和渣。中和渣浸出试验结果见表7-3。

表7-3 中和渣浸出试验结果

元　素	Cu	Pb	Zn	Cd	As
浸出结果/$(mg \cdot L^{-1})$	0.035	0.25	0.64	0.15	0.034

【问题及参考答案】

1. 确定环境空气评价等级、评价范围。

各污染源 SO_2 最大 1 h 地面空气质量浓度及距离见表7-4。

表7-4 SO_2 最大 1 h 地面空气质量浓度及距离

污染源	最大 1 h 地面空气质量浓度/$(mg \cdot m^{-3})$	最大地面距离/m	$D_{10\%}/m$
干燥尾气	0.117 6	754	3 500
环保集烟烟气	0.109 2	765	2 800
阳极炉烟气	0.037 38	1 100	—
硫酸脱硫尾气	0.092 4	717	2 200

环境空气评价等级:根据 HJ 2.2—2018《环境影响评价等级——大气环境》中评价等级确定依据及表7-5计算,可知该项目 SO_2 最大地面占标率为 23.52%,本项目评价等级为一级。

表7-5 污染源最大地面浓度和地面占标率

污染源	最大地面浓度/$(mg \cdot m^{-3})$	地面占标率/%
干燥尾气	0.117 6	23.52
环保集烟烟气	0.109 2	21.84
阳极炉烟气	0.037 38	7.48
硫酸脱硫尾气	0.092 4	18.48

评价范围:以项目厂址为中心,自厂界外延 $D_{10\%}$ 即 3.5 km 的矩形区域作为大气环境影响评价范围,本项目评价范围为边长 7 km 的矩形范围。

2. 干燥尾气、环保集烟烟气、硫酸脱硫尾气是否达标排放?

干燥尾气、环保集烟烟气、硫酸脱硫尾气排放浓度和速率计算结果见表7-6。

表 7-6　污染源主要污染物排放浓度和速率计算结果

污染源	烟囱尺寸 H/m	烟气量/ $(mg \cdot h^{-1})$	烟　尘		SO₂	
			质量浓度/ $(mg \cdot m^{-3})$	速率/ $(kg \cdot h^{-1})$	质量浓度/ $(mg \cdot m^{-3})$	速率/ $(kg \cdot h^{-1})$
干燥尾气	120	91 988	84	7.73	777	71.5
环保集烟烟气	120	94 200	100	9.42	714	67.3
阳极炉烟气	70	91 799	—	—	662	60.7
硫酸脱硫尾气	90	187 926.8			285	53.5

根据《大气污染物综合排放标准》二级标准，SO_2 最高允许排放浓度为 960 mg/m³，排气筒高度为 90 m，最高允许排放速率为 130 kg/h；颗粒物最高允许排放浓度为 120 mg/m³，排气筒高度为 70 m，最高允许排放速率为 77 kg/h。干燥尾气、环保集烟烟气、硫酸脱硫尾气排放浓度和速率均低于《大气污染物综合排放标准》二级标准限值，其烟气均可达标排放。

对闪速炉、转炉、铸渣炉、沉渣机和阳极炉等系统的烟气泄漏点或散发点布置集烟罩，将泄漏烟气收集经环保烟囱排放，主要解决低空污染问题，用《大气污染物综合排放标准》较合适。

3. 全年工作时间为 8 000 h，计算 SO_2 排放总量。

该项目 SO_2 年排放量为

$$[(71.5 + 67.3 + 60.7 + 53.5) \times 8\,000]kg = 2\,024\,000\,kg = 2\,024\,t$$

4. 根据浸出试验结果，说明中和渣是否为危险废物。运营期固体废物应如何处置？

根据 GB 5085.3—2007《危险废物鉴别标准　浸出毒性鉴别》，重金属铜、铅等浸出标准见表 7-7。中和渣浸出试验重金属浸出浓度均低于鉴别标准，中和渣为一般固体废物。

表 7-7　浸出毒性鉴别标准

元　素	Cu	Pb	Zn	Cd	As
浸出结果/$(mg \cdot L^{-1})$	100	5	100	1	5

运营期工业固体废物有水淬渣、转炉渣、中和渣、石膏、砷渣等。根据《国家危险废物名录》，砷渣属于危险废物，水淬渣、转炉渣、石膏属一般废物，中和渣无明确规定，中和渣浸出试验结果表明，该渣为一般废物。

水淬渣、转炉渣、中和渣、石膏按《一般工业固体废物储存、处置场污染控制标准》进行储存和处置，优先考虑综合利用，不能综合利用的进行堆场堆存。铜冶炼所产生的大部分工业固体废物均可作为建材、炼铁的原料，对铜冶炼项目所产生的工业固体废物，首先应考虑综合利用，如铜冶炼渣采用浮选法回收其中的铜，然后考虑无害化处理。

砷渣按照《危险废物储存污染控制标准》进行储存，砷渣堆场所排废水进入污水处理处理，不直接外排。砷渣经移出地和接受地环保部门批准，与有关厂家签定销售合同，作为砷铜厂原料外售。重有色金属冶炼所用原料大部分为硫化矿，工业固体废物处置重点关注污酸和酸性废水处理产生的砷渣等危险废物，临时堆场或堆场应考虑防渗措施、雨季淋溶水收集等。

案例 3　火电项目

【素材】

工业园位于某中等城市以南近郊，该园区热电站建设项目已列入经批准的城市供热总体规划,设计占地面积 62 000 m²。主要包括燃煤锅炉 2 台,汽轮发电机组 1 台,湿式脱硫除尘器及相应的配套设备等。

工程所在区域属于平原地带,地势呈南高北低,附近有风景区、村庄和旅游度假区;厂区年主导风向为北风,属空气质量功能二类区;北面 12 km 处有高速公路;西侧隔一条道路与某河流相邻,该河流主要用于工业、渔业、灌溉。灰场位于东南侧约 1 km 的干沟内,地下水埋深约 1.8 m,距离最近的村庄约 530 m。

【问题及参考答案】

1. 该项目厂区和灰场的选址是否合理? 为什么?

从环保角度看,该项目厂区选址和灰场选址均合理。

(1) 国家禁止在大中城市城区和近郊区、建成区和规划区新建燃煤火电厂,但以热定电的热电厂除外,该项目位于中等城市近郊,属于以热定电的热电厂,故不在禁令之内。热电厂位于城市主导风向下风向,有利于大气污染物扩散,故厂区选址从环保角度考虑是合理的。

(2) 该项目灰渣属于第Ⅱ类一般固体废物,应满足 GB 18599—2001《一般工业固体废物储存、处置场污染控制标准》有关选址要求。该项目灰场位于主导风向下风向;灰场距离最近的村庄约 530 m,满足“厂界距居民集中区 500 m 以外”的要求;此外,灰场地下水埋深 1.8 m,符合“天然基础层地表距地下水位的距离不得小于 1.5 m”的要求,故灰场选址从环保角度考虑是合理的。

厂址选择合理性是环境可行性分析的重要组成部分,电厂厂址选择涉及厂区、灰场、供水管线、铁路或公路专用线等方面,需要从国家法规政策、设计规程、地区规划、环境功能及环境影响进行分析:

(1) 厂址选择首先要符合国家环境保护法规要求,包括大气、水、噪声、固体废物等污染防治法,城市规划、自然保护条例、风景名胜区条例等自然保护法规。法规禁止的地点,如自然保护区、风景名胜区等,不能作为电厂厂址。

(2) 电厂选址还应符合地方总体发展规划和城镇布局规划,尽可能避免在人口稠密区和城镇规划中的居住、文教、商业社区发展方位及其主导风向的上风向选址建厂。

(3) 根据环境功能要求,在环境质量标准规定的不允许排放污染的地域、水域,如声环境功能 0 类区,地表水的 1 类、2 类水域及海洋 1 类海域等,环境影响与现状叠加后不应超过环境质量标准要求。电厂厂址不应位于大中城市主导风向上风向,以避免对城市造成污染影响。

2. 营运期的主要污染源有哪些? 主要污染物因子是什么?

营运期主要污染源包括:

(1) 燃煤锅炉排放的烟气,煤装卸、粉碎、运输以及煤堆、灰场等引起的扬尘。

(2) 冷却塔排污水、化学废水、锅炉酸洗水、含油废水、煤场及输煤系统排水、脱硫系统排水、杂用水、生活污水。

(3) 锅炉燃烧产生的废渣、除尘产生的粉煤灰、脱硫产生的脱硫石膏,生活垃圾。

(4) 锅炉、汽轮发电机组以及各类辅助设备如泵、风机等动力机械产生的噪声,各类介质在管道中流动和排气等产生的噪声。

项目污染物因子有:SO_2、NO_x、汞及其化合物、烟(粉)尘、COD、pH 值,粉煤灰、脱硫石膏,设备噪声等。一般用装置流程图的方式说明生产过程,并在工艺流程中标明污染物的产生位置和种类。

3. 建设期环境空气污染防治对策有哪些?

建设期环境空气污染防治对策：

（1）开挖时对作业面和土堆喷水，保持一定的湿度，以减少扬尘量。开挖的泥土和建筑垃圾应及时运走，防止长期堆放导致表面干燥或被雨水冲刷。施工现场须设置围栏或部分围栏，控制扬尘扩散范围。当风速过大时，应停止施工作业，并对堆存的砂粉等建筑材料采取遮盖措施。首选使用商品混凝土，进行现场搅拌砂浆、混凝土时，做到不洒、不漏、不剩、不倒，搅拌时需有喷雾降尘措施。

（2）运输车辆应采取遮盖、密封措施，避免沿途抛洒，并及时清理散落在地面上的泥土和建材。及时冲洗轮胎，路面定时洒水压尘，以减少运输过程中的扬尘。

4. 建设单位如何开展公众参与？

建设单位应当在确定环境影响报告书编制单位后 7 个工作日内，通过其网站、建设项目所在地公共媒体网站或者建设项目所在地相关政府网站，公开下列信息：建设项目名称、选址选线、建设内容等基本情况，改建、扩建、迁建项目应当说明现有工程及其环境保护情况；建设单位名称和联系方式；环境影响报告书编制单位的名称；公众意见表的网络链接；提交公众意见表的方式和途径。

建设项目环境影响报告书征求意见稿形成后，建设单位应当公开下列信息：环境影响报告书征求意见稿全文的网络链接及查阅纸质报告书的方式和途径；征求意见的公众范围；公众意见表的网络链接；公众提出意见的方式和途径；公众提出意见的起止时间。建设单位应当通过下列三种方式同步公开：通过网络平台公开；通过建设项目所在地公众易于接触的报纸公开；通过在建设项目所在地公众易于知悉的场所张贴公告的方式公开。建设单位征求公众意见的期限不得少于 10 个工作日。

对环境影响方面公众质疑性意见多的建设项目，建设单位应当按照下列方式组织开展深度公众参与：公众质疑性意见主要集中在环境影响预测结论、环境保护措施或者环境风险防范措施等方面的，建设单位应当组织召开公众座谈会或者听证会，座谈会或者听证会应当邀请在环境方面可能受建设项目影响的公众代表参加。公众质疑性意见主要集中在环境影响评价相关专业技术方法、导则、理论等方面的，建设单位应当组织召开专家论证会，专家论证会应当邀请相关领域专家参加，并邀请在环境方面可能受建设项目影响的公众代表列席。

建设单位可以根据实际需要，向建设项目所在地县级以上地方人民政府报告，并请求县级以上地方人民政府加强对公众参与的协调指导。县级以上生态环境主管部门应当在同级人民政府指导下配合做好相关工作。

7.4　生态影响型建设项目

案例 1　煤矿开采项目

【素材】

某集团现拟开发利用煤矿资源，规模为 90 万吨/年，矿山服务年限为 37.4 年。项目矿界范围面积 $0.45\ km^2$，矿区地下水位较深，塌陷后 95% 的地表不会出现积水，绝大部分塌陷地的生物量没有明显降低。该地区的主要植被为自然植被和农田作物，分别占评价范围的 11.3% 和 47.9%。

矿区露采边界南面 50 m 处有一条高速公路，厂区破碎站北侧约 100 m 处有住宅区，约

100户,矿山北侧有一条季节性河流,主要用于农田灌溉。工程内容包括矿山开采(无爆破开采)、公路开拓运输、破碎系统和皮带运输。矿山年工作280天,每天工作两班,每班8 h。

【问题及参考答案】

1. 项目环境影响评价预测时,应收集哪些资料?

(1) 水环境:污水性质及排水去向,纳污水体功能区划,水污染源调查。

(2) 大气环境:所在地区环境空气功能区划,当地气象资料,主要大气污染源调查。

(3) 生态环境:森林调查,包括类型、面积、覆盖率、生物量、组成物种等,评价生物量损失、物种影响、有无重要保护物种;水土流失调查,包括侵蚀面积、程度、侵蚀量及损失、发展趋势、工程与水土流失关系。

(4) 声环境:主要噪声源与敏感点的相对位置。

2. 煤炭开采项目环境影响评价关注的重点是什么?

煤炭开采项目环境影响评价重点关注矿井开采产生的地表沉陷对生态环境的影响评价及保护措施(沉陷预测和生态恢复等)、产业政策与规划相容性分析、工程分析、环境空气影响分析及污染防治措施、水环境影响分析及污染防治措施(地下水、地表水)、声环境影响分析及污染防治措施、固体废物影响分析及污染防治措施和综合利用(废水、瓦斯、煤矸石的综合利用)。

其中,生态影响评价内容包括:

(1) 煤炭采选工程对主要土地利用类型、植被覆盖度与植被类型的影响,分析其影响范围及程度与生产力变化;重点关注耕地、基本农田、林地与草地,分析对农(牧)业经济及生态系统功能的影响。

(2) 煤炭采选工程对生态系统组成和功能的影响;有重要的生态敏感目标时,应对生物多样性和生态系统的稳定性进行分析。

(3) 分析煤炭采选工程导致的生态系统变化趋势,生态脆弱区应着重分析荒漠化、沙漠化与盐渍化发展趋势。

(4) 分析煤矿开采导致的居民搬迁等社会经济影响。

(5) 煤炭采选工程对地形地貌、生态景观的影响分析。

3. 生态环境现状调查的主要内容有哪些?

生态环境现状调查通常包括生态影响评价范围内土地利用现状、植被类型分布现状、植被覆盖度、植被生物量、水土流失现状、土壤类型等;明确评价范围内有无国家级和地方重点保护野生动植物集中分布区或栖息地、国家级和地方级自然保护区、生态功能保护区以及其他类型的保护区域。

技改及改扩建项目应进行移民安置情况调查及开采沉陷影响调查。移民安置情况调查内容应以涉及环境的相关内容为主,包括污水和垃圾处置情况、水土保持情况、移民搬迁前后变化情况等;开采沉陷调查内容包括原有煤矿开采(建设)造成的地表沉陷变形基本情况,如沉陷及裂缝深度、范围;受影响的建构筑物损害、耕地破坏、地表植被破坏、农业生产损失和其他损害情况等。

该项目生态环境现状调查的主要内容包括:

(1) 植被类型的调查和分析。主要调查农作物的种类、产量,土地类型,成熟周期等;自然植被的种类、分布、数量、植被覆盖率等。

(2) 水土流失现状调查与分析。对土壤的成分、土质、土地类型、地势地貌等地理因素进行调查;同时调查当地的气候条件,如降雨量等;调查当地的植被覆盖率。

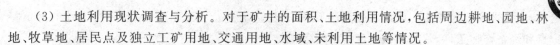

（3）土地利用现状调查与分析。对于矿井的面积、土地利用情况，包括周边耕地、园地、林地、牧草地、居民点及独立工矿用地、交通用地、水域、未利用土地等情况。

生态影响评价主要采取定性或半定量评价相结合。

4. 主要的生态环境影响有哪些？其生态保护措施有哪些？

煤炭采选工程主要环境影响一般按施工期、运营期、闭矿期考虑。

（1）施工期。占用林地和砍伐树木对生态环境的影响；矿区地表覆盖土剥离和排土石场造成的水土流失、施工粉尘、噪声对环境的影响；修建矿山道路的环境影响（占地、施工扬尘、噪声、取弃土场等）

（2）运营期。空气影响，有组织粉尘排放源主要是矿石破碎、筛分、输送；无组织粉尘排放源主要是凿岩、爆破粉尘、矿山表面剥离的装载机和液压挖掘机铲装作业、矿石运输等。矿区和废土石场水土流失；废石堆场的安全性评价，是否会造成泥石流和滑坡等灾害影响。道路和作业面的喷洒用水可全部被蒸发，无废水产生，主要是生活污水和洗车废水。矿石运输交通噪声，矿山开采中穿孔、爆破、采装、运输、破碎等工序都将产生噪声，高噪声设备主要有凿岩机潜空钻机、挖掘机、空压机、破碎机、筛分机、自卸式载重汽车等。对于炸药库环境风险，应提出相应的措施，若炸药库距居民区较近，应重新考虑选址。对爆破震动的影响，可以控制爆破使用的炸药量，降低爆破震动对居民住房、野生动物的影响。

（3）服务期满（闭矿）。闭矿后矿区对景观环境的影响以及生态恢复，应考虑矿山土地复垦，对采坑的平台筑堤填土，在平台和边坡上种树及藤蔓植物，进行最终边坡的绿化。

该项目主要的生态环境影响及其防治措施包括：

（1）施工期

生态环境影响：大量的地表剥离、挖填方将会破坏地表植被，加剧水土流失。

环境保护措施：做好施工规划，划定弃土弃渣点和施工范围，减少施工影响，尽量少破坏原有的地表植被和土壤；施工结束后对于临时占地和临时便道等破坏区，及时进行土地复垦和植被重建。

（2）运营期

生态环境影响：采煤沉陷及沉陷引发的地下水的漏失对自然植被和农作物的影响，以及由此引发的水土流失、滑坡、泥石流等地质灾害，由地表沉陷引发的建筑物破坏和居民搬迁等社会环境影响。

环境治理措施：对沉陷土地的恢复按照因地制宜、适林则林、适耕则耕的原则进行土地恢复；对无法恢复的基本农田，做到"占补平衡"，对受影响的农户进行经济补偿；对搬迁地进行迁入地的承载力分析；对地质灾害开展评价工作，提出具体的保护措施。

（3）服务期满闭矿后

对于矿山采掘、矿石汽车内部运输产生的无组织排放粉尘，采用洒水降尘措施；有组织粉尘排放源主要是矿石破碎、皮带输送，采用配置袋式除尘器，并在皮带卸料处安装喷水设施，可有效控制扬尘。对汽车冲洗和含油的场地雨水，必须经隔油沉淀池去除油和悬浮物，经处理后使其废水含油量低于 $0.5\ mg/L$。生态保护措施主要是防止水土流失，如：在工程设计中确定合理、稳定的边坡角；对在开采境界内的高边坡和失稳边坡进行加固，如水泥护坡、削坡减载等工程措施；根据采场地形条件设置排水沟。对矿山道路、矿山工业场地等开挖和平整场地后形成的边坡，即时进行防护。对永久性边坡，视其稳定程度可采用挡墙、削坡、永久性植被等措施；对临时性边坡，采取削坡、喷浆等临时性防护措施。对排土场设置挡土墙、周围设置排水

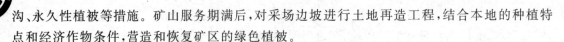

沟、永久性植被等措施。矿山服务期满后,对采场边坡进行土地再造工程,结合本地的种植特点和经济作物条件,营造和恢复矿区的绿色植被。

5. 该项目主要保护目标是什么?

该项目主要环境保护目标为住宅区以及高速公路。

建设项目主要保护目标一般考虑项目所在地区的居民点,同时要考虑其他因素,如该项目考虑矿山开采对高速公路是否造成不安全因素。《中华人民共和国矿产资源法》第二十条规定:非经国务院授权的有关主管部门同意,不得在下列地区开采矿产资源:港口、机场、国防工程设施圈定地区以内;重要工业区、大型水利工程设施、城镇市政工程设施附近一定距离以内;铁路、重要公路两侧一定距离以内;重要河流、堤坝两侧一定距离以内;国家划定的自然保护区、重要风景区,国家重点保护的不能移动的历史文物和名胜古迹所在地;国家规定不得开采矿产资源的其他地区。

矿山开采要考虑项目与重要工业区、大型水利工程设施、城镇市政工程设施、铁路、重要公路、重要河流和堤坝的相对距离,矿山开采是否对重要工业区、大型水利工程设施、城镇市政工程设施、铁路、重要公路、重要河流和堤坝造成影响。

案例2 新建高速公路项目

【素材】

某高速公路全长 85 km,其中山岭区路段长 20 km,植被茂密,丘陵地带路段长 30 km,沿途穿越大小河流 4 条,其中某一段气候状况为夏季雨水较多,容易产生洪水,且此项目经过1 处国家级自然保护区和 1 处具有饮用水功能的河流,穿越小镇 15 个,沿线居民 15 847 人。主要工程内容包括:收费、通信、监管中心 1 处,服务区 1 处,收费站 5 处;特大桥 5 座,大桥20 座;隧道 5 座;永久占地包括水田、荒地、经济林、松杂林共 292 km²;临时占用旱地 104 hm²,荒地 126 hm²;工程预计需设 14 处取土场,20 处弃土场。

【问题及参考答案】

1. 该项目工程分析主要包括哪些内容?

公路项目工程分析一般包括工程概况、施工规划、生态影响源强分析、主要污染物排放量、替代方案,涉及敏感点的要重点分析。该项目工程分析主要包括:

(1)建设项目基本情况:推荐路线的地理位置、起讫点名称及主要控制点、建设规模、技术标准、预测交通量、工程内容(技术指标与技术工程数量、筑路材料与消耗量、路基工程、路面工程、桥梁涵洞、交叉工程等)、建设进度计划、占地面积、总投资额。

(2)重点工程的详细描述:如重点工程名称、规模、分布,永久占地和临时占地应包括取土场、弃土场、综合施工场地(可能包括拌和场和料场)、桥梁施工场、施工便道等,占用基本农田的数量。

(3)施工场地、料场占地及其分布;取、弃土量与取、弃土场设置,施工方式。

(4)服务区设置情况(规模)。

(5)拆迁安置及环境敏感点分布,包括砍伐树木的种类和数量。

(6)工程项目全过程,主要考虑施工期、运行期,一定要给出各环境要素污染源强。

2. 该项目的主要环境影响有哪些?评价重点是什么?

项目的主要环境问题分别考虑建设期和运营期,主要环境影响包括:

（1）运营期的噪声影响；

（2）运营期的汽车尾气影响；

（3）施工期的扬尘、水土流失影响；

（4）水环境影响：项目部分路段经过水源地，施工过程以及运营期风险会对饮用水源水质造成影响；隧道施工对地下水的影响；

（5）生态环境影响：工程建设造成的植被破坏，对国家级自然保护区的影响等。

（6）景观影响。

评价重点：运营期机动车辆对沿线主要环境敏感点的声环境、大气环境的影响，对饮用水源的环境风险，对国家级自然保护区的影响，植被破坏、耕地占用以及采取的环保措施，以及施工期的影响。

一般，公路建设项目运营期生态环境影响主要有：

（1）线路工程。线路工程主要指线路占地形成的条带状区域。由于路基可以采用全填、半挖全填、全挖三种方式，也有路基高、低的差别，因此，在不同的地形地貌、不同的地质（含水文地质）和不同的生态敏感类型地区，表现出不同程度的切割生境、阻断和阻隔生态功能和过程的负面生态影响，表现为切割生境，影响地表径流、地下径流等，对动植物繁衍有一定影响。

（2）桥涵工程。桥梁建成应与景观协调，在风景秀丽的地区要注意维护区域整体景观资源的自然性、时空性、科学性和综合性，桥梁体量大小、色调配置要经过评价。桥涵（尤其是过河桥）需要注意运输危险物品的风险。

（3）隧道工程。隧道工程只要不改变地下水自然流态，进出口避免大规模削山劈山，就可以减少穿山带来的严重生态破坏，正面作用明显。

（4）辅助工程和取弃土（渣）场。项目建成后，临时用地的生物量可以恢复，但物种组成将有改变，这种影响可能在几十年或上百年消除，也可能永远不会恢复所有的物种。

3. 该工程建设的环境可行性分析应从哪些方面进行分析？

项目的环境可行性分析主要从国家相关法律法规、主要生态敏感点、主要环境影响因子、公众支持与否等方面进行分析。铁路（公路）工程如遇沙化土地封禁保护区时，须经国务院或其指定部门批准。铁路（公路）等交通运输类工程如遇有自然保护区、饮用水源保护区、风景名胜区、地质公园时，路线布设时应采取避让措施；一定要经过的，需经主管部门同意。铁路（公路）工程经山区、丘陵区、风沙区时，结合当地的水土保持要求实施水土保持方案，水土保持需先行经行政主管部门审批。该工程建设的环境可行性分析包括：

（1）是否符合国家的法律法规，符合总体规划、环境保护规划、功能区划等。

（2）方案比选：选择对生态环境、水环境、声环境、水土保持等影响最小的。

（3）工程占地：工程占地的类型、占地数量，最好不占用基本农田；占用基本农田需经国务院同意，同时占补平衡。

（4）对沿线的国家级自然保护区、风景名胜区和村庄等环境敏感点的环境影响情况，选择对敏感点影响最小的。

（5）环保措施与达标排放情况：环保措施包括工程采取的防止水土流失措施，防止重要生态环境破坏措施，生态恢复措施，防止敏感点生态环境破坏措施，防止国家级自然保护区、风景名胜区生态系统完整性破坏措施，敏感点噪声达标及噪声防护措施等。

（6）环境风险：运输危险品对沿线国家级自然保护区、风景名胜区和村庄的大气环境、水环境可能产生的环境风险。

(7) 公众参与:项目穿越的 15 个小镇居民对项目的支持比例。

(8) 结论。

4. 如何评价该项目运营期环境风险?风险防范措施有哪些?

公路项目环境风险源于环境敏感点位交通事故所产生的环境污染风险,包括:运输高毒、剧毒化学物质时,在桥面上发生交通事故,有毒物质大量泄漏并流入地表水中;运输剧毒、易燃、易爆化学物质通过公路的环境敏感区,如居民集中区等,发生交通事故,大量有毒物质、有害气体泄漏外溢或引起火灾和爆炸。

该项目营运期环境风险存在危险品运输风险:公路投入运营后,存在着由于交通事故、储罐老化破裂、桥梁坍塌等导致车运危险品泄露流入河流或水库,从而污染饮用水水源的风险;项目建设期还存在隧道施工爆破作业的环境风险。

防范措施:设置桥面径流收集系统,并设置事故应急水池;提高桥面建设安全等级;在桥入口处设置警示标志和监控设施,运输危险品的机动车辆车身侧面须有统一的标识,加强危险化学品运输车辆的管理,可为其指定特殊的行驶路线;限制运输危险化学品车辆的速度;制定完善的敏感点防范措施和风险应急预案。

5. 请阐述 6 项保护耕地的措施。

(1) 合理选线,尽可能少占耕地;临时占地选址也应尽可能避开耕地。

(2) 以桥代路,采用低路基或以桥隧代替路基,缩减路基宽度,减少耕地占用。

(3) 利用隧道弃渣作路基填料,减少从耕地取土。

(4) 保留表层土壤,对于临时占用耕地,建设完工后及时回填表土,复垦为耕地。

(5) 合理设置取、弃土场位置。

(6) 充分利用粉煤灰等固体废物作为路基填料,减少从耕地内取土。

案例 3　水电站扩建项目

【素材】

某水电站项目,现有 4 台 600 MW 发电机组。水库淹没面积 120 km²,安排移民 3 万人,移民开垦陡坡、毁林开荒等现象严重。改(扩)建工程拟新增一台 600 MW 发电机组,用于增加调峰能力,库容、运行场所等工程不变,职工人员不变,新增机组只在用电高峰时使用。在山体上开河,引水进入电站。工程所需的砂石料距项目 20 km,由汽车运输。路边 500 m 有一村庄。原有工程弃渣堆放在水电站下游 200 m 的滩地上,有防护措施。

【问题及参考答案】

1. 该项目生态环境调查需重点注意哪些问题?

生态环境重点调查动植物物种清单,生态系统的完整性、稳定性、生产力等,生态系统与其他系统的连通性和制约问题,水土流失等问题。

水利水电项目生态环境调查内容如下,需根据项目具体特点进行分析和取舍:

(1) 森林调查:类型、面积、覆盖率、生物量、组成的物种等;评价生物量损失、物种影响,有无重点保护物种,有无重要功能要求(如水源林等)。

(2) 陆生和水生动物:种群、分布、数量;评价生物量损失、物种影响,有无重点保护物种。

(3) 农业生态调查与评价:占地类型、面积,占用基本农田数量,农业土地生产力,农业土地质量。

(4) 水土流失调查与评价：侵蚀面积、程度、侵蚀量及损失，发展趋势及造成的生态环境问题，工程与水土流失的关系。

　　(5) 景观资源调查与评价：水库周边景观敏感点段，主要景观保护目标及保护要求，水库建设与重要景观景点的关系。

　　现状调查方法：现有资料收集、分析，规划图件收集；植被样方调查，主要调查物种、覆盖率及生物量；现场勘察景观敏感点段；利用遥感信息测算植被覆盖率、地形、地貌及各类生态系统面积、水土流失情况等。

　　2. 大坝建设对半洄游性鱼类、洄游性鱼类有何影响？应采取什么措施？

　　大坝建设对鱼类的影响：

　　(1) 大坝修建后，下游的半洄游性鱼类、洄游性鱼类无法洄游至上游，位于库区的产卵场将不复存在，影响鱼类的繁殖。

　　(2) 大坝修建后，一些适应于激流环境并以摄食底栖生物为主的鱼类，因其适应生境的消失，导致其在水库中灭绝。

　　可采取工程措施，建成鱼梯、鱼道，让洄游鱼类正常返回栖息和繁殖地，也可对洄游鱼类进行人工繁殖。应设定水电站大坝的下泄基流量。

　　大坝建设对生态环境的影响是水利水电建设项目必须关注的问题，评价时必须调查河流生态结构与功能。水利水电项目水生生态影响要分析水文情势变化造成的生境变化，对浮游植物、浮游动物、底栖生物、高等水生植物的影响，对国家和地方重点保护水生生物，以及珍稀濒危特有鱼类及渔业资源等的影响，对"三场"分布、洄游通道（包括虾、蟹）、重要经济鱼类及渔业资源等的影响。

　　3. 水电站运行期对环境的主要影响因素有哪些？

　　(1) 水环境影响：

　　① 对水文情势的影响：库区水文情势的影响（水位变幅、水库内流速变慢）；减少河段内的流量变化；项目下游水文情势分析。

　　② 对泥沙情势的影响。

　　③ 对水温的影响：水库水温结构。

　　④ 对水质的影响：重点分析对减水河段的影响。

　　(2) 生态环境影响：

　　① 对局地气候的影响：可采用类比分析法。

　　② 对水生生物多样性的影响：库区鱼类等水生生物；减水河段鱼类等水生生物；产卵场、索饵场、越冬场。

　　③ 对陆生生物多样性的影响。

　　④ 大坝建设对河流廊道的生态功能的影响，分析大坝建设导致的淹没、阻隔、径流变化对河流生态系统的影响。

　　⑤ 新增水土流失预测：主要为工程永久占地、渣场、料场、施工公路占地、施工辅助企业占地、围堰、暂存表土等引起的水土流失。

　　(3) 社会环境影响：对减水河段、下游用水的影响；对社会经济的影响；对人群健康的影响。

　　(4) 对移民安置区的影响：新的移民搬迁后，生活过程中对周围环境的影响。

　　(5) 对环境地质的影响：主要是渣场等是否会引起滑坡、塌陷、泥石流等灾害，是否会引发地震等。

4. 弃渣场位置是否合理？拟采取什么整改措施？

弃渣场位置不合理。应采取搬迁措施整改。弃渣场不能设在水库下游的滩地上，发电排泄的水量大，易阻塞河道，导致行水困难。

5. 项目现有的主要环境问题有哪些？

移民所造成的开垦陡坡、毁林开荒等，容易造成山体不稳定而导致塌方，大面积的毁林开荒可引起水土流失，最终导致下游河道淤积；山体上开河可能造成水土流失；施工期噪声和扬尘；工程弃渣。

7.5 环境影响评价计算例题

【例 7-1】 已知水洗工段新鲜水用量为 13.6 m³/h，反渗透排水 13.6 m³/h，反渗透系统循环水量为 20.4 m³/h，绘制该工段水平衡图，计算水重复利用率。

解：(1) 水洗工段水平衡图见图 7-2。

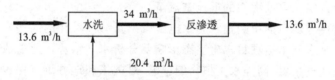

图 7-2 水洗工段水平衡图

(2) 重复利用率＝(重复利用量/用水总量)×100％＝
[重复利用量/(新鲜水量＋重复用水量)]×100％＝
20.4/(13.6＋20.4)×100％＝60％

【例 7-2】 某工业园区拟建生产能力 $3.0×10^7$ m/a 的纺织印染项目。生产过程包括织造、染色、印花、后续工序，其中染色工序含碱减量处理单元。年生产 300 d，每天 24 h 连续生产。按工程方案，项目新鲜水用量 1 600 t/d，染色工序重复用水量 165 t/d，冷却重复用水量 240 t/d，此外，生产工艺废水处理后部分回用生产工序。项目主要生产工序产生的废水量、水质特点见表 7-8。废水处理和回用方案：拟将各工序废水混合处理，其中部分进行深度处理后回用(刚好满足项目用水需求)，其余排入园区污水处理厂，处理工艺流程见图 7-3。如果该项目排入园区污水处理厂废水 COD 限值为 500 mg/L，COD 去除率至少应达到多少？试计算该项目水重复利用率。

表 7-8 项目主要生产工序产生的废水量、水质特点

废水类别项目		废水量/(t·d⁻¹)	COD/(mg·L⁻¹)	色度/倍	废水特点
织造废水		420	350		可生化性好
染色废水	退浆、精炼废水	650	3 100	100	浓度高，可生化性差
	碱减量废水	40	13 500		超高浓度，可生化性差
	染色废水	200	1 300	300	可生化性较差，色度高
	水洗废水	350	250	50	可生化性较好，色度低
印花废水		60	1 200	250	可生化性较差，色度高

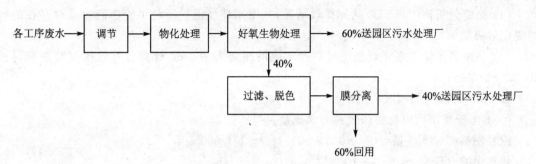

图 7-3　废水处理工艺流程

解：（1）各工序废水混合后的浓度＝

$$\frac{420\times350+650\times3\ 100+40\times13\ 500+200\times1\ 300+350\times250+60\times1\ 200}{420+650+40+200+350+60}\ \text{mg/L}\approx1\ 815\ \text{mg/L}$$

$$\text{COD 去除率}=\frac{1\ 815-500}{1\ 815}\times100\%\approx72.4\%$$

（2）废水回用量：

$$(1\ 720(\text{总废水量})\times0.4\times0.6)\ \text{t/d}=412.8\ \text{t/d}$$

该项目的重复用水量：

$$(165+240+412.8)\ \text{t/d}=817.8\ \text{t/d}$$

（3）该项目水重复利用率：

$$\frac{817.8}{1\ 600+817.8}\times100\%\approx33.8\%$$

【**例 7-3**】　某新建铜冶炼项目采用具有国际先进水平的富氧熔炼工艺和制酸工艺。原料铜精矿含硫 30%，年用量 41×10^4 t。补充燃料煤含硫 0.5%，年用量 1.54×10^4 t。年工作时间 7 500 h。

熔炼炉产生的含 SO_2 冶炼烟气经收尘、洗涤后，进入制酸系统制取硫酸，烟气量为 $16\times10^4\ \text{m}^3/\text{h}$，烟气含硫 100 g/$\text{m}^3$。制酸系统为负压操作，总转化吸收率为 99.7%。制酸尾气排放量为 $19.2\times10^4\ \text{m}^3/\text{h}$，经 80 m 高烟囱排入大气。

原料干燥工序排出的废气经 100 m 高烟囱排入大气，废气排放量为 $20\times10^4\ \text{m}^3/\text{h}$，$SO_2$ 浓度为 800 mg/m^3。

对污酸及酸性废水进行中和处理，年产生的硫酸钙渣（100% 干基计）为 8 500 t。年产生的冶炼水淬渣中含硫总量为 425 t。

环境保护行政主管部门要求该工程 SO_2 排放总量控制在 1 500 t/a 以内。SO_2 排放控制执行《大气污染物综合排放标准》，最高允许排放浓度分别为 550 mg/m^3（硫、二氧化硫、硫酸和其他含硫化物使用）和 960 mg/m^3（硫、二氧化硫、硫酸和其他含硫化物生产）；最高允许排放速率：排气筒高 80 m 时为 110 kg/h，排气筒高 90 m 时为 130 kg/h，排气筒高 100 m 时为 170 kg/h。（注：S，O，Ca 的原子量分别为 32、16、40。）

（1）计算硫的回收利用率；

（2）计算制酸尾气烟囱的 SO_2 排放速率、排放浓度和原料干燥工序烟囱的 SO_2 排放速率；

（3）列出硫平衡表；

（4）简要分析该工程 SO_2 达标排放情况,并根据环境保护行政主管部们要求对存在的问题提出解决措施;

（5）若原料干燥工序和制酸尾气两排气筒的距离为 160 m,计算其等效排气筒高度与位置,并分析是否达标。

解:（1）计算硫的回收利用率。

① 本工程使用的原材料和燃料的含硫量:

原料铜精矿的含硫量=$(41 \times 10^4 \times 30\%)$t/a=123 000 t/a

燃料煤的含硫量=$(1.54 \times 10^4 \times 0.5\%)$t/a=77 t/a

本工程使用的原材料和燃料的含硫量=$(123\ 000+77)$t/a=123 077 t/a

② 硫的回收量:据"烟气量为 16×10^4 m³/h,烟气含硫 100 g/m³。制酸系统为负压操作,总转化吸收率为 99.7%"计算可得:

硫的回收量=$(16 \times 10^4 \times 100 \times 10^{-6} \times 99.7\% \times 7500)$t/a=119 640 t/a

③ 硫的回收利用率=$(119\ 640 \div 123\ 077) \times 100\%=97.2\%$

（2）计算制酸尾气烟囱的 SO_2 排放速率、排放浓度和原料干燥工序烟囱的 SO_2 排放速率。

① 制酸尾气烟囱的排放速率、排放浓度:

制酸尾气烟囱的 SO_2 排放速率 $Q_1=[16 \times 10^4 \times 100 \times 10^{-3} \times (1-99.7\%) \times 2]$ kg/h=96 kg/h

制酸尾气烟囱的 SO_2 排放浓度=$[(96 \times 10^6) \div (19.2 \times 10^4)]$ mg/m³=500 mg/m³

② 原料干燥工序烟囱的 SO_2 排放速率 $Q_2=(20 \times 10^4 \times 800 \times 10^{-6})$ kg/h=160 kg/h

（3）列出硫平衡表。

① 硫投入:

铜精矿硫投入=123 000 t/a

燃煤的含硫量投入=77 t/a

两项合计为 123 077 t/a

② 硫产出:

硫酸含硫量=119 640 t/a

制酸尾气烟囱排气含硫量=$[(96 \div 2) \times 10^{-3} \times 7\ 500]$ t/a=360 t/a

原料干燥工序烟囱排气含硫量=$[(160 \div 2) \times 10^{-3} \times 7\ 500]$ t/a=600 t/a

硫酸钙渣含硫量=$\{[32 \div (40+32+16 \times 4)] \times 8\ 500\}$ t/a≈2 000 t/a

水淬渣含硫量=425 t/a

五项合计为 123 025 t/a

③ 硫产出与投入的差额为"其他损失":

其他损失=$(123\ 077-123\ 025)$ t/a=52 t/a

据上述计算得到硫平衡表,如表 7-9 所列。

表 7-9 硫平衡表

项　目	硫投入/(t·a⁻¹)	硫产出/(t·a⁻¹)
铜精矿	123 000	
燃煤	77	
硫酸		119 640
制酸尾气烟囱排气		360

项　目	硫投入/(t·a⁻¹)	硫产出/(t·a⁻¹)
原料干燥工序烟囱排气		600
硫酸钙渣		2 000
水淬渣		425
其他损失		52
合计	123 077	123 077

（4）简要分析该工程 SO_2 达标排放情况，并根据环境保护行政主管部们要求对存在的问题提出解决措施。

本工程为铜冶炼，硫、二氧化硫、硫酸和其他含硫化物为铜冶炼中产生并被"使用"，因此，其适用标准类别为：硫、二氧化硫、硫酸和其他含硫化物使用。

① 从上述计算结果可知：制酸尾气烟囱的 SO_2 排放速率、排放浓度和原料干燥工序烟囱的 SO_2 排放速率能达到控制标准，原料干燥工序烟囱的 SO_2 排放浓度超标。

② SO_2 实际排放总量：

制酸尾气 SO_2 排放总量 $=(96×7500×10^{-3})$ t/a $=720$ t/a

原料干燥工序烟囱的 SO_2 排放总量 $=(160×7500×10^{-3})$ t/a $=1\ 200$ t/a

两者合计为 $1\ 920$ t/a $>1\ 500$ t/a，大于环保部门下达的总量指标，因此，本项不能满足总量控制的要求。

③ 由于该工程 SO_2 排放总量超过总量控制指标 420 t/a，因此必须削减。基于原料干燥工序烟囱的 SO_2 排放总量较大（$1\ 200$ t/a），可以对原料干燥工序进行烟气脱硫，脱硫效率需达到 35％ 以上。由此可见，大气污染物达标排放要求排气筒高度、排放速率、排放浓度和排放总量均达标。

（5）若原料干燥工序和制酸尾气两排气筒的距离 L 为 160 m，计算其等效排气筒高度与位置，并分析是否达标。

① 等效排气筒的高度：

$$h = \sqrt{\frac{h_1^2 + h_2^2}{2}} = \sqrt{\frac{80^2 + 100^2}{2}}\ \mathrm{m} = 91\ \mathrm{m}$$

② 等效排气筒位置计算：

等效排气筒的排放速率：$Q_{1+2} = Q_1 + Q_2 = 256$ kg/h

等效排气筒位于制酸尾气和原料干燥工序烟囱排气筒的连接线（160 m）上，若以制酸尾气排气筒为原点，等效排气筒距原点的位置：

$$x = L × Q_2 / Q_{1+2} = (160×160/256)\ \mathrm{m} = 100\ \mathrm{m}$$

③ 等效排气筒高度为 90 ～ 100 m，可采用内插法计算其允许排放速率 Q：

$$Q = Q_a + (Q_{a+1} - Q_a) × (h - h_a)/(h_{a+1} - h_a) =$$
$$[130 + (170 - 130)×(91-90)/(100-90)]\ \mathrm{kg/h} = 134\ \mathrm{kg/h}$$

式中：Q 为某排气筒最高允许排放速率，kg/h；Q_a 为比某排气筒低的表列限值中的最大值，kg/h；Q_{a+1} 为比某排气筒高的表列限值中的最大值，kg/h；h 为某排气筒的几何高度，m；h_a 为比某排气筒低的表列高度中的最大值，m；h_{a+1} 为比某排气筒高的表列高度中的最大值，m。

等效排气筒的排放速率 $Q_{1+2} = 256$ kg/h > 134 kg/h。因此，不达标。

【例7-4】 某工厂建一台 10 t/h 蒸发量的燃煤蒸汽锅炉,最大耗煤量 1 800 kg/h,引风机风量为 20 000 m³/h,全年用煤量 5 000 t,煤的含硫量 1.3%,排入气相 80%,SO₂ 的排放标准 1 200 mg/m³。计算达标排放的脱硫效率。

解:最大 SO₂ 的小时排放浓度为

$$C_{so_2}=\frac{1\ 800\times1.3\%\times80\%\times2\times10^6}{20\ 000}\text{mg/m}^3=1872\ \text{mg/m}^3$$

达标排放的脱硫率:

$$\frac{1\ 872-1\ 200}{1\ 200}\times100\%=56\%$$

【例7-5】 2008 年,某企业 15 m 高排气筒颗粒物最高允许排放速率为 3.50 kg/h,受条件所限,排气筒高度仅达到 7.5 m,计算颗粒物最高允许排放速率。

解:当某排气筒的高度大于或小于《大气污染物综合排放标准》列出的最大或最小值时,以外推法计算其最高允许排放速率。计算公式为

$$Q=Q_c\times(h/h_c)^2 \quad 或 \quad Q=Q_b\times(h/h_b)^2$$

式中:Q 为某排气筒最高允许排放速率,kg/h;Q_c 为表列排气筒最低高度对应的最高允许排放速率,kg/h;Q_b 为表列排气筒最高高度对应的最高允许排放速率,kg/h;h 为某排气筒的几何高度,m;h_c 为表列排气筒的最低高度,m;h_b 为表列排气筒的最高高度,m。则

$$Q=3.50\times(7.5/15)^2\ \text{kg/h}=0.875\ \text{kg/h}\approx0.88\ \text{kg/h}$$

《大气污染物综合排放标准》规定:当新污染源的排气筒必须低于 15 m 时,其排放速率标准按外推法计算结果再严格 50% 执行。因此,本题排放速率为 0.44 kg/h。

【例7-6】 某化工企业年产 400 t 柠檬黄,另外每年从废水中可回收 4 t 产品,产品的化学成分和所占比例为:铬酸铅(PbCrO₄)占 54.5%,硫酸铅(PbSO₄)占 37.5%,氢氧化铝 [Al(OH)₃] 占 8%。排放的主要污染物有六价铬及其化合物、铅及其化合物、氮氧化物。已知单位产品消耗的原料为:铅(Pb)621 kg/t,重铬酸钠(Na₂Cr₂O₇)260 kg/t,硝酸(HNO₃)440 kg/t。则该厂全年六价铬的排放量为多少吨?(已知各元素的原子量为:Cr = 52,Pb = 207,Na = 23,O = 16)

解:(1)分别计算铬在产品和原材料的换算值

$$产品(铬酸铅)铬的换算值=\frac{52}{207+52+16\times4}\times100\%=\frac{52}{323}\times100\%=16.1\%$$

$$原材料(重铬酸钠)铬的换算值=\frac{2\times52}{23\times2+52\times2+16\times7}\times100\%=\frac{104}{262}\times100\%=39.69\%$$

(2)每吨产品所消耗的重铬酸钠原料中的六价铬质量为=260 kg×39.69%=103.2 kg
每吨产品中含有六价铬质量=1 000 kg×54.5%×16.1%=87.7 kg

(3)生产每吨产品六价铬的损失量=103.2 kg-87.7 kg=15.5 kg

(4)全年六价铬的损失量=15.5×400 kg= 6 200 kg=6.2 t

(5)回收的产品中六价铬的质量=4 000 kg×54.5%×16.1%=351 kg = 0.351 t

(6)全年六价铬的实际排放量=6.2 t-0.351 t=5.849 t≈5.85 t

【例7-7】 某企业进行锅炉技术改造并增容,现有 SO₂ 排放量是 200 t/a(未加脱硫设施),改造后,SO₂ 产生总量为 240 t/a,安装了脱硫设施后 SO₂ 最终排放量为 80 t/a,则每年"以新带老"削减量为多少吨?

解：第一本账（改扩建前排放量）：200 t/a。

第二本账（扩建项目最终排放量）：技改后增加部分为 240 t/a−200 t/a＝40 t/a，处理效率为[(240−80)/240]×100%＝66.7%，技改新增部分排放量为 40 t/a×(1−66.7%)＝13.32 t/a；

"以新带老"削减量：200 t/a×66.7%＝133.4 t/a。

第三本账（技改工程完成后排放量）：80 t/a。

思 考 题

1. 某公司拟新建 $1.0×10^6$ t/a 的焦化项目（含 $1.8×10^6$ t/a 洗煤）。该项目洗煤采用重介质分选（产品为精煤、中煤和矸石）、煤泥浮选及尾煤压滤回收工艺。焦化备煤采用先配煤后破碎工艺，配煤含硫 0.6%。炼焦采用炭化室高 7.63 m，1×60 孔顶装煤焦炉。年产焦炭 $9.5×10^5$ t（干），吨焦耗煤 1.33 t，煤气产率 320 m^3/t（煤），焦炭含硫 0.56%。采用干法熄焦，同时配置湿熄焦系统。配套建设一套 20 MW 凝气式汽轮余热发电机组。

焦化生产工艺及排污节点示意图如下：

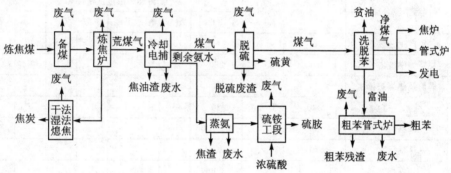

焦化废水采用 A^2/O^2 工艺。脱硫工序可将煤气中的硫化氢脱至 200 mg/m^3。经洗脱苯工序净化后的煤气除用于焦炉和管式炉外，剩余煤气用于发电。洗脱苯工序产粗苯 $1.3×10^4$ t/a。设粗苯储罐两座，每罐储存量为 684 t。试回答下列问题：

(1) 给出该项目洗煤废水和固体废物的处理处置要求；

(2) 列出该项目产生的危险废物；给出该项目焦化生产涉及的风险物质；

(3) 列出该项目炼焦炉的大气特征污染物；

(4) 计算进入洗脱苯工序煤气中的硫含量；

(5) 说明该工程竣工环境保护验收应调查的内容。

2. 某坑口火电厂扩建现有 2×135 MW 燃煤发电机组，燃煤含硫 0.8%，配备电除尘器，未配脱硫设施，烟囱高度 120 m，生产用水取自自备井。燃煤由皮带输送机运输到厂内露天煤场，煤场未设置抑尘设施，电场采用水力除灰，灰场设在煤矿沉陷区，灰水处理后排入距厂区 1.5 km 的纳河。

拟在现有厂区预留工业用地内建设 2×600 MW 超临界凝气式发电机组，采用五电场静电除尘器，石灰石-石膏湿法脱硫，低碳燃煤技术，烟囱高度为 240 m，燃煤来源和成分与现有机组相同，扩建工程燃煤量为 480 t/h，每吨煤燃烧产生烟气量为 6 500 m^3，新建机组供水水源为纳河。

灰渣属一般工业固体废物 II 类，新建干灰场位于电场西北方向 25 km，灰场长 1.2 km，宽

0.25 km,为山谷型灰场。灰场所在的沟谷长 5 km,两侧为荒坡,地势为西北高东南低,水文地质调查表明岩土的渗透系数大于 $1.0×10^{-5}$ cm/s。该地区主导风向为 ENE,不属于酸雨控制区和二氧化硫污染控制区,环境功能区为二类。试回答下列问题:

(1)列出现有工程应采取的"以新带老"环保措施;指出该项目在水资源使用方面应优先利用的水源。

(2)确定大气评价等级、范围以及预测的内容和步骤;说明在环境影响评价工作中需要收集的气象资料。

(3)确定该项目二氧化硫控制总量来源。

(4)分析现有灰场存在哪些环境问题?如何改进?提出防止新建灰场对地下水污染的防治措施及地下水监测布点要求;分析灰场与环境保护要求的相符性。

(5)煤炭堆场可采取的环境保护措施有哪些?

3.某拟建化工项目位于城市规划的工业区。拟建厂址东、南厂界附近各有一上千人口的村庄。经工程分析,拟建项目正常工况废水量及主要污染物见下表(项目拟建污水处理场,废水经处理后排入水体功能为Ⅲ类的河流):

序 号	污染源名称	废水量/ $(t·d^{-1})$	pH	污染物浓度/ $(mg·L^{-1})$						
				COD	醋酸	醋酸甲酯	甲醇	Co	Mn	石油类
W_1+W_2	生产工艺废水	900		3 000	700	100	200	<3	<1	
W_3	焚烧炉淋洗塔排水	240		220						
W_4	锅炉及热煤炉排水	80	6~9	20						
W_5	纯水厂排水	330	1~14	20						
W_6	罐区污水	30		100~300						50~100
W_7	生活污水	10		300						
W_8	初期雨水	150 t/次		200						
W_9	循环水系统排水	3 630		<60						

拟焚烧的固体废物产生情况如下:

序 号	产生部位	产生量/ $(t·a^{-1})$	组 成	性 质
1	烛芯过滤和催化剂回收残渣	12 560	Co:705 mg/kg;醋酸:1%;有机物:68%	含有机物、重金属,属危险废物
2	污水厂压滤脱水后污泥	700	含水<85%	工业废水污泥,属危险废物

试回答下列问题:

(1)指出哪几部分废水可作为清净下水外排;计算必须进入污水处理厂处理的废水量和污水处理厂的进水 COD 浓度。

(2)按 GB 8978—1996《污水综合排放标准》要求,COD 的一级排放标准限值为 100 mg/L,二级排放标准限值为 150 mg/L。拟将废水处理后排往河流,试确定对污水处理场 COD 去除率的要求。

(3)对该焚烧炉的环境影响评价至少应包括哪些方面?为评价焚烧炉对附近村庄的影响,应调查哪些基本情况?

（4）该项目环境影响评价公众参与应向公众公示哪些主要信息？指出该项目的环境保护目标。

4. 拟建年产电子元件 144 万件的电子元件厂。该厂年生产 300 d,每天工作 1 班,每班 8 h。各车间的厂房高 12 m,废气处理装置的排气筒均设置在厂房外侧,配套建设车间废水预处理设施和全厂污水处理站。

生产过程产生的硫酸雾浓度为 200 mg/m³,处理后外排,排气筒高度为 20 m,排气量为 30 000 m³/h,排气浓度为 45 mg/m³。喷涂和烘干车间的单件产品二甲苯产生量为 5 g,产生的含二甲苯废气经吸收过滤后外排,净化效率为 80%,排气量为 9 375 m³/h,排气筒高 15 m。

各车间生产废水均经预处理后送该厂污水处理站,污水处理站出水达标后排入厂南 1 000 m 处的一小河。各车间废水预处理设施、污水处理站的出水水质见下表:

项　　目		废水量/ (m³·h⁻¹)	COD/ (mg·L⁻¹)	磷酸盐/ (mg·L⁻¹)	总镍/ (mg·L⁻¹)	六价铬/ (mg·L⁻¹)	pH 值
生产车间 预处理	阳极氧化废水	70	200	30.0	0.2	0.1	9.0
	化学镀镍废水	6	450	30.0	4.0	0.2	7.0
	涂装废水	1	0	6.0	2.0	20.0	3.0
	电镀废水	3	70	10.0	0.9	2.0	3.0
污水处理站		80	≤60	≤0.5	≤0.5	≤0.1	7.7
《污水综合排放标准》限值			100	0.5	1.0	0.5	6~9

试回答下列问题:

（1）计算并分析该厂二甲苯的排放是否符合《大气污染物综合排放标准》的要求。

（2）指出该厂废水处理方案中存在的问题。

（3）进行水环境影响评价时,需要哪些方面的现状资料?

（4）列出环境空气现状评价应监测的项目。

5. 某电厂监测烟气流量为 200 m³/h,烟气进治理设施前烟尘浓度为 1 200 mg/m³,排放浓度为 200 mg/m³,年运转 300 d,每天 20 h;年用煤量为 300 t,煤含硫率为 1.2%,无脱硫设施。试计算该电厂烟尘去除量、烟尘排放量和二氧化硫排放量。

6. 某企业车间的水平衡图如下,计算该车间的重复水利用率。

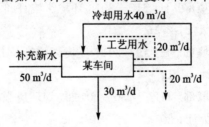

参考文献

[1] 程声通. 环境系统分析教程[M]. 北京：化学工业出版社，2006.

[2] 郑彤，陈春云. 环境系统数学模型[M]. 北京：化学工业出版社，2003.

[3] 李怀恩，沈晋. 非点源污染数学模型[M]. 西安：西北工业大学出版社，1996.

[4] 仵彦卿. 多孔介质污染物迁移动力学[M]. 上海：上海交通大学出版社，2007.

[5] 沈晋. 环境水文学[M]. 合肥：安徽科学技术出版社，1992.

[6] 金士博 W . 水环境数学模型[M]. 杨汝均，等译. 北京：中国建筑工业出版社，1987.

[7] 韦鹤平. 环境系统工程[M]. 北京：化学工业出版社，2003.

[8] Hirata A，Takemoto T，Ogawa K，et al. Evaluation of kinctic parameters of biochemical reaction in three phase fluidized bed biofilm reactor for wastewater treatment[J]. Biochemical Engineering Journal，2000，5(2)：165-171.

[9] Buffiere P，Fonade C，Moletta R. Mixing and phase hold-ups variations due to gas production in anaerobic fluidized-bed digesters：influence on reactor performance[J]. Biotechnology and Bioengineering，1995，60(1)：36-43.

[10] Rui L，Xia H，You F S，et al. Hydrodynamic effect on sludge accumulation over membrane surfaces in a submerged membrane bioreactor[J]. Process Biochemistry，2004，39(2)：157-163.

[11] 中华人民共和国生态环境部. HJ 2.1—2016 环境影响评价技术导则　总纲[S]. 北京：中国环境科学出版社，2016.

[12] 中华人民共和国生态环境部. HJ 2.2—2018 环境影响评价技术导则　大气环境[S]. 北京：中国环境科学出版社，2018.

[13] 中华人民共和国生态环境部. HJ/T 2.3—2018 环境影响评价技术导则　地表水环境[S]. 北京：中国环境科学出版社，2018.

[14] 中华人民共和国生态环境部. HJ 610—2016 环境影响评价技术导则　地下水环境[S]. 北京：中国环境科学出版社，2016.

[15] 中华人民共和国生态环境部. HJ 19—2011 环境影响评价技术导则　生态影响[S]. 北京：中国环境科学出版社，2011.

[16] 中华人民共和国生态环境部. HJ/T 130—2014 规划环境影响评价技术导则　总纲 [S]. 北京：中国环境科学出版社，2014.

[17] 中华人民共和国生态环境部. HJ/T 169—2018 建设项目环境风险评价技术导则[S]. 北京：中国环境科学出版社，2018.

[18] 中华人民共和国生态环境部. HJ/T 394—2007 建设项目竣工环境保护验收技术规范 生态影响类[S]. 北京：中国环境科学出版社，2007.

[19] 中华人民共和国生态环境部. 建设项目竣工环境保护验收技术指南　污染影响类[Z]. 生态环境部公告，2018.

[20] 何新春. 环境影响评价案例分析基础过关 50 题[M]. 北京：中国环境科学出版社，2017.

[21] 环境保护部环境工程评估中心. 环境影响评价案例分析[M]. 北京：中国环境科学出版社，2012.

[22] 徐颂. 环境影响评价技术方法基础过关 800 题[M]. 北京：中国环境科学出版社，2012.

[23] 贾生元. 环境影响评价案例分析试题解析[M]. 北京：中国环境科学出版社，2014.

[24] 汪劲. 中外环境影响评价制度比较研究——环境与开发决策的正当法律程序[M]. 北京：北京大学出版社，2006.